Fernando Gewandsznajder
(Pronuncia-se Guevantznaider.)

Doutor em Educação pela Faculdade de Educação da Universidade Federal do Rio de Janeiro (UFRJ)

Mestre em Educação pelo Instituto de Estudos Avançados em Educação da Fundação Getúlio Vargas do Rio de Janeiro (FGV-RJ)

Mestre em Filosofia pela Pontifícia Universidade Católica do Rio de Janeiro (PUC-RJ)

Licenciado em Biologia pelo Instituto de Biologia da UFRJ

Ex-professor de Biologia e Ciências do Colégio Pedro II, Rio de Janeiro (Autarquia Federal – MEC)

Helena Pacca

Bacharela e licenciada em Ciências Biológicas pelo Instituto de Biociências da Universidade de São Paulo (USP)

Experiência com edição de livros didáticos de Ciências e Biologia

O nome ***Teláris*** se inspira na forma latina *telarium*, que significa "tecelão", para evocar o entrelaçamento dos saberes na construção do conhecimento.

TELÁRIS CIÊNCIAS

6

editora ática

Direção Presidência: Mario Ghio Júnior
Direção de Conteúdo e Operações: Wilson Troque
Direção editorial: Luiz Tonolli e Lidiane Vivaldini Olo
Gestão de projeto editorial: Mirian Senra
Gestão de área: Isabel Rebelo Roque
Coordenação: Fabíola Bovo Mendonça
Edição: Marcia M. Laguna de Carvalho, Mayra Sato, Natalia A. S. Mattos (editores), Eric Kataoka e Kamille Ewen de Araújo (assist.)
Planejamento e controle de produção: Patrícia Eiras e Adjane Queiroz
Revisão: Hélia de Jesus Gonsaga (ger.), Kátia Scaff Marques (coord.), Rosângela Muricy (coord.), Ana Paula C. Malfa, Arali Gomes, Brenda T. M. Morais, Carlos Eduardo Sigrist, Cesar G. Sacramento, Daniela Lima, Gabriela M. Andrade, Heloísa Schiavo, Lilian M. Kumai, Luís M. Boa Nova, Luiz Gustavo Bazana, Patricia Cordeiro, Vanessa P. Santos; Amanda T. Silva e Bárbara de M. Genereze (estagiárias)
Arte: Daniela Amaral (ger.), André Gomes Vitale e Erika Tiemi Yamauchi (coord.), Filipe Dias, Karen Midori Fukunaga e Renato Neves (edição de arte)
Diagramação: Estudo Gráfico Design, Renato Akira dos Santos e Nathalia Laia
Iconografia e tratamento de imagem: Sílvio Kligin (ger.), Roberto Silva (coord.), Douglas Cometti e Monica de Souza (pesquisa iconográfica), Cesar Wolf e Fernanda Crevin (tratamento)
Licenciamento de conteúdos de terceiros: Thiago Fontana (coord.), Luciana Sposito e Angra Marques (licenciamento de textos), Erika Ramires, Flávia Andrade Zambon, Luciana Pedrosa Bierbauer, Luciana Cardoso e Claudia Rodrigues (analistas adm.)
Ilustrações: Adilson Secco, Casa de Tipos, Claudio Chyio, David Iizuka, Hiroe Saaki, Ilustranet, Ingeborg Asbach, Joel Bueno, Julio Dian, KLN Artes Gráficas, Lápis 13B, Luis Moura, Luiz Rubio, Mario Kanno, Mauro Nakata e Paulo Cesar Pereira
Cartografia: Eric Fuzii (coord.), Robson Rosendo da Rocha (edit. arte)
Design: Gláucia Correa Koller (ger.), Adilson Casarotti (proj. gráfico e capa), Erik Taketa (pós-produção), Gustavo Vanini e Tatiane Porusselli (assist. arte)
Foto de capa: FRANK FOX/SPL/Getty Images

Avenida das Nações Unidas, 7221, 3º andar, Setor A
Pinheiros – São Paulo – SP – CEP 05425-902
Tel.: 4003-3061
www.atica.com.br / editora@atica.com.br

Dados Internacionais de Catalogação na Publicação (CIP)

Gewandsznajder, Fernando
Teláris ciências 6º ano / Fernando Gewandsznajder, Helena Pacca. - 3. ed. - São Paulo : Ática, 2019.

Suplementado pelo manual do professor.
Bibliografia.
ISBN: 978-85-08-19322-6 (aluno)
ISBN: 978-85-08-19323-3 (professor)

1. Ciências (Ensino fundamental). I. Pacca, Helena. II. Título.

2019-0107 CDD: 372.35

Julia do Nascimento - Bibliotecária - CRB - 8/010142

2023
Código da obra CL 742185
CAE 648347 (AL) / 648348 (PR)
3ª edição
5ª impressão
De acordo com a BNCC.

Impressão e acabamento: Bercrom Gráfica e Editora

Apresentação

Caro(a) estudante,

Você vai começar agora um caminho muito especial. Ao longo desse caminho, você vai descobrir que estudar Ciências não é decorar nomes, mas sim entender como e por que as coisas acontecem. Com essa compreensão, você vai reconhecer que é cada vez maior sua capacidade de entender o mundo e a si mesmo. E, com seu desenvolvimento, cresce também sua habilidade de colaborar com sua família e com a comunidade.

Na primeira unidade, vamos investigar o planeta Terra: como ele é por dentro e por fora, com as rochas, o solo, o ar e a água. Também vamos conhecer melhor como a Terra se movimenta no espaço. Essa busca por respostas vai ajudar na compreensão de muita coisa que você observa no seu dia a dia. Ao estudar a estrutura da Terra, você também terá contato com técnicas e profissões que poderão fazer parte do seu futuro.

Na segunda unidade deste livro, você vai entender melhor como os seres humanos e os demais organismos se relacionam com o ambiente nas mais diversas situações. Esse conhecimento vai torná-lo mais apto a compreender seu próprio corpo e a cuidar de sua saúde. Entender nosso organismo vai prepará-lo para resolver problemas e lidar com desafios que você vai encontrar em sua vida pessoal.

O estudo da terceira e última unidade do 6º ano traz questões importantes sobre as maneiras como o ser humano transforma o mundo ao seu redor. Vamos descobrir o que é a Química e o que pode ser feito a partir do conhecimento nessa área. Vamos refletir também sobre os impactos que essas transformações podem causar no ambiente e o que você pode fazer para reduzi-los, colaborando com a sociedade e preservando o planeta para as gerações futuras.

Vamos lá?

Os autores

CONHEÇA SEU LIVRO

Este livro é dividido em **três unidades**, subdivididas em **capítulos**.

Abertura da unidade

Apresenta uma imagem e um breve texto de introdução dos temas abordados. Além disso, traz questões que relacionam os conteúdos abordados a competências que você vai desenvolver ao longo do estudo da unidade.

UNIDADE 1

O planeta Terra

Em uma conferência, no ano de 1996, o astrônomo, escritor e divulgador científico estadunidense Carl Sagan (1934-1996) lembrou que a Terra é a nossa casa – local de moradia dos seres humanos – e, pelo que sabemos até o momento, é o único planeta que abriga vida. Sagan lembrou, ainda, que é nossa responsabilidade sermos mais amáveis uns com os outros e protegermos o único lar que conhecemos.
Nesta unidade vamos conhecer um pouco sobre o planeta Terra e seu movimento no espaço.

1 › Você já visitou um museu ou planetário? Gosta de fazer visitas virtuais a museus de ciência? Está habituado a assistir a documentários sobre ciência?

2 › Você tem o hábito de assistir a vídeos na internet? Que temas você acha mais interessantes? Esses vídeos são mais informativos ou servem apenas de passatempo?

3 › Pense nos objetos de seu dia a dia, como roupas, livros e brinquedos. De onde vêm os materiais usados para fabricá-los? O que você faz com esses objetos quando não precisa mais deles?

17

CAPÍTULO 6

A célula

Para começar

Abertura dos capítulos

Todos os capítulos se iniciam com uma imagem e um texto introdutório que vão prepará-lo para as descobertas que você fará no decorrer do seu estudo.

Para começar

Apresenta perguntas sobre os conceitos fundamentais do capítulo. Tente responder às questões no início do estudo e volte a elas ao final do capítulo. Será que as suas ideias vão se transformar?

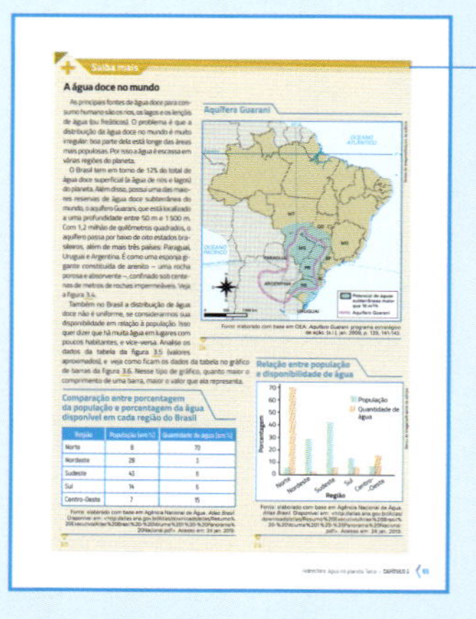
Saiba mais

A água doce no mundo

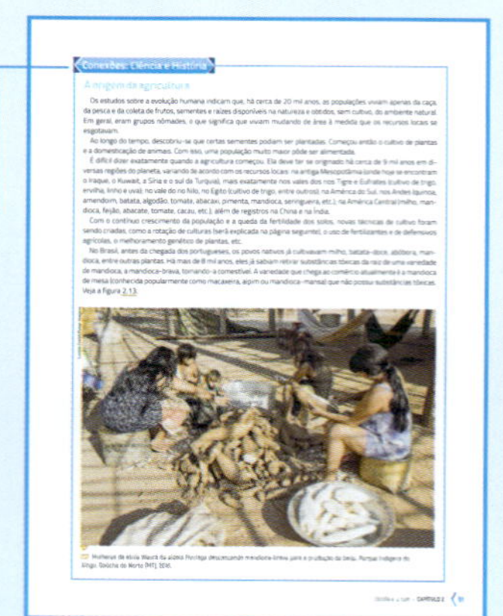
Conexões: Ciência e História

Conexões

Não deixe de ler as seções que aparecem ao longo dos capítulos. Elas contêm informações atualizadas que contextualizam o tema abordado no capítulo e demonstram a importância, as aplicações e as interações da ciência com outras áreas do conhecimento. As seções relacionam ciência a:

- ambiente;
- História;
- saúde;
- dia a dia;
- tecnologia;
- sociedade.

Saiba mais

Traz conteúdo complementar, aprofundando os conteúdos estudados no capítulo.

Glossário

Os termos sublinhados em azul remetem ao glossário na lateral da página. Ele apresenta o significado e a origem de muitas palavras e auxilia na leitura e na interpretação dos textos. Você também pode consultar o significado de algumas palavras no final do volume, na seção *Recordando alguns termos*.

Informações complementares

Diversas palavras ou expressões destacadas em azul estão ligadas por um fio a um pequeno texto na lateral da página. Esse texto fornece informações complementares sobre determinados assuntos e indica relações e retomadas de conceitos já estudados ou que serão vistos nos próximos capítulos ou volumes.

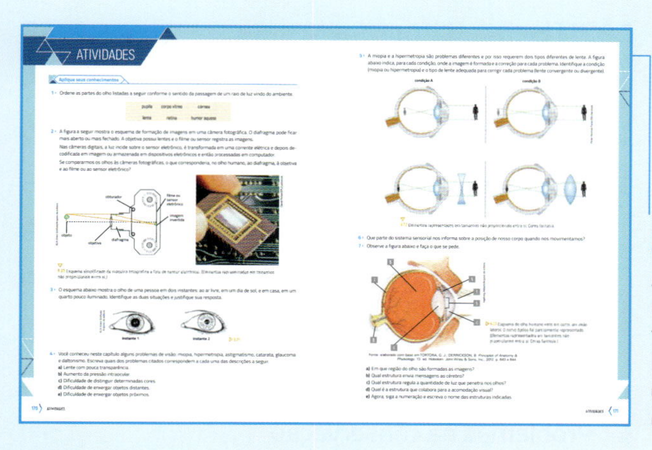

Atividades

Ao final de cada capítulo você vai encontrar questões para organizar e formalizar os conceitos mais importantes, trabalhos em equipe, propostas de pesquisa, textos para leitura e discussão e atividades práticas ligadas a experimentos científicos. Por fim, serão propostas algumas questões para autoavaliação.

Oficina de soluções

Nesta seção você será convidado a propor soluções para situações e problemas do cotidiano por meio do desenvolvimento, da aplicação e da análise de diferentes recursos tecnológicos.

Na tela

Sugestões de vídeos, filmes e documentários relacionados aos assuntos trabalhados no capítulo.

Mundo virtual

Dicas de *sites* interessantes para saber mais sobre o assunto tratado no capítulo.

Minha biblioteca

Indicações de livros que abordam os temas estudados no capítulo.

Atenção

Recomendações e cuidados em momentos específicos do trabalho com o conteúdo do capítulo.

SUMÁRIO

Ismar Ingber/Pulsar Imagens

Alistair Scott/Shutterstock/Glow Images

Vitormarigo/Shutterstock

Fernando Frazão/EBC - Empresa Brasil de Comunicação/Agência Brasil

WAYHOME studio/Shutterstock

Cesar Diniz/Pulsar Imagens

INTRODUÇÃO

Ciência e a compreensão do mundo

Nos anos anteriores, você deve ter percebido que a ciência está muito presente em seu cotidiano. Por meio da ciência, explicamos fenômenos como o nascer do Sol, as fases da Lua, a origem das chuvas, as propriedades dos materiais e o funcionamento do nosso organismo, entre muitos outros.

Conforme novas descobertas são feitas, alguns conceitos são revistos e conseguimos entender melhor o mundo à nossa volta.

O conhecimento científico também nos permite projetar e desenvolver tecnologias que nos ajudam a entender fenômenos de forma cada vez mais completa. É o caso das lunetas e dos telescópios, por exemplo. Neste ano, vamos ver como alguns desses equipamentos e outras observações nos permitiram concluir que a Terra tem o formato de uma esfera, muito antes de o ser humano ter criado espaçonaves e satélites para observar a Terra do espaço.

Sunti/Shutterstock

Com um telescópio, podemos ver melhor as estrelas, sendo mais fácil diferenciá-las dos outros corpos celestes e identificar constelações. Além disso, os estudos sobre o Universo nos ajudam a pensar em questões que podem ser respondidas pela ciência.

Os estudos científicos possibilitaram também compreender melhor o planeta Terra. Você já aprendeu em Ciências sobre algumas características da Terra: ela é redonda, é coberta por água e solo e há muitos seres vivendo nela. Neste ano, vamos compreender outras características importantes sobre a Terra: conheceremos as diferentes camadas do planeta, desde as mais internas, até as mais externas.

Estudando a camada da Terra que contém as rochas, por exemplo, vamos entender o que esses materiais nos revelam sobre a estrutura do planeta e sobre sua história. Você vai descobrir que a partir do estudo das rochas os cientistas encontraram os fósseis, que são partes de seres vivos ou marcas que eles deixaram ao longo de milhões de anos. Assim, veremos como o estudo dos fósseis nos ajuda a compreender a história da vida na Terra.

Delfim Martins/Pulsar Imagens

Trabalhador exibe rocha contendo fóssil de peixe encontrada no Parque Geológico do Araripe, em Santana do Cariri (CE).

Ciência e soluções

Além de nos ajudar a entender o mundo, os conhecimentos produzidos pela ciência também são fundamentais para pensar e desenvolver soluções para os mais variados problemas que enfrentamos, como o combate a doenças.

Veremos neste ano como a ciência contribuiu para produzir materiais, chamados sintéticos, que muitas vezes são usados para promover a saúde. É o caso de muitos medicamentos e do plástico, com o qual são produzidos objetos descartáveis, como luvas e seringas.

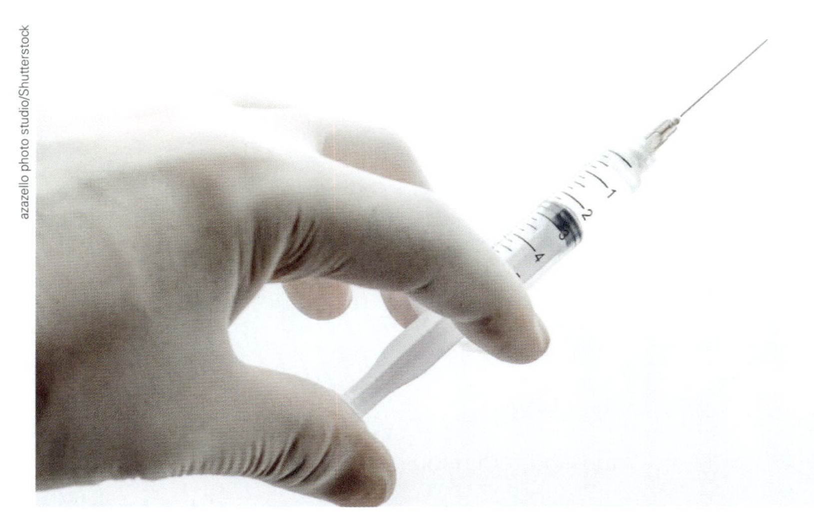

azazello photo studio/Shutterstock

Antes do uso de materiais descartáveis, doenças eram transmitidas pelo compartilhamento dos equipamentos médicos entre pessoas doentes e saudáveis. O uso de materiais descartáveis contribuiu, então, para evitar contaminações.

No entanto, com a ajuda da ciência, a sociedade vem percebendo que os plásticos e outros materiais sintéticos causam grande impacto no ambiente. Então, passamos a buscar alternativas para lidar com esses materiais.

O consumo consciente dos plásticos e de outros materiais é uma das formas de lidar com esse problema, contribuindo para que as pessoas tenham qualidade de vida sem comprometer os recursos disponíveis no planeta. Outra solução para lidar com os resíduos produzidos pelos seres humanos é a reciclagem, que você estudou no 5º ano.

O que acontece com o lixo que você "joga fora"? Tudo que produzimos, consumimos e descartamos permanece no planeta e causa impactos no ambiente. O que podemos fazer então para reduzir o impacto das coisas que usamos?

Chico Ferreira/Pulsar Imagens

Trabalhadoras separando resíduos recicláveis em cooperativa de reciclagem em Arraial do Cabo (RJ), 2018.

Ciência, meio ambiente e sociedade

Assim como ocorreu no caso da produção do plástico, o conhecimento científico permitiu ao ser humano perceber os impactos de diversas de suas atividades no ambiente. A ciência vem nos mostrando, por exemplo, que as transformações que o ser humano faz no planeta trazem consequências também para a sociedade.

Na unidade 1 deste volume, vamos estudar um exemplo dessa transformação: a mineração. Essa atividade retira do ambiente compostos como o minério de ferro, o ouro e muitos outros, que serão usados na produção de novos materiais, como peças de celulares e outros equipamentos eletrônicos.

Andre Dib/Pulsar Imagens

EyeEm/Getty Images

Mineradora de ouro em Poconé (MT), 2017. Além de ser muito valioso, o ouro tem propriedades que permitem que ele seja usado na fabricação de equipamentos eletrônicos, como em placas-mãe de computadores (detalhe acima).

A extração de minérios é muito importante para a economia do Brasil. O estado de Minas Gerais, por exemplo, tem sua história ligada à extração de minérios. Atualmente, o principal produto obtido por empresas em Minas Gerais é o minério de ferro, um dos produtos mais exportados do Brasil para outros países.

Para a obtenção do minério de ferro pronto para ser vendido, é necessário que haja um processo que separa esse minério de outros compostos encontrados no solo. O material que sobra desse processo é chamado rejeito. Para evitar que os rejeitos causem danos ao meio ambiente, são construídas barragens para armazená-los.

No dia 5 de novembro de 2015 houve o rompimento de uma dessas barragens no município de Mariana, em Minas Gerais. O desastre despejou no ambiente o equivalente a 25 mil piscinas olímpicas de lama contendo água e compostos minerais, matando 19 pessoas. Ao todo, estima-se que 40 municípios localizados entre Mariana (MG) e Linhares (ES) tenham sido afetados pelo desastre.

Vista aérea do litoral do município de Linhares (ES). Os rejeitos da barragem que se rompeu atingiram o rio Doce e chegaram até o mar, afetando pessoas e outros seres vivos.

Ricardo Moraes/Reuters/Fotoarena

Essa tragédia ambiental e social não ajudou a evitar a ocorrência de outra, alguns anos depois. Em 25 de janeiro de 2019, mais uma barragem de rejeitos se rompeu em Minas Gerais, no município de Brumadinho, deixando mais de 300 vítimas, entre mortos e desaparecidos, e causando danos ainda não calculados aos moradores da região e ao ambiente.

Ernesto Reghran/Pulsar Imagens

Cadu Rolim/Fotoarena/Folhapress

À esquerda, trem de transporte de minério de ferro e rio Paraopeba em Brumadinho (MG), 2017. À direita, vista do mesmo rio atingido pela lama após o rompimento de uma barragem, em janeiro de 2019.

Com base no que já foi estudado sobre o ciclo da água e a importância da preservação do solo, você consegue imaginar quais podem ser as consequências do derramamento de tantas toneladas de lama no ambiente?

A lama pode soterrar a vegetação e mudar a composição do solo. Ao chegar aos rios, os rejeitos causam assoreamento, soterramento das margens e mudança na cor da água. O assoreamento diminui a capacidade dos rios de receber água da chuva, o que pode causar enchentes. Já o soterramento das margens pode acabar com a mata ciliar que protege os rios; enquanto a alteração da coloração da água prejudica as algas, as plantas e os demais seres vivos, incluindo o ser humano. Os rejeitos recebidos pelos rios podem ainda chegar ao mar, impactando mais ainda o ambiente, como aconteceu a partir do desastre em Mariana.

Neste ano veremos como o impacto sobre alguns seres vivos pode acabar prejudicando todo o ambiente.

Analisando casos como os ocorridos em Minas Gerais e suas consequências, cientistas e outros profissionais buscam soluções para reduzir os impactos causados e também para evitar novos desastres. Essas análises dependem de estudos da água, do solo, das rochas, dos seres vivos e das interações entre eles. Ao longo do 6º ano você vai conhecer mais sobre esses componentes da Terra e como podemos preservá-los para evitar que problemas prejudiquem o ambiente e as gerações futuras.

Ciência, saúde e seres vivos

Aspectos ligados diretamente à saúde humana, como os perigos do cigarro, do álcool e das outras drogas; a importância de uma alimentação equilibrada; e as ferramentas que temos para evitar doenças ou corrigir problemas, como defeitos na visão, também são parte do conhecimento científico construído ao longo da história.

ANURAK PONGPATIMET/Shutterstock

As lentes de contato e os óculos são usados para corrigir alguns problemas de visão que vamos estudar este ano.

A partir do que você estudou sobre o corpo humano, vamos ver mais detalhes sobre nosso organismo, compreendendo o sistema nervoso, que coordena e integra todos os outros sistemas, incluindo os ossos e músculos, que permitem a locomoção.

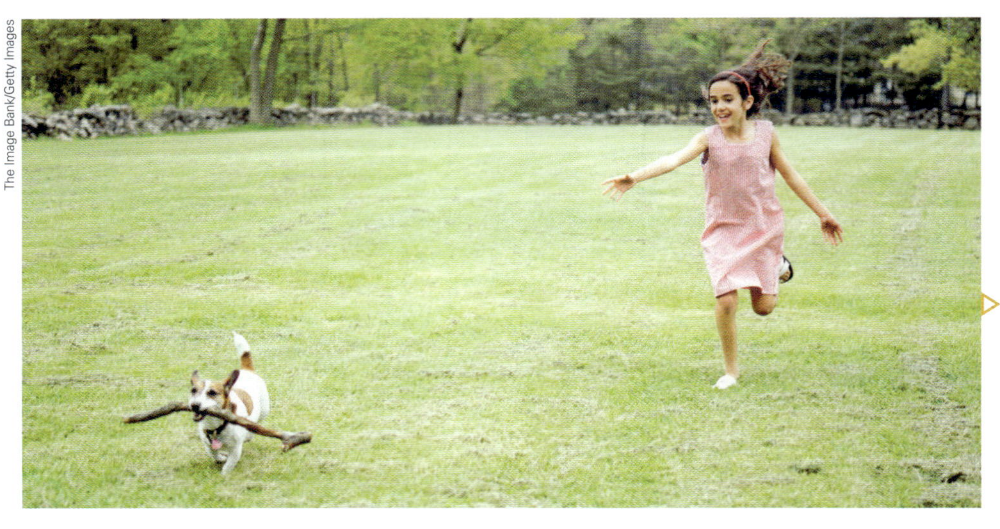

The Image Bank/Getty Images

Você sabe como os sistemas muscular, ósseo e nervoso interagem na sustentação e movimentação do nosso corpo? Na unidade 2 vamos entender como se dá a locomoção do ser humano e de outros animais.

Para conhecer mais sobre nosso organismo e sobre os demais seres vivos, será importante compreender alguns conceitos. Um deles é que o corpo dos seres vivos está organizado em partes menores que vão formando conjuntos cada vez maiores.

Você vai ver este ano que todos os seres vivos são formados por uma ou mais células, que são estruturas vivas muito pequenas, só descobertas após o desenvolvimento dos microscópios. Nos animais, nas plantas e em outros organismos, as células estão organizadas formando estruturas maiores e mais complexas. Analisando uma planta, por exemplo, percebemos que elas são formadas por folhas e outras partes. Cada uma das folhas, por sua vez, é formada por vários conjuntos de células.

Floral Deco/Shutterstock

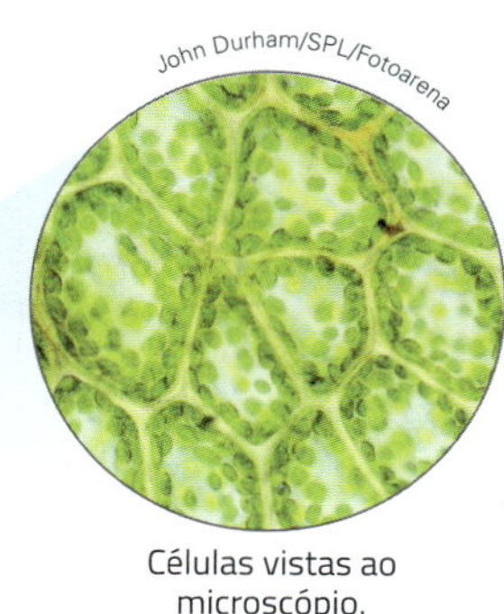

John Durham/SPL/Fotoarena

Células vistas ao microscópio.

Para estudar os organismos vivos, é comum usarmos fotos e ilustrações com diferentes aumentos. As células são muito pequenas em relação às folhas, e por isso são geralmente ampliadas para garantir a visualização. Por essa razão, dizemos que os elementos estão representados em tamanhos não proporcionais.

Os animais também são formados por células. No entanto, elas apresentam características diferentes daquelas que formam as plantas. Conheceremos melhor os tipos de células na unidade 2.

Para entender a organização dos animais e a interação entre seus sistemas, será necessário analisar algumas ilustrações ou modelos. Veja na ilustração a seguir a representação dos sistemas cardiovascular, ou circulatório, que você estudou no 5º ano, e nervoso, que estudaremos este ano. Repare que, embora o corpo humano tenha outros sistemas, apenas um foi representado em cada modelo. Esse recurso é muito comum nos estudos do corpo humano, por facilitar a visualização.

Vamos entender melhor as funções dos sistemas do corpo humano na unidade 2.

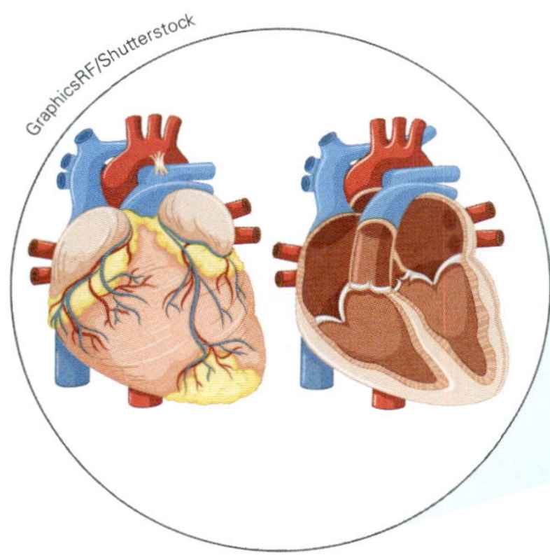

GraphicsRF/Shutterstock

Coração inteiro (à esquerda) e coração em corte longitudinal (à direita).

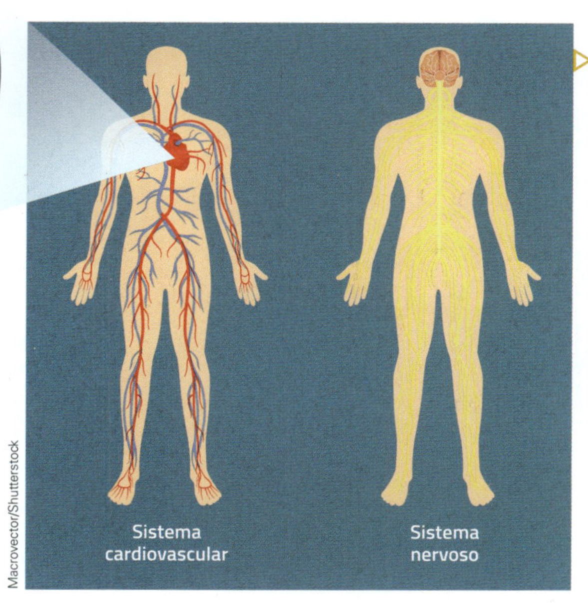

Macrovector/Shutterstock

Ilustrações representando de maneira simplificada os sistemas cardiovascular (à esquerda) e nervoso (à direita). As cores usadas não são necessariamente as reais e são chamadas "cores fantasia". Esse recurso é usado para facilitar a visualização das diferentes estruturas. (Elementos representados em tamanhos não proporcionais entre si.)

Você vai ver que nos modelos usados para representar estruturas, como os órgãos do corpo humano, é comum o uso de representações em corte. Reveja na ilustração acima que o coração aparece cortado ao meio, expondo suas partes internas. Esse recurso também é comum para representar as partes internas da Terra e do solo, por exemplo.

Agora que você já sabe um pouco do caminho que vamos percorrer, é hora de se preparar para uma viagem de conhecimento. Juntos vamos descobrir mais sobre o mundo e pensar no que podemos fazer para resolver alguns de seus problemas. Vamos lá?

Juergen Faelchle/Shutterstock

Representação da Terra vista do espaço. (Cores fantasia.)

UNIDADE 1 O planeta Terra

Em uma conferência, no ano de 1996, o astrônomo, escritor e divulgador científico estadunidense Carl Sagan (1934-1996) lembrou que a Terra é a nossa casa – local de moradia dos seres humanos – e, pelo que sabemos até o momento, é o único planeta que abriga vida. Sagan lembrou, ainda, que é nossa responsabilidade sermos mais amáveis uns com os outros e protegermos o único lar que conhecemos.
Nesta unidade vamos conhecer um pouco sobre o planeta Terra e seu movimento no espaço.

1 Você já visitou um museu ou planetário? Gosta de fazer visitas virtuais a museus de ciência? Está habituado a assistir a documentários sobre ciência?

2 Você tem o hábito de assistir a vídeos na internet? Que temas você acha mais interessantes? Esses vídeos são mais informativos ou servem apenas de passatempo?

3 Pense nos objetos de seu dia a dia, como roupas, livros e brinquedos. De onde vêm os materiais usados para fabricá-los? O que você faz com esses objetos quando não precisa mais deles?

CAPÍTULO

1 A estrutura do planeta e a litosfera

Kleber Cordeiro/Shutterstock

1.1 Uma grande rocha de granito localizada no Lajedo do Pai Mateus, no município de Cabaceiras (PB).

As rochas formam a parte sólida da superfície da Terra. Um exemplo de rocha é o granito, como o da figura 1.1.

Sobre essa superfície de rochas, é comum haver uma camada de solo, na qual crescem plantas e vivem diversos seres vivos. Além disso, toda a água dos oceanos, que representam a maior parte da superfície da Terra, também está sobre essa parte sólida. Acima dos continentes e oceanos, há uma camada de ar: a atmosfera, onde podemos encontrar, por exemplo, nuvens.

Mas as rochas, os oceanos e a atmosfera são apenas uma fina cobertura do nosso planeta. O que será que há dentro dele?

Para começar

1. Como podemos descobrir o que há no interior da Terra?
2. Você sabe quantos tipos de rocha diferentes existem? Como eles se formam?
3. Como os seres humanos utilizam as rochas que encontram na natureza?
4. Como as rochas podem nos "dar" informações sobre a história da vida no planeta?

1 Estrutura da Terra

A Terra tem a forma aproximada de uma esfera, ou seja, de uma bola. Mas é levemente achatada nos polos (algo imperceptível a olho nu). Veja a figura 1.2.

Diâmetro: distância, em linha reta, entre dois pontos de uma circunferência ou esfera, passando pelo centro.

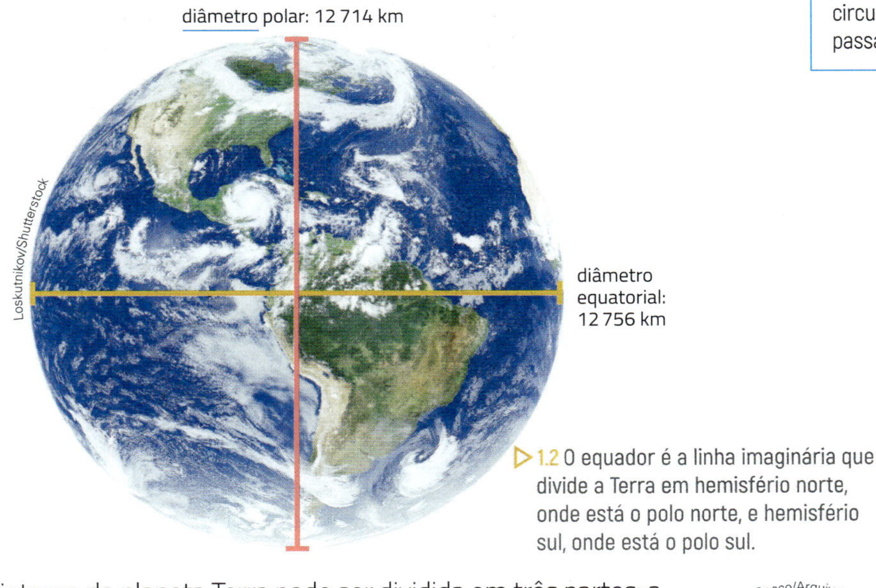

1.2 O equador é a linha imaginária que divide a Terra em hemisfério norte, onde está o polo norte, e hemisfério sul, onde está o polo sul.

A estrutura interna do planeta Terra pode ser dividida em três partes: a crosta, o manto e o núcleo. Veja a figura 1.3.

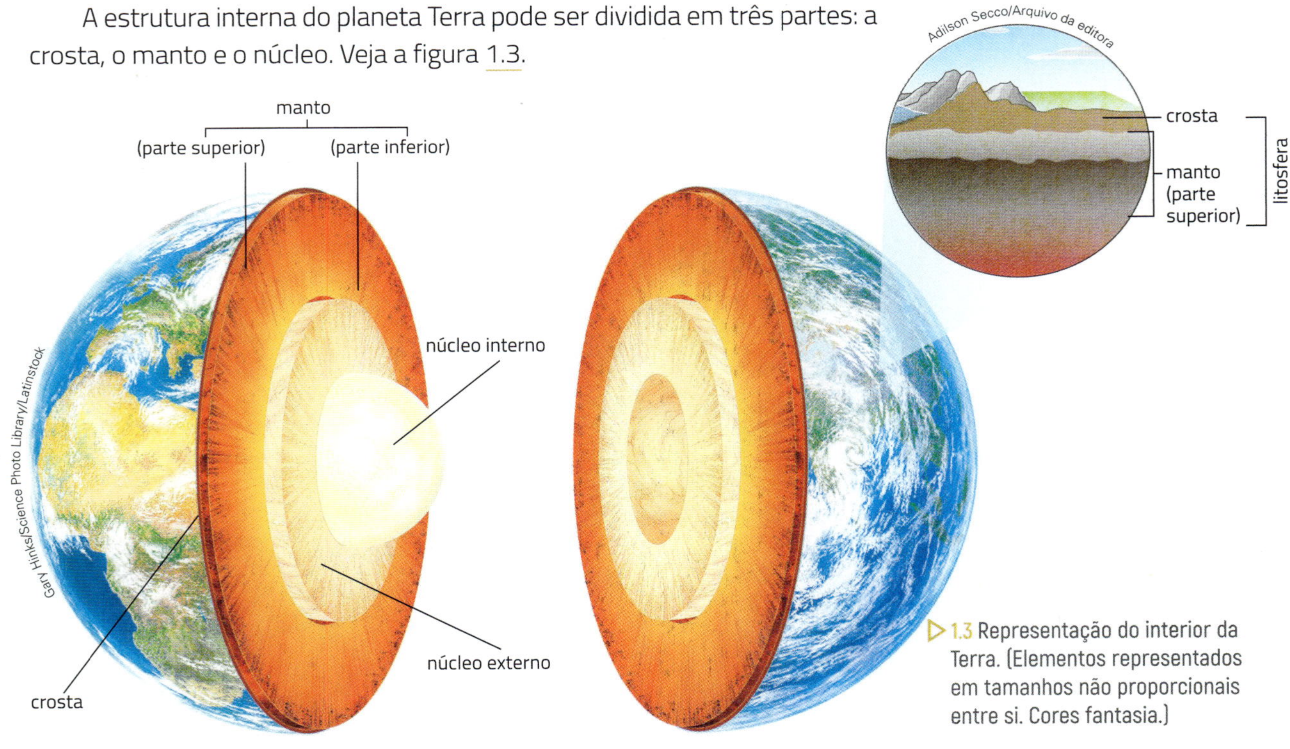

1.3 Representação do interior da Terra. (Elementos representados em tamanhos não proporcionais entre si. Cores fantasia.)

Você pisa na **crosta** da Terra, ou seja, na parte sólida do planeta, que é formada principalmente por rochas e na qual se encontram os continentes e oceanos. Em relação ao diâmetro total da Terra, a crosta é uma camada muito fina. Compare: a distância média entre o centro do planeta e sua superfície (ou seja, o raio da Terra) é de 6 371 km; a parte da crosta relativa aos continentes tem entre 20 km e 60 km de espessura, e a parte sobre a qual estão os oceanos tem entre 5 km e 10 km.

Se a Terra fosse do tamanho de uma bola de basquete, a crosta teria a espessura de uma folha de papel.

Embaixo da crosta terrestre está o **manto**, uma camada que possui partes pastosas e que tem cerca de 2 900 km de profundidade. A temperatura do manto aumenta com a profundidade; sua parte mais interna deve variar aproximadamente de 1 000 °C a 3 000 °C.

Partes do manto contêm um material muito quente e pastoso formado por rochas derretidas, o **magma**. Quando um vulcão entra em erupção, o magma é expelido para a superfície da Terra e passa a ser denominado **lava**.

No 7º ano você vai aprender que a litosfera está dividida em vários pedaços: grandes placas que se movimentam muito lentamente. As erupções vulcânicas e os terremotos têm mais chance de ocorrer nos limites entre essas placas.

A parte superior do manto (mais externa) é mais rígida. Junto com a crosta da Terra, formam a chamada **litosfera**. Reveja a figura 1.3.

Na parte mais central da Terra, como o caroço de uma ameixa, encontra-se o **núcleo**, com cerca de 3 400 km de raio e formado principalmente de ferro e níquel. Sua parte interna (o núcleo interno) encontra-se no estado sólido, e a parte de fora (o núcleo externo) é líquida.

Como sabemos o que existe dentro da Terra?

Uma das maneiras de estudar o interior da Terra é cavar um buraco; porém, não é fácil perfurar a Terra, e as temperaturas aumentam muito com a profundidade.

No entanto, existem outros recursos para investigar a estrutura interna da Terra, como o uso de aparelhos que medem vibrações da crosta terrestre e detectam tremores na ocorrência de terremotos. Essas vibrações nos dão pistas dos materiais que existem no interior da Terra. Outras possibilidades são o estudo da lava e de outros materiais expelidos pelos vulcões e o estudo de rochas antigas, entre outras pesquisas. Veja as figuras 1.4 e 1.5.

No 7º ano você vai aprender mais sobre terremotos e vulcões.

Science Photo Library/SPL/Latinstock

1.4 Lava expelida pelo vulcão Kilauea, no Havaí, 2016. Por meio da análise da lava ou das rochas formadas após sua solidificação, podemos conhecer melhor o interior da Terra.

Stephen Barnes/Science/Alamy/Fotoarena

1.5 Amostras de rochas coletadas em sondagem geológica na Irlanda do Norte, 2017.

2 Camadas da Terra

Para facilitar os estudos do planeta, a parte mais externa da Terra costuma ser dividida em camadas ou grandes regiões, também chamadas de **esferas** ou **domínios**. Acompanhe a descrição de cada uma delas e a figura 1.6.

- **Litosfera**: parte sólida mais externa do planeta, com vários quilômetros de profundidade; formada pelas rochas e pelo solo.
- **Hidrosfera**: conjunto de toda a água existente no planeta (rios, mares, lagos, oceanos, água subterrânea, vapor de água e geleiras).
- **Atmosfera**: camada de ar que envolve o planeta.
- **Biosfera**: conjunto de todas as regiões do planeta em que é possível existir vida. A biosfera, portanto, compreende florestas, campos, desertos, oceanos, rios, lagos, etc.

Litosfera: significa "esfera de pedra", em grego.

Hidrosfera: significa "esfera de água", em grego.

Atmosfera: significa "esfera de gás", em grego.

Biosfera: significa "esfera de vida", em grego.

1.6 Representação artística de algumas das camadas terrestres: litosfera, hidrosfera, atmosfera e biosfera. (Elementos representados em tamanhos não proporcionais entre si. Cores fantasia.)

Embora seja interessante dividir os assuntos em partes para facilitar nosso estudo, devemos lembrar que na natureza existem interações constantes entre todos os seus elementos (vivos ou não vivos). Assim, essas grandes regiões da Terra também estão em constante interação, uma influenciando a outra.

O ser humano, por exemplo, faz parte da biosfera, mas suas atividades alteram também a litosfera, a hidrosfera e a atmosfera. Infelizmente, essas mudanças nem sempre são favoráveis à vida na Terra, o que afeta inclusive a sobrevivência do próprio ser humano. A destruição das florestas e o aumento da emissão de gás carbônico, por exemplo, vêm provocando mudanças climáticas em todo o planeta.

3 As rochas

A litosfera – ou seja, a crosta e a parte superior do manto – é formada principalmente por rochas.

Há mais de 2 milhões de anos os antepassados do ser humano aprenderam a produzir e usar ferramentas. Eles quebravam rochas, deixando-as com as bordas afiadas, e então as usavam para cortar carne e para fazer desenhos nas paredes das cavernas.

De lá para cá, a humanidade descobriu muitas outras utilidades para as rochas: desenvolvemos e aperfeiçoamos técnicas de transformação desses materiais para produzir os mais diversos objetos, como veremos mais adiante.

De que são formadas as rochas?

Você já observou as etapas de uma construção? Uma parede, por exemplo, pode ser feita com cimento, tijolos e areia. Todos esses materiais vêm de rochas encontradas na natureza.

E quais são os componentes das rochas?

As rochas são formadas por **minerais**, substâncias químicas sólidas encontradas na natureza. Se observar o granito, por exemplo, usado para fazer pisos e bancadas de pia, você vai perceber grãos de várias cores e brilho: são os diferentes minerais.

Para identificar um mineral, os cientistas estudam algumas de suas propriedades, como a cor, a dureza, a transparência, o brilho, etc.

Dureza: facilidade com que a superfície do mineral é riscada: quanto mais difícil de ser riscado, maior é a dureza.

O granito é formado principalmente por três tipos de mineral: o quartzo (grãos brancos), a mica (grãos pretos) e o feldspato (grãos cinzentos).

Os minerais que compõem o granito também são usados isoladamente. O **quartzo**, por exemplo, é utilizado na fabricação do vidro. Nesse processo, a areia, que é formada principalmente por quartzo, é misturada com outros minerais e aquecida em fornos de alta temperatura até derreter. Depois de derretida, a massa é moldada. Veja a figura 1.7.

O quartzo é usado também na fabricação de lentes (como as dos óculos e as dos microscópios), da fibra ótica (usada na transmissão de sinal de internet, por exemplo) e de relógios e circuitos eletrônicos (por exemplo, em rádios, televisores e computadores).

A **mica** é um bom isolante de calor e de eletricidade; por isso é utilizada na resistência (componente interno que esquenta com a eletricidade) do ferro elétrico de passar roupas.

O **feldspato** é utilizado na produção de cerâmica e porcelana e na indústria de vidro. Além disso, entra na produção de esmaltes, azulejos e até de papel.

Agora que você já sabe que as rochas são compostas de minerais, chegou a hora de entender melhor como elas se formam na natureza. Podemos usar a origem das rochas para classificá-las em três grupos: rochas magmáticas, rochas sedimentares e rochas metamórficas.

Gerson Gerloff/Pulsar Imagens

1.7 Vidreiro moldando vidro em alta temperatura em Gramado (RS), 2015.

Conexões: Ciência e sociedade

A argila

Rochas que contêm feldspato liberam grãos de argila conforme são atingidas pela água da chuva e se desintegram, ou seja, quebram-se em pedaços pequenos. Os grãos de argila são muito menores que os de areia, e são o principal componente do barro.

Quando misturada com água, a argila forma uma pasta que pode ser moldada, como você pode ver na figura 1.8. Depois de moldada, pode ser aquecida em forno e dar origem a um material duro e resistente ao calor, a cerâmica, que é usada em objetos de decoração e em peças de motores, entre outras aplicações industriais. Veja a figura 1.9.

A argila pode ser utilizada também na produção de uma infinidade de objetos: azulejos, pisos, pratos, cimento, telhas, tijolos e muitos outros. Veja a figura 1.10.

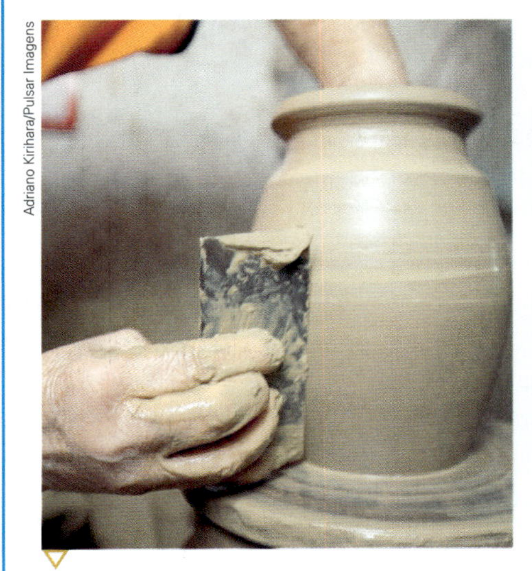
Adriano Kirihara/Pulsar Imagens

1.8 Fabricação de vaso de argila.

Ismar Ingber/Pulsar Imagens

1.9 Vasos de cerâmica decorados.

Adriano Kirihara/Pulsar Imagens

1.10 Interior de uma olaria, local onde são produzidos tijolos, telhas, louças e outros produtos feitos com argila em Indiana (SP), 2017.

No Japão foram descobertos jarros, feitos com argila aquecida, com cerca de 10 mil anos de idade. No Brasil, foram encontrados vasos, urnas, brinquedos e estatuetas de cerâmica na ilha de Marajó, no Pará. Estima-se que essas peças bem elaboradas tenham sido produzidas por comunidades indígenas entre os anos 400 e 1400.

Um dos mais antigos sistemas de escrita do mundo consistia em anotações em placas de argila. Por volta de 4000 a.C., os sumérios (povo que vivia em regiões do atual Oriente Médio) usavam bambu para escrever na argila úmida, que depois era seca ao sol.

Rochas magmáticas

Você sabia que a Terra nem sempre foi como a conhecemos hoje? Na época da formação do planeta, há bilhões de anos, muitos vulcões derramavam lava e soltavam vapor de água e gases. Veja a erupção de um vulcão e a lava expelida na figura 1.11.

Aos poucos, a superfície do planeta esfriou e o vapor de água se transformou em água líquida, que começou a se acumular, formando rios, lagos, mares e oceanos. A lava também esfriou e se tornou sólida, dando origem à crosta da Terra.

Carlos Campana/Reuters/Fotoarena

1.11 Vulcão Tungurahua em erupção e derramando lava no Equador, 2016.

As **rochas magmáticas**, ou **ígneas**, podem se formar quando a lava esfria e fica sólida ou podem se originar dentro da crosta, a partir do magma.

Ígneo: do latim, "que tem a natureza ou a cor do fogo".

O material escuro que você vê no detalhe da figura 1.12 é um fragmento de rocha conhecido como basalto. O basalto se formou na superfície da Terra com a solidificação da lava e é um exemplo de rocha magmática. O basalto pode ser usado em calçadas e construções.

Gerson Gerloff/Pulsar Imagens

Fabio Colombini/Acervo do fotógrafo

Fabio Colombini/Acervo do fotógrafo

1.12 As falésias de Torres (RS), 2015, são formadas por basalto. Nos detalhes, um fragmento de rocha de basalto e calçada feita com basalto e outros componentes, na praça Marechal Deodoro, em Porto Alegre (RS), 2011.

Conexões: Ciência e sociedade

As estátuas gigantes da Ilha de Páscoa

Na Ilha de Páscoa, localizada a 3,7 mil km da costa do Chile, estão os moais, esculturas gigantes de basalto construídas entre os anos de 1250 e 1500. São cerca de 900 esculturas, com 4 m até 10 m de altura. Acredita-se que foram esculpidas pela sociedade conhecida como rapanui, que habitou a ilha por volta do ano de 1100.

Há 35 anos, um grupo de arqueólogos – profissionais que estudam sociedades humanas antigas – realiza pesquisas nessa ilha para descobrir como vivia esse povo, como ele desapareceu e como essas estátuas foram construídas.

Por meio de escavações, foram descobertas muitas ferramentas, feitas também de basalto, que foram utilizadas nos moais. A análise da composição dessas ferramentas mostrou que todas elas vieram da mesma pedreira, o que é um indicativo de que as pessoas trabalharam juntas para extrair o basalto. Isso poderia sugerir, por exemplo, uma cooperação entre elas na construção dos moais.

Esse é um exemplo de como a pesquisa de rochas pode fornecer dados de sociedades que não existem mais.

Fonte: elaborado com base em VEIGA, Edson. Estudo traz novas pistas sobre sofisticada sociedade que ergueu enigmáticas estátuas gigantes da Ilha de Páscoa. *BBC News Brasil*. Disponível em: <https://www.bbc.com/portuguese/geral-45164718>; O colapso da Ilha de Páscoa não foi como pensávamos, diz nova teoria. *Galileu*. Disponível em: <https://revistagalileu.globo.com/Sociedade/noticia/2018/08/o-colapso-da-ilha-de-pascoa-nao-foi-como-pensavamos-diz-nova-teoria.html>. Acessos em: 22 jan. 2019.

Outra rocha de origem magmática é o granito. Já vimos que é possível ver a olho nu os minerais que compõem o granito. Resistente e durável, essa rocha é utilizada na pavimentação de ruas, em esculturas, bancadas de pias, pisos, etc. Veja a figura 1.13.

Ao contrário do basalto, o granito se formou ainda dentro da Terra, como resultado do lento processo de resfriamento e solidificação do próprio magma.

Fabio Colombini/Acervo do fotógrafo

João Prudente/Pulsar Imagens

1.13 *A Justiça*, 1961. Alfredo Ceschiatti. Escultura de granito localizada na praça dos Três Poderes, em Brasília (DF), 2016. No detalhe, um fragmento de granito.

Às vezes, quando entra em contato com a água, a lava esfria rapidamente. Os gases contidos nela são eliminados e forma-se uma rocha cheia de poros ou buracos. Essa rocha, que parece uma "espuma endurecida", é conhecida como pedra-pomes e pode ser usada em polimentos de superfícies de objetos ou para amaciar a pele e eliminar calosidades. Veja a figura 1.14.

As rochas magmáticas formam a maior parte da crosta terrestre. Mas talvez você não perceba isso, porque elas estão geralmente abaixo do solo ou de camadas de outro tipo de rocha: as rochas sedimentares, que você vai conhecer em seguida.

1.14 Fragmento de rocha conhecida como pedra-pomes.

Massimiliano Gallo/Shutterstock

Rochas sedimentares

Observe com atenção a rocha da figura 1.15. É possível perceber que ela é composta de várias camadas, ou estratos.

Esse tipo de rocha é chamado de **rocha sedimentar**. As rochas sedimentares são formadas por grãos de outras rochas que se depositam em camadas e se unem. Vamos ver como isso acontece.

Chuva, vento, água dos rios, ondas do mar, variações de temperatura, seres vivos (fungos, bactérias, etc.): todos esses fatores desgastam as rochas aos poucos, quebrando-as em pequenos grãos. Esse processo de desintegração das rochas é chamado **intemperismo**.

Se você deixar um pedaço de sabão na chuva, verá que ele diminui de tamanho: a água retira, aos poucos, partículas de sabão. Com as rochas, acontece algo semelhante, só que bem lentamente, ao longo de muito tempo.

Os ventos e a água da chuva transportam os pequenos grãos de minerais, também chamados de **sedimentos**, até o fundo de rios, lagos ou oceanos. Ao longo do tempo, esses sedimentos se depositam e se acumulam em camadas. O peso das camadas de cima comprime as camadas de baixo, que vão ficando cada vez mais compactas.

Intemperismo: vem de intempérie, que significa "mau tempo".

Fabio Colombini/Acervo do fotógrafo

1.15 Fragmento de rocha sedimentar, Parque Nacional da Serra das Confusões, Caracol (PI), 2015.

Além disso, a água vai transformando os minerais, fazendo com que fiquem grudados – ou cimentados – uns aos outros. Assim é formada, ao longo de milhares ou milhões de anos, uma rocha sedimentar. E esse processo continua enquanto a rocha existir. Acompanhe na figura 1.16 o processo de formação de rochas sedimentares.

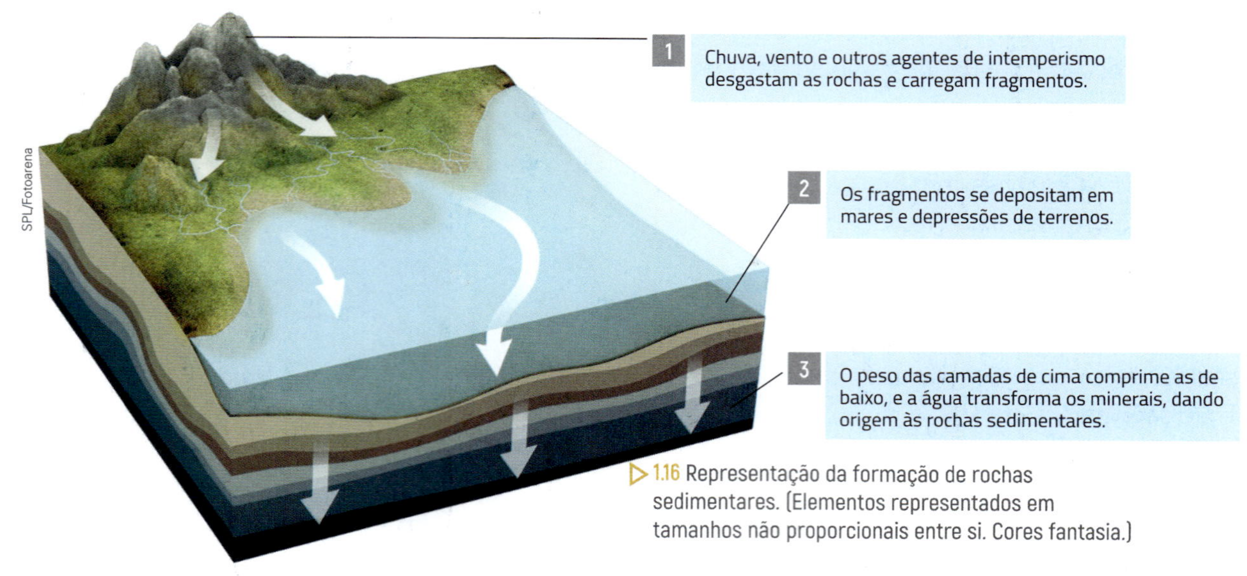

SPL/Fotoarena

1.16 Representação da formação de rochas sedimentares. (Elementos representados em tamanhos não proporcionais entre si. Cores fantasia.)

O calcário

Esqueletos, conchas e carapaças de animais aquáticos são ricos em um tipo de sal chamado carbonato de cálcio. Ao longo de muitos anos, esse material pode formar outra variedade de rocha sedimentar, o calcário, que também se forma pelo depósito de sais de cálcio presentes na água.

O calcário pode ser usado na agricultura, para a melhoria de alguns solos, e na fabricação do cimento e da cal, empregados em construções. Veja a figura 1.17.

Carapaça: cobertura dura que recobre o corpo de certos animais.

Fabio Colombini/Acervo do fotógrafo

Chico Ferreira/Pulsar Imagens

1.17 Extração de calcário para a produção de cal em Almirante Tamandaré (PR), 2016. No destaque, um fragmento da rocha.

Saiba mais

Calcário: formação e usos

[...] O calcário é encontrado extensivamente em todos os continentes, e é extraído de pedreiras [...].

Esses depósitos são geralmente formados pelas conchas e pelos esqueletos de microrganismos aquáticos, comprimidos sob pressão para formar as rochas sedimentares que chamamos calcário. O calcário representa aproximadamente 15% de todas as rochas sedimentares. Há também os depósitos de calcário precipitado diretamente de águas com elevados teores de sais minerais. As reservas de calcário, ou rochas carbonatadas, são praticamente intermináveis, porém a sua ocorrência com elevada pureza corresponde a menos de 10% das reservas [...] em todo mundo [...].

Gerson Gerloff/Pulsar Imagens

1.18 Aplicação de calcário para melhoria do solo em Dilermando de Aguiar (RS), 2018.

O calcário apresenta uma grande variedade de usos, desde matéria-prima para a construção civil, material para agregados, matéria-prima para a fabricação de cal [...], na fabricação de cimento, e até como rochas ornamentais. As rochas carbonatadas e seus produtos também são usados como corretivos de solos ácidos; [...] matéria-prima para as indústrias de papel, plásticos, química, siderúrgica, de vidro; dentre outros [...].

BRASIL. Ministério de Minas e Energia. *Produto RT 38 – Perfil do calcário*. Disponível em: <http://www.mme.gov.br/documents/1138775/1256650/P27_RT38_Perfil_do_Calcxrio.pdf/461b5021-2a80-4b1c-9c90-5ebfc243fb50>. Acesso em: 22 jan. 2019.

Rochas metamórficas

Você já viu esculturas feitas de mármore, como a da figura 1.19? O mármore, também utilizado na fabricação de pias e pisos, é um exemplo de **rocha metamórfica**: aquela que se origina da transformação (metamorfose) de outras rochas. No caso do mármore, a rocha de origem é o calcário.

1.19 *Cavalo de Marly*, 1745. Guillaume Coustou. Escultura de mármore, 3,40 m de altura, localizada em Paris, França. No detalhe, amostra de mármore.

As rochas metamórficas se originam de uma transformação de rochas magmáticas ou sedimentares. Nesse caso, o que muda é a organização dos minerais – e, às vezes, até os próprios minerais, que se transformam em outros. Surge, então, uma nova rocha com propriedades diferentes das da rocha original.

Essa transformação ocorre em decorrência de processos que envolvem variação de temperatura e de pressão. Quando, por exemplo, movimentações na crosta da Terra empurram uma rocha sedimentar para regiões mais profundas, de maior pressão e temperatura, ela sofre mudanças na aparência, na organização de seus minerais e até em sua composição química.

Além da temperatura e da pressão, os fluidos – água, gás carbônico, gás oxigênio – também exercem um papel importante na formação das rochas metamórficas, ao facilitar as reações e transformações dos minerais.

O Corcovado e o Pão de Açúcar, no Rio de Janeiro, assim como a maioria das rochas da serra do Mar, são exemplos de gnaisse, uma rocha metamórfica que pode se formar da transformação do granito. Veja a figura 1.20.

Metamórfica: do grego *metamórphosis*, que significa "mudança", "transformação".

Serra do Mar: é uma cadeia de montanhas que se estende pelo litoral do Brasil, indo do estado do Rio de Janeiro até Santa Catarina. É formada em sua maioria por granitos e gnaisses.

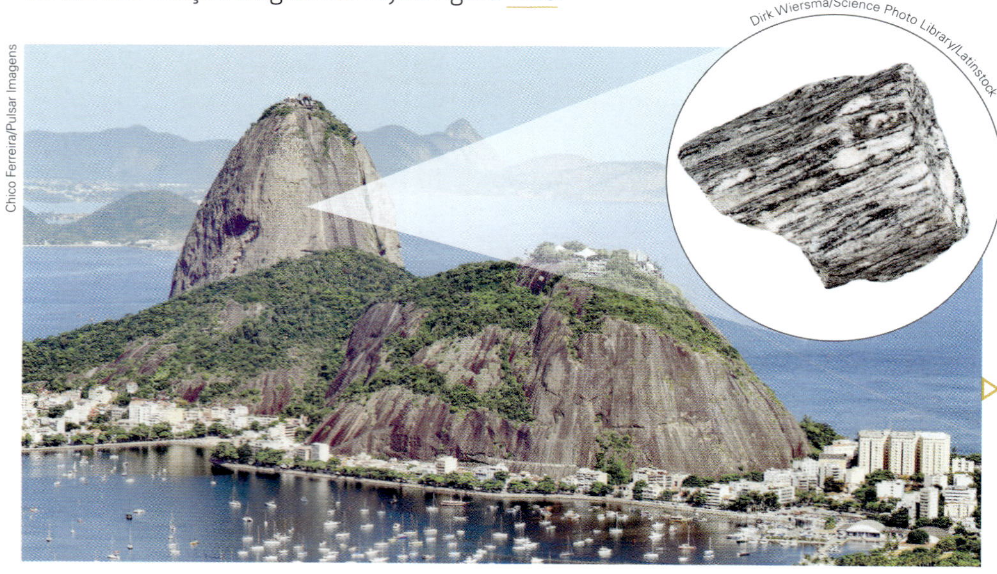

1.20 O Pão de Açúcar, no Rio de Janeiro (RJ), é uma formação de gnaisse. Foto de 2018. No detalhe, um fragmento desse tipo de rocha.

Mundo virtual

Museu Virtual Geológico do Pampa (Unipampa)
http://porteiras.s.unipampa.edu.br/mvgp
Contém fotos de diferentes tipos de rochas magmáticas (ígneas), metamórficas e sedimentares, além de informações sobre a geodiversidade do pampa gaúcho. Acesso em: 22 jan. 2019.

4 Os fósseis

Você já deve ter visto em filmes ou livros o animal representado na figura 1.21: o tiranossauro. Esse animal deixou de existir há milhões de anos.

O tiranossauro pertence ao grupo dos dinossauros, que viveram na Terra durante cerca de 150 milhões de anos. Há 65 milhões de anos, quase todos desapareceram, ou seja, foram extintos.

O estudo dos dinossauros nos dá fortes evidências de que os seres vivos nem sempre foram como são conhecidos hoje. Eles passaram e passam por várias transformações ao longo do tempo. Essas mudanças que ocorrem nas populações de seres vivos fazem parte de um processo chamado **evolução**. O estudo da evolução nos ajuda a descobrir a origem de cada grupo de ser vivo atual e a entender a enorme diversidade de organismos que há em nosso planeta.

Mas como sabemos que os dinossauros existiram?

Muitos organismos que desapareceram deixaram restos ou marcas nas rochas: os **fósseis**. Eles são estudados pela **Paleontologia**, a ciência que estuda os seres vivos do passado.

 Mundo virtual

Oficina de Réplicas – Museu de Geociências (USP)
http://oficinadereplicas.igc.usp.br
Contém fotos de réplicas de fósseis produzidos em resina. Acesso em: 22 jan. 2019.

Paleontologia: vem do grego *palaiós*, "antigo"; *óntos*, "ser"; *lógos*, "estudo".

Herschel Hoffmeyer/Shutterstock

1.21 Representação artística de um tiranossauro, carnívoro que media aproximadamente 6 m de altura e 15 m de comprimento. (Elementos representados em tamanhos não proporcionais entre si. Cores fantasia.)

Um fóssil só se forma em condições muito específicas, pois, geralmente, um cadáver é comido por animais ou decomposto por fungos e bactérias. As partes moles têm mais chance de serem comidas e decompõem-se mais rapidamente que as partes duras (ossos, conchas, etc.); as estruturas duras, portanto, apresentam maior possibilidade de formarem fósseis. Veja a figura 1.22.

Fóssil: vem do latim *fossilis*, que significa "tirado da terra".

Science Photo Library/Fotoarena

1.22 Representação da sequência de formação de um fóssil de dinossauro. Na etapa 1, o corpo do animal começa a ser decomposto pela ação de organismos decompositores. Na etapa 2, o material do esqueleto é substituído por minerais do local em que se encontra e sua forma original é preservada. Na etapa 3, o fóssil é encontrado após a escavação. (Elementos representados em tamanhos não proporcionais entre si. Cores fantasia.)

Um fóssil pode se formar com mais facilidade quando um organismo morre e é soterrado por sedimentos (areia ou argila) no fundo de lagos e mares ou no leito dos rios, antes de sofrer decomposição. Ao longo de milhões de anos, os sedimentos se compactam e formam rochas sedimentares nas quais podemos encontrar fósseis. Reveja a figura 1.22.

Estudando ossos fossilizados de dinossauros, por exemplo, podemos ter uma ideia de sua altura, massa e até da forma de locomoção. Os dentes e as garras podem indicar o tipo de alimentação, considerando que o animal está adaptado ao ambiente em que vive e a determinado modo de vida. Animais carnívoros, por exemplo, têm dentes pontiagudos, que auxiliam a prender outro animal e a rasgar a sua carne.

Às vezes, no processo de fossilização, as partes duras do corpo do ser vivo são substituídas por minerais e sua forma original é preservada. Em outros casos, o organismo é completamente destruído, mas sua marca ou seu molde fica reproduzido na rocha. Veja a figura 1.23.

Alfred Pasieka/SPL/Latinstock

Celso Oliveira/Arquivo da editora

1.23 Fóssil de peixe (cerca de 35 cm de comprimento) exposto no Museu de Paleontologia da Universidade Regional do Cariri, no Ceará.

São raros os casos em que o corpo todo de um organismo fica bem preservado. Mas isso aconteceu, por exemplo, com os mamutes (parentes extintos dos elefantes), que tiveram a carne e a pele congeladas ao ficarem soterrados sob o gelo da Sibéria, e com os insetos presos na resina de pinheiros. Nessa resina fossilizada, chamada âmbar, já foram encontrados insetos que viveram há milhões de anos. Veja a figura 1.24.

1.24 Insetos conservados em âmbar há cerca de 40 milhões de anos.

A sequência de fósseis

Estudando a formação das rochas e dos fósseis, os cientistas descobriram que a idade de um fóssil corresponde, aproximadamente, à idade do terreno em que ele se encontra. Em geral, quanto mais profunda uma camada de rocha, mais antiga ela é. Portanto, os fósseis daquela camada são mais antigos que os fósseis encontrados em camadas superiores.

Os estudos de evolução dos seres vivos indicam, por exemplo, que, entre os animais vertebrados, os peixes devem ter surgido antes dos anfíbios (sapos, rãs, salamandras, etc.) e estes, antes dos répteis atuais (jacarés, tartarugas, lagartos, etc.). Então, em estratos mais antigos, vamos encontrar fósseis de peixes, mas não vamos encontrar fósseis de anfíbios e répteis. Nos estratos intermediários esperamos encontrar fósseis de peixes e de anfíbios, mas não de répteis. Nas camadas mais recentes, vamos encontrar fósseis de peixes, anfíbios e répteis atuais. Veja a figura 1.25. Esses achados indicam que, de fato, ancestrais (antepassados) dos atuais peixes originaram, por evolução, os ancestrais dos atuais anfíbios, e estes, por sua vez, deram origem aos ancestrais dos atuais répteis. De acordo com a teoria da evolução, espera-se também que os fósseis de organismos mais semelhantes às espécies atuais sejam encontrados nas camadas mais recentes.

Como se formam os fósseis (Universidade de Coimbra)
http://fossil.uc.pt/pags/formac.dwt
Animação sobre como se forma um fóssil.
Acesso em: 22 jan. 2019.

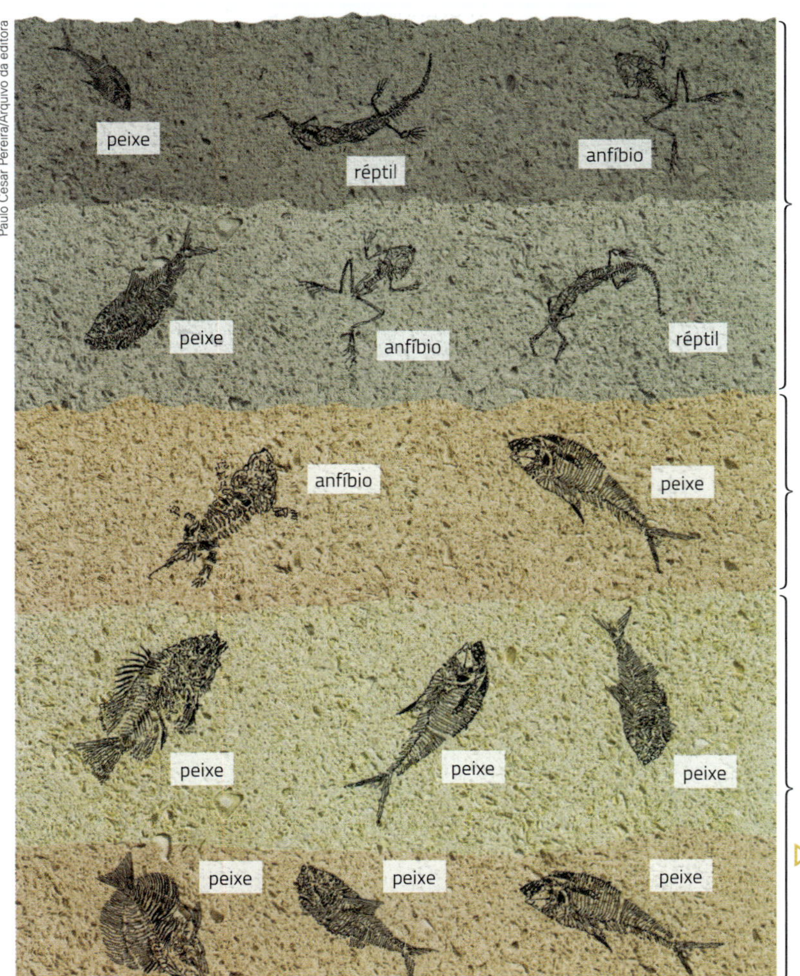

Fonte: elaborado com base em How are fossils formed? *Australian Museum*. Disponível em: <https://australianmuseum.net.au/how-are-fossils-formed>. Acesso em: 22 jan. 2019.

1.25 Representação esquemática da distribuição de alguns fósseis de vertebrados nas camadas de uma rocha sedimentar. (Elementos representados em tamanhos não proporcionais entre si. Cores fantasia.)

Os fósseis e os períodos geológicos

O estudo dos fósseis permite aos cientistas delimitar alguns **períodos geológicos** ao longo da história da Terra, estabelecendo datas para acontecimentos importantes da evolução da vida no planeta.

Para facilitar o estudo da evolução da vida, costuma-se dividir a história da Terra em grandes intervalos de tempo, que são subdivididos em intervalos menores. São os éons, eras, períodos e épocas. Os éons Proterozoico, Arqueano e Hadeano são reunidos na divisão conhecida como Pré-Cambriano. O éon Hadeano é uma divisão informal (não oficial).

Do início do período Cambriano, por exemplo, que começou há cerca de 540 milhões de anos, encontramos fósseis dos primeiros animais. São invertebrados, ou seja, animais

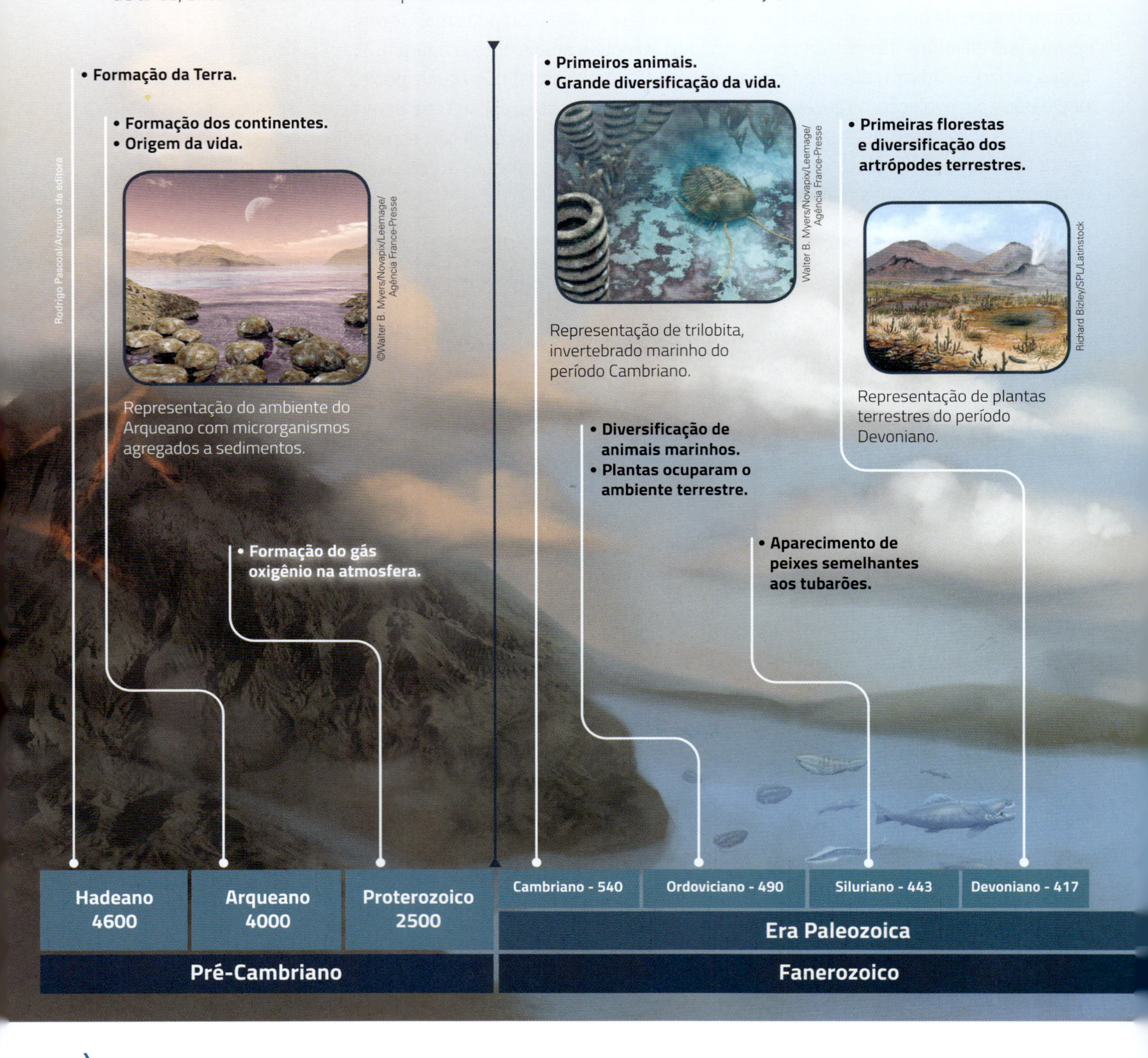

Rodrigo Pascoal/Arquivo da editora

©Walter B. Myers/Novapix/Leemage/Agência France-Presse

Representação do ambiente do Arqueano com microrganismos agregados a sedimentos.

Walter B. Myers/Novapix/Leemage/Agência France-Presse

Representação de trilobita, invertebrado marinho do período Cambriano.

Richard Bizley/SPL/Latinstock

Representação de plantas terrestres do período Devoniano.

sem coluna vertebral. Os primeiros fósseis de vertebrados (animais com coluna vertebral) são do período seguinte, o Ordoviciano, que começou há cerca de 490 milhões de anos. Nesse período se formaram os ancestrais dos peixes atuais.

Fósseis dos primeiros anfíbios, ancestrais dos atuais sapos, rãs e salamandras, são provenientes do período Devoniano, iniciado há 417 milhões de anos.

Já os dinossauros surgiram no período Triássico, iniciado há cerca de 248 milhões de anos, e se espalharam pelo ambiente terrestre. No fim do período Cretáceo, há cerca de 65 milhões de anos, houve uma extinção em massa: muitas espécies foram extintas em períodos curtos de tempo, em termos geológicos. Foi também nesse período que surgiram os primeiros representantes dos mamíferos atuais.

Veja na figura 1.26 alguns acontecimentos que a análise dos fósseis fornece sobre a história da vida na Terra.

1.26 Esquema simplificado mostrando os períodos geológicos e alguns eventos que ocorreram desde a formação da Terra. Os números em cada período indicam a contagem do tempo em milhões de anos atrás. (Elementos representados em tamanhos não proporcionais entre si. Cores fantasia.)

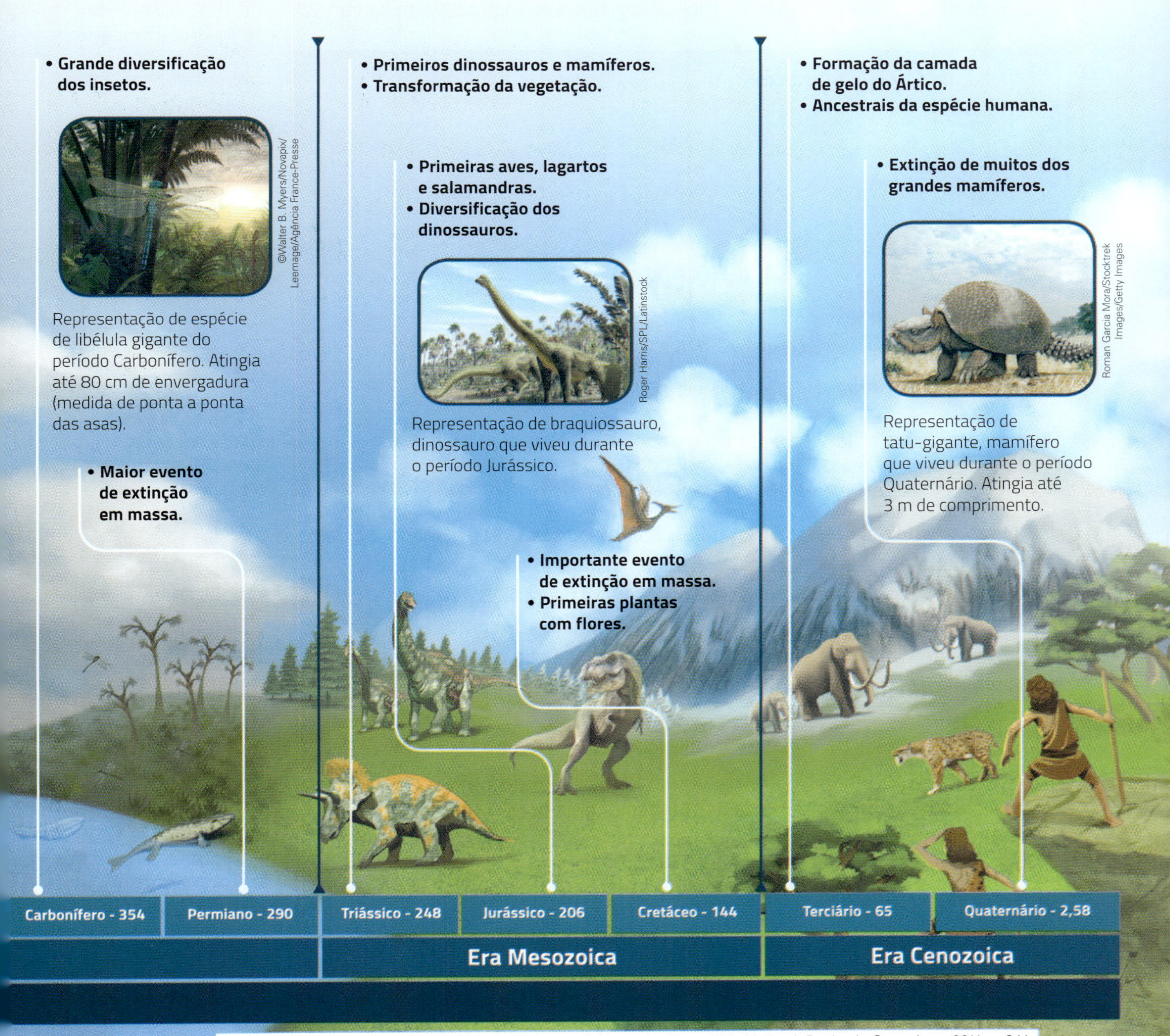

Fonte: elaborado com base em KROGH, D. *Biology*: a Guide to the Natural World. 5. ed. Benjamin Cummings, 2011. p. 341.

5 Os recursos minerais

Olhe a sua volta e tente identificar os materiais presentes na sala de aula. Você provavelmente vai perceber que o ser humano usa diversos materiais – como metais, plásticos, cimento, etc. – para construir casas, veículos e um sem-número de objetos. Boa parte da matéria-prima desses materiais é extraída da crosta terrestre e modificada pela indústria. Os recursos obtidos da natureza e usados para construir os objetos e as construções são chamados **recursos naturais**.

A extração dos recursos naturais pode provocar intensas transformações no ambiente e na sociedade ao seu redor. Um exemplo é o que ocorreu na década de 1980, quando cerca de 120 mil pessoas passaram pelo garimpo de Serra Pelada (PA) em busca de ouro. Elas trabalhavam sem nenhum tipo de segurança ou garantia. Veja a figura 1.27.

Mundo virtual

Museu de Minerais, Minérios e Rochas Heinz Ebert (Unesp)
https://museuhe.com.br/categoria-kids/geologia-para-criancas
Apresenta informações sobre o processo de formação das rochas e exemplos de rochas magmáticas, sedimentares e metamórficas. Confira também, no mesmo *site*, o Banco de Dados sobre minerais e rochas.
Acesso em: 22 jan. 2019.

Juca Martins/Pulsar Imagens

1.27 Garimpo de ouro em Serra Pelada, Curionópolis (PA), 1986.

Outro exemplo de recurso natural muito utilizado pelo ser humano é o ferro. O ferro é obtido, em geral, de um mineral denominado hematita. A hematita é formada por ferro combinado com oxigênio. Observe a figura 1.28.

Os minerais a partir dos quais são produzidos materiais como o ferro e outros produtos com vantagem econômica são chamados **minérios**. Dizemos, portanto, que a hematita é um minério de ferro.

Outros exemplos de minérios explorados economicamente são a galena, um minério de chumbo; a esfarelita, fonte de zinco; a cassiterita, um minério de estanho; e a bauxita, da qual se obtém alumínio.

Fabio Colombini/Acervo do fotógrafo

1.28 Hematita, um mineral do qual se extrai o ferro.

Mundo virtual

Série Geologia na Escola
http://www.mineropar.pr.gov.br/modules/conteudo/conteudo.php?conteudo=97
Os cadernos da série *Geologia na Escola* abordam diversos temas relacionados às Ciências da Terra.
Acesso em: 22 jan. 2019.

Em nosso planeta há vários depósitos naturais de minérios: são as **jazidas**. É preciso ter indústrias para extrair e transformar os minérios em ferro, aço, alumínio, cobre, etc. A mineração ou **extrativismo mineral** é a atividade de exploração das jazidas. Veja a figura 1.29.

Rubens Chaves/Pulsar Imagens

1.29 Extração de minério de ferro em Congonhas (MG), 2016.

É preciso haver um controle rigoroso na mineração, porque ela causa enormes impactos ambientais e sociais. A mineração transforma a paisagem e atrai muitas pessoas para o local de extração. Além disso, usa materiais que precisam ser trabalhados com muito cuidado para evitar acidentes e poluição ambiental.

Em 2015, ocorreu no Brasil o maior desastre socioambiental no setor de mineração de que se tem notícia: o rompimento de uma barragem de uma empresa de mineração em Mariana (MG) provocou o lançamento de cerca de 50 milhões de metros cúbicos de rejeitos no ambiente. A onda de rejeitos, composta principalmente de óxido de ferro e sílica, soterrou o subdistrito de Bento Rodrigues e atingiu o rio Doce, causando prejuízos incalculáveis às populações humanas, à fauna e à flora. O rastro de destruição atingiu o litoral do Espírito Santo. Em 2019, o rompimento da barragem de Brumadinho (MG) liberou cerca de 13 milhões de metros cúbicos de rejeitos e deixou um número bem maior de vítimas fatais do que o desastre de Mariana.

Conexões: Ciência e História

A história da metalurgia

Achados arqueológicos mostram que, há mais de 2 milhões de anos, nossos ancestrais já fabricavam utensílios de pedra.

Somente muito mais tarde, por volta de 9000 a.C., alguns grupos começaram a fabricar ferramentas de metal. Ele era extraído das rochas pela ação do fogo. Sua descoberta pode ter ocorrido acidentalmente, quando minérios contendo metais foram colocados em fogueiras. Acredita-se que o primeiro metal trabalhado pelo homem foi o cobre.

Entre 3500 e 3000 a.C., os sumérios (povo que vivia em regiões do atual Oriente Médio) descobriram que, ao derreter e misturar minérios de cobre e estanho, obtinha-se uma liga resistente, o bronze. Esse material logo passou a ser usado em ferramentas e armas mais resistentes.

Por volta de 1500 a.C., na Ásia Menor, o ferro passou a ser usado com grande frequência na fabricação de utensílios, possibilitando a produção de ferramentas e armas ainda mais rígidas que as de bronze. Antes disso, alguns povos já produziam utensílios de ferro utilizando pedaços de meteorito de ferro batidos, mas foi só nessa época que o metal passou a ser extraído de seus minérios. Isso porque sua fusão exige temperaturas muito altas, em torno de 1200 °C.

A metalurgia (produção de metais) foi tão importante para o desenvolvimento dos grupos humanos que os historiadores costumam dividir a Pré-História em Idade da Pedra (anterior à descoberta da metalurgia) e Idade dos Metais. Esta última costuma ser dividida em Idade do Cobre (9000 a.C.-3500 a.C.), Idade do Bronze (3500 a.C.-1500 a.C.) e Idade do Ferro (1500 a.C.-1600 d.C.). No entanto, o uso desses metais não ocorreu ao mesmo tempo em todos os lugares do mundo. Alguns povos, aliás, não desenvolveram sequer a metalurgia, o que mostra que essa periodização não é válida para todos os grupos humanos.

Recursos naturais renováveis e não renováveis

Como vimos, as rochas e os minerais levam milhões de anos para se formar. O petróleo e o carvão mineral são outros recursos que requerem muito tempo para serem formados. Vimos também que o ser humano usa recursos naturais, como aqueles extraídos de rochas, em muitos produtos. Será que esses recursos nunca vão acabar?

No 7º ano você vai estudar como o petróleo e o carvão mineral se formaram, seu uso e os problemas ambientais causados pela queima desses combustíveis.

Por volta da década de 1960, o ser humano começou a ficar cada vez mais atento à importância de questões ambientais. A verdade é que estamos consumindo os recursos naturais em uma velocidade muito maior do que aquela com a qual esses recursos se formam, ou se renovam. Isso quer dizer que esses recursos estão se esgotando.

Por essa razão, os minerais, o petróleo e o carvão mineral são conhecidos como **recursos naturais não renováveis**. Veja as figuras 1.30 e 1.31.

As fontes de energia (renováveis e não renováveis) serão estudadas no 8º ano.

Layne Kennedy/Getty Images

1.30 Amostra de petróleo, um recurso natural não renovável.

Agora veja só: a espécie humana consome os peixes que pesca. Mas os peixes que não são pescados se reproduzem e dão origem a outros indivíduos. Então, novos peixes podem ser pescados. Muitas árvores são cortadas, mas outras árvores podem ser plantadas, substituindo as que foram retiradas da natureza. Por isso as plantas e os animais usados em nossa alimentação ou para outros fins são, em geral, considerados **recursos naturais renováveis**, o que possibilita seu uso constante.

Mas atenção! Mesmo alguns recursos renováveis estão sendo consumidos em velocidade maior do que a de sua reposição natural. A pesca excessiva, por exemplo, reduz o número de peixes nos rios e mares, e esses poucos peixes que não foram pescados não se reproduzem na velocidade necessária para repor todos aqueles que são consumidos. Por isso, as espécies usadas comercialmente podem se extinguir.

Luciana Whitaker/Pulsar Imagens

1.31 Vagões de trem carregados com carvão mineral em Siderópolis (SC), 2016. O carvão mineral é um recurso natural não renovável.

O consumo dos recursos naturais renováveis não deve ser, portanto, mais rápido do que a sua reposição. Além disso, a poluição e os desequilíbrios da natureza provocados pela espécie humana precisam ser controlados porque contribuem para a degradação do ambiente, o que acelera ainda mais o esgotamento desses recursos. Por isso é preciso tomar medidas para evitar a poluição do ambiente e para recuperar as áreas degradadas, com fiscalização rigorosa por parte do governo.

Munique Bassoi/Pulsar Imagens

1.32 Reciclagem de latas de alumínio em Taquaritinga (SP), 2017.

Além de cobrar ações do governo, todas as pessoas devem atuar na preservação dos recursos naturais, renováveis ou não. Uma das principais formas é por meio do consumo consciente: devemos procurar saber de onde vem e como é fabricado tudo o que consumimos, fazer escolhas apropriadas e limitar o consumo ao que realmente precisamos.

Daniel Cymbalista/Pulsar Imagens

1.33 Camiseta confeccionada com fibras de poliéster produzidas a partir da reciclagem de garrafas plásticas.

Em relação aos minérios, por exemplo, é necessário incentivar a reciclagem, isto é, a transformação de objetos que já foram usados em materiais que servirão para a produção de novos objetos. Na reciclagem de latinhas de alumínio, por exemplo, obtêm-se chapas de alumínio que servirão para a fabricação de novas latinhas. Isso diminui o volume de lixo e a extração de minério da natureza. Veja a figura 1.32. Além do alumínio, o vidro pode ser derretido e reaproveitado na produção de novos objetos, reduzindo, por exemplo, a extração de calcário. Produtos feitos com papel e plástico também podem ser reciclados. Veja a figura 1.33.

Além disso, é preciso evitar o desperdício e o consumo excessivo, especialmente dos materiais que estão se esgotando, substituindo-os por materiais alternativos. Quando compramos objetos desnecessários, incentivamos a degradação do ambiente. Você costuma comprar roupas, aparelhos eletrônicos e outros objetos sem que precise realmente deles?

Ao longo de nossos estudos, discutiremos mais sobre o que podemos fazer para evitar que os recursos naturais sejam degradados ou se esgotem.

Mundo virtual

Geologia – Serviço Geológico do Brasil

www.cprm.gov.br/publique/Redes-Institucionais/Rede-de-Bibliotecas---Rede-Ametista/Canal-Escola/Geologia-4007.html

Traz informações sobre diversos aspectos da Geologia, como informações sobre minerais e rochas, explicações sobre a origem do petróleo e orientações sobre como colecionar minerais.

Acesso em: 22 jan. 2019.

ATIVIDADES

Aplique seus conhecimentos

1 Faça um desenho organizando as camadas da Terra. Comece pela mais externa e siga até chegar à mais interna. Use os seguintes termos: crosta, manto, núcleo externo, núcleo interno.

2 Relacione os conceitos indicados pelas letras na primeira coluna com os conceitos indicados na segunda coluna.

a) litosfera	( ) O conjunto total de água do planeta (rios, lagos, oceanos, etc.).
b) hidrosfera	( ) A parte sólida formada a partir das rochas.
c) atmosfera	( ) As regiões em que é possível haver vida no planeta.
d) biosfera	( ) A camada de ar que envolve o planeta.

3 A cada 30 m de profundidade do solo, a temperatura aumenta, em média, cerca de 1 °C. Como você explica isso?

4 Neste capítulo você aprendeu sobre três tipos de rocha: magmáticas, sedimentares e metamórficas. Identifique o tipo de rocha a que se refere cada uma das afirmativas abaixo.

a) São formadas por compactação de grãos de outros tipos de rocha transportados pela água ou pelo vento.
b) São formadas pelo resfriamento do magma ou da lava.
c) São formadas pela transformação de outras rochas submetidas a condições de elevada pressão e temperatura.
d) Rochas em que há maior possibilidade de encontrar fósseis.

5 Explique por que existem grãos de várias cores em um pedaço de granito.

6 Você conheceu um tipo de rocha que é formado pelo resfriamento e pela solidificação do magma. E aprendeu também que essas rochas podem se quebrar em pequenos fragmentos (pedaços), que se acumulam em camadas de sedimentos e acabam se transformando, por compressão, em outro tipo de rocha.
Você viu também que os dois tipos de rochas descritos acima, sob a ação de pressão elevada e altas temperaturas, podem se transformar em um terceiro tipo de rocha.
Mas, se esse terceiro tipo de rocha derreter no interior do planeta, pode se tornar o primeiro tipo de rocha descrito acima.
Essas mudanças formam, portanto, um ciclo, no qual uma rocha, ao longo de muito tempo, pode se transformar em outra, que se transforma em outra, que, por sua vez, se transforma em outra, e assim por diante: é o ciclo das rochas.
Na figura abaixo, que resume o ciclo das rochas, indique a que tipo de rocha corresponde cada número.

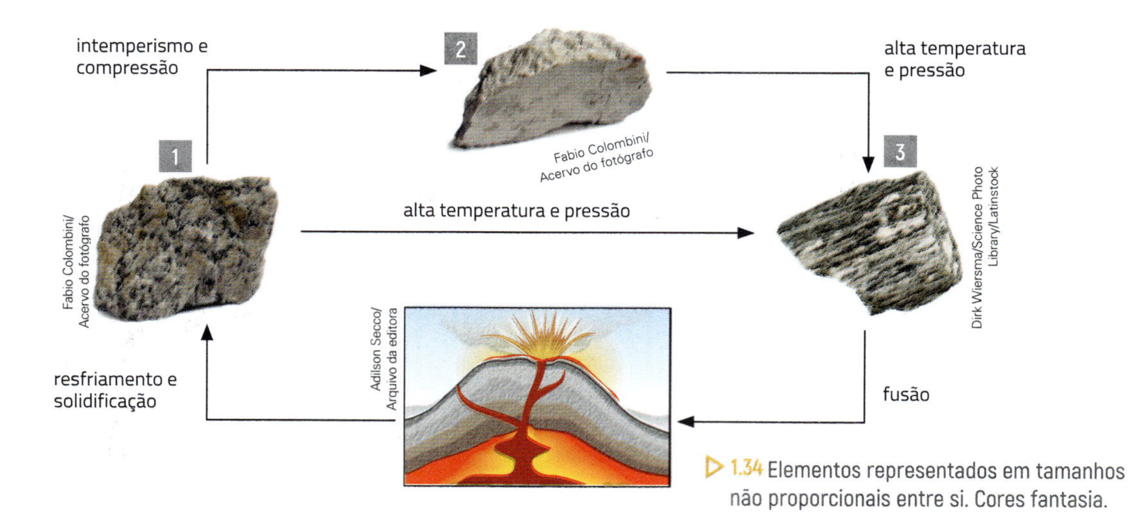

1.34 Elementos representados em tamanhos não proporcionais entre si. Cores fantasia.

7 ▸ Rochas magmáticas podem ser muito antigas: algumas têm mais de 3 bilhões de anos! No entanto, outras podem ser bem mais recentes. Como você explica esse fato?

8 ▸ Imagine que, durante a construção de uma estrada, os técnicos tenham encontrado um tipo de rocha no qual observaram uma disposição em camadas sucessivas e a presença de alguns fósseis de caramujos entre essas camadas. Que tipo de rocha era essa?

9 ▸ Neste capítulo você viu a ilustração de um dinossauro, o tiranossauro. Esse animal se extinguiu há cerca de 65 milhões de anos. Então, como os cientistas conseguem estudá-lo?

10 ▸ Qual é a importância dos fósseis para o estudo da evolução da vida na Terra?

11 ▸ Explique por que a quantidade de fósseis encontrados é muito menor do que a quantidade de organismos que os cientistas acreditam ter existido no passado.

12 ▸ Qual é a diferença entre mineral e minério?

13 ▸ O que você acha que vale mais no mercado internacional: o minério de ferro ou o ferro puro? Justifique sua resposta.

14 ▸ Para fabricar uma tonelada de alumínio, um metal muito usado em latas, é necessário extrair cinco toneladas de bauxita. O que poderia ser feito para conseguir alumínio de modo a diminuir a necessidade de bauxita?

De olho na notícia

A notícia a seguir trata de uma descoberta feita em 2018 em Pompeia, na Itália. Há quase 2 mil anos a região foi completamente destruída durante a erupção de um vulcão e guarda importantes registros da catástrofe.

Leia a notícia e procure no dicionário as palavras que não entendeu. Anote o significado dessas palavras. Em seguida, faça o que se pede.

Arqueólogos descobrem nova vítima de erupção de Pompeia

Um homem [...] teve seu esqueleto descoberto por pesquisadores que estudam o sítio arqueológico de Pompeia, na Itália.

A descoberta remete ao ano 79 d.C., época em que o Monte Vesúvio entrou em erupção, matando grande parte da população de Pompeia e – em episódio arqueologicamente famoso – fossilizando seus corpos.

O esqueleto recém-descoberto parece ser de um homem que sobreviveu à explosão inicial do vulcão e possivelmente tentava escapar da cidade.

No entanto, acredita-se que ele tenha sofrido uma lesão na perna, que dificultou sua fuga – os arqueólogos dizem ter identificado no esqueleto sinais de uma infecção óssea.

Ciro Fusco/ANSA/AP Photo/Glow Images

1.35 Esqueleto de homem encontrado em Pompeia, na Itália, em 2018.

[...]

A atividade vulcânica matou muitos dos moradores da cidade não por causa da lava, mas sim pela vasta e rápida nuvem de gás quente e fragmentos [...] do Vesúvio que se espalhou pela cidade. Ao cobrir os moradores com cinzas, a nuvem acabou preservando seus corpos para o estudo arqueológico posterior.

Já o homem [...], que provavelmente tinha em torno de 30 anos, foi encontrado no primeiro piso de uma edificação [...].

O arqueólogo Massimo Osanna diz que o esqueleto é uma "descoberta excepcional", que é parte dos estudos para entender o impacto da erupção do Vesúvio na vida dos antigos moradores de Pompeia.

BBC News Brasil. Disponível em: <https://www.bbc.com/portuguese/internacional-44305385>. Acesso em: 22 jan. 2019.

a) De acordo com o texto, o que aconteceu no sul da Itália no ano 79?
b) Qual foi a descoberta recente anunciada pela notícia?
c) Pelo que você estudou, qual camada da Terra deu origem às cinzas que atingiram as vítimas em Pompeia?
d) Que tipo de rocha é originada na erupção de vulcões como o Vesúvio? Dê um exemplo desse tipo de rocha.

Trabalho em equipe

Cada grupo de estudantes vai escolher uma das atividades a seguir para pesquisar em livros, revistas ou *sites* confiáveis (de universidades, centros de pesquisa, etc.). Vocês podem buscar o apoio de professores de outras disciplinas (Geografia, História, Língua Portuguesa, etc.). Exponham os resultados da pesquisa para a classe e a comunidade escolar (estudantes, professores e funcionários da escola e pais ou responsáveis), com o auxílio de ilustrações, fotos, vídeos, blogues ou mídias eletrônicas em geral. Ao longo do trabalho, cada integrante do grupo deve defender seus pontos de vista com argumentos e respeitando as opiniões dos colegas.

1 Observem a pintura abaixo. Ela é um exemplo de arte rupestre. Pesquisem a que corresponde esse tipo de arte e se ela é encontrada no Brasil.

Thipjang/Shutterstock

1.36 Imagens de animais encontradas na caverna de Lascaux, no vale de Vézère, na França. Foto de 2017.

2 Pesquisem a história da mineração no Brasil a partir do século XVII. Que metais e pedras preciosas foram mais explorados? Em quais estados houve maior exploração?

3 Pesquisem quais são os problemas socioambientais decorrentes das atividades de mineração. Pesquisem também que ações foram adotadas em relação ao rompimento da barragem de uma empresa mineradora ocorrido em 2015, em Minas Gerais, sobre o qual você leu na página 35. Pesquisem se no estado em que vocês moram há exploração de jazida mineral e como ela está sendo feita.

4 Procurem na internet por museus de Geologia no Brasil ou por instituições em que há exposição de minerais, rochas, fósseis, etc. Se possível, visitem o local e depois contem para o restante da turma sobre a exposição.

De olho no texto

Leia os textos a seguir, referentes ao rompimento de uma barragem no município de Brumadinho, em Minas Gerais, ocorrido em janeiro de 2019.

Três anos depois, Brumadinho repete cenas da tragédia ambiental de Mariana

O rompimento de uma barragem [...] em Brumadinho (MG) repete as cenas do que é até agora o maior desastre ambiental já registrado. Em 5 de novembro de 2015, uma barragem [...] se rompeu em Mariana e deixou como saldo um rastro de lama contaminada que destruiu cerca de 700 quilômetros do rio Doce entre Minas Gerais e o litoral do Espírito Santo, 19 mortos, o distrito de Bento Rodrigues submerso e incontáveis prejuízos às cerca de 300 famílias desalojadas. [...]

Os impactos foram sentidos por cerca de meio milhão de pessoas. Estima-se que, com o rompimento da barragem, 39,2 milhões de metros cúbicos de rejeitos de minério tenham percorrido os rios Gualaxo do Norte, Carmo e Doce até desembocar no oceano Atlântico. O *tsunami* de lama afetou diversas comunidades ribeirinhas mineiras e capixabas pelo caminho. Contaminou a água, tirou o trabalho de pescadores que dependiam dos rios para sobreviver, matou animais e plantas. [...]

Três anos depois, Brumadinho repete cenas da tragédia ambiental de Mariana. *Veja*, 25 jan. 2019. Disponível em: <https://veja.abril.com.br/brasil/tres-anos-depois-brumadinho-repete-cenas-da-tragedia-ambiental-de-mariana/>. Acesso em: 28 jan. 2019.

"Desastre de Brumadinho deve ser investigado como crime", diz ONU

O rompimento da barragem de Brumadinho deve ser investigado como "um crime", afirmou [...] o relator especial das Nações Unidas para Direitos Humanos e Substâncias Tóxicas, Baskut Tuncak.

"Esse desastre exige que seja assumida responsabilidade pelo o que deveria ser investigado como um crime. O Brasil deveria ter implementado medidas para prevenir colapsos de barragens mortais e catastróficas após o desastre [...] de 2015", disse Tuncak, em referência à tragédia de Mariana.

Reuters/Fotoarena

1.37 Foto aérea tirada em 29 de janeiro de 2019 de parte da região atingida pelo rompimento da barragem de Brumadinho (MG).

Segundo o relator da ONU, as autoridades brasileiras deveriam ter aumentado o controle ambiental, mas foram "completamente pelo contrário", ignorando alertas da ONU e desrespeitaram os direitos humanos dos trabalhadores e moradores da comunidade local. [...]

WENTZEL, M. "Desastre de Brumadinho deve ser investigado como crime", diz ONU. *BBC Brasil*, 28 jan. 2019. Disponível em: <https://www.bbc.com/portuguese/brasil-47027437>. Acesso em: 28 jan. 2019.

a) Consulte em dicionários o significado das palavras que você não conhece e redija uma definição para essas palavras.

b) Que fatos são comuns aos desastres ocorridos em Mariana e em Brumadinho?

c) Com base no que já foi estudado sobre os impactos socioambientais das atividades de extrativismo mineral, por que você acha que o representante da ONU, no segundo texto, afirma que, após o desastre ocorrido em Mariana, "as autoridades ambientais deveriam ter aumentado o controle ambiental"?

Aprendendo com a prática

Veja o que é necessário para realizar esta atividade e siga as orientações dadas.

Material

- Uma colher de sopa
- Dois ovos de galinha
- Dois copos transparentes iguais (copos de, no mínimo, 200 mL)
- Água
- Vinagre branco

Fotos: Julia Ivantsova/ Shutterstock

▷ 1.38

Procedimento

1. Ponha um ovo em cada copo, com cuidado para não os quebrar. Acrescente vinagre em um dos copos até cobrir o ovo.
2. Ponha água no outro copo até cobrir o ovo.
3. Observe por alguns minutos. Veja se os ovos ou os líquidos sofrem alguma alteração. Anote o que você observou.
4. Peça ao professor que ponha os dois copos na geladeira. Ao longo de dois dias, observe-os de vez em quando.
5. Passado esse tempo, tire cuidadosamente, com uma colher, os ovos dos copos e lave-os em água corrente. Observe com atenção a superfície de cada um, comparando-as. Anote o que você observou.

Resultados e discussão

a) Descreva a transformação que aconteceu com a casca de um dos ovos no fim da atividade.

b) Pesquise qual substância existe na casca do ovo e o que acontece quando a colocamos em contato com o ácido do vinagre.

c) Suponha que um estudante afirme que as mudanças ocorridas no ovo que foi posto no vinagre foram provocadas tanto pelo ácido do vinagre quanto pela água que esse produto contém. O que você diria?

d) Esse experimento nos mostra que os ácidos reagem com certas substâncias. Explique por que é possível identificar certos tipos de rocha usando ácido e dê exemplos dessas rochas.

e) Às vezes, as fábricas podem lançar na atmosfera produtos químicos que formam ácidos ao entrarem em contato com a água das chuvas. Com isso, a chuva pode se tornar mais ácida. A chuva ácida teria algum efeito sobre monumentos e construções? Explique.

Atenção

Cuidado! O ácido do vinagre não é corrosivo para a nossa pele, mas há outros ácidos muito corrosivos. Por isso você nunca deve fazer experimentos com ácidos sem a orientação do professor. Cuidado também ao manusear objetos de vidro, como os copos. Você pode se cortar.

Autoavaliação

1. Você teve dificuldade para compreender algum dos temas estudados no capítulo? O que você fez para superar essa dificuldade?
2. Quais dos temas estudados no capítulo despertaram mais o seu interesse? Como você faria para pesquisar mais informações a respeito desses temas?
3. Depois de ter estudado este capítulo, você consideraria necessário repensar a importância de ações como a reciclagem e o consumo consciente? Que atitudes você poderia adotar no seu dia a dia para ajudar?

CAPÍTULO

2 Litosfera: o solo

Chico Ferreira/Pulsar Imagens

2.1 Plantação de hortaliças orgânicas em zona rural de Paulo Lopes (SC), 2016. Na agricultura orgânica, o solo é adubado com folhas, galhos, farinha de ossos e esterco de animais. Não se usam agrotóxicos ou fertilizantes sintéticos, ou seja, fabricados em laboratório.

Você já refletiu sobre a origem dos alimentos? Quase tudo o que comemos depende do solo para ser produzido. Mesmo os alimentos industrializados, que passam por muitas transformações antes de chegar à sua casa, têm como origem vegetais cultivados ou animais criados no campo. Veja a figura 2.1.

O solo é a base para a produção da maioria dos alimentos. Além da produção para alimentação, também é no solo que se cultivam as plantas que nos fornecem matéria-prima para a confecção de móveis, roupas e muitos objetos de uso cotidiano.

Por isso, o conhecimento do solo é fundamental para a humanidade. Mais do que isso: aprender a conservá-lo pode garantir o sustento e a sobrevivência de muitas gerações futuras.

Para começar

1. Em que camada da Terra está localizado o solo?
2. Quais são os componentes do solo? Como ele deve ser preparado e cuidado para a agricultura?
3. Que problemas podem ameaçar o solo?
4. Quais são as consequências desses problemas? O que pode ser feito para evitá-los?

1 O que existe no solo

Como já vimos, a camada de rochas na superfície da Terra está exposta a variações de temperatura, à ação da chuva e a outros fatores que provocam desgaste. Esse processo é conhecido como **intemperismo**. Ao longo de muito tempo, o material resultante do desgaste dessas rochas vai formando o que chamamos de **solo**.

Os grãos minerais que formam o solo são, portanto, pequenos pedaços de rochas. Além desses minerais, o solo é formado por água, ar e restos de organismos, como fungos, animais e plantas. A circulação de ar entre os grãos do solo é fundamental, já que permite a respiração das raízes de plantas e dos outros organismos que vivem no solo.

Você já pensou no que ocorre com as folhas que caem de uma árvore ou com os animais que morrem? Restos de plantas e de outros organismos servem de alimento para bactérias e fungos, chamados seres **decompositores**. Veja a figura 2.2. A **decomposição** desses restos de seres vivos forma uma matéria escura, chamada **húmus**. À medida que a decomposição avança, o húmus sofre diversas transformações que produzem água, nutrientes e gás carbônico, os quais podem ser aproveitados pelas plantas.

2.2 Bactérias e fungos transformam restos de seres vivos em água, nutrientes e gás carbônico, que serão utilizados pelas plantas (representadas pela árvore). Bactérias e alguns fungos são microscópicos. (Elementos representados em tamanhos não proporcionais entre si. Cores fantasia.)

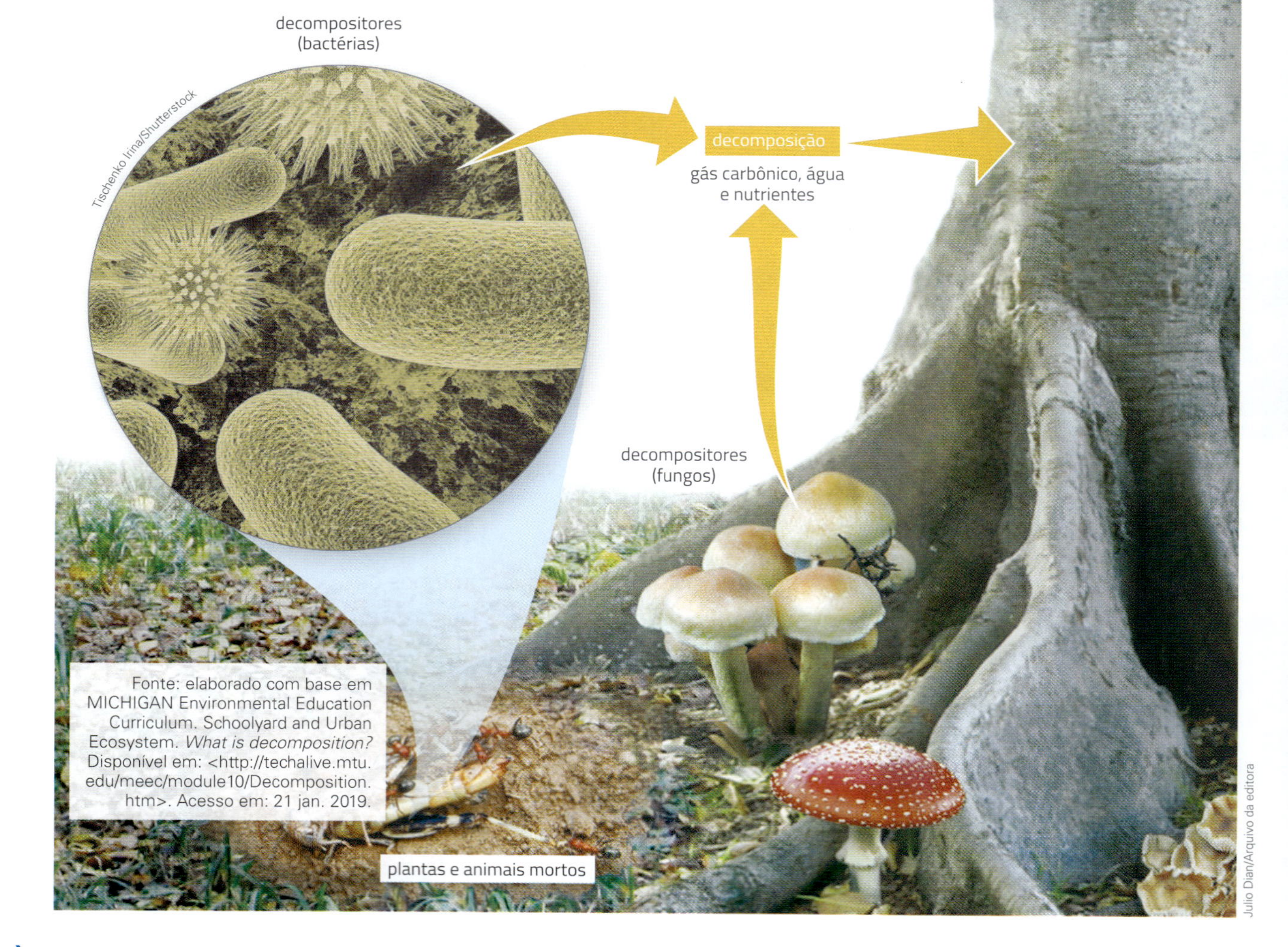

Fonte: elaborado com base em MICHIGAN Environmental Education Curriculum. Schoolyard and Urban Ecosystem. *What is decomposition?* Disponível em: <http://techalive.mtu.edu/meec/module10/Decomposition.htm>. Acesso em: 21 jan. 2019.

Podemos dizer então que o solo é composto de uma parte mineral e de uma parte orgânica. A **parte mineral** é aquela que se originou da desagregação das rochas. A **parte orgânica** é formada por restos de plantas (folhas, galhos, frutos), de animais (ossos, tecidos, fezes) ou de outros seres vivos (bactérias, fungos) em diferentes estágios de decomposição.

Desagregação: separação de partes que estavam juntas.

Por baixo da camada superficial do solo encontram-se fragmentos maiores de rochas. E mais profundamente está a rocha que deu origem ao solo: a **rocha matriz**. Veja a figura 2.3.

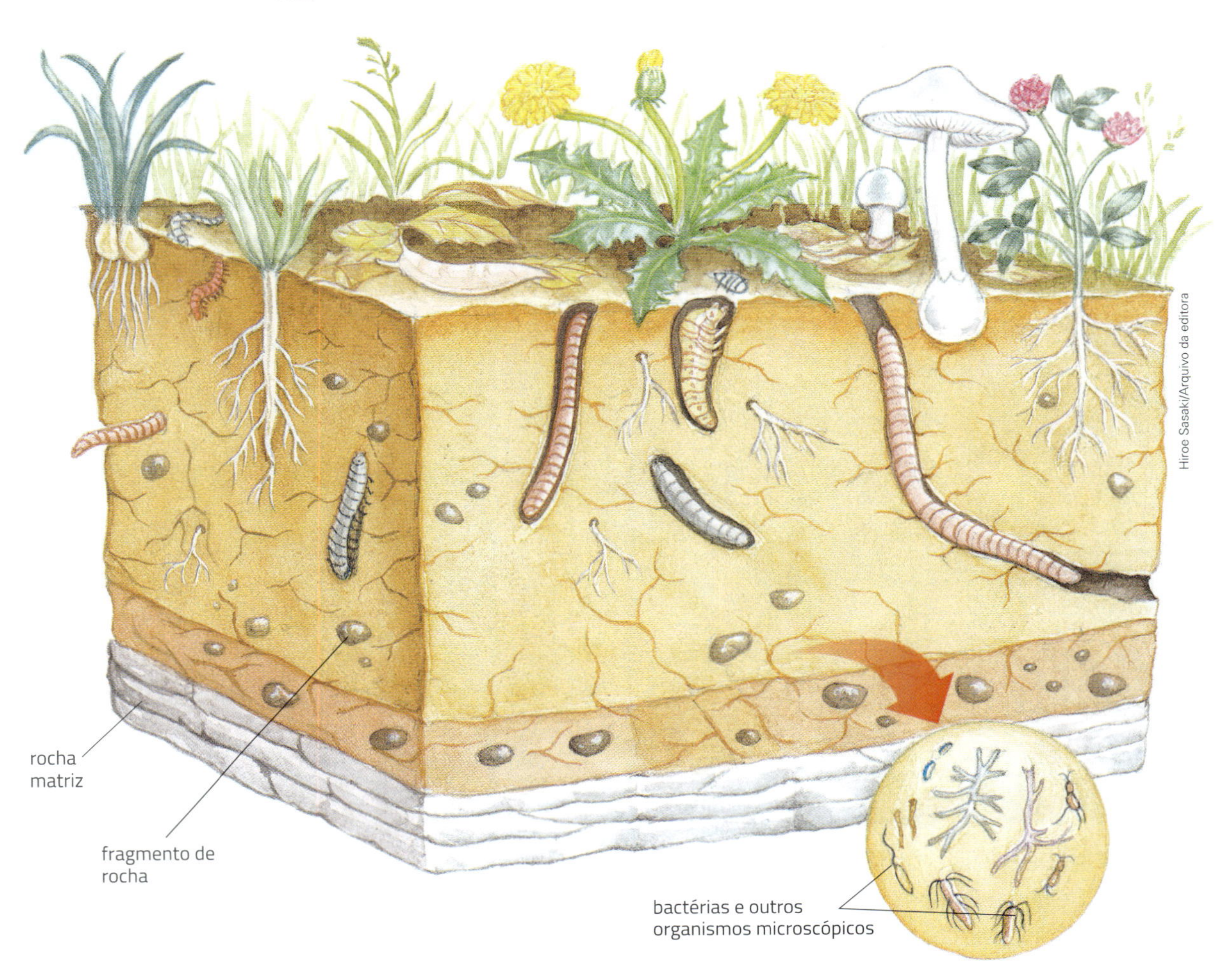

Fonte: elaborado com base em EVERT, R. F.; EICHHORN, S. E. *Raven Biology of Plants*. 8. ed. New York: W. H. Freeman, 2013. p. 690.

2.3 Ilustração de um corte de solo. (Elementos representados em tamanhos não proporcionais entre si. Cores fantasia.)

Essas camadas sobrepostas que ficam visíveis em cortes e escavações no solo podem se distinguir entre si pela cor, pela textura e por outras características e são chamadas **horizontes do solo**.

Mesmo localizada em uma camada muito profunda, a rocha matriz continua sofrendo ação da água, por exemplo. Parte da água da chuva se infiltra no solo e, à medida que se aprofunda, preenche os espaços entre as rochas – formando os chamados lençóis de água, lençóis freáticos ou águas subterrâneas – até chegar às camadas de rocha impermeáveis.

Mundo virtual

Aprenda mais sobre solos - Embrapa
www.youtube.com/watch?v=lBRFa_cMfG8
Vídeo que traz informações do solo, como composição, formação, usos e cuidados. Acesso em: 21 jan. 2019.

Freático: vem do grego *phreateios*, que significa "poço".

2 Os tipos de solo

Você já deve ter percebido que poucas plantas conseguem crescer na areia. Compare as fotos de um solo arenoso e um solo humífero nas figuras 2.4 e 2.5.

Kim-Ir-Sem/Arquivo da editora

2.4 O solo arenoso tem grande quantidade de areia. Observe a sua coloração mais clara.

Mauritius/Mauritius/Latinstock

2.5 O solo humífero é rico em húmus. Observe a sua coloração mais escura.

Nas fotos acima, é possível perceber, logo à primeira vista, a diferença na coloração desses solos. Se pudéssemos observar ao vivo e manusear os dois tipos de solos, outros aspectos certamente chamariam a nossa atenção, como o cheiro e a textura.

O tipo de solo depende de vários fatores, como o tipo de rocha matriz que o originou (magmática, sedimentar ou metamórfica), o clima da região, a quantidade de matéria orgânica, a vegetação que o recobre e o tempo que ele levou para se formar.

Uma forma de classificar os solos está relacionada ao tamanho das partículas que os compõem. Os solos podem conter partículas de argila, silte ou areia. A argila é formada por grãos com menos de 0,002 mm de diâmetro; o silte, por grãos entre 0,002 mm e 0,02 mm; a areia por grãos com diâmetro entre 0,02 mm e 2 mm. A proporção entre esses componentes afeta diversas características do solo, inclusive a fertilidade.

Solos arenosos têm um teor de areia igual ou superior a 70%. Esses solos secam rapidamente porque são muito permeáveis: os grãos são maiores e há grandes espaços entre eles. Os sais minerais e a matéria orgânica, que servem de nutrientes para as plantas, são carregados pela água e por isso os solos arenosos são geralmente pobres em nutrientes. Reveja a figura 2.4.

Silte: partículas do solo menores do que a areia fina e maiores do que as partículas de argila.

Fertilidade: capacidade do solo de fornecer compostos necessários para o desenvolvimento das plantas (água e nutrientes).

Permeável: vem do latim *permeabilis*, que significa "que pode ser atravessado". Nesse caso, o solo pode ser atravessado pela água.

Já nos **solos argilosos** predominam partículas de argila, embora haja também silte e areia. Um solo é considerado argiloso quando contém de 35% a 60% de argila (solos com mais de 60% de argila são considerados de textura muito argilosa). Em geral, esse tipo de solo é menos permeável que os solos arenosos.

A argila é formada por grãos muito pequenos e bem ligados entre si. Por isso, retêm água e nutrientes, o que mantém a fertilidade do solo e facilita o crescimento das plantas; contudo, se o solo tiver textura muito argilosa, pode ficar encharcado e cheio de poças após a chuva. Veja a figura 2.6.

G. Evangelista/Opção Brasil Imagens

2.6 Solo argiloso com poças de lama após chuva em São Roque de Minas (MG), 2015.

Os solos podem ainda ser classificados em **solos humíferos** (também chamados de **solos orgânicos**) – nos quais há predominância de material orgânico ou húmus – e **solos minerais** – nos quais há predominância de material mineral. A presença de húmus deixa o solo mais escuro, úmido e rico em matéria orgânica, o que o torna poroso, com boa circulação de ar e com os nutrientes necessários às plantas. Reveja a figura 2.5.

Os solos mais adequados para a agricultura têm certa proporção de areia, argila e sais minerais, além do húmus. Essa proporção facilita a penetração da água e do gás oxigênio, utilizados pelos microrganismos e pelas plantas. Em geral, esses solos retêm água, porém não ficam encharcados. Cada planta, no entanto, cresce melhor em um determinado tipo de solo; o coqueiro, por exemplo, armazena rapidamente a água que passa pelo solo e consegue, assim, crescer em terrenos arenosos, que não retêm muita água. Veja a figura 2.7.

A fertilidade do solo às margens do rio Nilo foi um dos fatores que propiciaram um bom desenvolvimento da agricultura entre os antigos egípcios, por volta de 8500 a.C. Isso porque, entre junho e outubro, o rio transbordava e enriquecia suas margens com húmus. Após o recuo das águas, as comunidades plantavam trigo, aveia, ervilhas, lentilhas, entre outras culturas.

Fabio Colombini/Acervo do fotógrafo

2.7 Plantação de coqueiros (*Cocos nucifera*, pode atingir até 30 m de altura) em Mirandópolis (SP), 2016.

Mundo virtual

Composição do solo
videoseducacionais.cptec.inpe.br/swf/solo/3_1
Vídeo interativo que apresenta componentes do solo e os diferentes tipos de solo.
Acesso em: 22 jan. 2019.

3 A preparação do solo

O aumento da população humana tornou necessária a produção de quantidades cada vez maiores de alimentos. Com isso, a vegetação original das florestas e de outros ambientes foi sendo destruída para dar lugar ao cultivo de plantas comestíveis e à criação de animais. Hoje, o desmatamento é feito com máquinas (tratores e serras, por exemplo) ou com fogo (que causa uma série de problemas e ainda pode resultar em queimadas sem controle).

Além disso, muitas vezes a atividade agrícola é feita de forma inadequada e, depois de alguns anos de produção, os solos se esgotam, ou seja, não conseguem mais reter e fornecer os nutrientes necessários às plantas.

Para preservar o solo e garantir boas colheitas, são necessários certos procedimentos, que devem ser orientados por profissionais como agrônomos, biólogos e engenheiros ambientais, entre outros. Vamos estudar alguns desses procedimentos.

Agrônomo: especialista em Agronomia, a ciência que estuda o cultivo do solo.

A terra

Quando o solo está muito compacto e duro, pode ser necessário **arar** (lavrar) a terra. Ela é revolvida (remexida) com auxílio do **arado**. Essa máquina escava, corta e revolve o solo até que ele fique fofo e poroso para permitir a entrada do ar e da água. Veja a figura 2.8.

Os primeiros arados surgiram por volta de 5500 a.C., na Mesopotâmia, e consistiam em varas de madeira puxadas por bois. Essas varas abriam, no solo, fendas onde eram colocadas as sementes. Por volta do século III a.C., os chineses se valiam de um arado com lâminas de ferro, mais eficiente.

No entanto, em locais de clima tropical, como em algumas regiões do Brasil, a aração deixa o solo muito exposto ao calor do Sol e à ação da chuva. Por isso, hoje a técnica cada vez mais utilizada é conhecida como **plantio direto**, sem aração. A semente é colocada em pequenos sulcos (buracos) e boa parte do solo deve ficar coberta com palha seca ou restos vegetais da plantação anterior. Esse procedimento diminui o impacto da água da chuva no solo e o protege da ação direta dos raios do Sol, ajudando a mantê-lo úmido.

2.8 Aração da terra com o auxílio de trator em Mato Grosso do Sul, 2017.

Os nutrientes

Uma análise feita em laboratório pode indicar também a necessidade de **adubação**, isto é, de acrescentar nutrientes que estão em falta no solo. A adubação é necessária, por exemplo, após muitas colheitas, para repor os nutrientes que as plantas retiram do solo.

A **adubação mineral**, ou **inorgânica**, geralmente é feita com fertilizantes sintéticos, ou seja, produzidos industrialmente. Esses adubos são, em geral, uma mistura de substâncias que contêm os principais nutrientes necessários às plantas: nitrogênio, potássio e fósforo, entre outros. Veja a figura 2.9.

Existe também a **adubação orgânica**, com restos de plantas (folhas, galhos, cascas de arroz, etc.), farinha de ossos e esterco de animais (boi, cavalo, porco, galinha, etc.), que se decompõem e formam o húmus. Nesse tipo de adubação, pode ser usado também o húmus produzido por minhocas. Elas são importantes para a fertilidade do solo, pois comem esterco e restos vegetais, e os resíduos de sua digestão formam o húmus de minhoca, um adubo rico em nutrientes. Veja a figura 2.10. Além disso, as minhocas constroem túneis que facilitam a circulação de ar e a infiltração da água, melhorando o acesso das raízes das plantas ao gás oxigênio e à água.

Os adubos orgânicos têm a vantagem de tornar o solo mais poroso e, além disso, de facilitar o desenvolvimento de microrganismos decompositores, importantes para a fertilidade do solo.

A adubação excessiva traz problemas ambientais, pois o adubo pode ser carregado pela água das chuvas e causar desequilíbrios nos ambientes aquáticos. No caso dos fertilizantes sintéticos, esse problema é, em geral, mais grave, pois eles são levados pela água com mais facilidade. De qualquer maneira, o uso de adubos deve sempre ser feito de acordo com as recomendações de agrônomos ou outros profissionais da área.

Repórter Eco (TV Cultura)
http://tvcultura.com.br/videos/9965_as-minhocas-prestam-grandes-servicos-ao-solo-e-a-agricultura.html
Vídeo que apresenta os benefícios das minhocas para a agricultura e para a saúde dos solos.
Acesso em: 22 jan. 2019.

Thomaz Vita Neto/Pulsar Imagens

2.9 Trator revolvendo a terra e aplicando adubo mineral.

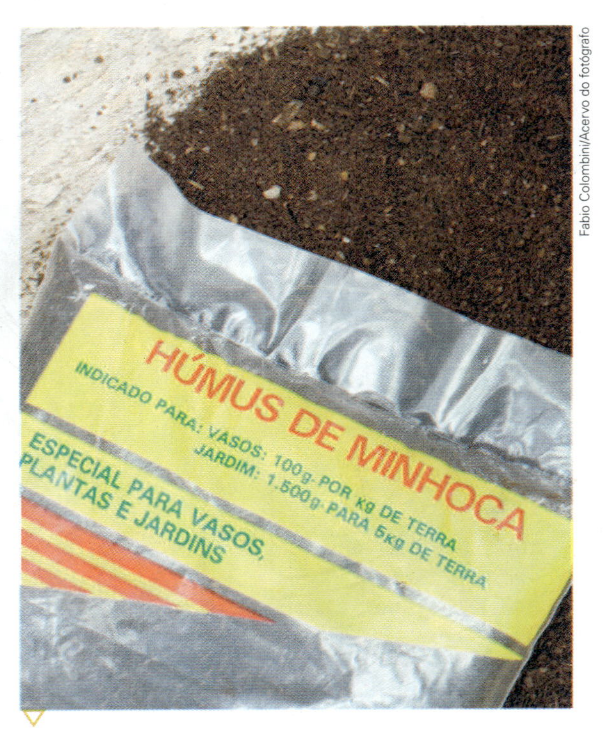

Fabio Colombini/Acervo do fotógrafo

2.10 Adubo orgânico feito com húmus produzido pelas minhocas.

A água

Em regiões secas, onde não há chuva suficiente para manter o solo úmido, muitas vezes é necessário regular o suprimento de água por meio de canaletas, esguichos ou outros recursos – é a **irrigação**.

Técnicas de irrigação por canais já eram conhecidas desde o século XV, no Império de Songai (de meados do século XV ao fim do século XVI), situado onde hoje é a República do Mali, na África. Essas técnicas, assim como a enxada e o arado, foram trazidas para o Brasil, possibilitando que o país se tornasse o maior produtor de açúcar, nos séculos XVI e XVII, e de café, de 1800 a 1930.

Outras vezes, ao contrário, é preciso retirar a água que está em excesso, construindo valas ou canais de **drenagem**. Lembre-se de que sem água as plantas não crescem, mas o excesso dela diminui a circulação de ar no solo e prejudica o desenvolvimento de muitas espécies vegetais.

As figuras 2.11 e 2.12 mostram respectivamente uma área em que se faz a irrigação e outra em que se faz a drenagem.

Delfim Martins/Pulsar Imagens

2.11 Vista aérea de canavial com canal de irrigação no centro, em Teresina (PI), 2015.

Gerson Sobreira/Terrastock

2.12 Canal de drenagem em plantação de trigo, em Castro (PR), 2017.

A agricultura consome cerca de 70% da água doce disponível no mundo. Avanços tecnológicos na irrigação, como as técnicas de gotejamento (a água é aplicada de forma pontual na superfície do solo) e aspersão (jatos de água lançados ao ar que caem sobre a cultura na forma de chuva), ajudam a reduzir esse consumo.

Conexões: Ciência e História

A origem da agricultura

Os estudos sobre a evolução humana indicam que, há cerca de 20 mil anos, as populações viviam apenas da caça, da pesca e da coleta de frutos, sementes e raízes disponíveis na natureza e obtidos, sem cultivo, do ambiente natural. Em geral, eram grupos nômades, o que significa que viviam mudando de área à medida que os recursos locais se esgotavam.

Ao longo do tempo, descobriu-se que certas sementes podiam ser plantadas. Começou então o cultivo de plantas e a domesticação de animais. Com isso, uma população muito maior pôde ser alimentada.

É difícil dizer exatamente quando a agricultura começou. Ela deve ter se originado há cerca de 9 mil anos em diversas regiões do planeta, variando de acordo com os recursos locais: na antiga Mesopotâmia (onde hoje se encontram o Iraque, o Kuwait, a Síria e o sul da Turquia), mais exatamente nos vales dos rios Tigre e Eufrates (cultivo de trigo, ervilha, linho e uva); no vale do rio Nilo, no Egito (cultivo de trigo, entre outros); na América do Sul, nos Andes (quinoa, amendoim, batata, algodão, tomate, abacaxi, pimenta, mandioca, seringueira, etc.); na América Central (milho, mandioca, feijão, abacate, tomate, cacau, etc.); além de registros na China e na Índia.

Com o contínuo crescimento da população e a queda da fertilidade dos solos, novas técnicas de cultivo foram sendo criadas, como a rotação de culturas (será explicada na página seguinte), o uso de fertilizantes e de defensivos agrícolas, o melhoramento genético de plantas, etc.

No Brasil, antes da chegada dos portugueses, os povos nativos já cultivavam milho, batata-doce, abóbora, mandioca, entre outras plantas. Há mais de 8 mil anos, eles já sabiam retirar substâncias tóxicas da raiz de uma variedade de mandioca, a mandioca-brava, tornando-a comestível. A variedade que chega ao comércio atualmente é a mandioca de mesa (conhecida popularmente como macaxeira, aipim ou mandioca-mansa) que não possui substâncias tóxicas. Veja a figura 2.13.

Luciola Zvarick/Pulsar Imagens

2.13 Mulheres da etnia Waurá da aldeia Piyulaga descascando mandioca-brava para a produção de beiju. Parque Indígena do Xingu, Gaúcha do Norte (MT), 2016.

Plantas que recuperam o solo

Para crescer, a maioria das plantas utiliza sais de nitrogênio que obtém do solo. Com isso, ao longo do tempo, o solo vai ficando pobre em nitrogênio e precisa ser adubado para que a produtividade seja mantida.

Porém, o grupo de plantas conhecido como **leguminosas** (feijão, ervilha, soja, alfafa, amendoim, lentilha, grão-de-bico, etc.), além de não tirar nitrogênio do solo, o enriquece com essa substância. Isso acontece porque em nódulos das suas raízes vivem bactérias capazes de absorver o nitrogênio do ar e transformá-lo em sais de nitrogênio, que podem ser absorvidos pelas plantas. As bactérias, por sua vez, retiram alguns nutrientes das plantas. Veja a figura 2.14.

Por causa dessas características, as leguminosas podem ser usadas para devolver o nitrogênio ao solo por meio da rotação de culturas. Além disso, após a colheita, folhas e ramos das leguminosas podem ser enterrados no solo para servir de adubo natural e enriquecer o solo com compostos nitrogenados. É a chamada **adubação verde**.

Robert Pickett/Corbis/Getty Images

2.14 Raiz de leguminosa (feijão) com pequenos nódulos (2 mm a 5 mm de diâmetro – apontados pela seta) onde vivem bactérias que absorvem o nitrogênio do ar e o retornam ao solo na forma de sais de nitrogênio.

Rotação de cultura: prática agrícola em que se alterna o plantio de espécies de interesse comercial, como arroz, milho, trigo, etc., com o plantio de leguminosas.

Conexões: Ciência e ambiente

Adubos verdes

[...]

A utilização de adubo verde contribui ainda para diminuir o emprego de fertilizantes minerais e defensivos e, devido à cobertura que desenvolve na superfície do solo, também protege a terra contra os efeitos da erosão.

[...] as leguminosas apresentam um sistema radicular de raízes geralmente bem profundo e ramificado, capaz de extrair nutrientes das camadas mais profundas do solo. Na Região Norte, as leguminosas mais indicadas para a produção de adubo verde são: feijão guandu, feijão de porco, mucuna preta, mucuna cinza, crotalárias, calopogônio.

A adubação verde pode ser feita de duas maneiras, uma delas é o plantio das sementes de leguminosas ou gramíneas em meio às lavouras permanentes, como é o caso dos milharais. Depois de crescer e florir, as plantas são roçadas e deixadas no terreno para se transformarem em adubo natural. Outro método é o plantio direto, em que primeiro se plantam as sementes e depois em cima da palhada são cultivadas outras culturas, como as hortaliças.

mirzamlk/Shutterstock

Yuwarat Aor Chanawongse/Shutterstock

2.15 Mucuna cinza (*Mucuna pruriens*), leguminosa utilizada na adubação verde, e suas sementes no detalhe.

Nessa perspectiva, adubação verde pode ser utilizada em:

- Rotação de culturas: quando são utilizadas antes ou depois de uma cultura para melhorar o solo para a cultura que será plantada em seguida.
- Em consórcio: quando ocorre o plantio conjunto da cultura e do adubo verde, e, em seguida, o corte e deposição do material sobre o solo para fornecer nutrientes ainda para esta cultura.

Contudo, é muito importante que o agricultor tenha o devido acompanhamento para que possa escolher as espécies de adubos verdes adequadas para cada tipo de clima, solo e sistema de manejo das plantas cultivadas.

Prosa Rural – Adubos verdes: utilização de plantas para enriquecer o solo. *Embrapa*. Disponível em: <https://www.embrapa.br/prosa-rural/busca-de-noticias/-/noticia/2302925/prosa-rural---adubos-verdes-utilizacao-de-plantas-para-enriquecer-o-solo>. Acesso em: 22 jan. 2019.

4 Problemas na conservação do solo

Veja a seguir alguns exemplos de como o solo pode sofrer com a ação de fenômenos naturais e com a ação direta do ser humano.

Mundo virtual

Agroecologia
www.gentequecresce.cnpab.embrapa.br
Seis livros com conteúdo sobre agroecologia que apresentam a árvore mulungu – uma planta leguminosa – e os seres vivos associados a ela (os rizóbios, as joaninhas, os gongolos e as minhocas).
Acesso em: 22 jan. 2019.

Erosão

Você aprendeu que o intemperismo (as chuvas, o vento e as variações de temperatura provocadas pelo calor e pelo frio) aos poucos desgasta e quebra as rochas. Desse modo, o solo vai sendo formado.

Assim como as rochas, o solo também sofre a ação das chuvas e do vento, que provocam sua desagregação. As partículas de solo são então transportadas para outros locais, como rios, lagos, vales e oceanos. Esse processo é denominado **erosão** do solo e é uma das causas de sua degradação. Veja a figura 2.16.

Os solos cobertos por vegetação – plantas rasteiras, arbustos e árvores – são mais protegidos contra a chuva, o calor do Sol e o vento. Boa parte da água da chuva, em vez de cair diretamente no solo, bate antes na copa das árvores ou nas folhas da vegetação, o que diminui muito o impacto direto da água sobre a superfície do solo.

Além disso, a rede formada pelas raízes das plantas ajuda a segurar as partículas do solo enquanto a água escorre pela superfície. As raízes também tornam o solo mais poroso, facilitando a infiltração da água, além de absorver parte dela. Dessa maneira, resta menos água para arrastar a camada superficial do solo, tornando-o menos suscetível a processos erosivos.

Em ambientes rurais, a maioria das plantas cultivadas tem pouca folhagem e raízes curtas; por isso, o solo não está tão bem protegido contra o impacto da água da chuva. Nas plantações, em geral as plantas ficam afastadas umas das outras e não formam uma rede capaz de reter as partículas do solo.

A criação de gado também pode prejudicar o solo, principalmente por causa do pisoteio, que torna o terreno duro e muito compactado, bloqueando a passagem de ar e tornando o solo mais sujeito a erosão. Isso acontece, principalmente, se a quantidade de animais for muito grande em relação à área do terreno.

Outro problema pode ocorrer quando se retira a vegetação das margens de rios e lagos, denominada **mata ciliar**. Ela é assim chamada porque se assemelha aos cílios que protegem os olhos. Pelo Código Florestal Brasileiro – a lei que estabelece as regras de uso e manutenção das áreas de vegetação nativa (original) –, as matas ciliares são consideradas Áreas de Preservação Permanente.

Rita Barreto/Fotoarena

2.16 Solo desmatado que sofreu erosão pela ação das chuvas no Parque Nacional Serra da Capivara (PI), 2018.

Essas regras determinam o tamanho mínimo da área de mata ciliar que precisa ser mantida nos casos de desmatamento. Se essa vegetação é retirada sem controle, a chuva e o vento levam facilmente as partículas de solo para o rio. O acúmulo de solo no fundo do rio, por sua vez, torna-o mais raso e diminui sua capacidade de escoamento. Esse fenômeno, chamado **assoreamento**, além de prejudicar os seres vivos desse ambiente, afeta também a navegação e contribui para o transbordamento dos rios. Veja as figuras 2.17 e 2.18.

Marcos Amend/Pulsar Imagens

2.17 A mata ciliar mantém as margens do rio mais estáveis, evitando o assoreamento. Lago da Bacia do Custódio no Parque Estadual do Itacolomi em Ouro Preto (MG), 2018.

Gerson Gerloff/Pulsar Imagens

2.18 Assoreamento de riacho em São Gabriel (RS), 2016 . Ao redor do rio (região marrom), vemos que a mata ciliar foi quase toda removida.

Perceba também que, sem a cobertura da vegetação, as encostas dos morros correm maior risco de desmoronar, provocando deslizamentos de terra com graves consequências para os moradores da região. Veja a figura 2.19.

Eduardo Anizelli/Folhapress

2.19 Deslizamento de terra em Mairiporã (SP), 2016.

Mundo virtual

Erosão do solo – Projeto de Ensino de Ciências (Instituto de Química da Unesp)
www.proenc.iq.unesp.br/index.php/ciencias/35-experimentos/60-erosao-do-solo
Experimentos sobre erosão do solo.
Acesso em: 22 jan. 2019.

Conexões: Ciência e ambiente

Plantações com menos erosão

Existem técnicas de cultivo que diminuem a erosão do solo. Nas encostas muito inclinadas, as plantações podem ser feitas em degraus ou terraços, que reduzem a velocidade de escoamento da água da chuva. Essa técnica é chamada de **terraceamento** ou **cultivo em terraços**. Veja a figura 2.20.

Em encostas com pouca inclinação, uma técnica é formar fileiras de plantas em um mesmo nível (altura) do terreno, deixando determinado espaço entre essas fileiras. Cada uma das linhas onde ficam as plantas é chamada de **curva de nível**. Desse modo, as fileiras diminuem o fluxo de água morro abaixo. Veja a figura 2.21.

Quang nguyen vinh/Shutterstock

2.20 Cultivo de arroz em terraços na província de Yen Bai, China, 2018.

Ernesto Reghran/Pulsar Imagens

2.21 Plantação de café em curva de nível em Carlópolis (PR), 2015.

Deve-se fazer, ainda, um planejamento para que, ao lado de áreas destinadas a culturas agrícolas, seja preservada uma região com vegetação natural. Essa vegetação deve ocupar áreas com maior risco de erosão, como as encostas muito inclinadas e as margens de rios e lagos. Além de evitar a erosão e o assoreamento, a vegetação natural contribui para a preservação das espécies, já que o ambiente natural em que elas vivem não é destruído. E ajuda também a preservar os animais que fazem a polinização.

Cabe ao governo orientar os agricultores sobre as plantas mais adequadas para cultivo e sobre as técnicas agrícolas mais apropriadas. É fundamental também que os pequenos proprietários rurais tenham acesso a recursos que lhes possibilitem comprar equipamentos e materiais para o uso correto do solo.

O uso incorreto do solo leva à diminuição na produção de alimentos e causa prejuízos aos produtores. Sem condições de se manterem nos campos, muitas pessoas acabam procurando emprego nas cidades. No entanto, pode não haver oferta de trabalho para todos, o que gera problemas sociais.

Queimadas

Emídio Bastos/Opção Brasil Imagens

2.22 As queimadas matam muitos microrganismos que fazem a reciclagem da matéria orgânica no solo. Queimada em campo no município de Capixaba (AC), 2015.

Quando o desmatamento é feito por queimadas, ocorre outro problema: o fogo acaba destruindo também muitos microrganismos que realizam a decomposição da matéria orgânica. Por isso a fertilidade inicial do solo após a queimada, que resulta dos sais minerais presentes nas cinzas, é passageira. Sem os microrganismos, a reciclagem da matéria diminui e, com o passar do tempo, a quantidade de sais minerais e outras substâncias necessárias às plantas também diminui. Além disso, a perda de matéria orgânica deixa o solo mais exposto à erosão, acentuando seu empobrecimento. Veja a figura 2.22.

Nos casos em que a queimada é realizada de forma não controlada, ela pode se alastrar por áreas de proteção ambiental, parques, etc. Ela também libera fumaça e gases poluentes que prejudicam a saúde humana. É proibido derrubar matas em áreas protegidas por lei e realizar queimadas sem autorização do Instituto Brasileiro do Meio Ambiente e dos Recursos Naturais Renováveis (Ibama).

Defensivos agrícolas

Costumamos chamar de **praga** os organismos que causam prejuízos ao ser humano. Uma das maneiras de combater as pragas consiste em usar os **defensivos agrícolas**, também chamados **agroquímicos** ou agrotóxicos.

Você vai saber mais sobre agrotóxicos e outros produtos desenvolvidos pelo ser humano no capítulo 13.

Esses produtos devem ser vendidos apenas mediante receitas de agrônomos e utilizados de acordo com as recomendações de especialistas. Além disso, o governo fiscaliza o uso deles, já que esses produtos são tóxicos e podem contaminar o ambiente e fazer mal à saúde das pessoas. Os trabalhadores que aplicam os agrotóxicos devem estar bem protegidos. Veja a figura 2.23. O produto deve ser aplicado na quantidade correta e o alimento só pode ser colhido depois de certo tempo, para que o agrotóxico se decomponha, perca parte dos seus efeitos e cause o mínimo de problemas à saúde do consumidor.

Cesar Diniz/Pulsar Imagens

2.23 Aplicação de agrotóxico em plantação de milho em Riacho de Santana (BA), 2014. Observe que o trabalhador está devidamente protegido com máscara, luvas, botas e roupas apropriadas.

Mundo virtual

Programa Solo na Escola (UFPR)
www.escola.agrarias.ufpr.br
Site mantido pelo Departamento de Solos e Engenharia Agrícola da Universidade Federal do Paraná. Contém experimentos, videoteca, exposições e outras informações úteis para o estudo dos solos.
Acesso em: 22 jan. 2019.

ATIVIDADES

Aplique seus conhecimentos

1 Em geral, solos mais escuros costumam ser mais férteis do que solos mais claros. Qual é a explicação para isso?

2 O húmus presente em certos tipos de solo resulta:

a) da decomposição das rochas.
b) do acúmulo de sedimentos minerais.
c) da decomposição de restos de seres vivos.
d) do uso de fertilizantes sintéticos.

3 Com relação aos cuidados que devemos ter com o solo ao cultivar, responda:

a) O que se deve fazer se o solo estiver pobre em nutrientes? E se o solo estiver muito seco?
b) Qual é a vantagem de plantar feijão no mesmo solo em que antes se cultivou batata? Como se chama essa técnica?

4 Neste capítulo foi mencionada uma técnica que, se utilizada de forma exagerada, facilita a erosão do solo, principalmente com o uso de trator em solos de países tropicais, cuja camada fértil é pouco profunda. Qual é essa técnica?

5 Observe a fotografia abaixo. Por que é comum fazer furos no fundo de vasos para plantas?

De2marco/Shutterstock

2.24 Vasos de cerâmica.

6 Após algum tempo de cultivo, é preciso acrescentar fertilizante ao solo. Por que não é necessário tomar essa medida em ambientes naturais, não cultivados?

7 Por que, após certo tempo, um rio pode transbordar se as matas que crescem nas margens dele forem destruídas?

8 Um estudante afirmou que a queimada é boa para a fertilidade do solo porque as cinzas contêm sais minerais que ajudam no crescimento das plantas. Você concorda com o que o estudante disse? Por quê?

9 Um estudante afirmou que, mesmo que todo o solo do planeta fosse destruído pelo desmatamento e pela erosão, nós poderíamos continuar nos alimentando de carne de boi ou de frango, e de leite, ovos ou queijo. Você concorda? Por quê?

10 Indique as afirmativas verdadeiras.

a) O desmatamento acelera a erosão do solo.
b) Encostas de morros sem vegetação correm maior risco de desmoronamento.
c) A erosão é maior em solos cobertos pela vegetação natural do que em solos desmatados.
d) A terra transportada pela água pode obstruir o fluxo dos rios.
e) A queimada destrói os microrganismos nocivos, sem prejudicar a fertilidade do solo.
f) A queimada libera gases na atmosfera e provoca a poluição do ar.
g) Degraus ou terraços aumentam a velocidade de escoamento de água nas encostas.

11 › Os esquemas a seguir mostram situações diferentes em duas encostas. Em qual delas deve haver maior erosão? Justifique sua resposta.

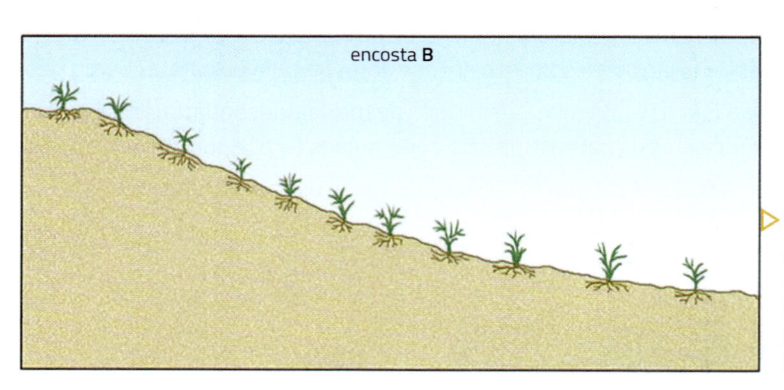

2.25 Esquemas mostrando duas encostas. (Elementos representados em tamanhos não proporcionais entre si. Cores fantasia.)

De olho na música

A letra da música a seguir trata de um recurso fundamental para o ser humano.

O cio da terra

Debulhar o trigo
Recolher cada bago do trigo
Forjar no trigo o milagre do pão
E se fartar de pão
Decepar a cana
Recolher a garapa da cana
Roubar da cana a doçura do mel
Se lambuzar de mel
Afagar a terra
Conhecer os desejos da terra
Cio da terra, a propícia estação
E fecundar o chão

NASCIMENTO, M.; BUARQUE, C. *Milton & Chico*. São Paulo: Cara Nova Editora Musical, 1977. 1 disco sonoro. Faixa A1.

a) Consulte em dicionários o significado das palavras que não conhece e redija uma definição para essas palavras.

b) O planeta Terra é formado por várias camadas. Em qual delas se dá a produção dos alimentos citados na letra da música?

c) A música usa a expressão "afagar a terra". Que cuidados são necessários para garantir a produção de alimentos?

d) Como podemos agir para preservar o solo?

De olho no texto

Leia o poema a seguir e, depois, responda às questões.

Verde ambiente

Vejo o verde da floresta
bem no chão se acumular...
Lá vai lenha, vai madeira...
Animais fogem a voar.
Quantas espécies nativas
ficamos sem conhecer...
Novos remédios e alimentos
nós vamos então perder.
E os bichos que lá moravam
logo vão desaparecer...
E mais uma vez nossa biodiversidade
a consequência vai sofrer.
Vem mais gente e logo as vilas
as cidades vão formar.
Mas do verde não se esqueçam
de sempre tentar conservar.
Mas alimento é preciso...
Novas áreas se formar...
Mas sem boas práticas há risco
do meio ambiente danificar.
Muitas vezes a queimada
a fumaça faz chegar.
E a saúde das pessoas
ela vai prejudicar.
Solo nu ficando exposto
a chuva pode chegar...
E pedaços dessa terra
com ela vai arrastar.
Logo fica um vazio
que em erosão vai se transformar.
E lá na frente o rio
assoreado vai ficar.
Logo a água com outro gosto
para outra cor vai se mudar.
E então sua qualidade
vai deixar a desejar.
Nem mais peixes nessa área
vamos poder então criar.
E também a agricultura
numa enrascada vai ficar.
Pode o solo carreado
o agrotóxico levar.
E a praga da cultura
sem controle ele deixar.
Ele também pode nas águas
de poças e rios se depositar.
E sem grande quantidade
a saúde atrapalhar.
Pra saúde o verde é bom
deixar o ar bem mais limpinho.
No passeio é tão bonito
achar um jardim arrumadinho.
É morada de animais
do solo a segurança...
Barreira do lixo no rio
Da água também esperança.

RUPPENTHAL, L. et al. Verde ambiente. *Agência Embrapa de Informação Tecnológica*. Disponível em: <www.agencia.cnptia.embrapa.br/gestor/agricultura_e_meio_ambiente/arvore/CONT000flpefnhq02wyiv80kxlb36bx5m1gb.html>. Acesso em: 24 jan. 2019.

a) Consulte em dicionários o significado das palavras que você não conhece e redija uma definição para essas palavras.

b) No poema, está dito que "[...] alimento é preciso" e "[...] sem boas práticas há risco / do meio ambiente danificar". Cite algumas boas práticas na agricultura que diminuem os danos ao meio ambiente.

c) "[...] a queimada / a fumaça faz chegar. / E a saúde das pessoas / ela vai prejudicar." Como a queimada pode prejudicar a saúde das pessoas?

d) O verso "Solo nu ficando exposto" fala de um problema estudado neste capítulo. Qual é o nome desse processo e o que pode ser feito para diminuir esse problema?

e) "E lá na frente o rio / assoreado vai ficar". Explique como ocorre o processo de assoreamento de um rio e o que podemos fazer para evitar esse problema.

f) Por que o poema afirma que "Novos remédios e alimentos / nós vamos então perder"?

Investigue

Faça uma pesquisa sobre os itens a seguir. Você pode pesquisar em livros, revistas, *sites*, etc. Preste atenção se o conteúdo vem de uma fonte confiável, como universidades ou outros centros de pesquisa. Use suas próprias palavras para elaborar a resposta.

1 › Pesquise o que são voçorocas e quais são as suas causas.

2 › Pesquise o que foi a revolução verde, em que época ela ocorreu e quais são as suas consequências para a alimentação humana e para o ambiente.

3 › Faça uma redação explicando por que a vida humana está profundamente ligada ao solo. Mas não se fixe apenas na produção de alimentos; utilize os conceitos que você estudou neste capítulo.

4 › Pesquise como a terra roxa (solo rico em ferro) se formou. Qual é a sua importância para a agricultura? Em quais estados do Brasil é encontrada?

5 › Pesquise as características do solo conhecido como massapê, como se formou, onde é encontrado e como é usado na agricultura.

6 › Pesquise como o solo, fonte de recursos para nossa sobrevivência, pode se tornar uma fonte de doenças. Em que locais esse risco seria maior?

7 › O escritor e político francês François-Auguste-René (1768-1848), conhecido como visconde de Chateaubriand, disse certa vez: "As florestas precedem os povos, os desertos seguem-nos". Interprete o que ele quis dizer com isso.

Trabalho em equipe

Cada grupo de estudantes vai escolher uma das atividades a seguir para pesquisar em livros, revistas ou *sites* confiáveis (de universidades, centros de pesquisa, etc.). Vocês podem buscar o apoio de professores de outras disciplinas (Geografia, História, Língua Portuguesa, etc.). Exponham os resultados da pesquisa para a classe e a comunidade escolar (estudantes, professores e funcionários da escola e pais ou responsáveis), com o auxílio de ilustrações, fotos, vídeos, blogues ou mídias eletrônicas em geral. Ao longo do trabalho, cada integrante do grupo deve defender seus pontos de vista com argumentos e respeitando as opiniões dos colegas.

1 › Pesquisem notícias recentes sobre queimadas no Brasil e procurem saber em quais regiões elas estão ocorrendo, quais são as suas causas e consequências, o que tem sido feito para solucionar o problema e quais medidas ainda precisam ser tomadas.

2 › Busquem notícias recentes relacionadas ao uso inadequado de agrotóxicos. Pesquisem quais são as consequências desse uso tanto para a saúde humana como para o ambiente e o que deve ser feito para evitar esses problemas.

3 › Busquem notícias sobre regiões do Brasil que tenham sido afetadas pela erosão causada pela chuva ou pelo vento. Como foi o processo de erosão nos locais noticiados? Quais são as consequências desse problema e o que deve ser feito para evitá-lo? Investiguem também se ocorrem problemas desse tipo no município ou no estado em que vocês vivem.

4 › Pesquisem quais são as características da forma de cultivo conhecida como agricultura orgânica, suas vantagens e desvantagens.

5 › Pesquisem quais são os tipos de solo existentes na região onde se localiza a sua escola e busquem informações sobre as características desses tipos de solo.

Ao final das pesquisas, procurem saber se, na região em que vocês estão, existe alguma instituição educacional ou de pesquisa que trabalhe com algum dos temas sugeridos. Verifiquem se é possível visitar o local ou convidar um agrônomo ou outro especialista em solos para realizar uma palestra para a comunidade escolar. Como opção, acessem *sites* de universidades, museus, etc. que tratem desses temas ou que disponibilizem uma exposição virtual sobre eles.

Elaborem também uma campanha para informar a população sobre os problemas que vocês encontraram em suas pesquisas. Para isso podem ser usados cartazes, frases de alerta (*slogans*), folhetos com textos e figuras, programas de rádio, dramatizações, letras de música, apresentações feitas no computador, etc.

Aprendendo com a prática

Siga as orientações para realizar esta atividade.

Material

- Um par de luvas de borracha
- Uma pá pequena
- Três funis de plástico. Você pode também, com ajuda do professor, cortar a parte superior de garrafas de plástico e usá-las invertidas.
- Três garrafas de plástico. Você pode também usar as metades inferiores das garrafas de plástico que cortou para fazer os funis.
- Argila seca esfarelada (cerca de um copo pequeno)
- Areia de construção seca (cerca de um copo pequeno)
- Três pedaços de gaze ou de algodão
- Um copo pequeno
- Uma lente de aumento
- Folhas de jornal
- Relógio com cronômetro ou ponteiro de segundos

Atenção

Use sempre as luvas de borracha e a pá para coletar a argila e a areia, e não encoste as mãos no rosto.

Procedimento

1. Usando a pá, espalhe um pouco de argila e um pouco de areia sobre o jornal. Observe-as através da lente de aumento: Qual desses materiais tem grãos maiores? Qual tem grãos menores?

2. Coloque os pedaços de gaze ou algodão na parte mais estreita dos funis. Encaixe os funis nas garrafas. Veja a figura 2.26.

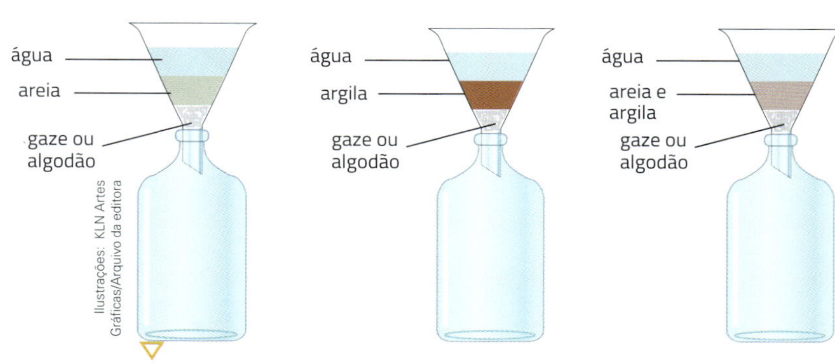

2.26 Representação da montagem experimental. Cores fantasia.

3. Em um dos funis, ponha um pouco de areia (mais ou menos até a metade); no segundo, a mesma quantidade de argila; no terceiro, coloque a mesma quantidade de uma mistura (em partes iguais) de argila e areia. Identifique cada amostra.

4. Ponha água até a metade do copo pequeno. Marque com a caneta o nível da água no copo e despeje a mesma quantidade de água nos três funis. Marque no relógio o tempo que a água fica gotejando até parar em cada caso.

Resultados e discussão

Agora, faça o que se pede.

a) Em que funil a água passou em menos tempo?

b) Compare o volume de água em cada recipiente. Onde há mais água? Onde há menos água?

c) Explique esses resultados considerando o tipo dos grãos que formam cada material.

d) Que tipo de solo corre mais risco de ficar coberto com poças de água depois de uma chuva forte: os solos argilosos ou os arenosos?

Os materiais utilizados, como copos descartáveis e garrafas PET, devem ser lavados e reutilizados em outras atividades ou destinados para reciclagem.

Autoavaliação

1. Como você tentou superar as dúvidas que surgiram no decorrer do capítulo?
2. Considerando o que foi estudado, como você pode contribuir para a conservação do solo?
3. Você ficou satisfeito com seu entendimento da atividade prática? Conseguiu relacionar os resultados observados com o conteúdo trabalhado no capítulo?

CAPÍTULO 3

Hidrosfera: água no planeta Terra

Gerard Lacz/VW/ZUMA Press/Fotoarena

3.1 Grupo de pinguins-de-adélia (*Pygoscelis adeliae*) saltando no oceano na ilha Paulet, Antártida, 2015.

Na figura 3.1 você vê pinguins na Antártida, continente localizado no polo sul da Terra. O que mais podemos ver na imagem?

Além dos animais, observamos os estados físicos em que podemos encontrar a água na natureza. O mar é água no estado líquido, enquanto o gelo é água em estado sólido. Sabemos também que há água no ar no estado gasoso, na forma de vapor, que é invisível. Na Terra existe água nesses três estados físicos. E, como você vai ver neste capítulo, a água passa de um estado físico a outro à medida que circula na natureza.

Para começar

1. Em que locais da Terra podemos encontrar água? Por que esse recurso natural é importante para a vida?
2. Quais são os estados físicos da água? Como a água passa de um estado físico a outro?
3. Como a água circula na natureza?

1 A água no planeta

Você já viu como o planeta Terra é estruturado em camadas. A maior parte da litosfera – a camada sólida mais superficial da Terra – é coberta por água.

Cerca de 71% da superfície da Terra é coberta por água.

Do volume total de água no planeta, aproximadamente 97% estão nos mares e oceanos, em estado líquido.

Você já deve saber que a água dos mares e dos oceanos é salgada, ou seja, contém muitos sais minerais, entre os quais o mais comum é o cloreto de sódio, o conhecido sal de cozinha. Mas por que a água do mar é salgada?

À medida que os rios percorrem os continentes, eles carregam sais que se soltam das rochas. Esses sais se dissolvem na água e acabam lançados no mar. Ao longo de milhões de anos, esse processo tornou os mares cada vez mais salgados.

Essa água não é apropriada para o consumo humano, isto é, ela não serve para beber, cozinhar nem para ser usada na indústria ou na irrigação.

A água que pode ser consumida é encontrada principalmente nos rios e nos lagos (veja a figura 3.2). Mas também há muita água infiltrada nos espaços entre as partículas do solo e entre as rochas do subsolo, formando reservatórios subterrâneos – os chamados lençóis de água, lençóis freáticos ou águas subterrâneas (como você viu no capítulo 2).

Nesses casos, a água apresenta uma concentração de sais muito inferior à da água do mar e é chamada água doce, pois não tem gosto salgado. Essa água corresponde a pouco menos de 1% do total de água do planeta. É a água que, depois de tratada, pode ser usada na agricultura, na indústria e no consumo doméstico, para beber, para cozinhar e para a higiene corporal e limpeza.

3.2 Cachoeira de água doce, no Parque Nacional da Chapada dos Veadeiros, em Alto Paraíso de Goiás (GO), 2018.

Vitor Marigo/Tyba

Pouco mais de 2% da água do planeta encontra-se no estado sólido, em forma de grandes massas de gelo – as geleiras, nas regiões próximas aos polos e no topo de montanhas muito elevadas. Essa água, que contém poucos sais, também é água doce. Veja a figura 3.3. O gráfico informa que, para cada 100 litros de água no planeta, cerca de 97 litros são de água salgada e 3 litros de água doce. Desses 3 litros, pouco mais de 2 litros estão congelados. Então, sobra pouco menos de 1 litro de água doce no estado líquido para cada 100 litros de água disponível no planeta.

Esse tipo de representação é chamado gráfico circular, gráfico de setores, ou ainda gráfico de *pizza*. Observe que o círculo está dividido em partes proporcionais, de acordo com os valores percentuais de cada categoria.

A água no planeta

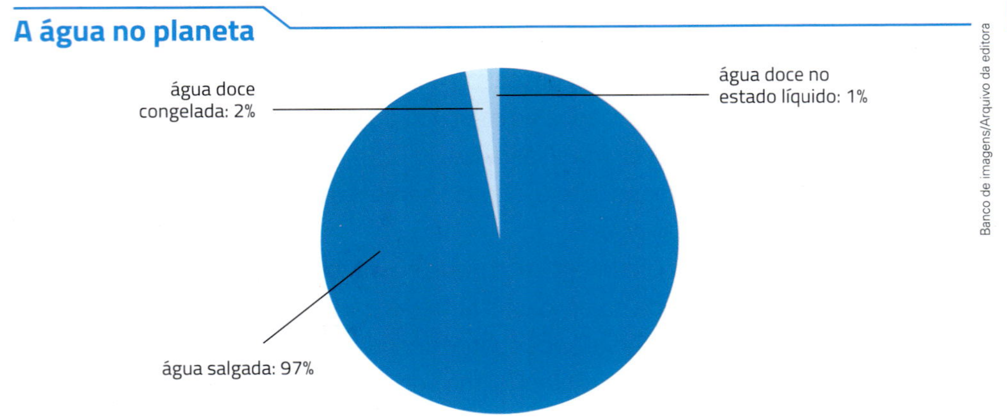

Fonte: elaborado com base em United States Geological Survey (USGS). *The Water Cycle for Schools:* Beginner Ages. Disponível em: <https://water.usgs.gov/edu/watercycle.html>. Acesso em: 24 jan. 2019.

3.3 Proporção de água doce e de água salgada no planeta.

Água: essencial para a vida

Nos seres vivos, a substância que existe em maior quantidade é a água. Nos seres humanos, ela corresponde a cerca de 70% da massa de uma pessoa – isso significa que um indivíduo de 70 quilogramas contém quase 50 quilogramas de água. Uma parte da água do corpo humano provém dos alimentos, principalmente frutas e verduras. Outra parte é obtida da água e de outros líquidos, como sucos de fruta.

No interior dos seres vivos ocorrem diversas **transformações químicas**, também chamadas **reações químicas**. Dizemos que ocorre uma transformação ou reação química quando uma substância se transforma em outra. Quando um pedaço de papel ou a parafina de uma vela queimam, por exemplo, esses materiais se transformam em novas substâncias, como o gás carbônico e o vapor de água.

Em um organismo vivo, a maioria das transformações químicas só acontece quando as substâncias estão dissolvidas em água – e sem essas transformações químicas não há vida.

A água também transporta substâncias pelo interior do corpo dos seres vivos. No corpo humano, por exemplo, o sangue transporta várias substâncias dissolvidas na água. E muitas substâncias – inúteis ou prejudiciais ao organismo – são eliminadas na urina, também dissolvidas em água.

Em alguns animais (incluindo o ser humano), a água ajuda a regular a temperatura do corpo pela evaporação do suor. Quando o suor sobre a pele evapora, perdemos calor, o que impede que a temperatura do corpo aumente muito.

É fundamental beber uma quantidade adequada de água para repor a que foi eliminada na urina e perdida pela transpiração. Quanto maior é a temperatura e mais seco está o ambiente, maior é a perda de água pela transpiração.

Saiba mais

A água doce no mundo

As principais fontes de água doce para consumo humano são os rios, os lagos e os lençóis de água (ou freáticos). O problema é que a distribuição da água doce no mundo é muito irregular: boa parte dela está longe das áreas mais populosas. Por isso a água é escassa em várias regiões do planeta.

O Brasil tem em torno de 12% do total de água doce superficial (a água de rios e lagos) do planeta. Além disso, possui uma das maiores reservas de água doce subterrânea do mundo, o aquífero Guarani, que está localizado a uma profundidade entre 50 m e 1500 m. Com 1,2 milhão de quilômetros quadrados, o aquífero passa por baixo de oito estados brasileiros, além de mais três países: Paraguai, Uruguai e Argentina. É como uma esponja gigante constituída de arenito – uma rocha porosa e absorvente –, confinado sob centenas de metros de rochas impermeáveis. Veja a figura 3.4.

Aquífero Guarani

Fonte: elaborado com base em OEA. *Aquífero Guarani*: programa estratégico de ação. [s.l.], jan. 2009, p. 129, 141-143.

3.4

Também no Brasil a distribuição de água doce não é uniforme, se considerarmos sua disponibilidade em relação à população. Isso quer dizer que há muita água em lugares com poucos habitantes, e vice-versa. Analise os dados da tabela da figura 3.5 (valores aproximados), e veja como ficam os dados da tabela no gráfico de barras da figura 3.6. Nesse tipo de gráfico, quanto maior o comprimento de uma barra, maior o valor que ela representa.

Comparação entre porcentagem da população e porcentagem da água disponível em cada região do Brasil

Região	População (em %)	Quantidade de água (em %)
Norte	8	70
Nordeste	28	3
Sudeste	43	6
Sul	14	6
Centro-Oeste	7	15

Fonte: elaborado com base em Agência Nacional de Água. *Atlas Brasil*. Disponível em: <http://atlas.ana.gov.br/Atlas/downloads/atlas/Resumo%20Executivo/Atlas%20Brasil%20-%20Volume%201%20-%20Panorama%20Nacional.pdf>. Acesso em: 24 jan. 2019.

3.5

Relação entre população e disponibilidade de água

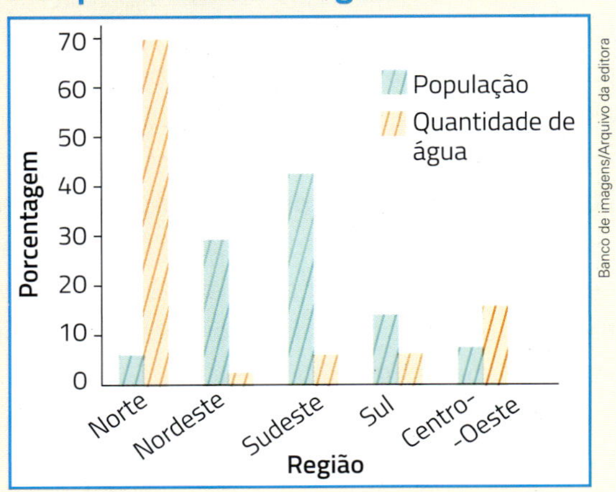

Fonte: elaborado com base em Agência Nacional de Água. *Atlas Brasil*. Disponível em: <http://atlas.ana.gov.br/Atlas/downloads/atlas/Resumo%20Executivo/Atlas%20Brasil%20-%20Volume%201%20-%20Panorama%20Nacional.pdf>. Acesso em: 24 jan. 2019.

3.6

2 Mudanças de estado físico

Você já reparou que, em um dia quente, um sorvete começa a derreter logo depois de ser retirado do congelador? Isso ocorre porque a água que o compõe passa do estado sólido (gelo) para o estado líquido. Essa mudança do estado sólido para o estado líquido é conhecida como **fusão**.

Os processos de **mudança de estado** não ocorrem apenas com a água, mas com qualquer substância.

No 7º ano, você vai aprender que essas mudanças de estado ocorrem quando há transferência de energia na forma de calor.

Se quisermos que a água passe do estado líquido para o sólido, é só colocá-la no congelador. Essa mudança de estado é chamada **solidificação**.

Quando alguém cozinha, deve prestar muita atenção no que está fazendo, porque a água da panela pode secar e a comida queimar e grudar no fundo. Mas para onde vai essa água?

Com o aquecimento, a água da panela passa para o estado gasoso: transforma-se em vapor e mistura-se à atmosfera. A passagem da água ou de qualquer outra substância do estado líquido para o estado gasoso é chamada **vaporização**.

A vaporização acontece, geralmente, de duas formas. Quando a água é aquecida, ela pode chegar a um ponto em que ferve, e uma parte dela rapidamente passa para o estado gasoso, em um processo chamado **ebulição**. A fervura se caracteriza pela formação de bolhas na água. A ebulição é uma forma rápida de vaporização.

A vaporização também pode acontecer mais lentamente. Quando a roupa seca no varal, por exemplo, a água passa do estado líquido para o gasoso sem que haja fervura. É o processo de **evaporação**. A evaporação é uma forma lenta de vaporização.

Agora faça a seguinte experiência: pegue um copo seco e encha-o com água gelada. Depois, observe-o durante alguns minutos. Você perceberá a formação de gotas de água na parte de fora do copo, como mostra a figura 3.7.

Hely Demutti/Arquivo da editora

3.7 Quando enchemos um copo com água gelada ele fica molhado por fora. Como você explicaria esse fenômeno?

De onde você acha que vem essa água? Será que ela atravessou o copo? Se você enchesse um copo com água à temperatura ambiente, a parte externa dele ficaria molhada?

Se você verificar o nível da água dentro do copo, verá que ele continua igual, mesmo depois de se formarem as gotas na superfície externa. Isso quer dizer que não foi a passagem da água que molhou a superfície externa. Perceba que você está arriscando alguns palpites para explicar o aparecimento da água fora do copo. Os cientistas também arriscam "palpites" ou, em linguagem científica, eles formulam **hipóteses** e depois fazem **observações** e **testes** (**experimentos**) para verificar se suas hipóteses estavam corretas.

As pequenas gotas de água do lado de fora do copo se formam porque o vapor de água que existe no ar entra em contato com a superfície do copo, que está a uma temperatura mais baixa. O vapor então passa para o estado líquido, isto é, condensa-se, formando as gotículas.

Condensação, ou **liquefação**, é a passagem da água ou de qualquer outra substância do estado gasoso (ou de vapor) para o estado líquido. Você também pode observar a condensação se bafejar (soltar o ar pela boca) sobre um vidro ou espelho. O vidro vai ficar embaçado: são gotículas de água formadas por condensação. O vapor de água que sai misturado ao ar que você expira se condensa ao entrar em contato com o vidro, que está em temperatura mais baixa. Mas é só esperar um pouco para que essa água sobre o vidro embaçado evapore.

Talvez você já tenha observado a condensação em outra situação doméstica: alimentos cozinhando em uma panela fechada liberam vapor de água que se condensa em contato com o lado interno da tampa, recobrindo-a de gotas de água. Veja a figura 3.8.

É a condensação também que produz a "nuvem" que sai de uma panela ou de uma chaleira com água fervendo. Essa "nuvem", portanto, é formada por gotículas de água que resultam da condensação do vapor de água.

Ryco Montefont/Shutterstock

3.8 Gotas de água se formam na tampa da panela por causa da condensação do vapor de água.

3 O ciclo da água

Você sabia que a água que foi bebida por um animal e incorporada no corpo dele pode, no futuro, fazer parte de um rio ou das nuvens? Ou que a água que está no mar pode em outro momento chegar ao topo das montanhas e congelar? A água circula na natureza e muda de estado físico, passando pelos rios, pelos mares, pelo solo, pela atmosfera e pelo corpo dos seres vivos: é o **ciclo da água**, também chamado de **ciclo hidrológico**.

Hidrológico: deriva de *hidrologia*, palavra formada pelos elementos *hidro*, que significa "água", e *logia*, "estudo".

Acompanhe pela figura 3.9 as etapas dos caminhos da água no planeta.

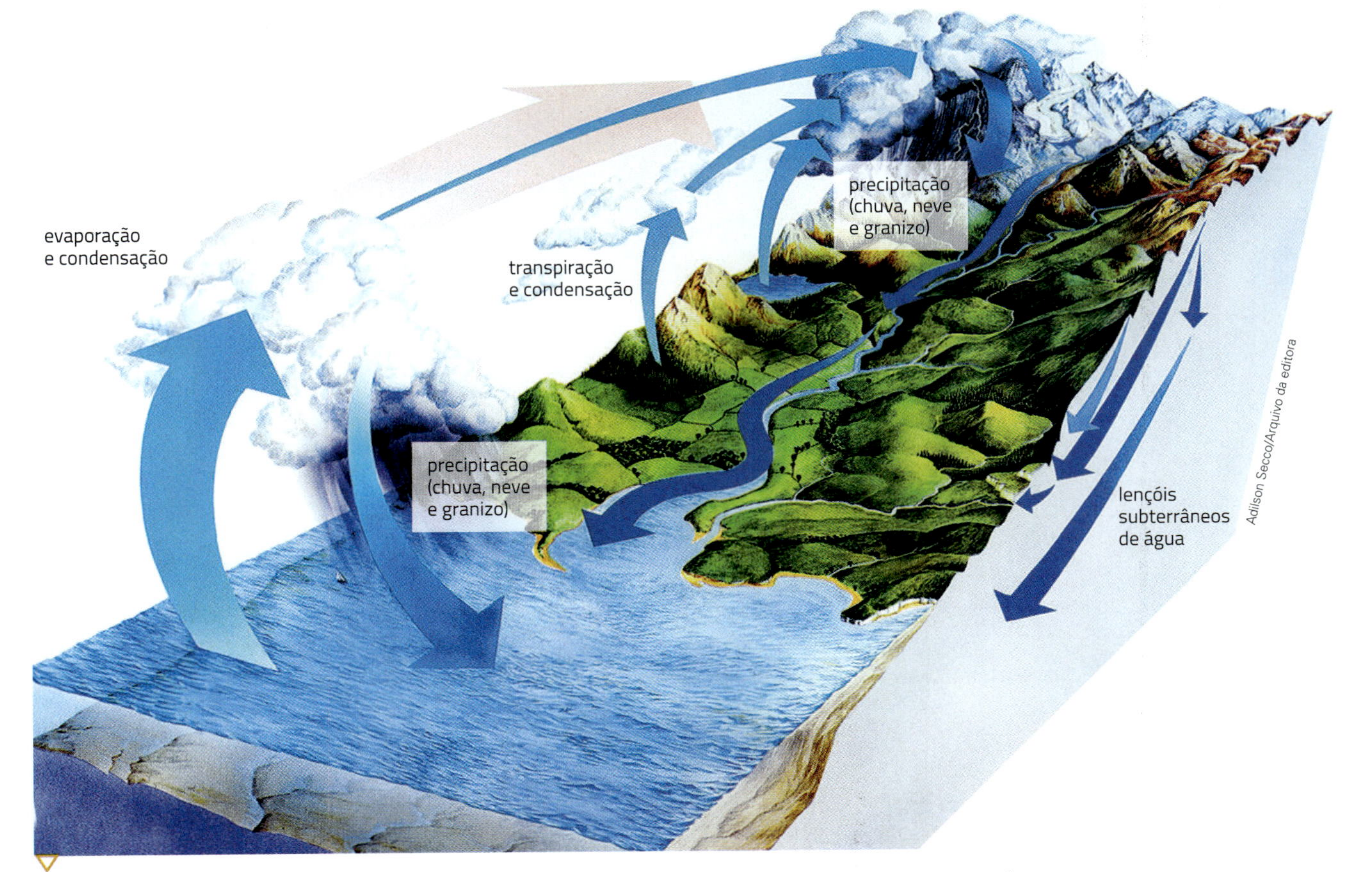

3.9 Representação esquemática do ciclo da água. Observe as mudanças de estado que ocorrem nesse ciclo. (Elementos representados em tamanhos não proporcionais entre si. Cores fantasia.)

Aos poucos, a água de oceanos, rios, lagos, pântanos e solos evapora e passa para a atmosfera. Além disso, a água que as plantas retiram do solo também passa por mudanças de estado: pelo processo da transpiração, ela sai pelas folhas da planta na forma de vapor e passa para a atmosfera. O conjunto desses dois processos (a evaporação da água da superfície terrestre e a passagem da água ao estado de vapor pela transpiração das plantas) é chamado **evapotranspiração**.

Os animais também lançam água no ambiente: pela respiração (há vapor de água no ar expirado), pela transpiração, pela urina e pelas fezes.

Quando o vapor de água se condensa na atmosfera, pode formar as nuvens ou a neblina, que são compostas de gotículas de água tão pequenas que as correntes de ar são suficientes para mantê-las flutuando. Quando muitas dessas pequenas gotas se agrupam e formam gotas maiores e mais pesadas, elas caem sob a forma de chuva.

Parte da água da chuva cai nos rios, nos lagos e nos oceanos. Outra parte se infiltra no solo e pode ser absorvida pelas plantas ou então chegar a uma camada mais profunda de rochas, que não deixam a água passar, formando os lençóis freáticos. Reveja a figura 3.9.

Essa água subterrânea, por sua vez, percorre o subsolo (camada abaixo do solo) e pode atingir rios, lagos e mares. Ela também pode aflorar naturalmente em alguns pontos da superfície do solo e formar as **fontes** ou **nascentes de água**; ou pode ser retirada dos poços escavados pelo ser humano. Veja a figura 3.10.

Repare que o calor do Sol é essencial para o ciclo da água: é ele que faz a água dos oceanos, dos rios e dos lagos evaporar.

Mundo virtual

Ciclo da água
http://objetoseducacionais2.mec.gov.br/bitstream/handle/mec/5033/index.html?sequence=8
Animação do ciclo da água.
Acesso em: 24 jan. 2019.

A água no mundo (Pense antes) – Recicloteca
www.recicloteca.org.br/videos/agua-mundo-pense-antes
Animação – produzida pela Fundo Mundial para a Natureza (WWF) – que apresenta dados sobre a distribuição de água no planeta, consumo e desperdício.
Acesso em: 24 jan. 2019.

Gerson Gerloff/Pulsar Imagens

3.10 Casa com poço em área rural em Restinga Seca (RS), 2016.

Na tela

Vídeos da Agência Nacional de Águas (ANA)
www2.ana.gov.br/Paginas/imprensa/VideoTodos.aspx
Diversos vídeos educativos sobre temas como ciclo da água, aquíferos, lei das águas brasileira.
Acesso em: 24 jan. 2019.

Conexões: Ciência e ambiente

Economize água

A água costuma ser chamada "precioso líquido", e todos nós devemos economizá-la. Em alguns locais, por exemplo, a água que escorre da pia ou da máquina de lavar roupas é reaproveitada para abastecer os vasos sanitários ou para lavar pisos. Só depois de ser reutilizada, essa água vai para o esgoto.

Veja algumas medidas que devemos adotar para evitar o desperdício desse bem essencial:

- Consertar imediatamente os vazamentos de água. Uma torneira pingando pode desperdiçar mais de 40 litros de água por dia.
- Não deixar a torneira aberta sem necessidade; por exemplo, enquanto escovamos os dentes ou ensaboamos a louça.
- Ficar no banho somente o tempo necessário. Um banho de chuveiro de 15 minutos gasta cerca de 250 litros de água. Se diminuirmos o tempo de banho para 5 minutos, o consumo cai para 80 litros. Além disso, podemos fechar o registro do chuveiro enquanto nos ensaboamos.
- Manter a válvula da descarga regulada. É mais adequado que o vaso sanitário tenha uma caixa acoplada. Esse tipo de caixa libera cerca de 6 litros de água a cada descarga, enquanto a válvula pode gastar 20 litros por vez.
- Utilizar vassoura ou balde com água em vez de mangueira na lavagem de carros e na limpeza de calçadas. Veja figura 3.11.
- Os jardins e as plantas devem ser regados nos horários mais frescos do dia, pela manhã ou à noite, o que reduz a perda de água do solo por evaporação.
- Reduzir o consumo de bens desnecessários. A produção de roupas, calçados, eletrônicos e todos os demais bens consome muita água. Quando reduzimos o consumo de objetos de que não precisamos, ajudamos a reduzir o consumo de água.

E então, que atitudes você tem adotado para evitar o desperdício de água?

Fernando Favoretto/Criar Imagem

3.11 Usar a vassoura, em vez de mangueira, para limpar a calçada reduz bastante o consumo de água.

Mundo virtual

Você já ouviu falar em água virtual? – Instituto Akatu
www.akatu.org.br/noticia/voce-ja-ouviu-falar-em-agua-virtual
Matéria sobre o consumo de água "escondido" durante a produção de alimentos, objetos, etc.
Acesso em: 24 jan. 2019.

ATIVIDADES

Aplique seus conhecimentos

1 › Em média, cerca de 70% da massa de uma pessoa é de água. Um litro de água pesa cerca de 1 kg. Então, qual é o volume de água que uma pessoa de 70 kg tem no corpo?

2 › Dizemos que um rio tem água doce. O sabor dela é doce mesmo? O que significa a expressão "água doce"?

3 › O Brasil é um país com grandes reservas de água doce. Por que, mesmo assim, muitas regiões podem sofrer com a falta de água?

4 › Por que um dos principais objetivos das missões espaciais enviadas a Marte e a outros planetas é descobrir água em estado líquido?

5 › Choveu durante a noite, mas o dia raiou e a poça de água na rua desapareceu. O que aconteceu com a água?

6 › Cite um local do planeta onde se pode encontrar, ao mesmo tempo, grande quantidade de água no estado sólido, no estado líquido e no estado gasoso.

7 › Faça um resumo sobre o ciclo da água em que apareçam as palavras: evapora, oceanos, plantas, infiltra, animais, rios, lagos, nuvens, transpiração, solo, vapor de água, condensa, lençóis freáticos, chuva, atmosfera.

8 › A figura abaixo mostra o ciclo da água. Escreva os fenômenos indicados pelos números.

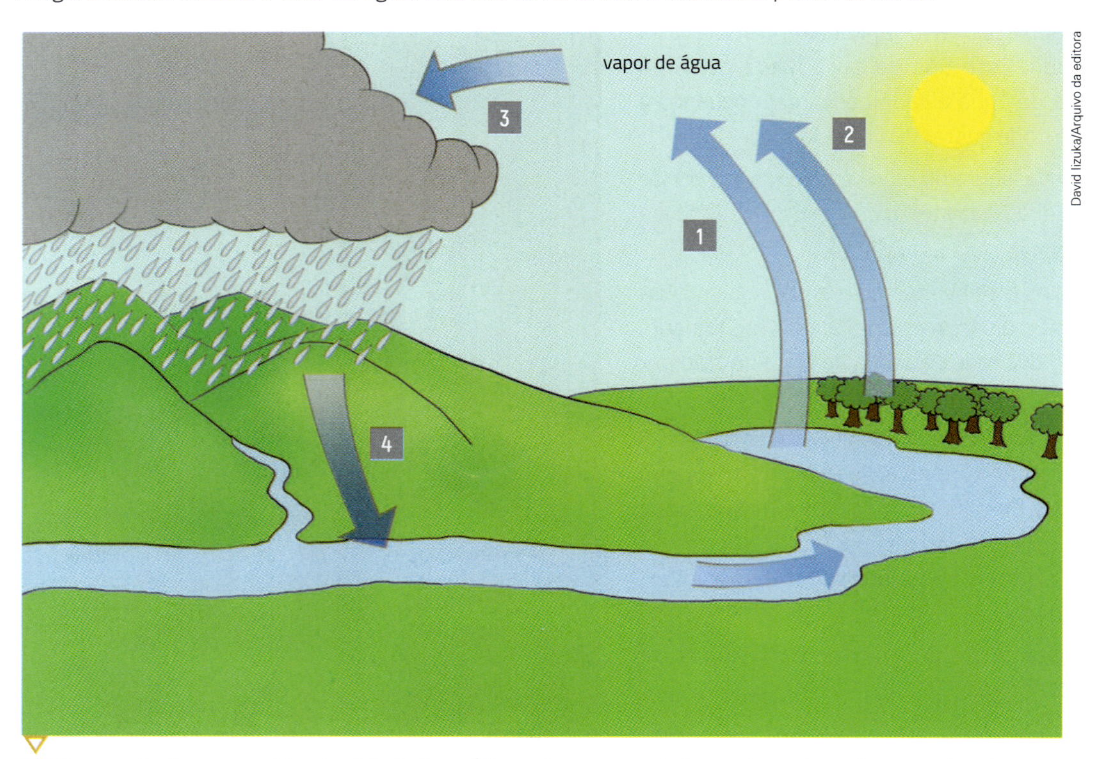

3.12 Representação esquemática do ciclo da água. (Elementos representados em tamanhos não proporcionais entre si. Cores fantasia.)

9 › A água da chuva que um dia está nas enchentes pode, futuramente, ser retirada de um poço? Por quê?

10 › De quais formas a água que bebemos ou que ingerimos com o alimento é devolvida ao ambiente?

11 › Considere a distribuição de água no planeta e responda: Qual é a origem da maior parte da água que chega à atmosfera na forma de vapor?

12 › Quando o céu está azul, sem nuvens, dizemos que o tempo está aberto. Por que não chove quando o céu está dessa maneira?

13 › O gráfico a seguir mostra a quantidade relativa de água consumida no mundo pelo uso doméstico (8%), pela indústria (22%) e pela agricultura (70%). Com base nesses dados e em seu conhecimento sobre gráficos, identifique a que setor corresponde cada letra do gráfico.

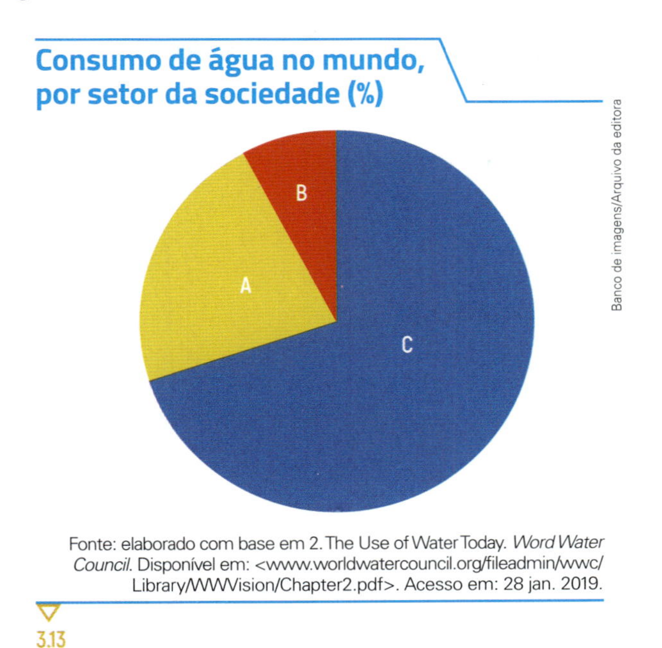

Fonte: elaborado com base em 2. The Use of Water Today. *Word Water Council*. Disponível em: <www.worldwatercouncil.org/fileadmin/wwc/Library/WWVision/Chapter2.pdf>. Acesso em: 28 jan. 2019.

3.13

14 › Um relatório da Organização das Nações Unidas para a Educação, Ciência e Cultura (Unesco) afirma que, se as reservas de água não forem protegidas, dois terços da população mundial viverão com problemas de abastecimento em 2025. Sabendo disso, responda:

a) Você acha que essa situação pode causar conflitos entre países? Por quê?

b) Se nada for feito, o custo da água tenderá a subir. Por que isso teria consequências para o fornecimento de alimentos?

c) Que medidas devem ser adotadas para evitar esses problemas?

De olho no texto

Texto 1

O texto abaixo trata da possível relação entre a seca na região Sudeste e o desmatamento na Amazônia. Leia o texto e, em seguida, faça o que se pede.

Rios voadores e a água de São Paulo

A seca em São Paulo de 2014-2015 levanta a questão do papel dos "rios voadores", ou seja, ventos que levam vapor d'água da Amazônia até a região Sudeste do Brasil e áreas vizinhas. Para ter chuva, precisa não só de vapor d'água, mas também de mecanismos para que este vapor (água em forma gasosa) se condense em água líquida para formar gotas de chuva.

[...]

As maiores cidades do Brasil, como São Paulo e Rio de Janeiro, dependem de água de chuva, derivada de vapor de água que é transportado da Amazônia por correntes de ar (o vento chamado de jato de baixa altitude sul-americano). São Paulo e outras cidades já estão no limite ou além dele para água disponível, tanto para uso doméstico como para geração de energia hidrelétrica.

[...]

Os serviços ambientais prestados pelas florestas amazônicas precisam ser valorizados e traduzidos em mecanismos para reduzir o desmatamento.

FEARNSIDE, P. Rios voadores e a água de São Paulo 1: a questão levantada. *Amazônia Real*. 2015. Disponível em: <http://philip.inpa.gov.br/publ_livres/2015/Rios_voadores-S%C3%A9rie_completa.pdf>. Acesso em: 28 jan. 2019.

a) Consulte em dicionários o significado das palavras que você não conhece e redija uma definição para essas palavras.

b) De acordo com o texto, o que são "rios voadores"?

c) Energia hidrelétrica é aquela obtida por meio de barragens em rios, que formam quedas-d'água artificiais, acionando turbinas acopladas a geradores elétricos. Essa é a principal fonte de energia elétrica no Brasil. Qual é a consequência da falta de água para o abastecimento de eletricidade no país?

d) Sabendo que a água é um recurso valioso, mencione cinco atitudes que podemos adotar para reduzir o desperdício de água.

Texto 2

Brasília e a crise hídrica

A capital federal está em racionamento desde janeiro de 2017. A cada seis dias, um é sem água para os moradores do Distrito Federal. Os únicos a escapar são ministérios, palácios, tribunais e outros órgãos públicos federais. Os palácios da Alvorada e do Jaburu, residências oficiais da Presidência e da Vice-Presidência, também não participam do racionamento.

Com chuvas abaixo da média, os dois principais reservatórios da cidade viram seus índices baixarem muito: o de Santa Maria chegou a 21,6% e o do Descoberto, o maior, bateu em 5,3% – um recorde histórico. Moradores de áreas distantes do Plano Piloto, como Brazlândia, a 36 quilômetros do Centro de Brasília, chegaram a ficar uma semana sem água.

Tony Winston/Agência Brasília

3.14 Represa de Santa Maria, que fornece água para o Distrito Federal, 2017.

O mês de fevereiro trouxe alívio quando, em apenas cinco dias, choveu quase metade do esperado para todo o mês, recuperando os níveis dos reservatórios. Mesmo assim, a agência de água do Distrito Federal, Adasa, manteve o racionamento. [...]

ROCHA, C. Como 5 cidades do mundo lidam com a crise hídrica. *Nexo*, 7 fev. 2018. Disponível em: <https://www.nexojornal.com.br/expresso/2018/02/07/Como-5-cidades-do-mundo-lidam-com-a-crise-h%C3%ADdrica>. Acesso em: 29 jan. 2019.

a) Consulte em dicionários o significado das palavras que você não conhece e redija uma definição para essas palavras.

b) Segundo o texto, qual foi a principal razão da falta de água em Brasília no ano de 2017?

c) Qual foi a estratégia adotada na cidade para contornar o problema? Essa estratégia se aplicou a toda a população?

Investigue

Faça uma pesquisa sobre os itens a seguir. Você pode pesquisar em livros, revistas, *sites*, etc. Preste atenção se o conteúdo vem de uma fonte confiável, como uma universidade ou outros centros de pesquisa. Use suas próprias palavras para elaborar a resposta.

1 › O que são e como se formam a geada, a neve, o granizo e a neblina? Pesquise em livros de Geografia ou na internet em que regiões do Brasil costuma gear. Se possível, você pode pedir auxílio ao professor de Geografia.

2 › O que é um *iceberg*?

3 › Pesquise qual é a importância dos rios na história das civilizações. Convide um professor de História para ajudá-lo.

4 › Em alguns lugares, como no Japão, já é muito comum a água que escorre para o ralo ser reutilizada na descarga dos vasos sanitários. Pesquise outras formas de reúso de água e quais são os benefícios na economia desse recurso.

De olho na imagem

Observe com atenção a imagem ao lado e leia sua legenda. Em seguida, responda ao que se pede.

a) Qual é a origem da água encontrada em locais como o representado na foto?

b) O que deve ocorrer com a água dessa nascente em períodos de chuvas intensas? E em períodos de seca? Por quê?

c) Considerando o ciclo da água, por que é importante preservar locais como esse retratado pela fotografia?

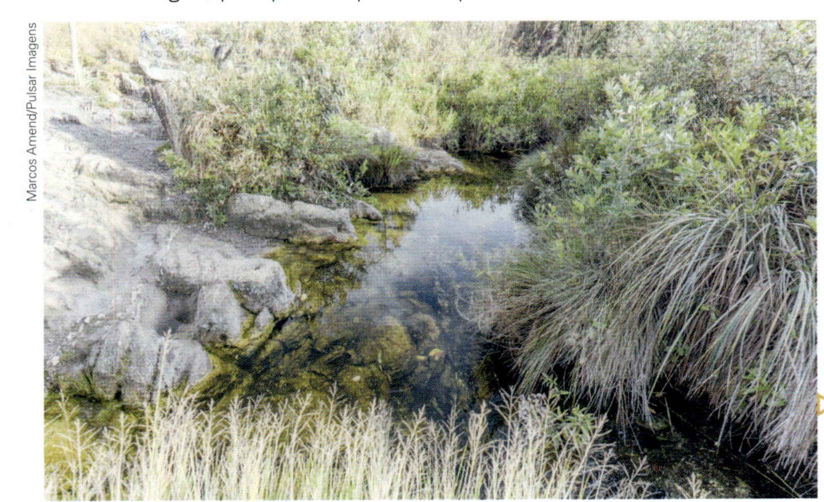

Marcos Amend/Pulsar Imagens

3.15 Nascente histórica do rio São Francisco no Parque Nacional da Serra da Canastra (MG), 2018.

De olho nos quadrinhos

Observe o humor que é criado na tirinha abaixo.

© Laerte/Acervo da cartunista

3.16

Fonte: LAERTE. *Classificados*. São Paulo: Devir, 2002.

a) Por que no banheiro há um aviso alertando para que não se dê descarga?

b) Em que região do mundo a história provavelmente ocorre?

c) Faça uma lista de situações em que o ser humano utiliza gelo.

Autoavaliação

1. Você teve dificuldade para compreender algum dos temas estudados no capítulo? O que você fez para superar essa dificuldade?
2. Depois de estudar este capítulo, você considera necessário mudar ou acrescentar alguma atitude aos seus hábitos de consumo de água?
3. Agora que você sabe que a água é um recurso fundamental para a manutenção da vida no planeta, você acha importante ajudar a conscientizar outras pessoas a respeito da conservação de lençóis freáticos e outras fontes de água doce?

CAPÍTULO 4

A atmosfera e a biosfera

SPL/Fotoarena

4.1 Foto da atmosfera terrestre vista de estação espacial 300 km acima do solo. A atmosfera aparece como uma faixa azulada entre a Terra e o espaço.

A figura 4.1 acima mostra uma porção da Terra vista do espaço. Nela é possível observar uma faixa azul ao redor do planeta. Essa faixa corresponde a uma camada de ar que chamamos de atmosfera.

Embora o ar esteja o tempo todo à nossa volta, não o vemos. Também não podemos cheirá-lo nem prová-lo, pois o ar não tem cheiro nem gosto. E, quando ele está imóvel, não o sentimos nem o ouvimos. No entanto, há muitas maneiras de observar fenômenos provocados pelo ar. As folhas das árvores ou as nuvens se movendo com o vento são alguns exemplos.

A atmosfera é fundamental para a vida na Terra; por isso, neste capítulo, vamos estudar algumas das principais propriedades desta camada de ar que envolve o planeta.

Também estudaremos, neste capítulo, a biosfera: conjunto das regiões onde é possível haver vida na Terra.

Para começar

1. Qual é a composição da atmosfera terrestre? Por que ela é importante para a vida no planeta?
2. O que é pressão atmosférica? Como ela varia com a altitude e por que existe essa variação?
3. Em quais regiões do planeta podemos encontrar formas de vida?
4. Que área da ciência estuda as relações entre os seres vivos e o ambiente? Por que essa área é tão importante?

1 A atmosfera

O ar é formado por matéria, assim como as rochas, a água, o nosso corpo e todos os objetos que conhecemos.

Como veremos ao longo de nosso estudo, matéria é tudo o que ocupa lugar no espaço.

Você já deve saber que o gás oxigênio utilizado em nossa respiração é retirado do ar. E quais são os outros componentes do ar?

No gráfico da figura 4.2 verificamos que o ar é uma mistura de gases. Na Terra, o gás presente em maior quantidade no **ar atmosférico** é o **nitrogênio**: cerca de 78% do ar. Isso significa que, para cada 100 litros de ar, há 78 litros de nitrogênio. Em segundo lugar está o **oxigênio**, com aproximadamente 21%. O 1% restante inclui o **gás carbônico** e outros gases.

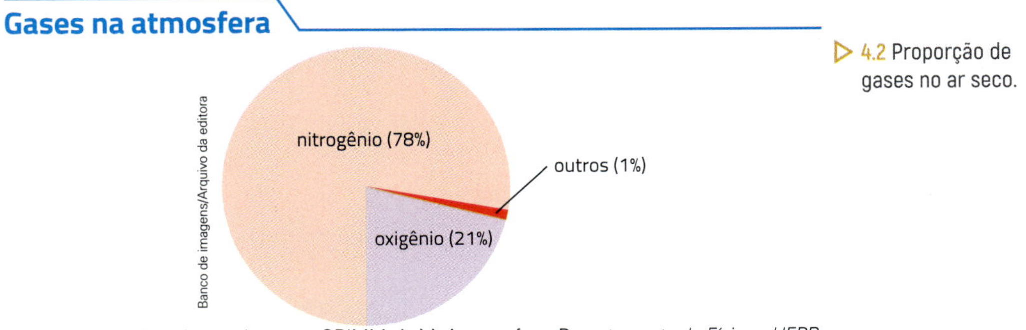

Fonte: elaborado com base em GRIMM, A. M. A atmosfera. *Departamento de Física – UFPR*. Disponível em: <http://fisica.ufpr.br/grimm/aposmeteo/cap1/cap1-2.html>. Acesso em: 24 jan. 2019.

4.2 Proporção de gases no ar seco.

Essa é a proporção de gases no ar seco, isto é, no ar sem vapor de água. Mas, geralmente, na atmosfera há também quantidades variáveis de vapor de água e poeira.

No ar também podem estar presentes substâncias emitidas por indústrias, veículos e outras fontes. Os caminhões, por exemplo, liberam muita fuligem, que se mistura com o ar e causa diversos problemas à saúde das pessoas.

Cada um dos componentes da atmosfera apresenta funções importantes para a manutenção da vida no planeta. O nitrogênio faz parte da composição das proteínas, um dos principais componentes dos organismos vivos. O oxigênio é utilizado na respiração da maioria dos seres vivos, sendo fundamental para a produção da energia necessária às suas funções. O gás carbônico, apesar de presente na atmosfera em proporção muito pequena, é imprescindível para a vida no planeta, pois é utilizado pelos seres clorofilados, como algas e plantas, no processo da fotossíntese, em que parte da energia solar (energia luminosa) é transformada em energia química (energia presente nos alimentos) e, então, transferida para outros seres vivos por meio da alimentação. O vapor de água é importante para regular a temperatura no ambiente e, durante o ciclo da água, na formação de nuvens e precipitações em forma de granizo, neve e chuva.

Próximo à superfície da Terra, as partículas de gases estão bem perto umas das outras, isto é, estão muito concentradas. À medida que uma pessoa sobe uma montanha, quanto mais ela se distancia da superfície da Terra, mais rarefeito o ar se torna, ou seja, as partículas de gases ficam cada vez mais afastadas entre si (menos concentradas). Veja a figura 4.3. Em outras palavras: próximo à superfície da Terra, o ar é mais denso do que em regiões de maior altitude.

4.3 A densidade do ar diminui à medida que a altitude aumenta. As bolinhas representam, de modo meramente ilustrativo, os gases (que não são visíveis) que formam o ar. (Elementos representados em tamanhos não proporcionais entre si. Cores fantasia.)

As camadas da atmosfera

Nosso conhecimento sobre a atmosfera vem de muitas observações: das escaladas de montanhas (até cerca de 8,8 km de altitude); dos equipamentos instalados em balões especiais e satélites; e de diversos fenômenos atmosféricos, como tempestades e furacões.

A camada mais baixa da atmosfera é chamada **troposfera**. Ela começa no solo e tem, em média, 15 quilômetros de altitude, concentrando cerca de 75% dos gases da atmosfera. Veja a figura 4.4.

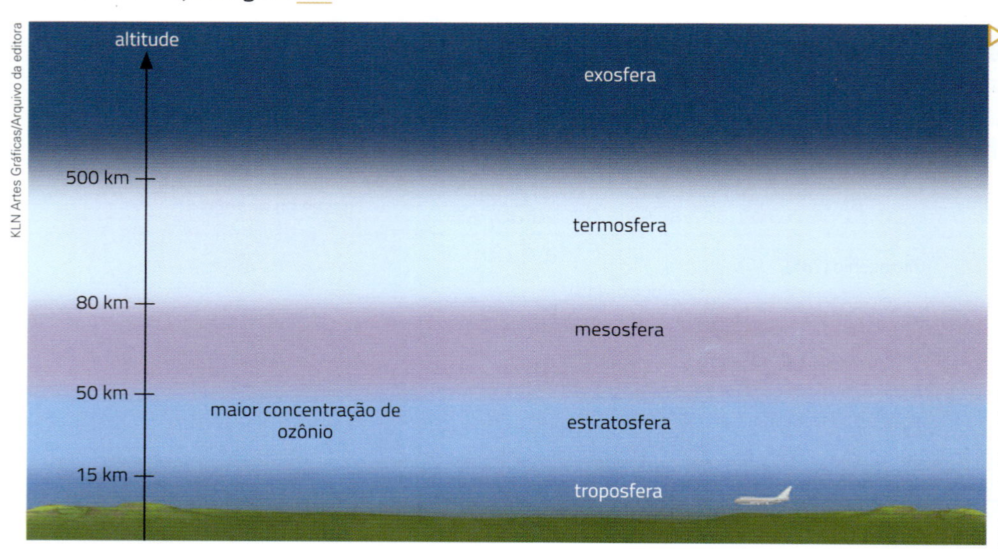

KLN Artes Gráficas/Arquivo da editora

4.4 As camadas da atmosfera. (Elementos representados em tamanhos não proporcionais entre si. Cores fantasia.)

Fonte: elaborado com base em ZELL, Holly (Ed.). Graphic of the Upper Atmosphere. *Nasa*, jan. 2013. Disponível em: <https://www.nasa.gov/mission_pages/sunearth/science/upper-atmosphere-graphic.html>. Acesso em: 24 jan. 2019.

Na troposfera, quanto maior a altitude, mais baixa é a temperatura. Nessa camada se formam as nuvens, os ventos, as chuvas, a neve, as tempestades, os raios e os furacões. É da troposfera que os seres vivos retiram o gás oxigênio para a respiração e, no caso das plantas, o gás carbônico para a fotossíntese.

Você vai saber um pouco mais sobre a respiração e a fotossíntese no capítulo 7.

Logo acima da troposfera está a **estratosfera**, que vai de cerca de 15 quilômetros a mais ou menos 50 quilômetros de altitude. Nessa camada, além do nitrogênio, há uma quantidade muito pequena de oxigênio, que não é suficiente para nossa respiração. Há também maior concentração do gás ozônio, formando a chamada **camada de ozônio**, com cerca de 30 quilômetros de espessura. Localize a camada de ozônio na figura 4.4.

A camada de ozônio absorve parte dos raios ultravioleta emitidos pelo Sol. Essa absorção é muito importante para a vida na Terra, porque esses raios têm muita energia e podem provocar danos aos seres vivos. O ozônio é formado na atmosfera a partir do gás oxigênio, pela ação dos raios ultravioleta.

Você verá mais detalhes sobre a camada de ozônio no 7º ano.

A próxima camada da atmosfera é a **mesosfera**, que vai dos 50 quilômetros até cerca de 80 quilômetros de altitude. É a região mais fria da atmosfera. Localize essa camada na figura 4.4.

A **termosfera** vai dos 80 quilômetros de altitude, onde termina a mesosfera, até cerca de 500 quilômetros. Nessa camada, a energia do Sol faz a temperatura aumentar com a altitude.

A última camada da atmosfera é a **exosfera**, formada principalmente pelos gases hidrogênio e hélio. Ela começa cerca de 500 quilômetros acima da superfície da Terra e não tem um limite superior definido (*exo* significa "para fora"), mas os cientistas fixaram um limite aproximado de 960 km para a atmosfera da Terra.

Propriedades do ar

Vamos conhecer agora algumas propriedades do ar para compreender as características da atmosfera. Observe na figura 4.5 um balão de festa (também chamado de bexiga em algumas regiões do país) colocado sobre uma balança em duas situações: na primeira, vazio e, na segunda, cheio de ar.

O balão cheio de ar tem 0,4 grama a mais que o balão vazio. Isso mostra que o ar é composto por matéria e, portanto, tem massa. Além disso, o ar está sujeito ao **peso**, que é a força com a qual a Terra atrai um corpo. Essa força é resultado da gravidade.

O ar também ocupa espaço, por isso o balão fica cheio. Note que um balão de festa bem cheio fica com a superfície esticada. Isso acontece por causa de uma propriedade do ar e dos gases em geral: eles exercem **pressão** sobre toda a superfície da parede do recipiente que ocupam.

Imagine se você furar o balão de festa: o ar vai sair do balão, se espalhar e acabar se misturando com o ar atmosférico. Essa é outra propriedade do ar e de todos os gases – eles tendem a se espalhar (se expandir) e a preencher todo o espaço disponível. Essa propriedade é chamada de **expansibilidade**.

Observe a figura 4.6. Uma pessoa tapou com o dedo o orifício de saída de uma seringa e pressionou o êmbolo para baixo. O êmbolo abaixa até certo ponto. Depois, por mais que a pessoa empurre, o êmbolo para e não desce mais.

Quando o êmbolo da seringa é pressionado, o ar vai sendo comprimido, isto é, o volume do ar dentro da seringa vai diminuindo. Isso acontece porque o ar (e os gases em geral) é altamente compressível, ou seja, tem alta **compressibilidade**.

Fotos: Sérgio Dotta Jr./Arquivo da editora

4.5 A balança com o balão de festa vazio indica 3,7 gramas. Com o balão cheio, ela está marcando 4,1 gramas.

Atenção

Para a realização desse experimento, a seringa deve ser nova e estar sem a agulha.

Fotos: Sérgio Dotta Jr./Arquivo da editora

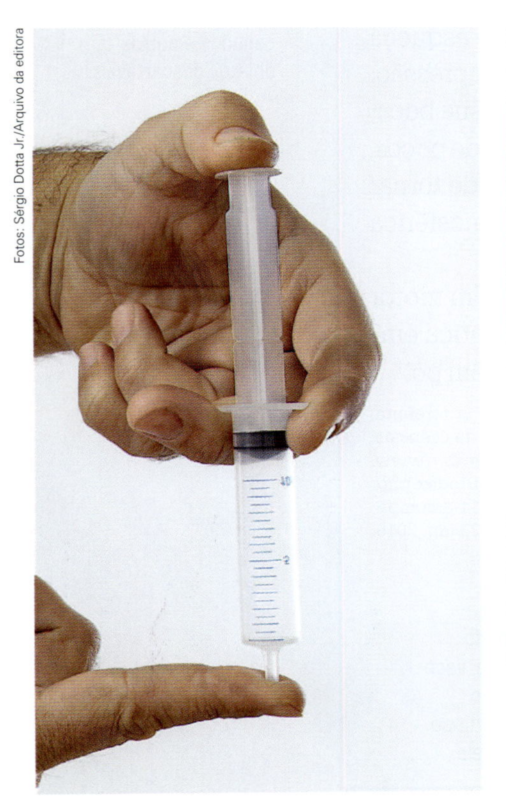

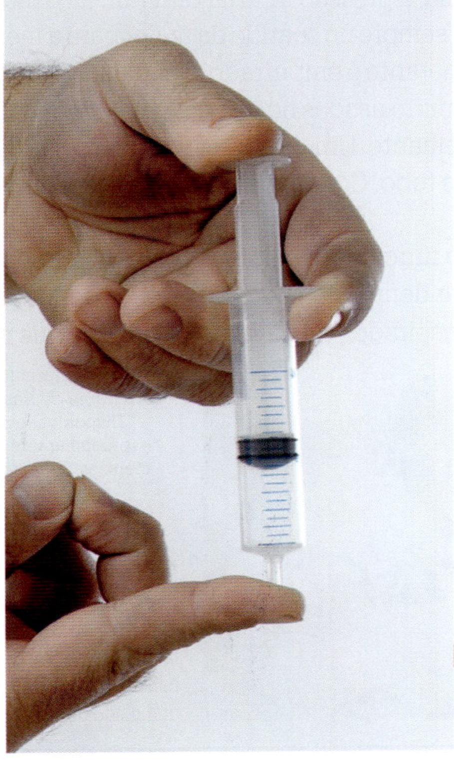

4.6 Se o orifício de saída da seringa (sem a agulha) estiver tapado, o êmbolo só desce até certo ponto.

Essa propriedade permite que o ar comprimido seja usado para encher pneus e bolas de futebol, ou que possa ser estocado em tanques de oxigênio usados em hospitais e por mergulhadores. Se tentássemos repetir essa experiência com uma seringa cheia de água, não conseguiríamos fazer o êmbolo descer, já que os líquidos praticamente não diminuem de volume quando comprimidos.

Conforme apertamos o êmbolo da seringa, a pressão exercida pelo ar aumenta. Quando soltamos o êmbolo, ele volta à posição inicial. Para entender por que isso acontece, vamos estudar com mais detalhes outra propriedade importante relacionada ao ar: a pressão atmosférica.

É importante manter os pneus de carros, ônibus e caminhões calibrados; isto é, com a pressão de ar adequada. Além de evitar maior consumo de combustível, essa providência ajuda a prevenir situações perigosas, como o desgaste excessivo ou irregular e até o rompimento dos pneus.

Conexões: Ciência no dia a dia

Ar rarefeito

Pegue um desentupidor de pia comum e comprima-o contra uma parede de azulejos. Observe que ele fica ali grudado por algum tempo.

O que de fato ocorre é que o ar que estava no desentupidor escapa parcialmente durante a compressão. O ar que permanece fica então rarefeito. Desse modo, a pressão de dentro para fora torna-se menor do que a pressão de fora para dentro (pressão atmosférica), e a borracha fica comprimida contra a parede.

Aos poucos, no entanto, o ar irá penetrar novamente no desentupidor, as pressões interna e externa voltarão a igualar-se, e o desentupidor se desprenderá.

Você certamente já tomou refrigerante com canudinho. Como é possível o líquido subir pelo canudinho [...]?

Quando você aspira pelo canudo, o ar que estava dentro dele torna-se rarefeito. Em consequência, a pressão interna diminui. [...] Não se esqueça de que o movimento se dá sempre no sentido da maior para a menor pressão. Perceba assim que o refrigerante é empurrado, e não puxado para sua boca.

As bombas de água, muito usadas no interior para puxar água de poços, funcionam de modo semelhante. Um motor elétrico se encarrega de tornar rarefeito o ar do interior do tubo. Consequentemente a pressão atmosférica empurra água para cima.

Os aspiradores de pó funcionam como as bombas d'água. Um motor elétrico torna rarefeito o ar dentro do aparelho. A pressão atmosférica empurra o ar para dentro do aspirador, que é dotado de filtros que retêm pó.

Ar comprimido e ar rarefeito. *Programa de Ensino de Ciências*. Disponível em: <http://www.proenc.iq.unesp.br/index.php/ciencias/34-textos/311-arcomp>. Acesso em: 24 jan. 2019.

Você verá mais sobre a pressão atmosférica na próxima página.

No capítulo 13, você conhecerá os problemas ambientais causados por produtos de plástico, como os canudos e outros objetos descartáveis.

Peter Cade/Getty Images

4.7 Ao utilizar um canudo para tomar uma bebida, você torna o ar do interior do canudo rarefeito, permitindo que o líquido suba por ele.

2 A pressão atmosférica

Você já viu encherem um pneu de carro ou de bicicleta? O ar dentro dos pneus está sob pressão, assim como o ar contido no balão de festa. O ar que forma a atmosfera também exerce pressão sobre a superfície da Terra, inclusive sobre os seres vivos.

Observe as fotos da figura 4.8. Uma pessoa colocou água em um copo e depois o cobriu com uma folha de papel. Em seguida pôs a mão cuidadosamente sobre o papel, virou o copo de boca para baixo e tirou a mão devagar: a água não caiu. Você sabe por quê?

Fotos: Sérgio Dotta Jr./The Next

4.8 Um teste simples que evidencia a existência da pressão atmosférica.

A atmosfera exerce pressão sobre todos os objetos que ela envolve, e sobre a superfície da Terra. Essa pressão é chamada de **pressão atmosférica**.

A pressão atmosférica se deve ao peso da massa de ar sobre a superfície do planeta e sobre qualquer corpo em contato com o ar.

Na situação observada na figura 4.8, a pressão do ar exercida sobre a folha de papel continua atuando mesmo quando o copo é virado de boca para baixo. A água não cai porque essa pressão, que age externamente, é capaz de suportar a pressão exercida internamente pela água sobre o papel.

Agora que você já conhece o conceito de pressão atmosférica, saberia dar outros exemplos de situações em que ela é evidenciada?

Como visto anteriormente, quando você usa um canudinho para tomar um suco, parte do ar é retirada de dentro do canudo. Com isso a pressão do ar no interior do canudo fica menor do que a pressão atmosférica sobre o suco. Assim, o suco é empurrado pela pressão atmosférica para dentro do canudo.

O conhecimento da pressão do ar também nos ajuda a entender por que fazemos dois furos em uma lata de óleo ou azeite. Por um dos furos o líquido sai da lata, e pelo outro o ar entra. Veja a figura 4.9. Sem o segundo furo, a pressão do ar dentro da lata iria diminuir até o ponto de "segurar" a saída do líquido.

Atenção

Para a realização do teste, deve-se manusear o copo com muito cuidado, para que não se quebre.

Sérgio Dotta Jr./Arquivo da editora

4.9 Lata de azeite com dois furos.

Mundo virtual

Movimentos da atmosfera – Instituto Nacional de Pesquisas Espaciais (Inpe)
http://videoseducacionais.cptec.inpe.br/swf/mov_atm/2
Simulação dos movimentos na atmosfera sobre o continente e sobre o oceano conforme temperatura e pressão atmosférica variam.
Acesso em: 24 jan. 2019.

Veja agora mais um exemplo da ação da pressão atmosférica em situações do dia a dia. Você já deve ter observado embalagens de conservas ou de requeijão, por exemplo, com um pequeno lacre de borracha ou plástico no centro da tampa (veja a figura 4.10). Basta retirar o lacre para poder levantar a tampa facilmente. Por que isso acontece? Antes de tirar o lacre, a pressão de ar dentro do recipiente é menor do que fora, e, assim, a pressão atmosférica do lado de fora segura a tampa. Quando o lacre é retirado, o ar entra por um furo existente na tampa e a pressão do ar dentro e fora se igualam, liberando a tampa.

Esse sistema foi inventado no Brasil, em 1989, por uma indústria de embalagens e ganhou prêmios internacionais por sua inovação e praticidade.

Fernando Favoretto/Criar Imagem

4.10 Quando retiramos o lacre da tampa de uma embalagem como essa, o furo permite a entrada de ar, facilitando a abertura do recipiente.

Como medir a pressão atmosférica?

A existência da pressão atmosférica foi demonstrada pela primeira vez em pesquisas realizadas pelos cientistas italianos Evangelista Torricelli (1608-1647) e Vincenzo Viviani (1622-1703).

Eles procuravam explicar por que bombas de água de sucção e sifões somente conseguiam captar água do subsolo localizada a, no máximo, cerca de 10 metros de profundidade. Veja a figura 4.11.

Sezer66/Shutterstock

4.11 Por meio de bombas manuais como essa é possível puxar água do subsolo, a profundidades de até cerca de 10 metros.

Em 1643, Viviani realizou um experimento idealizado por Torricelli para tentar explicar essa limitação: ele colocou mercúrio em um tubo de 1 metro (100 cm) de altura, fechado em uma das pontas. Em seguida, mergulhou a ponta aberta do tubo em um recipiente também com mercúrio, observando que um pouco do metal contido no tubo desceu para o recipiente e que a coluna de mercúrio dentro do tubo estabilizou com 76 centímetros de altura.

O mercúrio é um metal líquido à temperatura ambiente.

Você imagina por que apenas parte do mercúrio do tubo desceu para o recipiente? O que impediu todo o líquido de descer do tubo? O mercúrio parou de sair do tubo porque foi impedido pelo ar, ou seja, pela pressão atmosférica. Ao atuar na superfície do mercúrio contido no recipiente, a pressão exercida pelo ar conseguiu equilibrar a pressão exercida pela coluna de 76 centímetros de mercúrio.

Atenção

Nunca faça experimentos com mercúrio, pois ele é um metal tóxico e não deve ser manuseado.

Como o experimento foi realizado no nível do mar, chegou-se à conclusão de que a pressão atmosférica nessa altitude equivale em média à pressão exercida por uma coluna de 760 mm de mercúrio (76 cm = 760 mm), representada por 760 mmHg. Essa pressão é atualmente definida como 1 atmosfera (1 atm). Veja a figura 4.12.

Hg é o símbolo do elemento químico mercúrio. Vamos estudar esses elementos no 9º ano.

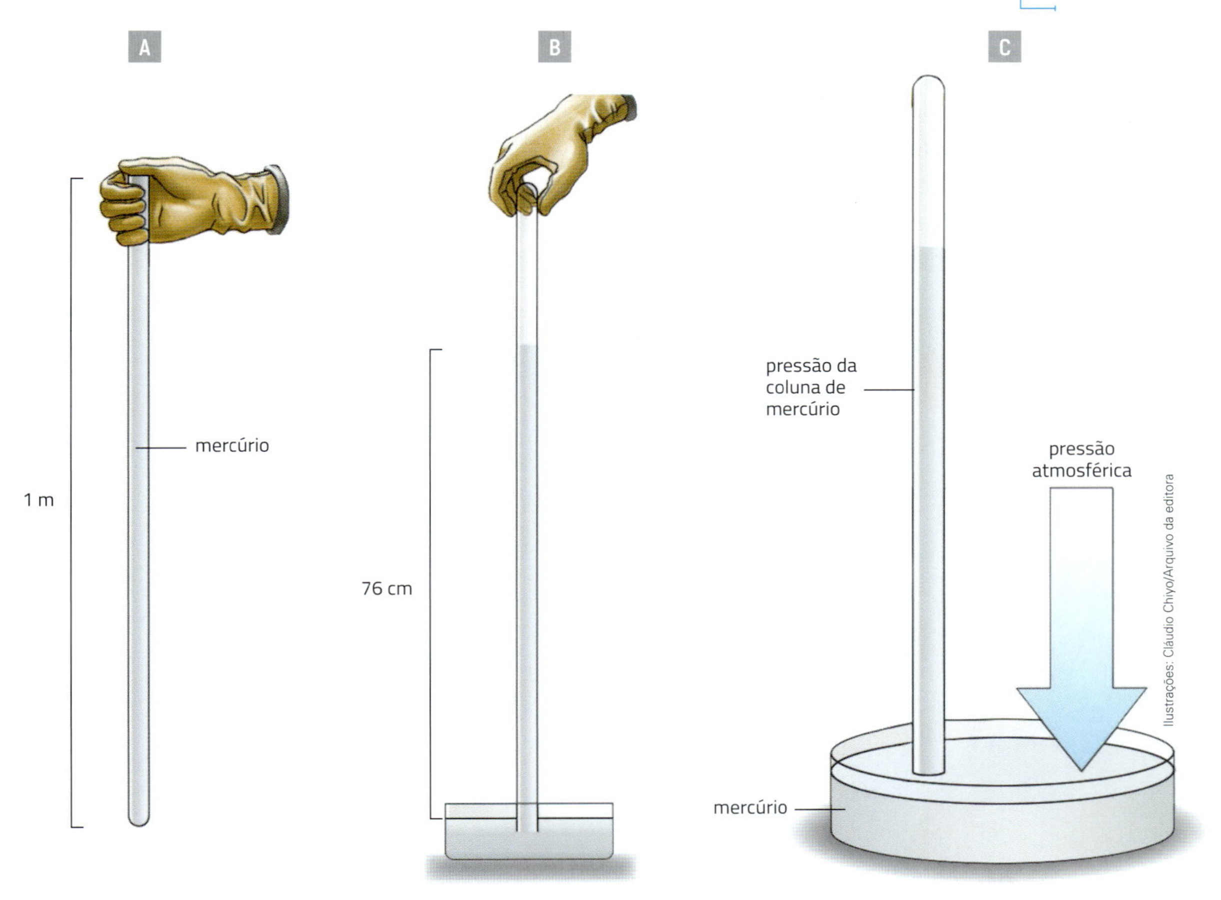

Fonte: elaborado com base em NORTHWESTERN University. *Dateline for Thermodynamics*. Disponível em: <http://faculty.wcas.northwestern.edu/~infocom/Ideas/thermodate.html>. Acesso em: 24 jan. 2019.

4.12 Esquema simplificado do experimento de Torricelli. Nos instantes **B** e **C**, a pressão atmosférica é igual à pressão exercida pela coluna de mercúrio. Por isso, o mercúrio para de descer do tubo para o recipiente. (Elementos representados em tamanhos não proporcionais entre si. Cores fantasia.)

Outra unidade de pressão é o Pascal (Pa): 1 Pascal vale cerca de 0,0075 milímetro de mercúrio. Se puder, visite com um adulto um posto de gasolina ou uma borracharia e investigue qual é a unidade de medida usada nos calibradores de pneus.

A pressão de 1 atm (ou 760 mmHg) é equivalente àquela exercida por uma coluna de cerca de 10 metros de água. Por que é necessária uma coluna muito mais alta de água do que de mercúrio para exercer a mesma pressão de 1 atm?

Isso explica por que as bombas e os sifões não conseguem puxar a água de profundidades maiores que 10 metros.

Essa diferença se dá porque a água é menos densa que o mercúrio. Isso quer dizer que uma garrafa de um litro de água (1 kg) tem a massa menor do que teria uma garrafa com um litro de mercúrio (13,6 kg).

O conhecimento sobre o que acontece com a coluna de mercúrio em diferentes condições de pressão atmosférica possibilitou a construção de **barômetros**, instrumentos que medem a pressão atmosférica. O barômetro foi provavelmente inventado por Torricelli.

Barômetro: palavra de origem grega composta dos elementos *baros*, que significa "pressão", e *metro*, "medição".

Pressão atmosférica, altitude e meteorologia

Quanto maior a altitude de um local, menor é a camada de ar sobre ele e, portanto, menor é a pressão atmosférica. O que podemos concluir então sobre a pressão atmosférica em cidades localizadas em diferentes altitudes? Em cidades no alto de montanhas, a pressão atmosférica é menor que em cidades ao nível do mar. Dessa maneira, por meio da medição da pressão atmosférica com um barômetro, é possível estimar a altitude de um local. Veja a figura 4.13.

Além disso, mudanças locais de pressão atmosférica, associadas às condições atmosféricas, como ventos e formação de nuvens, são bastante úteis para prever mudanças no tempo. Por isso, os barômetros são também usados em estações meteorológicas.

Estação meteorológica: local onde se encontram instrumentos para medir e analisar fatores climáticos e fazer previsões do tempo. Você vai saber mais sobre o clima e o tempo no 8º ano.

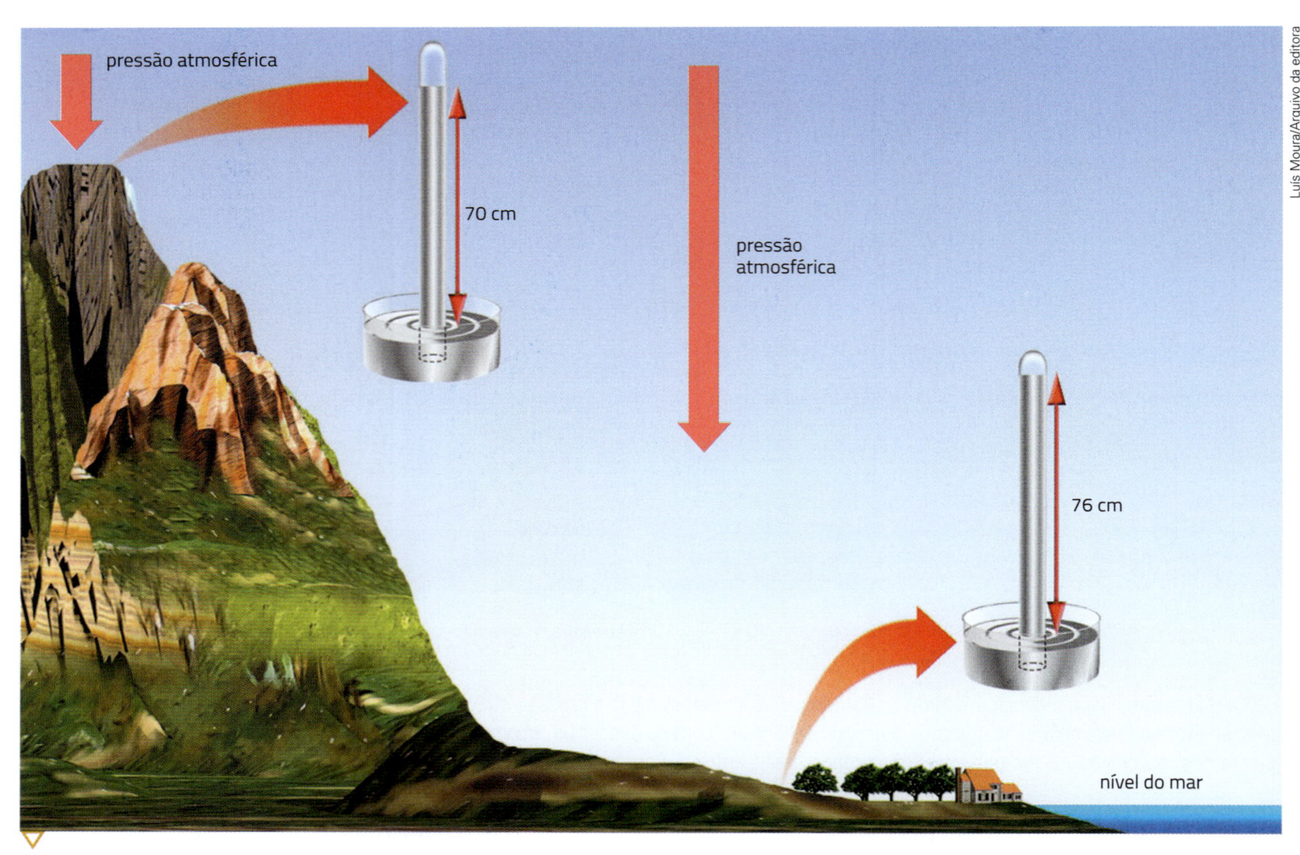

4.13 Esquema mostrando a variação da pressão atmosférica em diferentes altitudes. A altura da coluna de mercúrio do barômetro no topo da montanha será menor que ao nível do mar. (Elementos representados em tamanhos não proporcionais entre si. Cores fantasia.)

Mundo virtual

Física na montanha – *Ciência Hoje das Crianças*
http://chc.org.br/fisica-na-montanha
Artigo sobre os experimentos de Pascal e Torricelli. Acesso em: 24 jan. 2019.

Seara – Universidade Federal do Ceará
www.seara.ufc.br/tintim/fisica/pressao/tintim5-2.htm
Página com informações sobre as propriedades do ar e o experimento de Torricelli. Acesso em: 24 jan. 2019.

Pressão: definições e medidas – Programa de Ensino de Ciências (Instituto de Química da Unesp)
www.proenc.iq.unesp.br/index.php/quimica/197-pressao-definicao-e-medidas
Página que contém informações sobre a pressão atmosférica e o barômetro. Acesso em: 24 jan. 2019.

3 Biosfera

A biosfera é a soma de todas as regiões do planeta em que é possível existir vida: florestas, campos, desertos, oceanos, rios, lagos, entre outras. Observe a figura 4.14. Veja que no norte da América do Sul há uma região mais esverdeada: é a Floresta Amazônica. A região amarelada no norte da África corresponde ao Saara, o maior deserto do mundo. Já as partes azuis representam os oceanos, mares e lagos. As regiões representadas em branco são cobertas ou formadas por gelo.

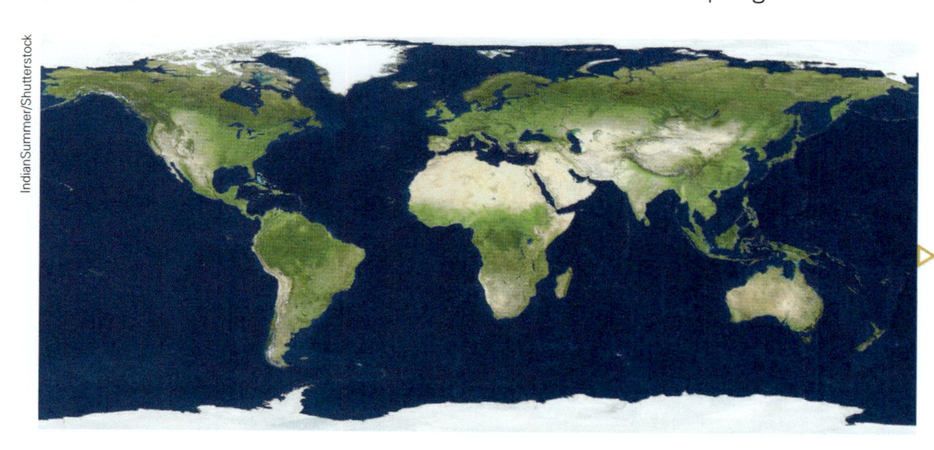

IndianSummer/Shutterstock

4.14 Ilustração – produzida a partir de imagens de satélite – que representa a distribuição de florestas, desertos, oceanos, mares e lagos. Essas regiões formam a biosfera terrestre. (Cores fantasia.)

Ecologia

Pense nas plantas e nos animais que você encontra em seu dia a dia. Como esses seres se relacionam entre eles e com o ambiente em que vivem? Reflita também sobre o clima no local em que você vive: há muitas chuvas fortes ou longos períodos de seca?

No Brasil, observamos regiões que apresentam plantas, animais e climas típicos. Você já deve ter ouvido falar da Mata Atlântica, da Caatinga, do Cerrado, do Pantanal Mato-Grossense e da Floresta Amazônica.

Vamos dar um exemplo de animal típico de uma dessas regiões. O muriqui é o maior macaco das Américas. Ele é encontrado na Mata Atlântica, um dos ambientes com maior variedade de espécies do planeta e que ocorre principalmente em partes próximas ao litoral do Brasil. Veja a figura 4.15.

Marcos Amend/Pulsar Imagens

Marcos Amend/Pulsar Imagens

4.15 Vista da Mata Atlântica da Reserva Particular do Patrimônio Natural (RPPN) Feliciano Miguel Abdala, em Caratinga (MG), e, em destaque, muriqui-do-norte (cerca de 50 cm de comprimento, desconsiderando a cauda) nessa mesma reserva, em 2016.

O muriqui geralmente vive em bandos de cerca de 20 indivíduos, alimentando-se de folhas de plantas encontradas nesse ambiente. Esse animal está ameaçado de extinção em razão da caça e da destruição das matas.

As relações que os seres vivos mantêm entre si e com o ambiente que habitam são estudadas por uma ciência chamada Ecologia. No caso dos muriquis, a Ecologia pode estudar, entre outros aspectos:

- as relações que um bando de muriquis tem com os outros seres da floresta;
- como a extinção dos muriquis afetaria os outros seres do ambiente;
- a influência do clima sobre esses animais.

Costuma-se dizer em Ecologia que todas as partes se relacionam. Isso significa que todos os seres vivos estabelecem relações entre si e com os elementos do ambiente, como a água, o ar, o solo.

Você consegue imaginar a importância de compreender essas relações? As informações obtidas por meio dos estudos em Ecologia nos ajudam a melhorar nossa relação com o ambiente. Entendendo como o ambiente funciona, podemos diminuir o impacto das ações humanas nos demais seres vivos. Além disso, todas as ações que protegem o ambiente protegem também a nossa saúde e a das gerações futuras.

Vamos conhecer alguns termos usados em Ecologia e entender por que eles são importantes para explicar o que acontece com os seres vivos e o ambiente.

Ecologia: vem do grego *oikos*, que significa "casa" ou "ambiente", e *logos*, que significa "estudo".

Cruzamento: é a união de um macho e uma fêmea para a reprodução; o mesmo que acasalamento.

Fértil: no caso dos seres vivos, é o que pode se reproduzir, gerando descendentes.

Descendente: o indivíduo gerado após a reprodução.

Espécie

As pessoas geralmente se encantam com filhotes de animais, como gatos e cães. Veja a figura 4.16: os filhotes de gatos, por exemplo, nascem do cruzamento entre dois gatos adultos. Se chegarem à vida adulta, é muito provável que esses filhotes sejam férteis, ou seja, que consigam acasalar e gerar outros filhotes. Esse ciclo nos mostra que os gatos domésticos são todos da mesma **espécie**.

As onças-pintadas são outro exemplo de espécie de animal: elas podem cruzar entre si e gerar filhotes férteis. Embora gatos e onças tenham muitas semelhanças, eles pertencem a espécies diferentes e não podem cruzar entre si e gerar descendentes férteis.

Uma espécie, portanto, é o conjunto de indivíduos que, na natureza, são capazes de cruzar entre si e gerar descendentes férteis.

Cada espécie recebe um nome científico, que é composto de duas palavras em latim (ou latinizadas, isto é, dá-se um formato em latim a uma palavra que não é latina). O nome científico deve ser escrito sempre em itálico. Quando não for possível a escrita em itálico, as palavras devem ser sublinhadas. A primeira palavra é escrita sempre com a letra inicial maiúscula. Já a segunda inicia-se com letra minúscula. O nome científico da onça-pintada, por exemplo, pode ser escrito de duas formas: *Panthera onca* ou Panthera onca (sublinhado, quando escrito à mão). O nome da espécie humana pode ser escrito *Homo sapiens* ou, quando escrito à mão, Homo sapiens. Vamos estudar mais sobre os seres vivos e os ecossistemas no 7º ano.

4.16 Gata adulta com filhotes. Os gatos adultos medem cerca de 40 cm de comprimento, desconsiderando a cauda.

Mmmx/Shutterstock

Habitat e nicho

O lugar em que uma espécie vive chama-se ***habitat***. Já o conjunto de relações que a espécie mantém com as outras espécies e com o ambiente físico recebe o nome de **nicho ecológico** ou, simplesmente, **nicho**. Para conhecer o nicho de uma espécie, precisamos saber do que ela se alimenta, onde e em que hora do dia obtém esse alimento, onde se reproduz e se abriga, como se defende, etc.

O nicho é, de modo simplificado, o modo de vida de uma espécie na natureza. Por exemplo: a onça-pintada e a capivara podem ser encontradas no mesmo *habitat*, o Pantanal Mato-Grossense, localizado nos estados brasileiros de Mato Grosso e Mato Grosso do Sul. Mas a onça-pintada é carnívora e a capivara é herbívora. Portanto, o nicho dessas duas espécies é diferente. Veja a figura 4.17.

No caso de uma planta, o nicho inclui: os nutrientes que ela retira do solo; a parte do solo à qual ela está fixada e de onde obtém esses nutrientes; as relações que ela estabelece com outras espécies; e assim por diante.

Perceba, então, que conhecer o nicho de uma espécie significa saber como ela utiliza os recursos do ambiente.

Carnívoro: ser vivo que se alimenta de animais.

Herbívoro: ser vivo que se alimenta de plantas.

4.17 Pantanal Mato-Grossense, em Miranda (MS), 2016. A onça-pintada (1 m a 2 m de comprimento, deconsiderando a cauda) e a capivara (1 m a 1,30 m de comprimento) vivem nesse ambiente. Ambas foram fotografadas em 2017.

População e comunidade

Indivíduos da mesma espécie que vivem em determinada região formam uma **população**. Por exemplo: todas as onças-pintadas do Pantanal formam uma população. As capivaras que também vivem nesse ambiente fazem parte de outra população, pois são de outra espécie. No Pantanal, portanto, há populações de capivaras, onças-pintadas e várias outras espécies de animais, plantas, fungos, etc. Veja mais um exemplo de população na figura 4.18.

4.18 Borboletas (cerca de 10 cm de envergadura) que fazem parte de uma população dessa espécie que habita o Parque Estadual do Turvo, em Derrubadas (RS), 2015.

Todos os seres vivos de determinado local formam uma **comunidade**. Isso significa que todas as populações do Pantanal formam uma comunidade.

Cadeia e teia alimentar

Os seres vivos de um ambiente se relacionam de várias formas. Uma delas é pela alimentação. Pense nos últimos alimentos que você consumiu. Talvez você tenha comido carne e ovos, e é bem provável que tenha comido frutas, verduras ou outros vegetais. Ao ingerir alimentos, você participa de uma **cadeia alimentar**.

A cadeia alimentar pode ser representada por um esquema que mostra quem serve de alimento a quem.

capim ⟶ capivara ⟶ onça-pintada

O exemplo acima mostra que o capim serve de alimento à capivara, que serve de alimento para a onça-pintada.

O capim e as demais plantas, assim como algas e algumas bactérias, absorvem a energia luminosa do Sol e produzem açúcares e outras substâncias orgânicas por meio da fotossíntese. Esses organismos são chamados **produtores**.

Substâncias orgânicas são encontradas principalmente no corpo dos seres vivos na forma de compostos como as proteínas, os açúcares e as gorduras.

Nós, assim como os outros animais e muitos outros seres vivos, não conseguimos utilizar diretamente a energia do Sol para produzir alimento. Assim, obtemos essa energia de forma indireta por meio do consumo de outros organismos. Os seres vivos que precisam ingerir outros para obter energia são chamados **consumidores**.

Aqueles que se alimentam dos produtores são chamados **consumidores primários**; já os **consumidores secundários** ingerem consumidores primários, e assim por diante.

Veja na figura 4.19 uma cadeia alimentar em que há: produtor (capim); consumidor primário (gafanhoto); consumidor secundário (rã); consumidor terciário (serpente).

4.19 Exemplo de cadeia alimentar. As setas indicam que a transferência do alimento e energia ocorre do produtor para os consumidores. (Comprimento médio dos organismos: capim: 20 cm a 50 cm; gafanhoto: 1 cm a 8 cm; rã: 14 cm a 18 cm; serpente: até 10 m.)

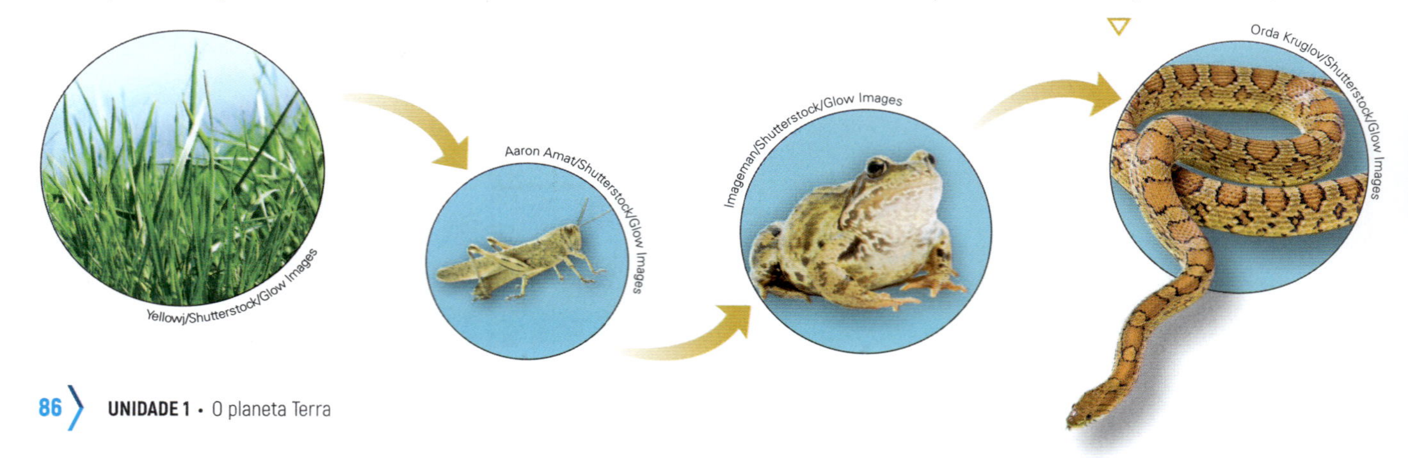

Os resíduos, como excretas e fezes, e outros restos de substâncias orgânicas, como animais e folhas mortos, sofrem a ação dos organismos chamados **decompositores**, representados por fungos e bactérias. Eles transformam a matéria orgânica em substâncias que são lançadas no ambiente e ficam novamente disponíveis para serem usadas pelas plantas e por outros seres produtores.

Muitos animais têm uma alimentação variada. Algumas aves, por exemplo, se alimentam de diferentes seres vivos (elas comem tanto insetos quanto frutas, por exemplo), além de servirem de alimento para diversos outros seres. Como resultado, participam de várias cadeias alimentares. Sendo assim, as diversas cadeias alimentares que existem em um ambiente se cruzam e formam o que chamamos de **teia alimentar**.

A eliminação de alguns organismos de uma teia alimentar acaba prejudicando outros seres vivos. O que você acha que poderia acontecer, por exemplo, se os pássaros, as aranhas e os outros animais que comem insetos fossem eliminados?

Sem esses predadores, o número de insetos que se alimentam de plantas poderia aumentar muito. Como resultado, muitas plantações poderiam desaparecer, pois seriam intensamente consumidas pelos insetos.

Predadores são animais que matam e devoram outros animais, as presas.

Conexões: Ciência e ambiente

Poluição na cadeia alimentar

O ser humano é capaz de provocar alterações no ambiente ao lançar produtos nocivos, que prejudicam outros seres vivos, além do próprio ser humano. Esses produtos são chamados de **poluentes**; e as alterações que eles causam no ambiente recebem o nome de **poluição**.

Um dos problemas atuais mais sérios é a poluição dos ambientes por substâncias tóxicas, como o chumbo e o mercúrio, e por produtos sintéticos, como os plásticos e alguns tipos de agrotóxico. Muitos desses produtos não são biodegradáveis, isto é, não podem ser decompostos pelas bactérias e pelos fungos, ou demoram dezenas ou centenas de anos para se decompor. Além disso, certas substâncias podem ser ingeridas ou penetrar no corpo dos seres vivos, podendo causar diversos problemas à saúde desses seres.

Como essas substâncias tóxicas são eliminadas muito lentamente pelo organismo, elas se acumulam e são transferidas ao longo das cadeias alimentares cada vez que um ser vivo se alimenta de outro.

Em certas regiões do Brasil, principalmente na Amazônia, os garimpeiros usam o mercúrio em seu trabalho. Eles misturam o mercúrio ao solo para separar o ouro e depois aquecem a mistura; ao fazer isso o mercúrio, que havia formado uma liga com o ouro, vaporiza-se com as impurezas, deixando o ouro puro. Parte do mercúrio acaba contaminando o solo e as águas. Na água, ele é absorvido por algas microscópicas, as quais servem de alimento para outros seres vivos. Assim, pela cadeia alimentar, o mercúrio pode chegar aos peixes e aos seres humanos que ingerem esses peixes.

Existe, ainda, outro problema: além de contaminar o solo e as águas, o mercúrio pode prejudicar diretamente os próprios garimpeiros, quando estes respiram os vapores desse metal tóxico. Por isso, é necessário que esses trabalhadores utilizem equipamentos de proteção para garantir sua segurança, o que, infelizmente, nem sempre acontece.

Liga: mistura de metais.

Ecossistema

Como vimos, todos os elementos da natureza estão, de certa forma, relacionados. Portanto, os seres vivos de um local não são afetados apenas por outros organismos que convivem com eles, mas também pelos componentes não vivos desse ambiente.

Para sobreviver, os animais dependem, por exemplo, da água e do gás oxigênio. Já as plantas dependem da água, do gás oxigênio, do gás carbônico e da luz, entre outros fatores.

Todos os seres vivos e os componentes não vivos de um ambiente (água, minerais do solo, gases dissolvidos, luz, etc.), somados a todas as relações que existem entre esses elementos, formam um **ecossistema**.

A Mata Atlântica e o Pantanal Mato-Grossense são exemplos de ecossistemas. Mas também são exemplos de ecossistemas certos ambientes muito menores, como uma poça de água na mata ou a água acumulada em uma planta. Veja a figura 4.20.

4.20 A bromélia (suas folhas podem ter cerca de 1 m de comprimento) é uma planta comum na Mata Atlântica. Na água que se acumula entre suas folhas vivem insetos e outros organismos pequenos que servem de alimento para animais maiores, como anfíbios.

Ao longo do estudo de Ciências (e de Geografia) você vai conhecer os grandes ecossistemas brasileiros, como a Floresta Amazônica, a Mata Atlântica, o Pantanal Mato-Grossense, a Caatinga, a Mata das Araucárias, o Cerrado, os Pampas, os manguezais, as matas dos cocais, entre outros.

O conjunto de ecossistemas do planeta é conhecido como biosfera. Veja a figura 4.21.

4.21 Representação artística de paisagem do Pantanal Mato-Grossense. Nos detalhes, podemos observar um organismo (**A**), uma população (**B**), uma comunidade (**C**), um ecossistema (**D**) e a biosfera (**E**). Elementos representados em tamanhos não proporcionais entre si. Cores fantasia.)

4 A importância da biodiversidade

A **biodiversidade** é a variedade de espécies existentes em determinado espaço.

Atualmente, milhares de espécies correm o risco de desaparecer, principalmente por causa da ação do ser humano. A destruição dos ambientes, a poluição, a caça e a pesca sem controle são algumas dessas ações.

Como você viu, as espécies fazem parte de uma teia alimentar e a extinção de uma ou mais espécies provoca desequilíbrios ecológicos sérios, afetando outros organismos, inclusive os seres humanos.

Além disso, boa parte dos medicamentos e de vários outros produtos utilizados pelo ser humano é extraída de seres vivos. Assim, com o desaparecimento das espécies, perdemos também esses produtos.

Independentemente da "utilidade" que as espécies tenham para nós, os seres humanos não têm direito de exterminar outras formas de vida.

A produção de muitos medicamentos e outros compostos pode estar relacionada a conhecimentos de povos indígenas e de outras comunidades tradicionais. A destruição dos ecossistemas coloca em risco também a sobrevivência desses povos, já que essas comunidades usam territórios e recursos naturais para manter suas tradições.

Quilombolas (comunidades formadas por descendentes de pessoas escravizadas que se refugiaram), seringueiros, castanheiros, entre outras, são exemplos de comunidades tradicionais. Ameaçados, esses grupos enfrentam dificuldades para se manter e preservar sua cultura, suas tradições e seu conhecimento sobre o ambiente. Veja a figura 4.22.

Com a diminuição da biodiversidade, perdemos parte do equilíbrio e da beleza presente na natureza, que, entre outros benefícios que nos proporciona, é fonte de criações artísticas, de lazer e de recreação. Por isso, preservar os ambientes e a biodiversidade é também preservar nossa saúde física e mental.

Andre Dib/Pulsar Imagens

4.22 Moradores em frente à casa no quilombo Kalunga, na comunidade de Vão das Almas, em Cavalcante (GO), 2017.

Minha biblioteca

Seres reais e imaginários da floresta, de Edson Grandisoli e Silvio Marchini. Editora Evoluir, 2016.
Por meio de histórias de criaturas fantásticas – como a do curupira e a do saci –, este livro ensina sobre a conservação ambiental.

Reprodução/Editora Evoluir

Para proteger a biodiversidade é preciso preservar o *habitat* das espécies. Por isso, é fundamental criar e manter unidades de conservação – como parques nacionais e reservas biológicas –, combater o desmatamento ilegal e garantir o cumprimento da legislação ambiental e o respeito às comunidades tradicionais.

Para a preservação da biodiversidade é importante também combater a **biopirataria**, ou seja, a apropriação indevida por meio da caça e da coleta, seguida do envio ilegal de plantas e animais ao exterior para extração de compostos e pesquisa de medicamentos, cosméticos e outros produtos.

É preciso ainda diminuir os danos causados ao ambiente, adotando, por exemplo, técnicas de conservação do solo, especialmente em áreas ocupadas por atividades humanas, como a agropecuária e a mineração.

Sendo assim, é necessário buscar atender às necessidades do ser humano, melhorando a qualidade de vida da população e preservando a biodiversidade e a diversidade cultural. Essas condições fazem parte do chamado **desenvolvimento sustentável** ou da **sustentabilidade**.

Uma atividade sustentável é aquela que se preocupa em explorar um recurso de modo a garantir o bem-estar econômico, social e ambiental também para as gerações seguintes. Ela deve se preocupar não apenas em melhorar o mundo hoje, mas em garantir a qualidade de vida para as próximas gerações. Veja a figura 4.23.

Marcos Amend/Pulsar Imagens

4.23 Turistas caminhando em trilha na Reserva de Desenvolvimento Sustentável Mamirauá, em Uarini (AM), 2015.

Mundo virtual

Conceitos de Educação Ambiental
http://www.mma.gov.br/educacao-ambiental/politica-de-educacao-ambiental
Site do Ministério do Meio Ambiente que traz textos sobre o conceito de Educação Ambiental. Acesso em: 28 jan. 2019.

Biodiversidade: amamos butiá – Ministério do Meio Ambiente
https://youtu.be/YCcYtkaymdw
Vídeo que trata das relações ecológicas e socioeconômicas de uma palmeira nativa brasileira, o butiá. Seus frutos alimentam muitos animais e são também consumidos e comercializados pelas comunidades locais. Acesso em: 28 jan. 2019.

Biodiversidade brasileira
http://www.mma.gov.br/biodiversidade/biodiversidade-brasileira
Site do Ministério do Meio Ambiente que apresenta o conceito de biodiversidade e comenta sobre a biodiversidade brasileira.

ATIVIDADES

Aplique seus conhecimentos

1 Que evidências podemos observar em nosso dia a dia para comprovar a existência do ar?

2 Como o experimento de Torricelli e Viviani possibilitou explicar por que bombas de água de sucção não conseguiam captar água do subsolo a mais de 10 metros de profundidade?

3 Os discos plásticos da foto (denominados ventosas), quando pressionados contra uma superfície lisa, aderem a ela por sucção. Em qual situação a pressão do ar na porção interna do disco é maior, em **A** ou **B**?

Fotos: Fernando Favoretto/Criar Imagem

4.24

4 Por que, no experimento de Torricelli e Viviani, o mercúrio do tubo parou de descer quando atingiu a marca de 76 centímetros?

5 Campos do Jordão (SP), considerada a cidade mais alta do Brasil, está situada a mais de 1600 metros de altitude. Já a cidade de São Luís do Maranhão situa-se apenas 4 metros acima do nível do mar. Em qual dessas duas cidades a pressão atmosférica é maior? Justifique sua resposta.

6 Considere que, a cada 100 metros de altitude, a coluna de mercúrio sofre uma alteração de 1 centímetro. Calcule qual será a altura da coluna de mercúrio em um local com 600 metros de altitude.

7 Um estudante disse à professora que iria encher seu copo com água porque ele estava com sede e o copo estava vazio. Outro estudante disse então que, na realidade, o copo não estava vazio. Considerando o que foi visto neste capítulo, o que esse último estudante quis dizer?

8 Observe a figura abaixo. Como você explica a diferença entre o nível de mercúrio dos dois tubos?

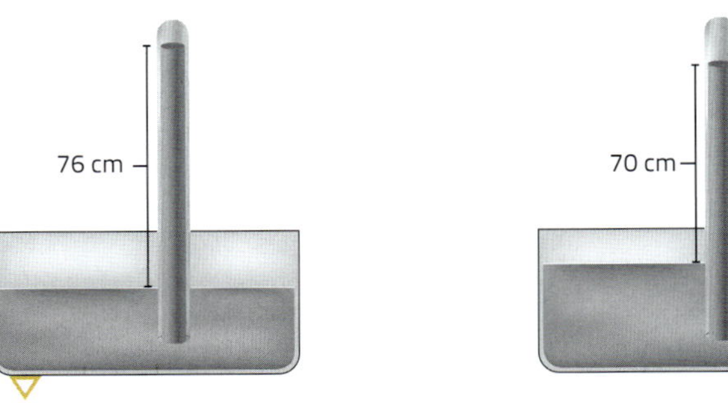

KLN Artes Gráficas/Arquivo da editora

4.25 Esquema mostrando dois barômetros usados para medir a pressão do ar em duas localidades diferentes. (Elementos representados em tamanhos não proporcionais entre si. Cores fantasia.)

9 Uma população pode ser formada por capivaras e onças-pintadas? E uma comunidade? Esses dois seres vivos ocupam o mesmo nicho? Explique suas respostas.

10 Considere a seguinte situação: um pequeno tronco de árvore caído em uma floresta garante a sobrevivência de formigas, pequenas plantas e outros seres vivos. O tronco é iluminado por um pouco de luz; as chuvas e a própria umidade da floresta fornecem a água necessária aos organismos associados a ele. Nesse caso, o tronco poderia ser considerado um exemplo de ecossistema? Justifique sua resposta.

11 › Neste capítulo você conheceu as camadas da atmosfera. Então, responda:

a) Em que camada se formam os ventos, as nuvens e as chuvas?

b) Em que camada há maior concentração de ozônio? Por que esse gás é importante para a vida na Terra?

12 › Um boi pastava capim e um carrapato preso à pele dele alimentava-se de seu sangue. Um pássaro que estava sobre o boi viu o carrapato e o comeu. Nessa cadeia alimentar, identifique o produtor e os consumidores (primário, secundário, etc.).

13 › Em 1932, no Japão, uma indústria começou a despejar mercúrio nas águas da baía de Minamata. Os peixes dessa baía eram um dos principais alimentos da população local. Por volta de 1950, muitas pessoas começaram a apresentar problemas no sistema nervoso, no fígado e nos rins e houve muitas mortes. A doença ficou conhecida como "doença de Minamata". Responsabilizada pelo que aconteceu, a empresa teve de pagar indenização às vítimas ou às famílias delas.

a) Em sua opinião, o que teria feito as pessoas ficarem doentes?

b) O que os governos devem fazer para evitar problemas desse tipo?

c) Esse exemplo nos mostra a importância de todos terem um conhecimento básico de Ecologia. Explique por quê.

14 › Um agricultor utilizou um inseticida não biodegradável para eliminar insetos que atacavam sua plantação de algodão. Como você explica a presença desse agrotóxico no corpo de algumas espécies de aves, já que essas aves não comem plantas do algodão?

15 › Em 1654, o cientista e prefeito da cidade alemã de Magdeburgo, Otto von Guericke (1602-1686), fez uma demonstração que ficou famosa. Ele juntou duas meias esferas ocas de cobre, de modo a formar uma esfera inteira, e vedou a junção com couro. Com uma bomba de ar, tirou quase todo o ar de dentro da esfera. Foram necessários 16 cavalos – oito de cada lado, puxando em sentidos opostos – para separar as duas meias esferas.

a) Por que foram necessários tantos cavalos para separar as meias esferas?

b) Quando uma válvula foi aberta para deixar o ar entrar na esfera, as meias esferas foram separadas facilmente. Por que isso ocorreu?

Science Source/Photoresearchers. Inc./Latinstock

4.26 Réplica das meias esferas usadas por Otto von Guericke em sua demonstração (Museu de Ciência e Tecnologia, em Berlim, na Alemanha; cerca de 50 cm de diâmetro).

Investigue

Faça uma pesquisa sobre os itens seguir. Você pode pesquisar em livros, revistas, *sites*, etc. Preste atenção se o conteúdo vem de uma fonte confiável, como universidades ou outros centros de pesquisa. Use suas próprias palavras para elaborar a resposta.

1 › Procure notícias recentes relacionadas com os assuntos estudados pela Ecologia. Selecione uma notícia e apresente-a para a classe. Explique a razão de sua escolha. Se na reportagem escolhida houver algum detalhe que você não consegue compreender, peça auxílio aos colegas ou ao professor. Não se preocupe: você ainda vai aprender muito mais sobre Ecologia ao longo de seu estudo em Ciências.

2 › Pesquise o que significa a sigla ONG, que papel essas organizações desempenham e qual a importância delas para a preservação ambiental. Verifiquem se existem ONGs ambientais atuando na região em que você mora e procure saber como o trabalho delas influencia a saúde individual e coletiva dos moradores. Se não houver ONGs locais, a pesquisa pode ser ampliada para outras regiões.

Aprendendo com a prática

Atividade 1

Para esta prática, providencie o que se pede e siga os procedimentos.

Material

- Uma pequena bacia de plástico com água
- Uma folha de papel rascunho (ou um chumaço de algodão)
- Um copo transparente
- Um copo plástico com um furo na parede lateral

Atenção
Cuidado ao manusear o copo transparente caso seja de vidro. Peça a ajuda do professor para fazer o furo lateral no copo plástico.

Procedimento

1. Amasse o papel rascunho (ou o chumaço de algodão) e ajuste-o no fundo do copo.
2. Mergulhe o copo na bacia, em posição vertical e com a abertura para baixo. Retire o copo da bacia e responda: O que aconteceu com o papel? Ele molhou?
3. Repita a experiência anterior usando um copo plástico com um furo na parede lateral. Ajuste o papel no fundo e mergulhe o copo na água, na posição vertical. Responda:
   a) O que aconteceu com o papel depois de algum tempo?
   b) Como você explica o que ocorreu?

Atividade 2

Para realizar este experimento, providencie o que se pede e siga as orientações.

Material

- Dois desentupidores de pia de mesmo tamanho
- Um palito de fósforo

Mauro Nakata/Arquivo da editora
4.27

Procedimento

1. Encaixe um desentupidor no outro pelas bordas, enquanto um colega ajeita o palito de fósforo entre os desentupidores. Veja a figura 4.27.
2. Empurre um desentupidor contra o outro. Retire o palito e verifique se os dois desentupidores estão bem aderidos um ao outro. Agora, com a ajuda de um colega, puxe os desentupidores para tentar separá-los.
   a) Por que é difícil separar os desentupidores?
   b) Este experimento lembra uma história contada nas atividades deste capítulo. Que história é essa?
   c) Qual é a função do palito de fósforo?

Autoavaliação

1. Depois do que você estudou neste capítulo, sua percepção sobre o que é o ar mudou? Por quê?
2. Você analisou e compreendeu os esquemas dos processos e experimentos representados neste capítulo?
3. Considerando o que você estudou sobre Ecologia, que atitudes do seu cotidiano podem contribuir para o equilíbrio do ambiente e para a manutenção da biodiversidade?

CAPÍTULO 5

Terra: uma esfera em movimento no espaço

Nasa/Keystone

5.1 Imagem da Terra, iluminada parcialmente, observada acima do horizonte da Lua. Fotografia obtida pelos astronautas da missão Apollo 8, em 1968, enquanto viajavam pelo espaço, ao redor da Lua.

Hoje, depois de várias expedições ao espaço e imagens captadas por sondas e satélites artificiais, não temos dúvida da forma da Terra: ela se assemelha a uma esfera. Veja a figura 5.1.

No entanto, é interessante pensar que bem antes da obtenção de tais imagens, diferentes estudiosos já haviam afirmado isso com base em diversas evidências. Em ciência, é recomendado falar em evidência em vez de prova. A ciência deve sempre estar aberta para a possibilidade de, no futuro, aparecer uma nova evidência que vai contra o que se pensava. Quer dizer então que podemos estar errados sobre o formato da Terra? Não, porque já temos evidências suficientes para considerar esse dado como fato.

Para começar

1. Como podemos afirmar que a Terra é esférica?
2. Por que as sombras, como a de uma haste fincada no chão, variam de comprimento e direção ao longo do dia?
3. Por que, enquanto é dia no Brasil, é noite no Japão?
4. Por que, enquanto é verão na maior parte do Brasil, é inverno na Europa?

1 A forma da Terra

É possível que você já tenha visto imagens e lido a respeito do planeta Terra na internet. Essa é uma fonte importante de conhecimento e pesquisa. Mas nem tudo que circula na internet é verdade. Por isso é preciso tomar cuidado com certas informações, principalmente quando elas não vêm de fontes confiáveis. Como já dissemos no capítulo anterior, sempre que possível, busque informações em *sites* de universidades ou outros centros de pesquisa, por exemplo. Também devemos desconfiar quando as informações entram em choque com algo aceito por todos ou quase todos os especialistas no assunto. É possível encontrar páginas e grupos de discussão na internet que defendem, por exemplo, que a Terra é plana, e não esférica. Essa ideia, porém, vai totalmente contra o conhecimento construído pelos cientistas até hoje.

Mais evidências de que a Terra é uma esfera

Além das imagens captadas por sondas e satélites artificiais, há muitas outras evidências do formato da Terra.

Os registros históricos mais antigos que falam sobre a Terra ser redonda são de cerca de 600 a.C. e foram escritos pelos gregos. Pitágoras (séc. VI a.C.) e Platão (427-347 a.C.) já acreditavam que o planeta era esférico.

Aristóteles (384-322 a.C.) argumentava que viajantes que seguiam para o sul viam estrelas diferentes aparecer sobre o horizonte, e que isso só poderia acontecer se eles estivessem sobre uma superfície curva. Ele também via que a sombra da Terra na Lua, durante o **eclipse lunar**, tinha a borda circular e apontava isso como evidência da esfericidade da Terra. Você já observou um eclipse da Lua? Esse fenômeno ocorre quando a Terra fica entre o Sol e a Lua. Esta então passa pela sombra da Terra. Veja as figuras 5.2 e 5.3.

Torsten Frank/Alamy/Fotoarena

5.2 Sucessão de fotos que mostram o eclipse lunar. Observe que a borda da sombra que a Terra projeta na Lua tem sempre formato arredondado, já que a forma da Terra se aproxima muito a uma esfera.

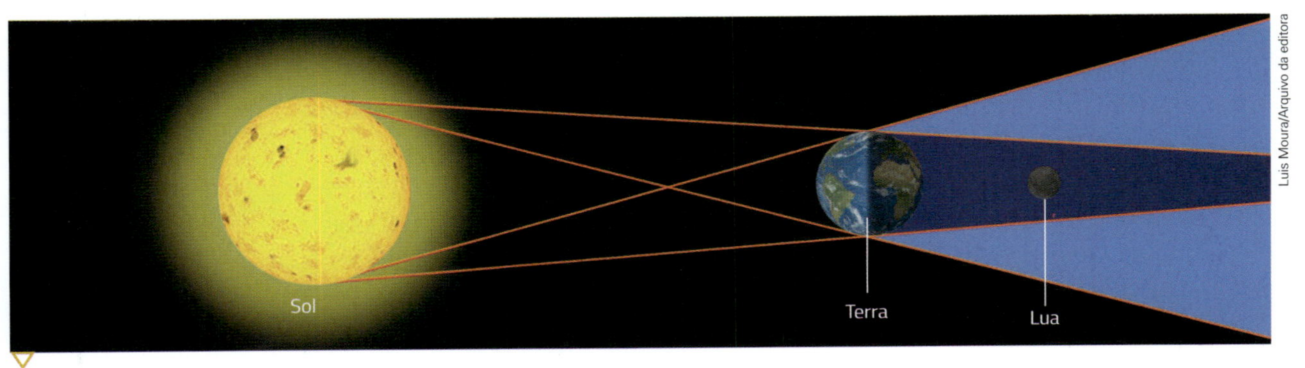

Luis Moura/Arquivo da editora

5.3 O eclipse total ocorre quando a sombra da Terra encobre totalmente a Lua. (Elementos representados em tamanhos não proporcionais entre si; as distâncias não são reais. Cores fantasia.)

Estrabão (64 a.C.-24 d.C.) foi outro pensador grego que defendeu a ideia da forma esférica da Terra. Ele cita as observações de navegantes que, ao se aproximar da costa, viam primeiro luzes e regiões mais elevadas em relação ao horizonte. Veja a figura 5.4.

Luis Moura/Arquivo da editora

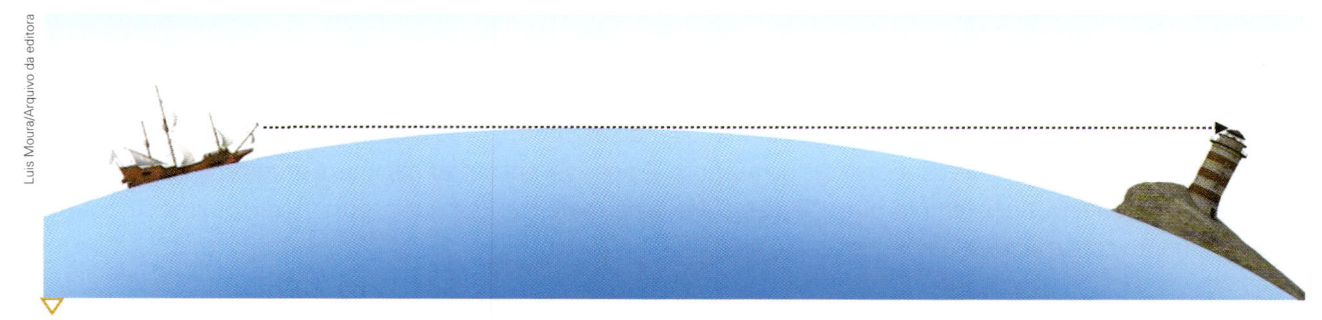

5.4 A curvatura da superfície limita nossa visão além do horizonte. (Elementos representados em tamanhos não proporcionais entre si.)

O mesmo pode ser constatado observando com um binóculo um navio que se afasta da costa: percebemos que o casco desaparece no horizonte antes da chaminé, do mastro, ou de outras partes mais altas. Se a Terra fosse plana, com a distância deveríamos ver o barco inteiro ficando cada vez menor, mas sempre acima do horizonte. Veja a figura 5.5.

Luis Moura/Arquivo da editora

5.5 Um observador vê, a partir de um ponto fixo, que a base do navio desaparece no horizonte antes do mastro, por causa da curvatura da Terra. (Elementos representados em tamanhos não proporcionais entre si.)

A possibilidade de dar a volta ao mundo, seguindo sempre na mesma direção (oeste, por exemplo), foi outra evidência de que a Terra é esférica. Em 1519, a expedição liderada pelo navegador português Fernão de Magalhães (1480-1521) partiu da Espanha, cruzou os oceanos Atlântico e Pacífico e chegou até a costa oriental da Ásia. A expedição seguiu pelo oceano Índico, voltou para o oceano Atlântico e então retornou ao local de partida; foi a primeira viagem em torno da Terra de que temos registro.

Em 1924, ocorreu a primeira viagem ao redor da Terra feita pelo ar: uma esquadrilha de quatro aviões do Exército estadunidense viajou durante 177 dias e percorreu 44342 km.

Nos anos 1940, começaram a surgir as primeiras imagens da Terra vista do espaço, obtidas a partir de foguetes não tripulados. Nessas fotografias, já era possível ver a curvatura da Terra.

Na década de 1960, com a chamada corrida espacial, houve o desenvolvimento de novas tecnologias que foram capazes de levar o ser humano ao espaço. Desde então, tornou-se possível ver a Terra sob nova perspectiva e tirar fotos que mostram claramente seu formato esférico. Reveja a figura 5.1.

Nessa época, os Estados Unidos e a antiga União Soviética disputavam a liderança tecnológica, econômica e política e ambos lançaram satélites artificiais e voos espaciais tripulados que contribuíram para a pesquisa do espaço.

2 Os movimentos da Terra

O planeta Terra apresenta movimentos que podem ser percebidos ao longo do ano e ao longo de um dia. Como você pode perceber esses movimentos?

Uma das possibilidades seria observar as variações da sombra de um **gnômon** ao longo do dia e ao longo do ano. O gnômon é possivelmente o instrumento astronômico mais antigo construído pelo ser humano e é, entre outras coisas, usado para indicar as horas do dia. O gnômon mais simples consiste em uma vareta fincada no chão plano, em um lugar onde bate sol, como mostra a figura 5.6. Observando a sombra do gnômon é possível acompanhar o movimento aparente do Sol sem olhar diretamente para ele. Também se podem fazer marcações em diferentes horários do dia e em diferentes épocas do ano.

Gnômon: em grego, significa "aquele que revela".

Mundo virtual

Ciência Hoje das Crianças
http://chc.org.br/category/astronomia
Site com diversos artigos sobre Astronomia.
Acesso em: 28 jan. 2019.

Stellarium
www.stellarium.org/pt
Programa de computador que simula o movimento das estrelas, dos planetas, da Lua e do Sol.
Acesso em: 28 jan. 2019.

Andrey Grinyov/Shutterstock

5.6 A sombra de uma vareta espetada no chão nos dá informações sobre a posição do Sol no céu.

Saiba mais

Os movimentos do céu

[...] Quando estamos dentro de um veículo em movimento e olhamos para fora podemos perceber outros veículos, uns em movimento e outros parados. Sabemos que alguns estão parados porque não há movimento entre eles e o chão, que é uma referência comum para todos os observadores.

Se estivermos nos movimentando junto com um veículo e observamos o mundo fora dele, qual a sensação que temos? Temos a sensação que o mundo está se movimentando no sentido contrário – se você nunca notou, observe quando entrar num veículo a próxima vez. O movimento que estamos fazendo junto com o veículo é chamado de "movimento próprio". Aquela sensação de que tudo que está do lado de fora se movimenta no sentido contrário, inclusive o chão, é chamado de "movimento aparente", pois parece que se movimenta. Nosso veículo realiza movimento próprio e quando olhamos para fora vemos que tudo ao nosso redor realiza um movimento aparente, isso quer dizer que o movimento aparente depende do nosso movimento. Se pararmos, o movimento aparente também para, ou seja, acaba aquela sensação de que tudo está se movimentando no sentido contrário. Mas, observe também, que quando paramos existem alguns veículos que não param. Isso quer dizer que eles têm um movimento que não depende do nosso, por isso eles também têm movimento próprio.

A mesma coisa acontece no céu. Alguns movimentos que observamos no céu são movimentos aparentes, ou seja, só acontecem porque a Terra está se movimentando. O movimento que o Sol e as estrelas fazem aparecendo de um lado do horizonte e desaparecendo do outro é um movimento aparente. Se conseguíssemos fazer a Terra parar de girar ao redor do eixo imaginário, esse movimento deixaria de acontecer. Porém, mesmo com a Terra parada existem movimentos que não deixariam de acontecer. A Lua, os outros planetas, os cometas e asteroides continuariam se movimentando – eles têm movimento próprio [...].

Astronomia Parte 1: Orientação e Observação. *Centro de divulgação da Astronomia.* Disponível em: <http://www.cdcc.usp.br/cda/ensino-fundamental-astronomia/parte1b.html#omc>. Acesso em: 28 jan. 2019.

O movimento de rotação da Terra e a sombra do gnômon

Se observarmos a sombra do gnômon ao longo do dia, veremos que ela varia de comprimento e de direção. Veja a figura 5.7. Ao observarmos as sombras de árvores, postes e prédios, também percebemos que elas variam de comprimento e de direção.

Paulo Cesar Pereira/Arquivo da editora

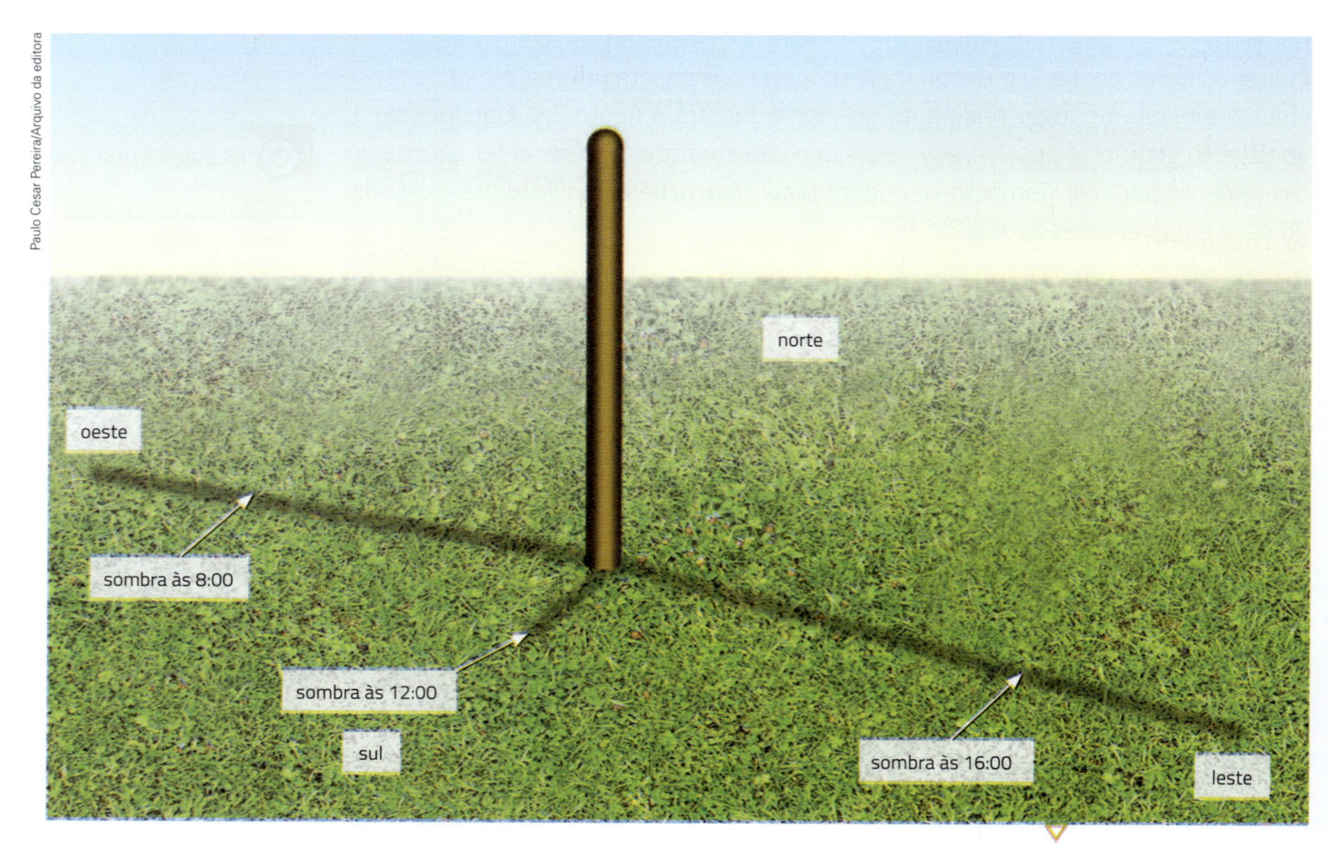

5.7 Uma possível variação da sombra de uma haste em três horários do dia. Os pontos cardeais (norte, sul, leste e oeste) estão indicados. (Elementos representados em tamanhos não proporcionais entre si. Cores fantasia.)

A sombra é bem longa ao amanhecer e no final da tarde, e é menor próximo ao meio-dia. O tamanho da sombra depende então da hora do dia em que a observação é feita. Por que isso acontece?

Vemos o Sol nascer no horizonte leste, elevar-se no céu e se deslocar para o horizonte oeste. A variação da sombra do gnômon ao longo do dia é explicada por esse movimento diário aparente do Sol no céu. Quanto mais baixo estiver o Sol em relação ao horizonte, maior será a sombra do gnômon; e quanto mais alto, menor será a sombra.

Dizemos que o movimento diário do Sol no céu é aparente porque é a Terra que está se movendo em relação ao Sol. Mas, como nós fazemos a observação a partir da Terra, temos a impressão de que é o Sol que se move.

Atenção

Nunca olhe diretamente para o Sol sem proteção adequada, para não causar danos permanentes aos olhos, com risco de cegueira. O vidro de máscara de solda número 14 é uma lâmina de vidro encontrada em casas de ferragem ou material de construção e pode ser usado para proteger os olhos quando observamos o Sol. Mesmo assim, as observações devem ser rápidas, pois nem essa lâmina consegue impedir a incidência de raios nocivos em nossos olhos.

Para visualizar o que está acontecendo, você pode apoiar um lápis de pé sobre a mesa, escurecer o ambiente e iluminar com uma lanterna. Veja a figura 5.8. Inicialmente coloque a lanterna em posição horizontal sobre a mesa, apontando-a para o lápis, e então observe a sombra formada (1). Essa posição corresponde ao nascer do Sol. Então, lentamente, sempre apontando para o lápis, vá aumentando o ângulo da lanterna em relação à mesa (2 e 3). Veja que o comprimento da sombra vai variar de modo semelhante ao que ocorre ao longo do dia com o gnômon: ela será bem longa na posição 1, um pouco menor na 2, e bem menor na 3, que é semelhante à posição do Sol ao meio-dia.

Lápis 13B/Arquivo da editora

5.8 A variação da sombra de um lápis sobre a mesa ajuda a compreender o que acontece com a sombra do gnômon ao longo do dia. Nesse modelo, a lanterna representa o Sol e o lápis representa um gnômon.

A Terra gira em torno de um eixo imaginário realizando um movimento chamado **rotação**. Vamos compreender o que acontece com a sombra do gnômon em função da rotação da Terra.

Observe a figura 5.9: uma face da superfície da Terra está voltada para o Sol; nessa parte iluminada é dia. A outra metade não está voltada para o Sol: nessa região do planeta é noite. A rotação da Terra explica, assim, a sucessão de dias e noites.

Mundo virtual

Astronomia e Astrofísica – Departamento de Astronomia do Instituto de Física (UFRGS)
http://astro.if.ufrgs.br
Site com informações sobre astronomia em geral. Acesso em: 28 jan. 2019.

Luiz Rubio/Arquivo da editora

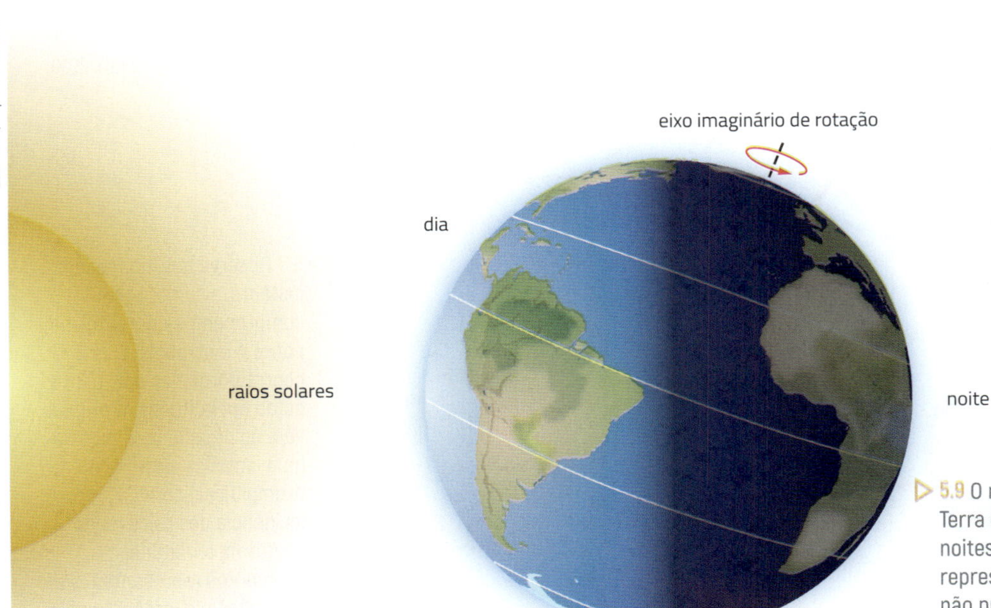

5.9 O movimento de rotação da Terra explica o ciclo de dias e noites. (Elementos representados em tamanhos não proporcionais entre si; as distâncias não são reais. Cores fantasia.)

A variação – com o passar das horas – da direção e do comprimento da sombra de um gnômon também está relacionada à rotação do planeta. Observe a figura 5.10.

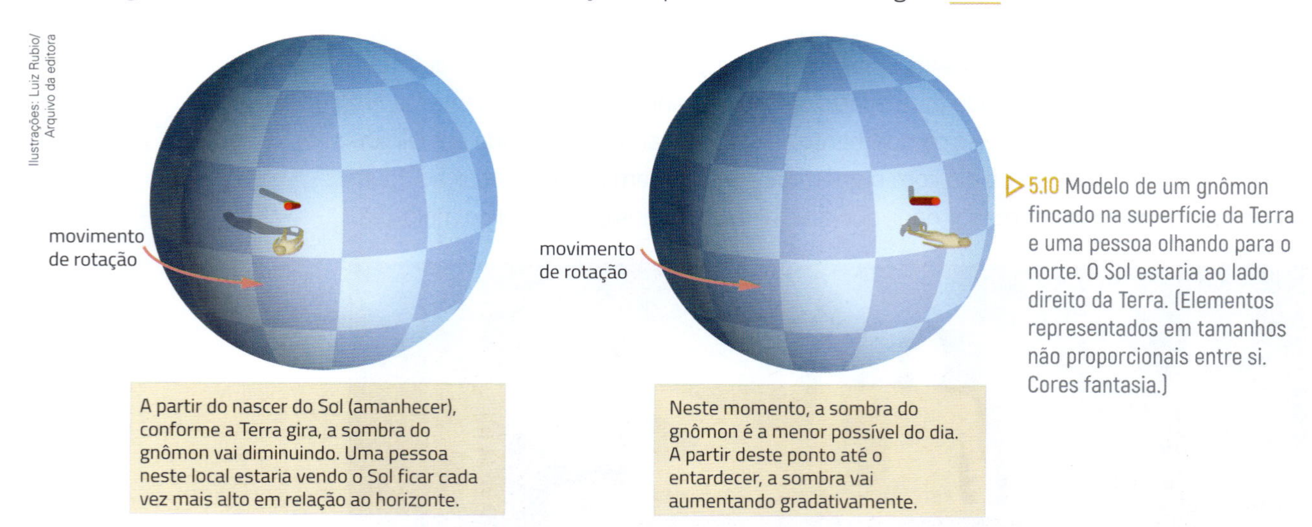

5.10 Modelo de um gnômon fincado na superfície da Terra e uma pessoa olhando para o norte. O Sol estaria ao lado direito da Terra. (Elementos representados em tamanhos não proporcionais entre si. Cores fantasia.)

Como a Terra é esférica, a sombra de um gnômon também varia conforme a distância entre o local da observação e a linha do equador. Essa distância é medida em graus e é chamada **latitude**. A variação ocorre porque o ângulo de incidência dos raios solares na superfície da Terra é diferente em cada latitude. Veja a figura 5.11. Como a Terra tem formato esférico, os raios solares atingem a superfície de forma menos inclinada em regiões próximas à linha do equador.

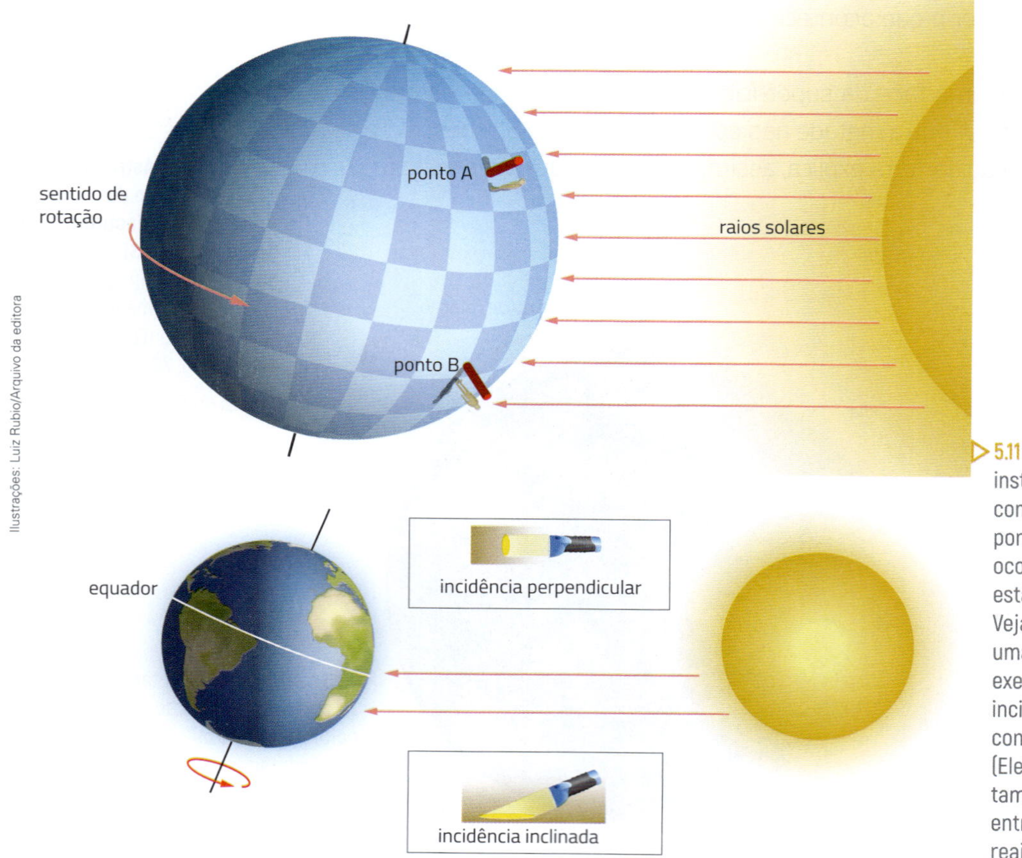

5.11 Observe que, no mesmo instante, a sombra tem comprimentos diferentes no ponto A e no ponto B. Isso ocorre porque os dois pontos estão em latitudes diferentes. Veja no detalhe (que mostra uma lanterna para exemplificar) como a incidência dos raios muda conforme a latitude. (Elementos representados em tamanhos não proporcionais entre si; as distâncias não são reais. Cores fantasia.)

Mundo virtual

Pôr do sol – Museu da Amazônia (Musa)
youtu.be/NCzh-HrXcl8
Vídeo do pôr do sol visto da torre de observação do Musa.
Acesso em: 28 jan. 2019.

Saiba mais

Como localizar um ponto na superfície da Terra?

Veja a ilustração a seguir.

O eixo de rotação da Terra define os polos norte e sul.

Exatamente entre os dois polos, definimos a linha do equador como 0°.

A partir do equador, podemos traçar linhas horizontais, chamadas paralelos, em direção ao norte e ao sul.

A latitude de um ponto na superfície é a distância, em graus, entre esse ponto e o equador. Os polos estão a 90°.

Podemos traçar linhas verticais, chamadas meridianos, que passam pelos polos e dividem a Terra como os gomos de uma tangerina.

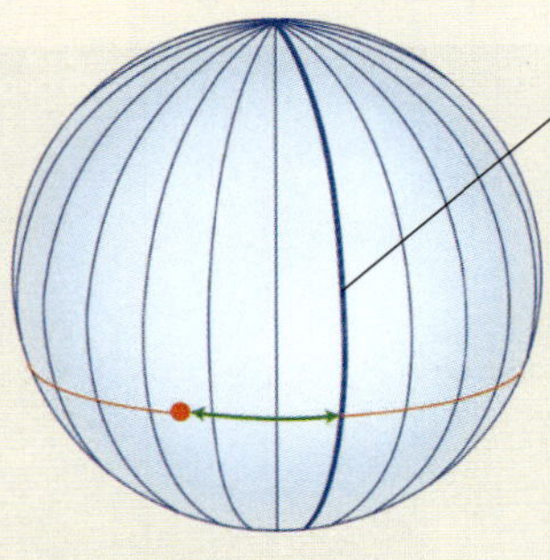

O meridiano primário (0°), escolhido como ponto de partida para a numeração dos demais meridianos, é o meridiano de Greenwich (pronuncia-se *grinuitch*). O nome vem do Observatório Real de Greenwich, em Londres (Reino Unido). O meridiano que passa por ele foi adotado como meridiano primário em 1884, em uma conferência internacional. Você vai saber mais sobre meridianos e fusos horários em Geografia.

A longitude de um ponto na superfície é a distância, em graus, entre esse ponto e o meridiano de Greenwich.

Ilustrações: Paulo Cesar Pereira/Arquivo da editora

5.12 Podemos imaginar linhas sobre uma esfera para indicar a posição de um ponto sobre ela.

Para localizar um ponto na superfície da Terra é necessário um sistema de linhas imaginárias traçadas sobre o globo terrestre ou sobre um mapa, tais como equador, paralelos e meridianos (figura 5.12). Sabendo as coordenadas de um local, você pode desenhar mapas ou traçar trajetórias sobre eles. Veja a figura 5.13. Nesse tipo de mapa, há linhas horizontais e verticais que representam os paralelos e os meridianos.

Há muito tempo esse conhecimento é bastante importante para longas viagens, pois, sabendo as coordenadas da origem e do destino, é mais fácil seguir na direção correta. Para navegação em alto-mar, isso é ainda mais importante, pois não é possível ver o continente para usar pontos de referência em terra.

Hoje em dia, é muito fácil saber as coordenadas de um local usando o GPS de um *smartphone*. Pode-se, então, usar um aplicativo que mostra o mapa com as ruas e até traça a rota mais rápida ou mais curta.

Divisão dos continentes, paralelos e meridianos

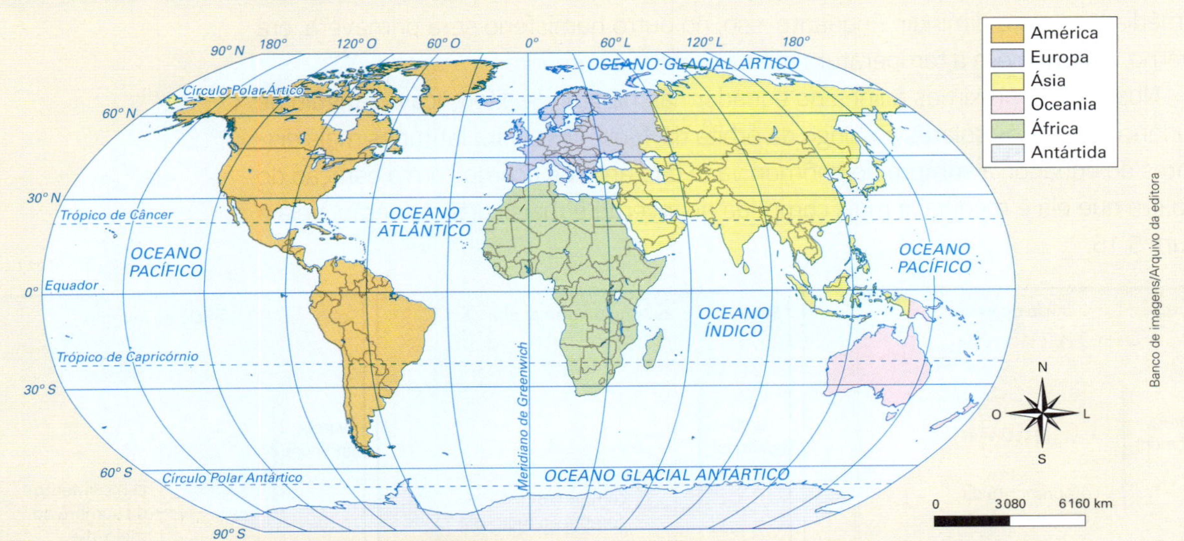

Banco de imagens/Arquivo da editora

5.13 Fonte: elaborado com base em IBGE. *Atlas geográfico escolar* (versão Web). Disponível em: <https://portaldemapas.ibge.gov.br/portal.php#mapa2>. Acesso em: 28 jan. 2019.

O movimento de translação da Terra

Se medirmos a sombra da haste de um gnômon em diferentes períodos do ano, sempre no mesmo horário, vamos observar que o tamanho da sombra varia. Por que isso acontece?

Além de girar em torno do próprio eixo, a Terra também percorre uma órbita em torno do Sol, em um movimento chamado **translação**. Para dar uma volta em torno do Sol, a Terra leva cerca de um ano. Veja a figura 5.14.

Mundo virtual

As estações do ano - Observatório Astronômico Frei Rosário (UFMG)
http://www.observatorio.ufmg.br/pas44.htm
Informações e animações sobre estações do ano e movimento aparente do Sol.
Acesso em: 28 jan. 2019.

Luis Moura/Arquivo da editora

5.14 Sequência da trajetória da Terra ao redor do Sol e as estações do ano nos hemisférios norte e sul. Repare que a Terra não está nas quatro posições ao mesmo tempo: essa é apenas uma representação para você entender melhor. (Elementos representados em tamanhos não proporcionais entre si; as distâncias não são reais. Cores fantasia.)

Fonte: elaborado com base em OLIVEIRA FILHO, Kepler de Souza; SARAIVA, Maria de Fátima Oliveira. Movimento anual do Sol e as estações do ano. Disponível em: <http://astro.if.ufrgs.br/tempo/mas.htm>. Acesso em: 28 jan. 2019.

Note que o eixo de rotação da Terra é inclinado em relação ao plano de sua órbita em torno do Sol. Quais são as consequências disso?

Órbita: percurso que um astro realiza em torno do outro.

Por causa dessa inclinação (de cerca de 23,5 graus), cada hemisfério do globo terrestre fica, alternadamente, mais exposto ao Sol durante uma parte do ano, recebendo uma quantidade maior de luz e calor.

Veja ainda na figura 5.14 que, quando o polo sul está inclinado para o Sol, o hemisfério sul é atingido mais diretamente pelos raios solares do que o hemisfério norte. Por isso, nessa situação, é verão no hemisfério sul, que recebe mais luz e calor que o hemisfério norte, onde é inverno. Perceba também que há duas posições na órbita terrestre em que ambos os hemisférios são iluminados da mesma forma pelos raios do Sol. Em um dos hemisférios será outono: era verão, estava quente, e a temperatura média começa a diminuir. Enquanto isso, no outro hemisfério será primavera: era inverno, estava frio, e a temperatura média começa a aumentar.

Você vai aprender mais sobre as estações do ano no 8º ano.

Nos lugares próximos à linha do equador não há grande diferença no ângulo de incidência dos raios solares ao longo da órbita da Terra. Mas, para latitudes mais distantes do equador, a sombra do gnômon varia bastante de acordo com a estação do ano em que ela é medida: é mais comprida no inverno e mais curta no verão. Veja a figura 5.15.

Paulo Cesar Pereira/Arquivo da editora

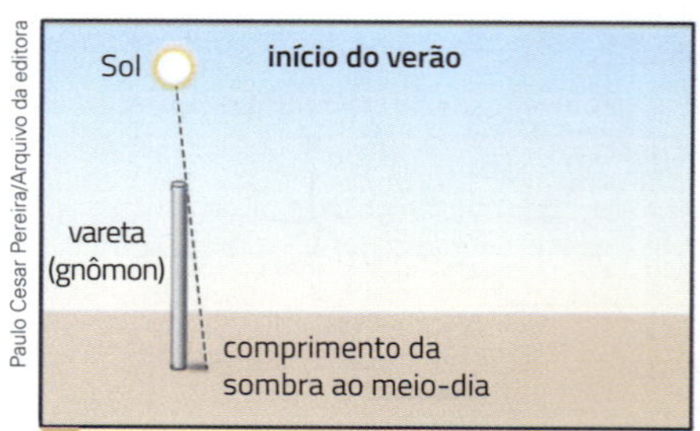

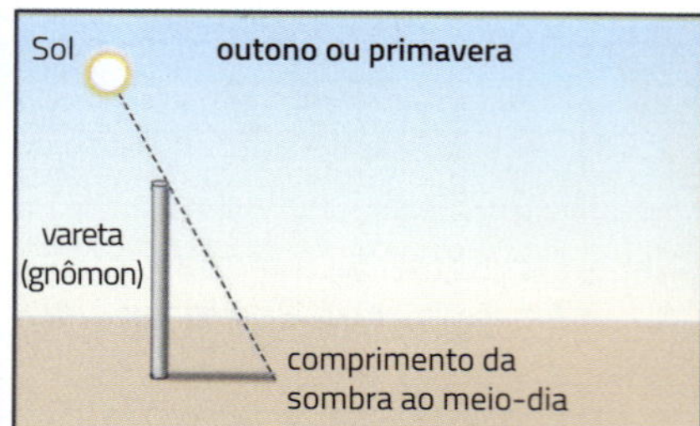

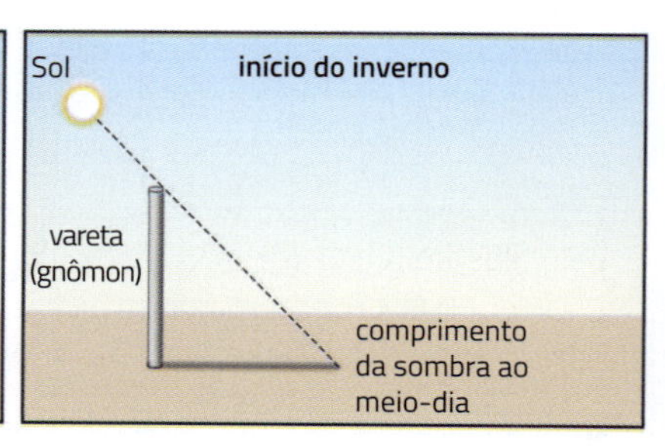

5.15 Variação do comprimento das sombras do gnômon ao longo do ano, em estados mais ao sul do Brasil (Paraná, Santa Catarina e Rio Grande do Sul). (Elementos representados em tamanhos não proporcionais entre si. Cores fantasia.)

Observe também que nos lugares próximos à linha do equador não há grande diferença no ângulo de incidência dos raios solares, conforme a Terra percorre a sua órbita. Por isso, nessas regiões não ocorrem grandes variações climáticas ou na duração dos dias ao longo do ano. No Brasil, as diferentes estações do ano são percebidas com maior contraste nas regiões Sul e Sudeste. Nas regiões Norte, Nordeste e Centro-Oeste há menor variação de temperatura entre verão e inverno do que nessas outras regiões.

Centro de Divulgação da Astronomia – Observatório Dietrich Schiel (USP)
www.cdcc.usp.br/cda
Palestras e textos explicativos de Astronomia.
Acesso em: 28 jan. 2019.

Conexões: Ciência e História

O relógio de sol e os eclipses

Imagine que você não possua um relógio, mas tenha um compromisso marcado para as 15 horas. Como faria para não se atrasar? A necessidade de medir o tempo levou o ser humano a desenvolver os relógios.

Há cerca de 3 500 anos, os egípcios, por exemplo, perceberam que podiam aproveitar o movimento aparente do Sol durante o dia. Eles notaram que o caminho do Sol, desde a manhã até o entardecer, poderia ser usado para acompanhar a passagem do tempo.

Os egípcios observaram que, se fincassem uma vareta no chão, a sombra dela mudaria de posição ao longo do dia, enquanto estivesse claro. Eles marcaram as posições das sombras a cada hora do dia e depois, toda vez que queriam saber as horas, era só observar a sombra formada.

O povo do Egito antigo também foi o primeiro a dividir o período entre o nascer e o pôr do sol em 12 partes iguais. Os egípcios fizeram o mesmo com a noite, dividindo esse período em 12 partes iguais. Assim começou a surgir o dia de 24 horas.

Alistair Scott/Shutterstock/Glow Images

5.16 Relógio de sol horizontal. A haste do relógio de sol é um gnômon.

Relógios solares (veja a figura 5.16) foram utilizados em muitas partes do mundo, como na China e na Grécia.

A observação do céu sempre foi uma fonte de informações importante para todas as sociedades. Os fenômenos que se repetiam – como o dia e a noite, as estações do ano, as fases da Lua, assim como a posição das constelações – ajudavam as sociedades a se orientar em suas viagens, a prever a estação das chuvas e a identificar o melhor período para a colheita, por exemplo.

As comunidades indígenas dos tupis-guaranis, por exemplo, que vivem no Brasil e em outros países da América do Sul, utilizam até hoje um gnômon. Eles observam a sombra de uma haste cravada em um terreno plano para determinar os pontos cardeais e as estações do ano.

Além de observarem o movimento aparente do Sol e o padrão dos dias, os povos antigos também notavam fenômenos como os eclipses.

Desde o ano 600 a.C., os gregos já imaginavam que os eclipses estavam relacionados, de alguma forma, com as sombras da Terra e da Lua. Também anotaram exatamente quanto tempo se passava entre os eclipses e, com isso, aprenderam a prever quando eles aconteceriam.

O mais antigo método de calcular a ocorrência de um eclipse foi criado pelo filósofo grego Tales de Mileto (624-546 a.C.). Veja a figura 5.17. Ele previu a chegada de um eclipse que deve ter ocorrido no dia 28 de maio de 285 a.C.

Sheila Terry/SPL/Latinstock

5.17 Ilustração feita no século XIX do filósofo grego Tales de Mileto (624 a.C.-546 a.C.), que criou o método mais antigo de calcular a ocorrência de um eclipse.

ATIVIDADES

Aplique seus conhecimentos

1 ▸ O que é o eclipse lunar? Por que esse fenômeno é considerado uma das evidências de que a Terra é esférica?

2 ▸ Quando navegavam em direção ao litoral, os marinheiros viam primeiro o topo das montanhas e das construções mais altas, antes de ver as planícies e casas, por exemplo. Como você explica isso?

Ilustranet/Arquivo da editora

5.18

3 ▸ O Sol nasce no lado leste, cruza o céu e se põe no lado oeste.

a) O que causa esse movimento aparente diário?

b) Quando o Sol se põe no Brasil, ele nasce em outras regiões do mundo. Por que esse fato é uma evidência de que a Terra é aproximadamente esférica e não plana?

4 ▸ Por que o desenvolvimento de tecnologias possibilitou ao ser humano ter mais evidências sobre o formato esférico da Terra?

5 ▸ Você aprendeu que a Terra tem dois movimentos: rotação e translação.

a) Que movimento explica a sucessão dos dias e das noites?

b) Que movimento explica a sucessão de estações do ano?

6 ▸ Assinale as afirmativas verdadeiras.

a) A variação do comprimento da sombra do gnômon ao longo do dia é menor nas regiões próximas ao equador do que em regiões mais distantes.

b) As estações do ano são explicadas porque no verão a Terra está mais próxima do Sol do que no inverno.

c) O movimento de translação da Terra leva cerca de um ano para se completar.

d) A quantidade de luz do Sol que chega à Terra é a mesma em todos os pontos da superfície dela.

e) Quando o polo norte está inclinado para o Sol, o hemisfério norte recebe mais luz do que o sul.

f) No outono ou na primavera, ambos os hemisférios são iluminados da mesma forma pelo Sol.

7 ▸ Alguns satélites artificiais usados em telecomunicações giram em torno da Terra com velocidade de cerca de 11 100 quilômetros por hora, a uma altitude de 35 900 quilômetros acima do equador. Por que você acha que esses satélites, chamados geoestacionários, parecem estar parados no espaço em relação à Terra?

8 ▸ Um relógio de sol pode ser construído de forma simples como uma estaca presa a uma superfície plana com marcações. Com base nessa informação, responda.

a) Como a sombra da estaca varia ao longo do dia?

b) Cite algumas limitações ao uso do relógio de sol.

9 ▸ Uma menina estava na praia no litoral sul do Brasil e queria saber se já era hora de voltar para casa.

a) Se ela tivesse de voltar para casa apenas no final do dia, como deveria prever que estaria a sombra de seu guarda-sol: mais curta ou mais longa do que a sombra formada ao meio do dia?

b) Na mesma praia e no mesmo horário, em que época do ano você espera ver uma sombra maior: no verão ou no inverno? Por quê?

10 ▸ Você já deve ter ouvido falar de Mercúrio, Vênus, Marte, Saturno, Urano e Netuno. São planetas que, juntamente com a Terra, fazem parte do Sistema Solar, com órbitas ao redor do Sol, e que têm uma forma esférica, assim como a Terra. Você vai estudar esses planetas no 9º ano. Observe a figura 5.19 e elabore uma hipótese para explicar por que esses planetas também têm dias e noites.

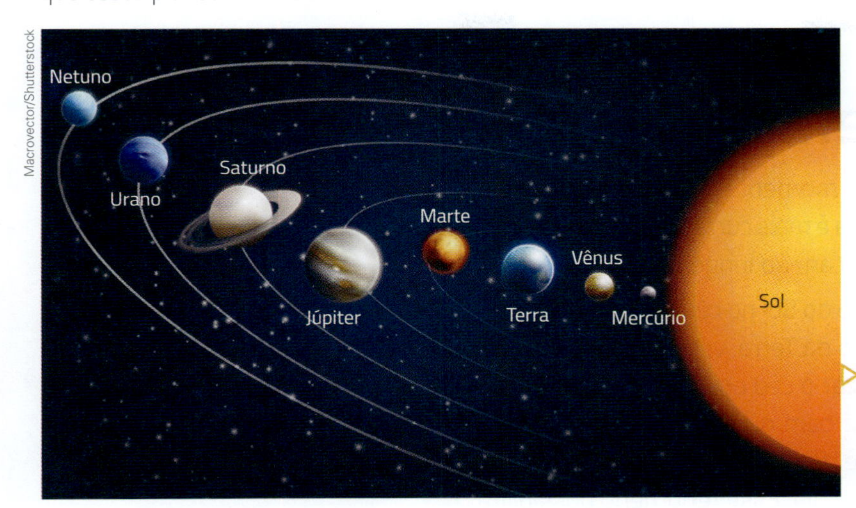

5.19 Representação artística do Sol e dos planetas do Sistema Solar. (Elementos representados em tamanhos não proporcionais entre si; as distâncias não são reais. Cores fantasia.)

Investigue

Faça uma pesquisa sobre o item a seguir. Você pode pesquisar em livros, revistas, *sites*, etc. Preste atenção se o conteúdo vem de uma fonte confiável, como universidades ou outros centros de pesquisa. Use suas próprias palavras para elaborar a resposta.

- O que é ano bissexto e por que ele acontece.

De olho nos quadrinhos

A tirinha abaixo, do personagem Hagar, o Horrível, retrata com humor o modo como o formato da Terra era percebido pela maioria das pessoas na Europa até o século XVI.

5.20

Fonte: *Folha de S.Paulo.*

a) Com base em qual observação Hagar considera que a Terra é plana?

b) Imagine que um amigo seu viu na internet vídeos que defendem que a Terra é plana e agora duvida que o planeta seja esférico. Como você faria para convencer seu amigo de que a Terra é redonda?

Autoavaliação

1. De que maneira você superou eventuais dificuldades encontradas ao longo do estudo deste capítulo?
2. Algum tema do capítulo despertou seu interesse? Se sim, indique qual foi e busque informações que permitam aprofundar melhor o assunto.
3. Você seria capaz de relacionar os movimentos da Terra com aspectos do seu cotidiano ao longo do ano?

OFICINA DE SOLUÇÕES

Contando o tempo

Você já reparou que em alguns momentos do dia a sua sombra é bastante comprida, e em outros ela é mais curta? Como as sombras se formam? Por que elas se modificam ao longo do dia?

Isso acontece porque a posição do Sol no céu muda com o passar das horas. Por causa da rotação da Terra, vemos, todos os dias, o Sol nascer próximo ao leste, cruzar o céu ao longo do dia e então se pôr próximo ao oeste. Isso faz com que as sombras geradas pelos objetos que bloqueiam parte dos raios do Sol mudem de tamanho e orientação ao longo de um dia. Esse fenômeno possibilita usar a sombra dos objetos para saber qual é o momento do dia.

Mario Kanno/Arquivo da editora

Construindo um relógio de sol

Para que um relógio de sol funcione bem, é preciso estar bem atento a dois fatores:

1. a latitude do lugar onde ele será instalado;
2. a direção norte-sul geográfica.

Você sabe explicar por que esses fatores são tão importantes?

MASSA DE MODELAR

O que já existe?

Você já viu um relógio de sol? Existe um relógio de sol no seu município? Veja a seguir dois exemplos de relógios de sol com características diferentes.

Relógio de sol em Natal (RN), 2015.

Frankie Marcone/Futura Press

Steven Chadwick/Alamy/Fotoarena

Para construir um relógio de sol equatorial, como o da foto acima localizado em Toronto, no Canadá, é necessário inclinar seu mostrador conforme a latitude do local.

Como funciona um relógio de sol?

Assim como os relógios de ponteiro, relógios de sol apresentam um mostrador, com um ponteiro que indica as horas. Entretanto, em vez de usar um ponteiro que gira, os relógios de sol têm um bastão ou placa, chamado gnômon. Sob a luz solar, o gnômon projeta uma sombra sobre o mostrador, indicando a hora. Essa sombra vai mudando de tamanho e posição ao longo do dia.

> Elementos representados em tamanhos não proporcionais entre si.

Consulte

Saiba mais sobre a história dos relógios de sol e como eles funcionam.

- **Relógio de sol da USP**
  http://stoa.usp.br/cienciacultura/weblog/83753.html
- **Como foi criado o relógio de sol?**
  http://chc.org.br/acervo/como-foi-criado-o-relogio-de-sol
- **Experimentando um relógio de sol**
  http://chc.org.br/acervo/experimentando-um-relogio-de-sol

Acessos em: 28 jan. 2019.

> Os materiais aqui representados são uma simples sugestão. Vocês poderão propor outros.

Mario Kanno/Arquivo da editora

Propondo uma solução

Com os colegas, monte um relógio de sol. Primeiro, escolham um dos tipos de relógio:

- Relógio de sol público usando – como gnômon – objetos ou construções já existentes.
- Relógio de sol móvel.

Em seguida, esbocem o projeto e planejem sua construção. Vocês devem pensar também no tempo que terão de dedicar a fazer as inscrições do mostrador.

Agora, utilizem as perguntas a seguir para organizar suas ideias e guiar a implementação da proposta.

1. Que recursos e materiais são necessários? Como será feita a divisão de tarefas no grupo?
2. Como será o gnômon? Se for móvel, como posicioná-lo?
3. Como alinhar o relógio com o eixo norte-sul?
4. O relógio proposto serve para qualquer latitude? Ele funcionará o ano todo?

Na prática

1. Quais foram as dificuldades em montar o relógio de sol? Como elas foram superadas?
2. O mostrador indica as horas corretamente? Por quê?
3. Após a implementação da invenção, o resultado foi como o esperado?
4. Quais os pontos fortes e os fracos do instrumento desenvolvido? De que maneira poderiam melhorá-lo?
5. O que vocês aprenderam com essa experiência?

Vitormarigo/Shutterstock

Homem se equilibrando sobre fita elástica na cidade do Rio de Janeiro (RJ). A prática desse esporte exige força, equilíbrio e rapidez para reagir à movimentação da fita e manter-se em pé sobre ela.

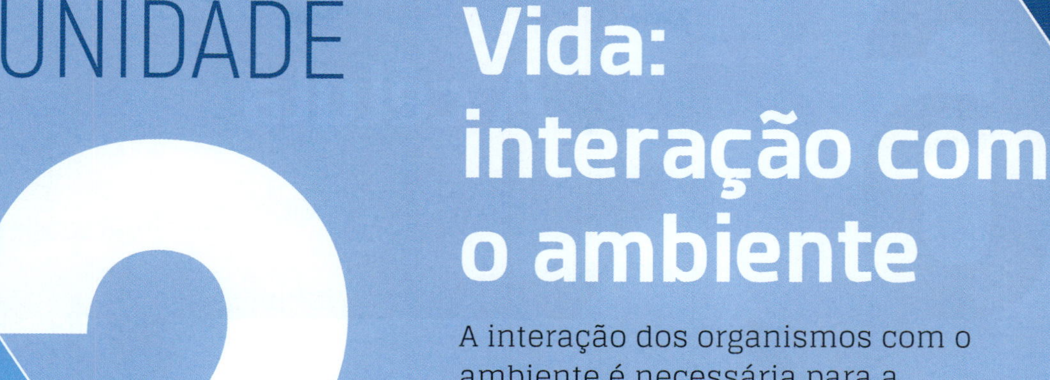

UNIDADE 2

Vida: interação com o ambiente

A interação dos organismos com o ambiente é necessária para a sobrevivência. A identificação de cheiros e sons, por exemplo, permite aos organismos reagir às mudanças ambientais e escapar de perigos. Na maioria dos animais, a percepção do ambiente é realizada pelos sistemas sensoriais. Os estímulos captados, em conjunto com os demais sistemas corporais, atuam na manutenção de todas as funções que mantêm vivos esses organismos.

1 ▸ Como você cuida de sua saúde? De que maneiras você imagina que a ciência pode ajudar as pessoas a manter ou a recuperar a saúde?

2 ▸ Existem muitas características comuns aos seres vivos, como a capacidade de reagir a estímulos externos. Outras características tornam cada ser vivo único. Produza um desenho ou tire uma fotografia para representar a importância do respeito à diversidade de seres vivos (sejam eles humanos ou não).

CAPÍTULO

6 A célula

Dr. Gopal Murti/SPL/Latinstock

6.1 Células da mucosa da boca vistas ao microscópio óptico (aumento de cerca de 5 910 vezes; coloridas artificialmente).

Você já pensou sobre o que acontece com seu corpo quando você fica resfriado? Nosso corpo não funciona normalmente quando está doente: ficamos indispostos, sentimos dores, o apetite é alterado, entre outras reações. Por que será que isso acontece?

Há cerca de trezentos anos os cientistas descobriram algo surpreendente: os seres vivos são formados por pequenas estruturas vivas, as células. Veja a figura 6.1. É o trabalho conjunto dessas unidades estruturais que possibilita todas as atividades que os seres vivos realizam.

Estudando as células, os pesquisadores descobriram que, quando há problemas em seu funcionamento, o corpo pode adoecer. O estudo dessas pequenas estruturas nos ajuda, portanto, a compreender melhor como as doenças se manifestam e progridem e a cuidar melhor da nossa saúde. As descobertas sobre as características e os mecanismos de funcionamento das células também auxiliam na pesquisa de novos medicamentos e tecnologias.

Vamos conhecer agora como é o funcionamento das células.

Para começar

1. Você já sabia da existência das células? Como podemos verificar se elas existem?
2. O que há no interior de cada célula?
3. Como uma única célula dá origem a todas as células do nosso corpo?

1 Conhecendo a célula

As plantas, os seres humanos e os outros animais são formados por muitas **células** e por isso são chamados seres **multicelulares**, também conhecidos como **pluricelulares**. Calcula-se que no corpo de um ser humano adulto haja, em média, cerca de 30 trilhões de células. Existem também seres formados por uma única célula: são os chamados seres **unicelulares**, como a ameba da figura 6.2.

Steve Gschmeissner/Science Photo Library/Latinstock

6.2 Ameba vista ao microscópio eletrônico de varredura. Esse tipo de microscópio consegue obter imagens ampliadas em até 300 mil vezes. As imagens obtidas são então coloridas artificialmente para evidenciar seus detalhes. As amebas são seres vivos unicelulares que, em geral, medem cerca de 0,7 mm de diâmetro.

Multicelular: vem do latim *multi*, que significa "muitos", + celular.

Unicelular: vem do latim *uni*, que significa "um", + celular.

Zigoto: célula que dá origem a todas as células do nosso corpo. Também é conhecido como célula-ovo.

Microscópio óptico: *micro*, em grego, significa "pequeno"; e *skopos*, "olhar". Óptico vem do grego *optikos*, "que tem relação com a visão".

A maioria das células mede menos que a décima parte de um milímetro; no entanto, algumas, como o zigoto humano, chegam a atingir essa medida. Como é possível estudar estruturas tão pequenas como as células?

Por causa do seu tamanho, as células devem ser estudadas por meio de instrumentos que permitam sua visualização, como o **microscópio óptico**, também chamado **microscópio de luz**. Esse tipo de microscópio tem várias lentes de aumento que ampliam a imagem da célula, como veremos adiante. Além do microscópio, técnicas como a aplicação de corantes são empregadas para permitir o estudo das células e de suas estruturas.

Foi com a ajuda do microscópio que os cientistas descobriram a existência da célula. Observe na figura 6.3 células de uma planta aquática, a elódea (o nome científico dessa espécie de planta é *Egeria densa*).

O nome científico identifica uma espécie independentemente do idioma de um texto. Você já leu sobre isso no capítulo 4 e aprenderá mais no 7º ano, quando estudarmos os grupos de seres vivos.

Claude Nuridsany & Marie Perennou/Science Photo Library/Latinstock

ESG/Arquivo da editora

6.3 Ramo de elódea (*Egeria densa*; folhas com 1 cm a 4 cm de comprimento) e células dessa planta vistas ao microscópio óptico (aumento de cerca de 400 vezes).

Para medir elementos tão pequenos quanto a célula, os cientistas criaram unidades de medida menores que o milímetro. Uma das mais usadas é o **micrometro**, que corresponde à milésima parte do milímetro. A maioria das células humanas mede de 8 a 130 micrometros (ou de 0,008 a 0,13 milímetro). Veja a figura 6.4.

O símbolo do micrometro é **µm**. "µ" (mi) é uma letra grega e é usada para indicar a milionésima parte da unidade a que é anexada, o metro; e "m" é o símbolo do metro.

Paulo Cesar Pereira/Arquivo da editora

hemácia (célula vermelha do sangue) 8 µm

espermatozoide 60 µm de comprimento

óvulo 130 µm

célula da pele 30 µm

ameba 500 µm

Fonte: elaborado com base em SILVERTHORN, D. U. *Fisiologia humana:* uma abordagem integrada. 5. ed. Porto Alegre: Artmed, 2017. p. 62.

6.4 Representação esquemática em escala da dimensão (em micrometros) de algumas células humanas em comparação a uma ameba. (Elementos representados em tamanhos proporcionais entre si. Cores fantasia.)

À medida que progrediam os estudos sobre a célula, descobriu-se que ela se alimenta, cresce e realiza as diversas funções fundamentais para a manutenção da vida. A célula passou então a ser considerada a menor parte viva de um organismo: a unidade estrutural e funcional da vida.

O ramo da Biologia que estuda as células é denominado Citologia.

Citologia: vem do grego *kytos*, que significa "célula"; e *logos*, "estudo".

Por dentro da célula

Para uma cidade funcionar corretamente, é necessário que a distribuição de alimentos, o sistema de transportes, o fornecimento de energia, a remoção do lixo, o sistema de saúde e muitos outros serviços estejam em harmonia.

Algo semelhante ocorre com a célula: ela é formada por diversas partes, que funcionam em conjunto e a mantêm viva.

Veja na figura 6.5 esquemas de uma célula animal e de uma célula vegetal e de algumas de suas estruturas. Lembre-se de que as células são microscópicas. Nas representações, uma parte das células foi cortada para mostrar seu interior.

6.5 Representação esquemática de uma célula animal e de uma célula vegetal. Elas estão representadas como se tivessem sido cortadas ao meio para a visualização das estruturas internas. (Elementos representados em tamanhos não proporcionais entre si. Cores fantasia.)

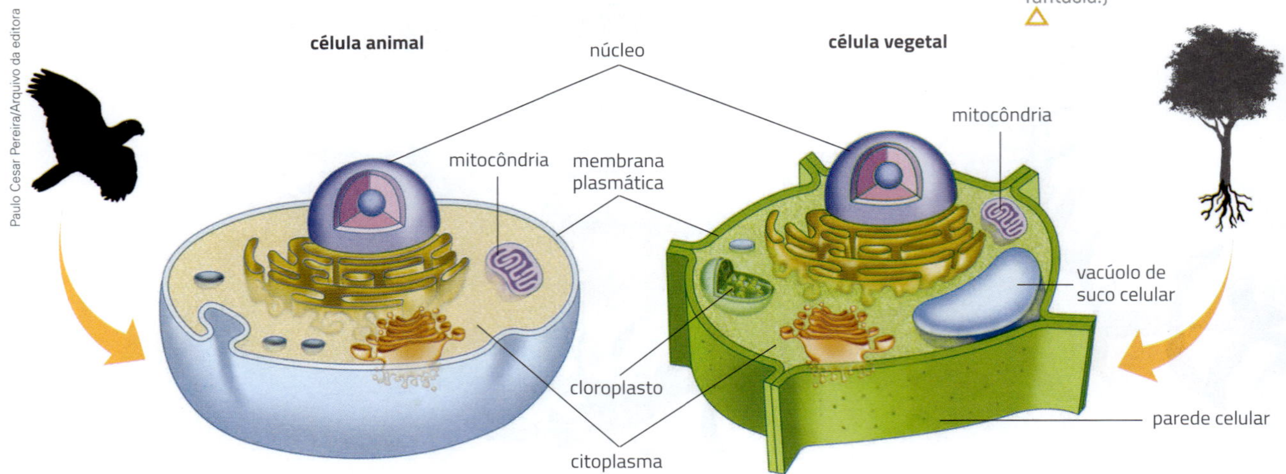

Fontes: elaborado com base em GUYTON, A. C.; HALL, J. E. *Tratado de fisiologia médica*. 12. ed. Rio de Janeiro: Elsevier, 2011. p. 13; RAVEN, P. H. et al. *Biology of Plants*. 8. ed. Nova York: W. H. Freeman and Company, 2013. p. 44.

A **membrana plasmática** é uma película que envolve a célula e, entre outras funções, regula o que entra e o que sai dela. Os nutrientes, o gás oxigênio e os compostos que são eliminados pela célula passam pela membrana, que funciona como um tipo de portão, possibilitando a passagem de certos compostos e impedindo a de outros. Na célula vegetal, a membrana plasmática é envolvida pela **parede celular**, que é rígida e participa da sustentação da célula.

Entre a membrana plasmática e o núcleo encontra-se o **citoplasma**. Ele contém um material gelatinoso formado por água, sais minerais e inúmeras substâncias. Nessa região ocorrem diversas transformações químicas fundamentais para a vida das células e dos organismos. Além disso, nele se encontram **organelas** que realizam diversas funções dentro da célula.

A **mitocôndria**, por exemplo, é a organela que obtém energia dos nutrientes utilizando o gás oxigênio. Ela está presente tanto nas células dos animais quanto nas células dos vegetais, e, graças à sua atuação, esses seres vivos obtêm energia para realizar suas atividades.

Nas células das plantas encontra-se ainda o **vacúolo de suco celular**, uma cavidade que armazena sais, açúcares, proteínas e, principalmente, água. Há também os **cloroplastos**, organelas de cor verde que contêm o pigmento **clorofila** e participam do processo de fotossíntese. Essas duas organelas e a parede celular não estão presentes na célula animal.

O **núcleo** atua como um "centro de controle" das atividades da célula. É nesse compartimento que se encontra o ácido desoxirribonucleico, conhecido pela sigla **DNA** (do inglês ***d****eoxyribo****n****ucleic* ***a****cid*). O DNA estrutura-se em fios microscópicos que, por sua vez, organizam-se nos **cromossomos** no período de divisão celular. A figura 6.6 representa um cromossomo que se desenrola até mostrar seu DNA.

Citoplasma: vem do grego *kytos*, que significa "célula"; e plasma, "aquilo que dá forma".

Organela: vem do grego *órganon*, que significa "pequeno órgão".

O processo que libera energia consiste em uma série de transformações químicas e é conhecido como respiração celular.

Mitocôndria: vem do grego *mitos*, que significa "filamento"; e *khondrion*, "partícula".

Cloroplasto: vem do grego *khloros*, que significa "verde"; e *plastos*, "formato".

Fonte: elaborado com base em TORTORA, G. J.; DERRICKSON, B. *Principles of anatomy and physiology*. 13. ed. Hoboken: John Wiley & Sons, Inc., 2012. p. 89-90.

6.6 Representação esquemática da localização do DNA no núcleo de uma célula animal e de sua estrutura em diferentes níveis de compactação. (Elementos representados em tamanhos não proporcionais entre si. Cores fantasia.)

Você já deve ter percebido que pessoas da mesma família costumam ter características semelhantes: o formato do nariz, a cor dos olhos e o tipo de cabelo, por exemplo. Essas características são passadas dos pais para os filhos por meio dos genes.

De maneira simplificada, os genes são trechos de DNA responsáveis pela determinação de uma característica hereditária. As características dos organismos dependem tanto dos genes quanto do ambiente.

Os genes são considerados a unidade básica da hereditariedade. Você vai conhecer mais sobre o funcionamento dos genes no 9º ano.

2 O microscópio

Como estudamos, as células são estruturas muito pequenas. Por essa razão, só foi possível estudá-las a partir do desenvolvimento dos microscópios. Os microscópios ópticos são formados por conjuntos de lentes transparentes que possibilitam a ampliação de imagens. Para que o observador seja capaz de visualizar as estruturas, os materiais precisam ser finos para permitir que a luz passe através deles e das lentes. Veja a figura 6.7.

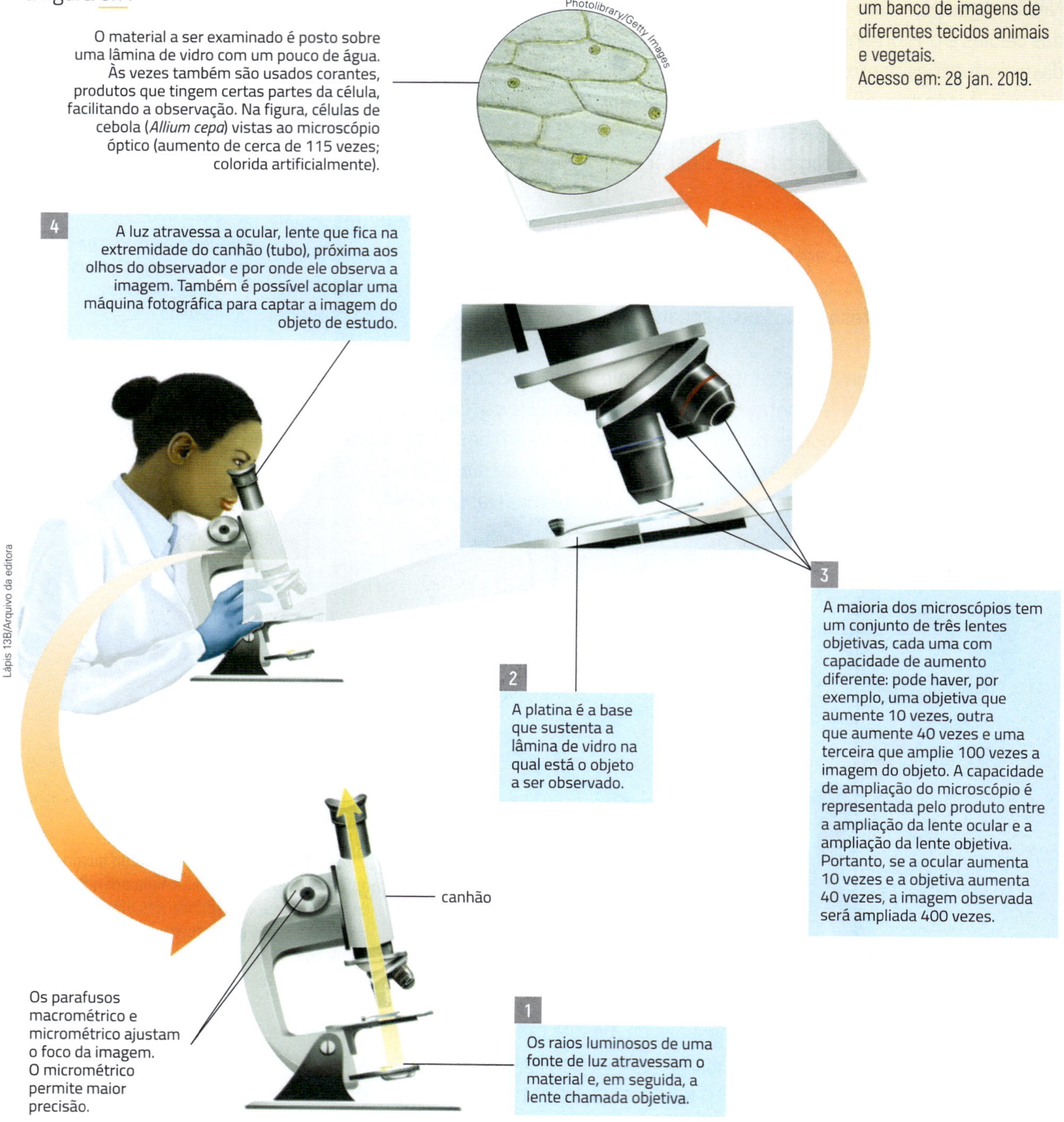

Mundo virtual

Microscópio virtual
http://sites.aticascipione.com.br/microscopio
Objeto educacional digital que apresenta um breve histórico e o funcionamento do microscópio e disponibiliza um banco de imagens de diferentes tecidos animais e vegetais.
Acesso em: 28 jan. 2019.

Photolibrary/Getty Images

O material a ser examinado é posto sobre uma lâmina de vidro com um pouco de água. Às vezes também são usados corantes, produtos que tingem certas partes da célula, facilitando a observação. Na figura, células de cebola (*Allium cepa*) vistas ao microscópio óptico (aumento de cerca de 115 vezes; colorida artificialmente).

4 A luz atravessa a ocular, lente que fica na extremidade do canhão (tubo), próxima aos olhos do observador e por onde ele observa a imagem. Também é possível acoplar uma máquina fotográfica para captar a imagem do objeto de estudo.

Lápis 13B/Arquivo da editora

3 A maioria dos microscópios tem um conjunto de três lentes objetivas, cada uma com capacidade de aumento diferente: pode haver, por exemplo, uma objetiva que aumente 10 vezes, outra que aumente 40 vezes e uma terceira que amplie 100 vezes a imagem do objeto. A capacidade de ampliação do microscópio é representada pelo produto entre a ampliação da lente ocular e a ampliação da lente objetiva. Portanto, se a ocular aumenta 10 vezes e a objetiva aumenta 40 vezes, a imagem observada será ampliada 400 vezes.

2 A platina é a base que sustenta a lâmina de vidro na qual está o objeto a ser observado.

canhão

Os parafusos macrométrico e micrométrico ajustam o foco da imagem. O micrométrico permite maior precisão.

1 Os raios luminosos de uma fonte de luz atravessam o material e, em seguida, a lente chamada objetiva.

6.7 Descrição dos componentes de um microscópio óptico, usado para observar as células de uma cebola. (Elementos representados em tamanhos não proporcionais entre si. Cores fantasia.)

A invenção do microscópio e a descoberta da célula

O microscópio, como muitas outras invenções, foi aperfeiçoado ao longo do tempo, graças ao trabalho de vários técnicos e cientistas. Vejamos um pouco da história dessa invenção.

Como você vai ver ao longo do estudo, a ciência é uma forma de conhecimento construída pelos seres humanos, os cientistas. O conhecimento científico está sempre em transformação, de acordo com mudanças na sociedade e novas descobertas.

Os primeiros microscópios, que eram simples e ampliavam a imagem do objeto de estudo apenas cerca de 20 vezes, teriam sido criados por volta de 1600 pelos fabricantes de óculos holandeses Hans e Zacharias Janssen (pai e filho).

Em 1665, o cientista inglês Robert Hooke (1635-1703; pronuncia-se "huk", com a letra "h" aspirada) observou fatias finas de cortiça com o auxílio de um microscópio que ele construiu associando lentes dentro de um tubo de metal. Veja na figura 6.8 o microscópio de Hooke.

Dr. Cecil H. Fox/Photoresearchers/Latinstock

Bettmann/Corbis/Getty Images

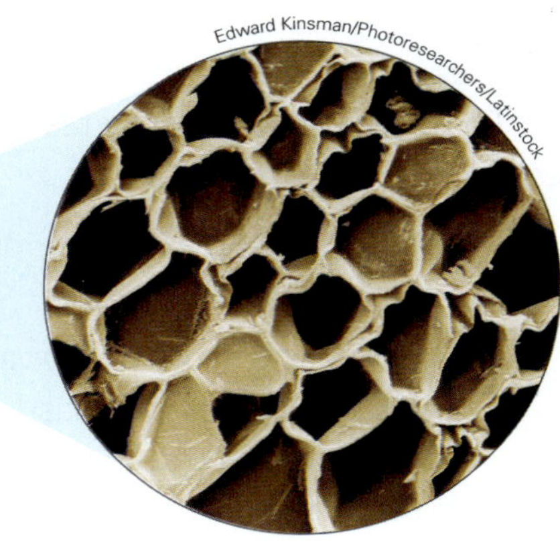
Edward Kinsman/Photoresearchers/Latinstock

6.8 Da esquerda para a direita: microscópio utilizado por Hooke (o corpo do aparelho media cerca de 15 cm de comprimento); ilustração, feita pelo cientista, de uma fatia de cortiça observada ao microscópio que montou; cortiça vista ao microscópio eletrônico, um aparelho que fornece aumentos maiores que os obtidos em microscópios ópticos (no caso, um aumento de cerca de 3 300 vezes).

Hooke conseguiu ver pequenos espaços na cortiça, que chamou de células (diminutivo, em latim, de *cella*, "pequeno cômodo"). Hoje sabemos que o que Hooke observou na realidade era o envoltório das células vegetais, a chamada parede celular. Dentro do envoltório havia um espaço vazio e já sem vida, pois as células que formavam o material original tinham morrido e sido decompostas, restando apenas a parte mais resistente (a parede celular). Reveja a figura 6.8.

Em 1674, o comerciante holandês de tecidos Anton van Leeuwenhoek (1632-1723; pronuncia-se "lêvenhuk") afirmou ter descoberto uma diversidade de animais em uma gota de água. Leeuwenhoek tinha notável habilidade para polir lentes até ficarem muito finas e com potencial de aumentar a imagem dos objetos até 300 vezes. Seu objetivo era usar essas lentes para examinar as fibras dos tecidos, mas ele ampliou seus estudos e observou também microrganismos com apenas 0,003 mm (três milésimos de milímetro) de comprimento. Leeuwenhoek disse uma vez que "Tudo o que descobrimos até agora é insignificante se comparado ao que podemos encontrar no grande tesouro da natureza". E ele não estava exagerando: os seres microscópicos constituem provavelmente mais de 90% de todos os indivíduos do planeta!

Contudo, inicialmente essas descobertas não tiveram muito impacto na comunidade científica. Foi somente no século XIX que os estudos microscópicos ganharam importância.

Nessa época, a população europeia crescia rapidamente e a necessidade de produzir mais alimentos provocou grandes transformações na agricultura. Os cientistas passaram a querer conhecer melhor as características das plantas e como elas se reproduziam. O microscópio teve grande utilidade nesses estudos.

3 A teoria celular

Na década de 1830, o botânico escocês Robert Brown (1773-1858; pronuncia-se "bráun") descobriu um pequeno corpo no interior de vários tipos de células e o chamou de núcleo. Em 1838, o botânico alemão Matthias Schleiden (1804-1881; pronuncia-se "xláiden") concluiu que a célula era a unidade básica de todas as plantas. Um ano mais tarde, o zoólogo alemão Theodor Schwann (1810-1882; pronuncia-se "xvan") generalizou esse conceito para os animais. Surgia, assim, a **teoria celular** de Schwann e Schleiden: "Todos os seres vivos são formados por células".

O microscópio permitia investigações minuciosas do corpo humano e as pesquisas médicas acabaram contribuindo com o estudo das células. Em 1858, o médico alemão Rudolf Virchow (1821-1902; pronuncia-se "fírchov") propôs que toda célula é capaz de se reproduzir, gerando novas células iguais a ela. Virchow fez mais uma afirmação ousada para a época: as doenças seriam consequência de problemas nas células.

Vale lembrar que, no século XIX, o crescimento das cidades europeias e o surgimento de novos hábitos levaram ao aumento de muitas doenças. Virchow assumiu que essas doenças estariam associadas a problemas, ainda desconhecidos, ocorridos no funcionamento das células.

Com base nessas descobertas e em outras, atualmente, a teoria celular pode ser resumida da seguinte forma:

- Todos os seres vivos são formados por células. Portanto, a célula é a unidade estrutural dos seres vivos.
- A célula é a menor unidade viva. As atividades de um organismo dependem das propriedades de suas células. Nelas ocorrem diversas transformações químicas. Portanto, a célula é a unidade funcional dos seres vivos e o mau funcionamento da célula pode provocar doenças no organismo.
- As células surgem sempre de outras células por meio do processo de **divisão celular**. Veja a figura 6.9. Cada célula contém as informações hereditárias de todo o organismo. Portanto, no interior das células e do corpo de todos os seres vivos ocorrem importantes transformações químicas que mantêm a vida. O conjunto dessas transformações é chamado **metabolismo**.

Transformação química: ocorre quando substâncias químicas são modificadas. O sal, o açúcar, a água e o gás oxigênio são exemplos de substâncias químicas.

Metabolismo: vem do grego *metabolos*, que significa "mudar".

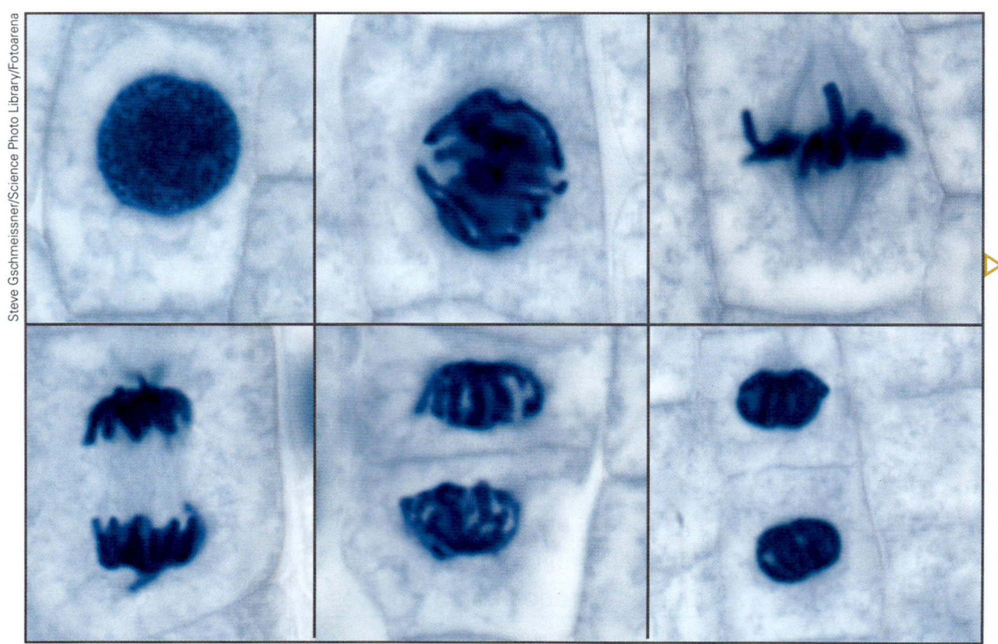

Steve Gschmeissner/Science Photo Library/Fotoarena

6.9 Células da raiz de uma cebola (*Allium* sp.) durante processo de divisão celular, observadas ao microscópio óptico (aumento de cerca de 1260 vezes). A parte mais escura representa o material genético (o DNA, como você já viu na página 113). No início da divisão esse material se organiza em fios, os cromossomos. As células estão em diferentes etapas desse processo de divisão.

4 Da célula ao organismo

Todos nós já fomos, um dia, uma única célula, o **zigoto** (também conhecido como célula-ovo). O zigoto é formado pela união de duas outras células: o **espermatozoide**, produzido pelo homem, e o **óvulo**, produzido pela mulher. A união do espermatozoide com o óvulo recebe o nome de **fecundação**. Após a fecundação, o zigoto se divide muitas vezes, originando as células do organismo. Observe a figura 6.10.

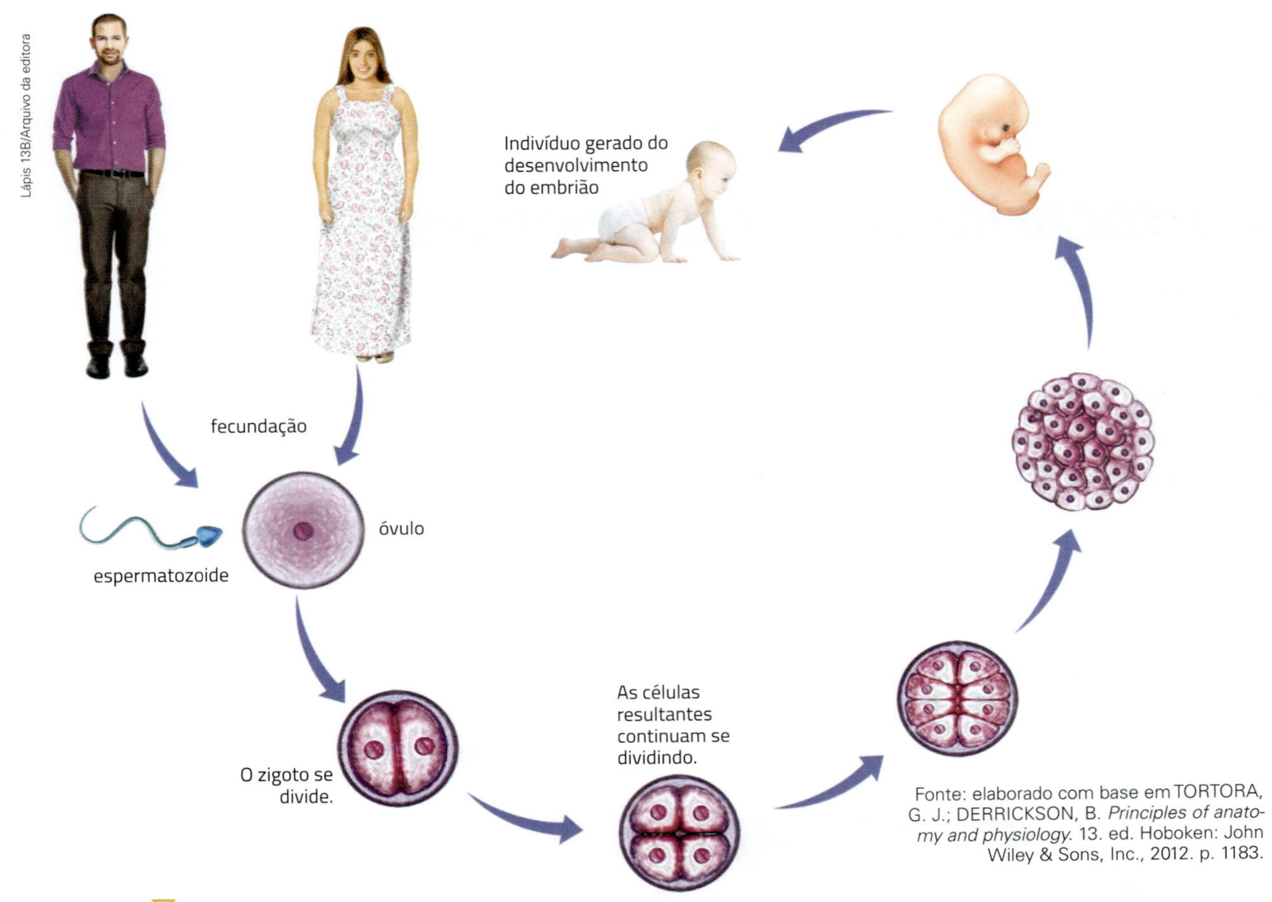

6.10 O zigoto, formado da união do espermatozoide com o óvulo, origina um novo organismo por meio de sucessivas divisões celulares. O espermatozoide, o óvulo e as outras células são microscópicos. (Elementos representados em tamanhos não proporcionais entre si. Cores fantasia.)

O zigoto contém informações hereditárias do homem, que estavam no espermatozoide, e da mulher, que estavam no óvulo. Portanto, em suas células, o novo ser vivo terá uma combinação das informações hereditárias paternas e maternas. Isso explica por que as pessoas têm características do pai e da mãe.

No próximo capítulo, vamos ver como as células se reúnem formando os **tecidos** (a epiderme, por exemplo, é o tecido que recobre o corpo); por sua vez, os tecidos se agrupam em **órgãos** (o coração, o estômago, etc.); estes se reúnem em **sistemas** (sistema cardiovascular, sistema digestório, etc.) e a reunião de sistemas forma um **organismo**. Vamos estudar também as funções que os diferentes tipos de células exercem nos organismos, reforçando a ideia de que elas são, de fato, a unidade estrutural e funcional dos seres vivos.

Conexões: Ciência e sociedade

Os genes e o ambiente

Nossas características não dependem apenas dos genes, mas também de fatores ambientais. Por exemplo, mesmo que duas pessoas tenham o mesmo conjunto de informações hereditárias que influenciam a altura, elas podem atingir estaturas diferentes em função dos hábitos alimentares que tiveram durante o período de crescimento.

Quando falamos em fatores ambientais, estamos nos referindo tanto ao ambiente físico como ao social. O ambiente físico inclui, por exemplo, a diversidade de alimentos ingerida e a exposição ao sol. Já o ambiente social inclui as relações estabelecidas com a família e os amigos, a educação, as características da sociedade em que a pessoa se encontra, etc.

Mundo virtual

Invivo – A célula
www.invivo.fiocruz.br/celula
Objeto educacional digital que apresenta uma breve história do microscópio e informações sobre células, estrutura celular e tecidos.
Acesso em: 28 jan. 2019.

5 Procariontes e eucariontes

As bactérias são organismos unicelulares e seu material genético não está separado do citoplasma por uma membrana, como nas células de animais e plantas. Portanto, ao contrário dessas células, as bactérias não possuem núcleo. Dizemos que são **procariontes**. Observe na figura 6.11 que as bactérias possuem uma parede celular, mas a composição química dessa parede é diferente da parede celular das plantas. Veja ainda, na figura, que algumas bactérias apresentam filamentos, chamados flagelos, que permitem o deslocamento da célula.

Como você viu neste capítulo, ao contrário das bactérias, nos animais e nas plantas, o material genético dos cromossomos está envolvido por uma membrana, formando um núcleo verdadeiro. Dizemos que esses organismos são **eucariontes**. Reveja a figura 6.5 para estabelecer as diferenças de organização entre os dois tipos celulares.

Procarionte: do grego *pró*, "anterior"; *karyon*, "núcleo"; e *onthos*, "ser".

Eucarionte: de *eu*, "verdadeiro", "bom"; e *karyon*, "núcleo".

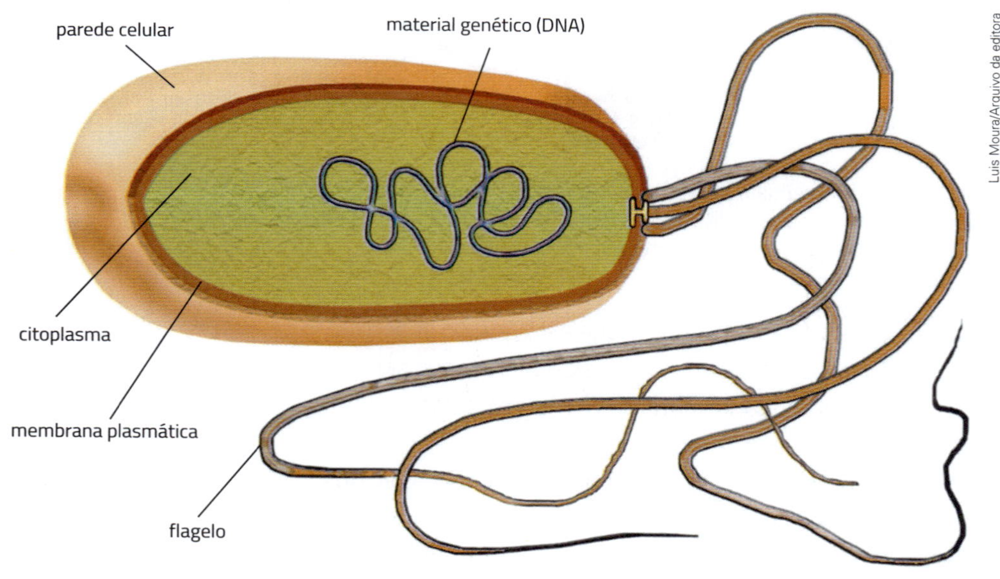

Luis Moura/Arquivo da editora

Fonte: elaborado com base em ENGER, E. D.; ROSS, F. C.; BAILEY, D. B. *Concepts in biology*. 13. ed. Nova York: McGraw-Hill, 2009. p. 72.

6.11 Representação esquemática simplificada de partes de uma bactéria. Bactérias, em geral, medem entre 0,5 μm e 1 μm de largura. (Elementos representados em tamanhos não proporcionais entre si. Cores fantasia.)

ATIVIDADES

Aplique seus conhecimentos

1 ▸ Como os cientistas conseguem estudar as células, estruturas tão pequenas?

2 ▸ Sabendo que determinada célula tem 10 micrometros de diâmetro, qual é o tamanho dela em milímetros?

3 ▸ Por que a célula é considerada a unidade estrutural e funcional da vida?

4 ▸ Considerando as informações deste capítulo, reúna argumentos que justifiquem a afirmativa "As células são vivas".

5 ▸ As células que formam um músculo, geralmente, têm muitas mitocôndrias. Pensando na função desempenhada pelos músculos, elabore uma explicação para esse fato.

6 ▸ Imagine um pouco de gelatina envolvida por um papel-celofane. Espalhados na gelatina, há vários pedaços de frutas (maçã, passas, etc.) e, no centro dela, uma ameixa inteira. Você acaba de imaginar um modelo de célula, isto é, algo que não é a célula real, mas que representa algumas de suas características.

a) Identifique as partes da célula que podem ser comparadas à gelatina, ao celofane, aos pedaços de frutas e à ameixa.

b) Um modelo é usado para representar estruturas ou processos de maneira simplificada e apresenta limitações. Pensando nisso, aponte duas características da célula que acabaram não sendo representadas no modelo proposto.

7 ▸ Você aprendeu que a célula animal tem três partes principais. Agora, escreva o nome de cada uma delas e associe as partes numeradas da figura com a função que elas desempenham:

( ) Controla a entrada e a saída de substâncias;

( ) Contém os cromossomos;

( ) Contém as organelas.

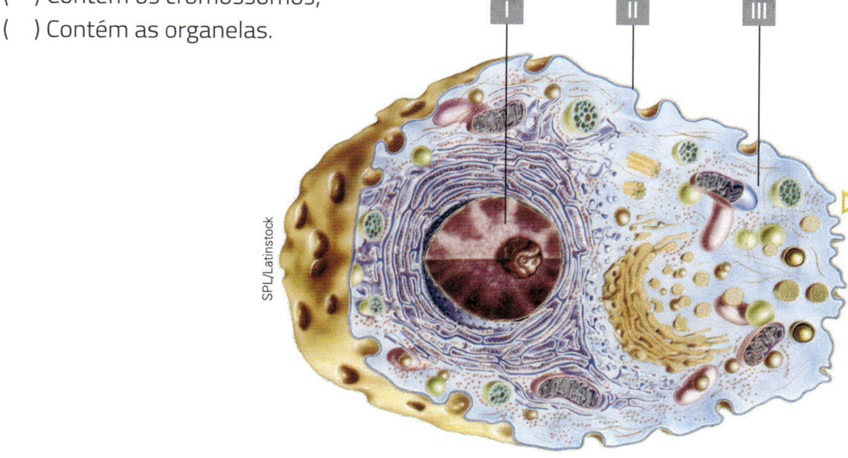

▷ 6.12 Representação esquemática de célula animal cortada ao meio. (Elementos representados em tamanhos não proporcionais entre si. Cores fantasia.)

8 ▸ O texto a seguir foi elaborado com base nos escritos do pesquisador Robert Hooke, no século XVII.

"[...] pude perceber claramente que toda a cortiça era perfurada e porosa, assemelhando-se a um favo de mel [...] esses poros [...] não eram muito profundos e eram semelhantes a pequenas caixas."

Fonte: elaborado com base em HOOKE, R. *Micrographia:* or some physiological descriptions of minute bodies made by magnifying glasses with observations and inquiries thereupon. Londres: J. Martyn and J. Allestry, 1665.

a) Que instrumento Robert Hooke utilizou para fazer suas observações?

b) O que eram os "poros" que ele observou?

c) O aspecto de favo de mel era conferido por uma estrutura resistente que compunha a cortiça. Que estrutura é essa?

9 ▸ Todos nós já fomos uma única célula e hoje nosso corpo é formado por cerca de 30 trilhões de células. Explique como isso ocorreu.

10 ▸ A maioria das células de um animal grande, como uma baleia, tem praticamente o mesmo tamanho das células de um animal bem menor, como um rato. Em relação às células, o que explicaria a diferença de tamanho entre os dois animais?

11 ▸ Dê uma justificativa para a seguinte afirmação: Toda célula provém de uma célula preexistente.

12 ▸ Por que um objeto deve ser bem fino para que possa ser observado ao microscópio de luz ou óptico?

13 ▸ Assinale as afirmativas verdadeiras.

( ) As células são quase sempre microscópicas.

( ) Todas as células de nosso corpo são iguais.

( ) Os cromossomos contêm os genes e estão localizados na mitocôndria.

( ) Apenas os genes influenciam em nossas características.

( ) As organelas realizam diferentes funções no interior da célula.

( ) A unidade de medida do micrometro corresponde à milésima parte do metro.

( ) O DNA é a substância química que forma nossos genes.

14 ▸ O bom funcionamento do organismo depende do bom funcionamento das células e da estrutura delas. Problemas em determinada organela, por exemplo, podem provocar *deficit* (diminuição) de energia, e as células mais afetadas são justamente as que consomem mais energia, como a célula muscular e a célula nervosa. Com isso, o funcionamento dos músculos e dos nervos é prejudicado e podem surgir problemas cardíacos, falta de coordenação motora, fraqueza muscular, entre outros.

a) Qual é a organela a que o texto se refere? Que função ela tem?

b) Elabore um texto explicativo sobre por que o estudo da célula ajuda os cientistas a compreender e a tratar melhor as doenças.

De olho no texto

O texto a seguir conta a história de um tipo de célula que, por suas características, tem sido usado em estudos pela ciência há mais de 60 anos. Leia o texto com atenção e faça o que se pede.

A história da mulher com células imortais

Henrietta Lacks teve câncer no colo do útero pouco antes de morrer, e um médico retirou um pedaço de tecido para uma biópsia, sem pedir autorização, já que na época ainda não havia legislação específica sobre o assunto.

Desde então, as células removidas do corpo dela vêm crescendo e se multiplicando. Há bilhões delas em laboratórios do mundo todo sendo usadas por cientistas, que as batizaram de linha celular HeLa, uma referência ao nome de Henrietta. [...]

Em 1942, Henrietta Lacks decidiu se mudar para a cidade, por isso, seu marido [...] a levou para Baltimore: em tempos de guerra, o trabalho era escasso.

A 10 km de onde morava Henrietta, ficava o laboratório do Dr. George Gey, cuja ambição era livrar o mundo do câncer. Ele estava convencido de que encontraria a chave para a cura da doença nas próprias células humanas.

Por 30 anos, ele vinha tentando cultivar células cancerosas em laboratório. [...] Mas elas sempre morriam.

Até que, em 1º de fevereiro de 1951, Henrietta Lacks foi levada ao Hospital John Hopkins. "Eu nunca vi nada assim, nem nunca voltei a ver", disse o ginecologista que a examinou, Howard Jones [...].

As células do tumor que foram retiradas do corpo de Henrietta foram mantidas na unidade hospitalar de câncer do hospital, porque Gey havia descoberto que elas podiam ser cultivadas indefinidamente no laboratório.

Era o que ele tinha procurado por tantos anos e até batizou a sequência celular de HeLa, pelas duas primeiras letras do nome e do sobrenome de Henrietta Lacks. [...]

"Em poucas horas, a HeLa pode ser multiplicada prolificamente", diz John Burn, professor de Genética na Universidade de Newcastle, Reino Unido.

De fato, uma leva inteira de células de Henrietta pode ser reproduzida em 24 horas. Foram as primeiras células humanas imortais cultivadas em laboratório e já vivem há mais tempo fora do que dentro do corpo de Henrietta.

"Há muitas situações em que precisamos estudar tecidos ou patógenos no laboratório", diz Burn.

"O exemplo clássico é a vacina contra a poliomielite. Para desenvolvê-la, era necessário que o vírus crescesse em células de laboratório, e, para isso, eram necessárias células humanas".

As células HeLa acabaram sendo perfeitas para esse experimento, e as vacinas salvaram milhões de pessoas, fazendo com que essa linha celular ficasse mundialmente conhecida. [...]

A história da mulher com células imortais que salvam vidas há 60 anos. *BBC News Brasil*. Disponível em: <https://www.bbc.com/portuguese/internacional-39248764>. Acesso em: 28 jan. 2019.

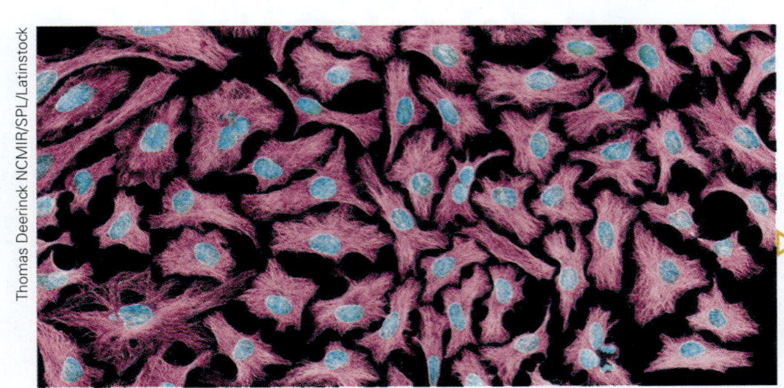

Thomas Deerinck NCMIR/SPL/Latinstock

6.13 Células HeLa vistas ao microscópio óptico (aumento de cerca de 420 vezes; colorida artificialmente). Os núcleos das células aparecem em azul.

a) Consulte em dicionários o significado das palavras que você não conhece, e redija uma definição para essas palavras.

b) Como são chamadas as células descritas pelo texto? Qual a razão desse nome?

c) De acordo com o texto, qual era o objetivo da pesquisa do médico George Gey? Como ele pretendia alcançar esse objetivo?

d) O que havia de especial nas células de tumor estudadas pelo médico George Gey?

e) Que experimento com essas células especiais permitiu salvar milhões de pessoas?

f) Embora o trabalho com essas células tenha sido de extrema importância para a pesquisa, ele só foi possível por causa de um procedimento polêmico. Qual foi esse procedimento? Discuta com um colega sobre a importância do respeito entre médicos e seus pacientes.

Investigue

Faça uma pesquisa sobre os itens a seguir. Você pode pesquisar em livros, revistas, *sites*, etc. Preste atenção se o conteúdo vem de uma fonte confiável, como universidades ou outros centros de pesquisa. Use suas próprias palavras para elaborar a resposta.

1 Com o microscópio o ser humano aumenta sua capacidade de investigar o mundo e passa a descobrir coisas que os órgãos dos sentidos, sozinhos, são incapazes de perceber. Com auxílio dos professores de Ciências e de História, faça uma pesquisa em livros, revistas e na internet e escreva um resumo sobre outros instrumentos que também ampliam nossa capacidade de observação.

2 Em geral, as células são muito pequenas. Tão pequenas que não conseguimos enxergá-las a olho nu. Pesquise o tamanho aproximado de dois tipos de células encontradas no corpo humano. Após descobrir os tamanhos, procure imaginar essas dimensões.
Utilizando uma régua, trace um segmento de reta de 10 cm. Abaixo dele, trace outro segmento de 1 cm. Como seria um segmento de 1 mm? Se possível, trace-o. Em seguida, imagine: quantas células de cada um dos tipos que pesquisou caberiam enfileiradas nesse segmento de reta de 1 mm?

Autoavaliação

1. Você realizou as pesquisas propostas no capítulo em fontes confiáveis? Que estratégias você utilizou para garantir a confiabilidade da informação?
2. Como você tentou superar as dúvidas que surgiram no decorrer do capítulo?
3. De que forma você avalia sua compreensão sobre células? Você é capaz de explicar a teoria celular e a importância das estruturas do interior do núcleo? É capaz de diferenciar uma célula vegetal de uma célula animal?

CAPÍTULO

7

Os níveis de organização dos seres vivos

Michel Piccaya/Shutterstock

7.1 Orquestra tocando no Teatro Amazonas em Manaus (AM), 2015. Assim como em uma orquestra, nos organismos vivos cada uma das partes é importante para o funcionamento do todo.

Para começar

1. Quais são os níveis de organização dos seres multicelulares?
2. Que órgãos do corpo humano você conhece? De que são formados esses órgãos?
3. Que sistemas de órgãos do corpo humano você conhece? Outros animais também apresentam sistemas semelhantes?
4. As plantas também apresentam órgãos? Como essas estruturas interagem nesses organismos?

No capítulo anterior, você aprendeu que há seres vivos, como as amebas, formados por uma única célula, enquanto outros, como os animais e as plantas, são compostos de muitas células. Nesses seres, chamados multicelulares, as células estão organizadas em grupos que executam determinadas funções. Podemos comparar essa organização com uma orquestra, em que cada indivíduo tem seu papel na interpretação e na execução da música. Veja a figura 7.1.

Neste capítulo vamos conhecer as formas de organização das células em diferentes seres vivos, sobretudo no ser humano. Nos próximos capítulos, vamos estudar outros sistemas que promovem a interação dos animais com o ambiente: o sistema nervoso, o sistema sensorial e os sistemas de sustentação e movimento.

1 Os níveis de organização dos animais

Você já pensou como as células, que são tão pequenas, podem fazer, por exemplo, um braço levantar objetos? Como veremos no capítulo 10, nossos músculos são formados por células que podem se contrair, diminuir no comprimento e movimentar partes de nosso corpo, como os braços e as pernas. Veja a figura 7.2.

Africa Studio/Shutterstock

7.2 A contração de um músculo é possível porque muitas células musculares se contraem de forma organizada, possibilitando os movimentos do corpo.

Assim como as células musculares, as demais células dos organismos multicelulares formam grupos chamados tecidos. As células agrupadas em um tecido desempenham funções específicas. Nos animais, encontramos, por exemplo, os tecidos musculares, responsáveis pelos movimentos do corpo, e os tecidos de sustentação, que formam, entre outras estruturas, os ossos.

Os tecidos podem agrupar-se e formar um órgão. Um exemplo de órgão presente na maioria dos animais é o estômago, que é formado por várias camadas de tecidos: uma delas, que reveste e protege o estômago por dentro (é o chamado tecido epitelial), é responsável por produzir substâncias que realizam a digestão, denominadas enzimas digestivas; outra camada, formada pelo **tecido conjuntivo**, contém os vasos sanguíneos e garante a sustentação do órgão; e uma terceira camada, formada pelo **tecido muscular**, é capaz de se contrair e ajudar a misturar os alimentos com as substâncias que realizam a digestão. Veja a figura 7.3.

O tecido epitelial é encontrado cobrindo a superfície do corpo de muitos animais e o interior de diversos órgãos ocos, como os do tubo digestório e do sistema respiratório.

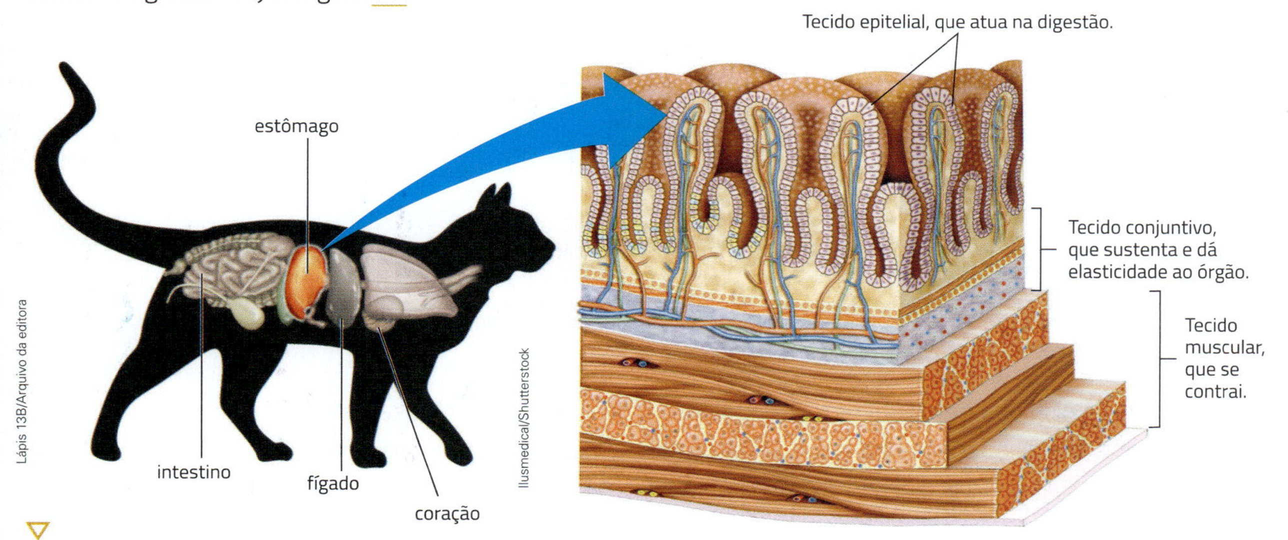

7.3 Representação esquemática de alguns órgãos de um gato doméstico (cerca de 40 cm de comprimento, fora a cauda) vistos em transparência. No detalhe, esquema de corte do interior do estômago, mostrando os tecidos. (As células são microscópicas. Elementos representados em tamanhos não proporcionais entre si. Cores fantasia.)

Fonte: elaborado com base em HILL'S Atlas of Veterinary Clinical. Thousand Oaks: Veterinary Medicine Publishing, 2003. p. 30.

Outro exemplo de órgão é a pele. A parte visível da pele humana é formada por um tecido, a epiderme (um tipo de tecido epitelial). Sob a epiderme, há outro tecido, a derme (um tipo de tecido conjuntivo). Veja a figura 7.4. Além da derme, outros tipos de tecido conjuntivo são o **tecido ósseo**, que está presente nos ossos, e o **tecido cartilaginoso**, que é resistente, flexível e está presente, por exemplo, na orelha externa, no nariz e nas vias respiratórias. O sangue também pode ser considerado um tipo de tecido conjuntivo.

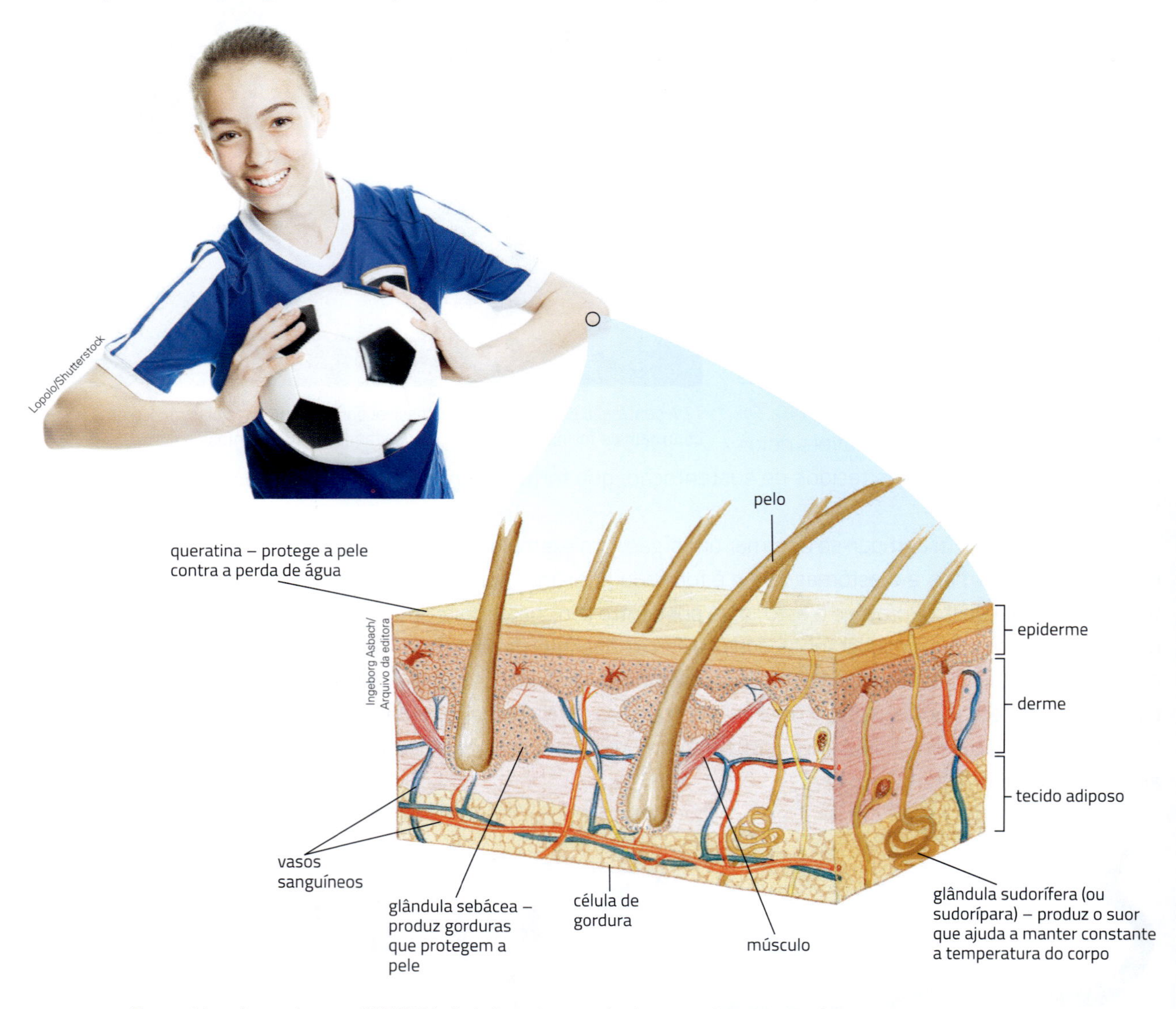

Fonte: elaborado com base em TORTORA, G. J. *Corpo humano*: fundamentos de anatomia e fisiologia. Tradução de Maria Regina Borges-Osório. 6. ed. Porto Alegre: Artmed, 2006. p. 102.

7.4 Representação esquemática de corte de pele e tecido adiposo humanos. (Elementos representados em tamanhos não proporcionais entre si. Cores fantasia.)

Um grupo de órgãos que trabalham em conjunto e de forma harmoniosa em funções semelhantes e específicas constitui um sistema. Na maioria dos animais, por exemplo, o coração, as artérias e as veias compõem o sistema cardiovascular (ou circulatório), que impulsiona o sangue e o conduz pelo corpo. O coração, as artérias e as veias estão presentes em todos os vertebrados (animais com coluna vertebral), como peixes, anfíbios, répteis, aves e mamíferos, e em muitos invertebrados (animais sem coluna vertebral), como minhocas e insetos.

A boca, o esôfago, o estômago, o intestino e mais alguns órgãos, associados às glândulas salivares, ao fígado e ao pâncreas, formam outro exemplo de sistema, o sistema digestório, responsável pela digestão e absorção dos alimentos.

A figura 7.5 mostra os diferentes **níveis de organização** da maioria dos organismos multicelulares. As células formam tecidos, que por sua vez formam órgãos. Os órgãos atuam em conjunto, formando sistemas que compõem um organismo, como o macaco-de-cheiro, um mamífero.

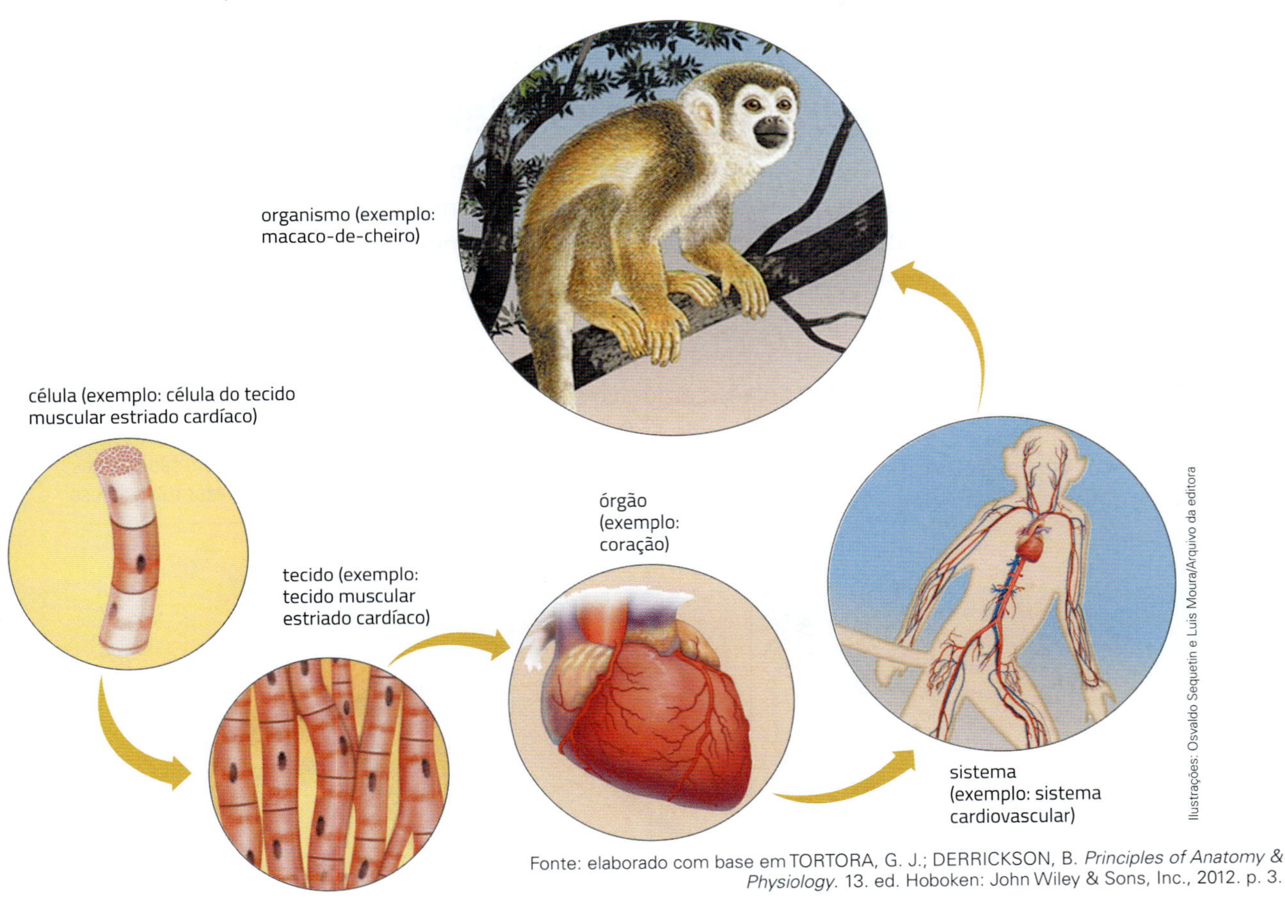

Fonte: elaborado com base em TORTORA, G. J.; DERRICKSON, B. *Principles of Anatomy & Physiology*. 13. ed. Hoboken: John Wiley & Sons, Inc., 2012. p. 3.

7.5 Representação esquemática dos diversos níveis de organização de um ser vivo multicelular. O macaco-de-cheiro mede cerca de 30 cm de comprimento desconsiderando a cauda. (Elementos representados em tamanhos não proporcionais entre si. Cores fantasia.)

Respiração celular

Você já pensou que precisa da energia dos alimentos para se movimentar e realizar as demais tarefas do dia a dia? As células que formam seus tecidos, órgãos e sistemas precisam de energia para realizar suas funções.

O processo de obtenção da energia dos alimentos é chamado **respiração celular**, o qual é realizado pela maioria dos seres vivos, como plantas, animais, algumas bactérias e fungos.

A respiração celular acontece dentro das células, que são as menores partes vivas dos organismos, como você estudou no capítulo 6.

A respiração celular usa, em geral, a glicose (um tipo de açúcar) e o gás oxigênio e produz gás carbônico e água, liberando, nesse processo, a energia necessária para as atividades do ser vivo. Veja um esquema simplificado da respiração celular:

glicose + oxigênio ⟶ gás carbônico + água + energia

2 Os níveis de organização das plantas

As plantas são bem diferentes dos animais, mas elas também apresentam células organizadas que têm diferentes funções. Embora as plantas não se locomovam e não se alimentem como os animais, elas realizam atividades e estabelecem relações com o ambiente. Vamos entender a seguir como as plantas realizam essas atividades.

Fotossíntese e organização das plantas

As plantas captam água e sais minerais do solo pelas raízes. A água e os sais minerais são levados até as folhas, que, por sua vez, captam o gás carbônico do ar. O gás carbônico e a água são utilizados, então, para produzir açúcares por meio do processo conhecido como **fotossíntese**. Esses compostos farão parte do corpo da planta e podem ser usados na obtenção de energia.

Nesse processo, as plantas produzem outro gás, o oxigênio, que é lançado no ambiente. Para realizar a transformação do gás carbônico e da água em açúcar e gás oxigênio, as plantas utilizam a energia da luz do Sol, que é capturada por uma substância de cor verde, a **clorofila**, presente nos cloroplastos das células vegetais. Veja a figura 7.6.

Fotossíntese: vem do grego *fotos*, que significa "luz", e *síntese*, que significa "produzir", "sintetizar". Algas e algumas bactérias também são capazes de fazer fotossíntese.

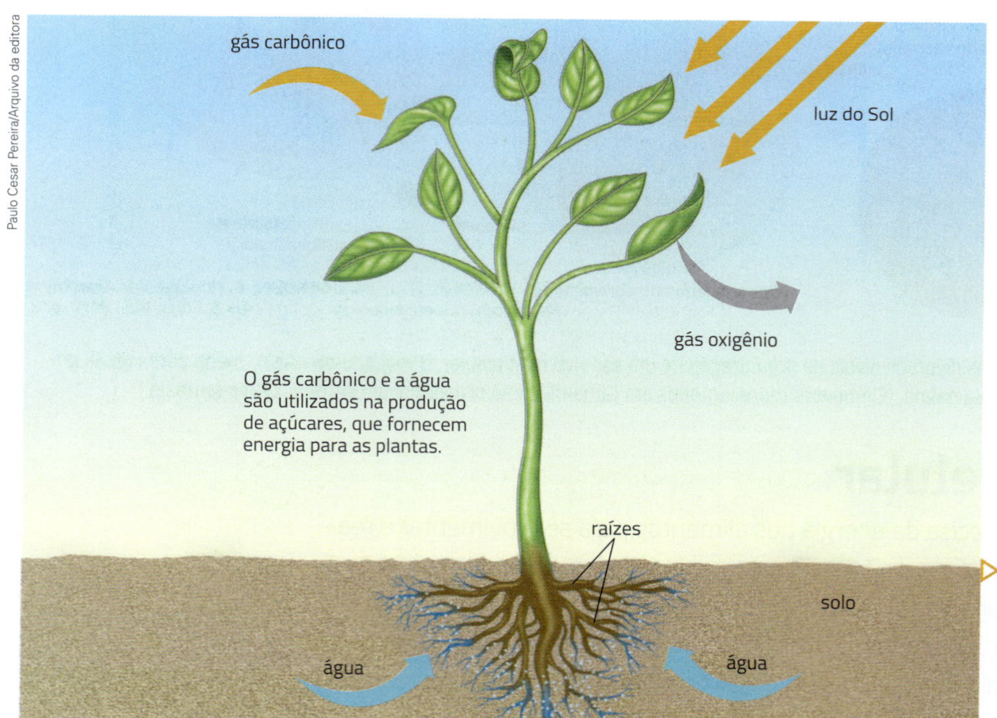

Fonte: elaborado com base em WHAT IS PHOTOSYNTHESIS. *Smithsonian Science Education Center*. Disponível em: <https://ssec.si.edu/stemvisions-blog/what-photosynthesis>. Acesso em: 28 jan. 2019.

7.6 Representação simplificada do processo de fotossíntese em uma planta terrestre. (Elementos representados em tamanhos não proporcionais entre si. Cores fantasia.)

O gás oxigênio liberado pelos seres vivos fotossintetizantes, isto é, aqueles capazes de realizar fotossíntese, é utilizado na respiração celular por muitos seres vivos. Já o gás carbônico liberado na respiração celular é utilizado pelas plantas, algas e algumas bactérias na fotossíntese. Veja a figura 7.7.

Luís Moura/Arquivo da editora

As plantas usam o gás carbônico, a luz do Sol e a água do solo na fotossíntese.

Na fotossíntese são produzidos gás oxigênio e açúcares, que serão usados pelas plantas e pelos animais.

Animais e plantas usam o oxigênio na respiração celular.

Na respiração de animais e plantas é produzido gás carbônico.

A água é absorvida pelas raízes das plantas.

7.7 Representação simplificada da produção e utilização do gás oxigênio e do gás carbônico pelos seres vivos. (Elementos representados em tamanhos não proporcionais entre si. Cores fantasia.)

Fonte: elaborado com base em TORTORA, G. J.; FUNKE, B. R.; CASE, C. L. *Microbiologia.* 10. ed. Porto Alegre: Artmed, 2012. p. 769.

Na maioria das plantas, as células também se organizam em tecidos, órgãos e sistemas. Diferentemente dos animais, porém, que precisam ingerir outros seres vivos ou seus produtos para se nutrir, as plantas fazem fotossíntese. Por isso, enquanto a maioria dos animais tem órgãos e sistemas que lhes permitem movimentar-se e procurar alimento, as plantas não dependem do movimento para obter nutrientes (água, sais minerais, gás carbônico) e energia (luz do Sol).

A folha é um exemplo de órgão vegetal. Boa parte de seu interior é preenchida por um tecido rico em células com clorofila que realizam a fotossíntese: esse tecido é chamado **parênquima clorofiliano**. Veja a figura 7.8.

Parênquima: vem do grego *parencheo*, que significa "encher ao lado".

Muitas plantas são ainda cobertas por um **sistema dérmico**. Nesse sistema há, por exemplo, um tecido formado por células que constituem a **epiderme**. Essa camada de células é coberta por uma cutícula que protege a planta e diminui a perda de água da folha para o ambiente.

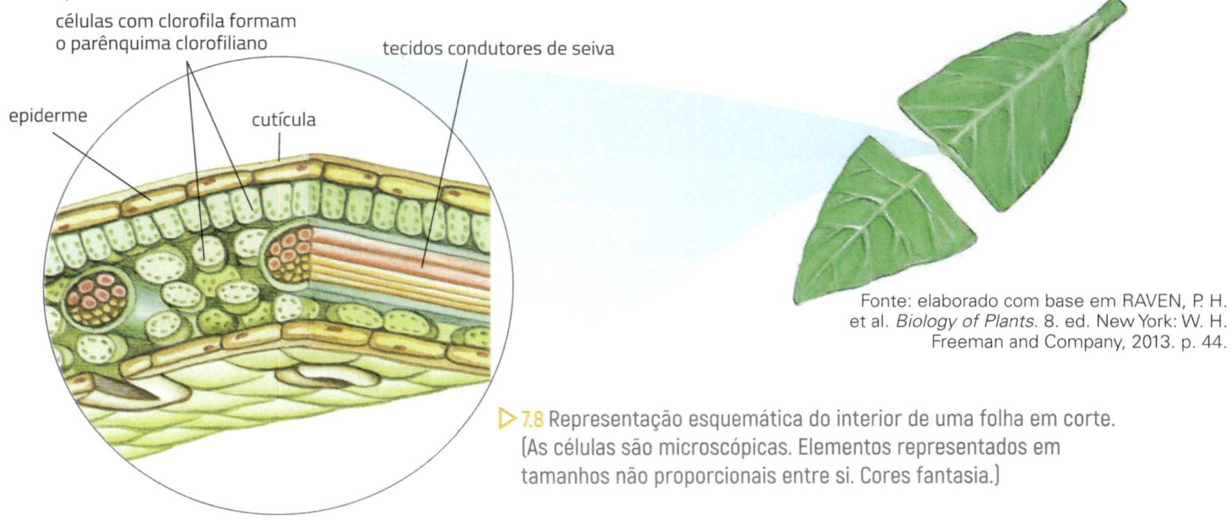

Ingeborg Asbach/Arquivo da editora

Fonte: elaborado com base em RAVEN, P. H. et al. *Biology of Plants.* 8. ed. New York: W. H. Freeman and Company, 2013. p. 44.

7.8 Representação esquemática do interior de uma folha em corte. (As células são microscópicas. Elementos representados em tamanhos não proporcionais entre si. Cores fantasia.)

Outro grupo de células forma os **tecidos vasculares**, responsáveis pela condução de seiva (mistura de água e nutrientes que circula nos vegetais). Há dois tipos principais de tecidos que compõem o **sistema vascular** das plantas: um deles transporta água e sais minerais retirados do solo pela raiz até as folhas e o outro distribui os açúcares produzidos principalmente nas folhas durante a fotossíntese às demais células da planta. A água e os sais minerais absorvidos formam a **seiva do xilema** (seiva mineral), enquanto os açúcares produzidos na fotossíntese formam a **seiva do floema** (seiva orgânica).

A seiva do xilema é levada por um conjunto de vasos (vasos do xilema) que, partindo das raízes, percorrem o caule, os ramos e chegam até as folhas.

A seiva do floema é transportada por outro conjunto de vasos (vasos do floema) para a planta toda, incluindo a raiz. Com os açúcares, a planta produz outras substâncias orgânicas.

A **raiz** é o órgão que fixa o vegetal no solo e absorve água e sais minerais; o **caule** sustenta as folhas e as mantém, geralmente, em posição elevada, o que possibilita a captação de luz necessária para a fotossíntese. Além disso, como vimos, tecidos vasculares do caule transportam diferentes nutrientes das raízes às folhas e das folhas às raízes. Veja a figura 7.9.

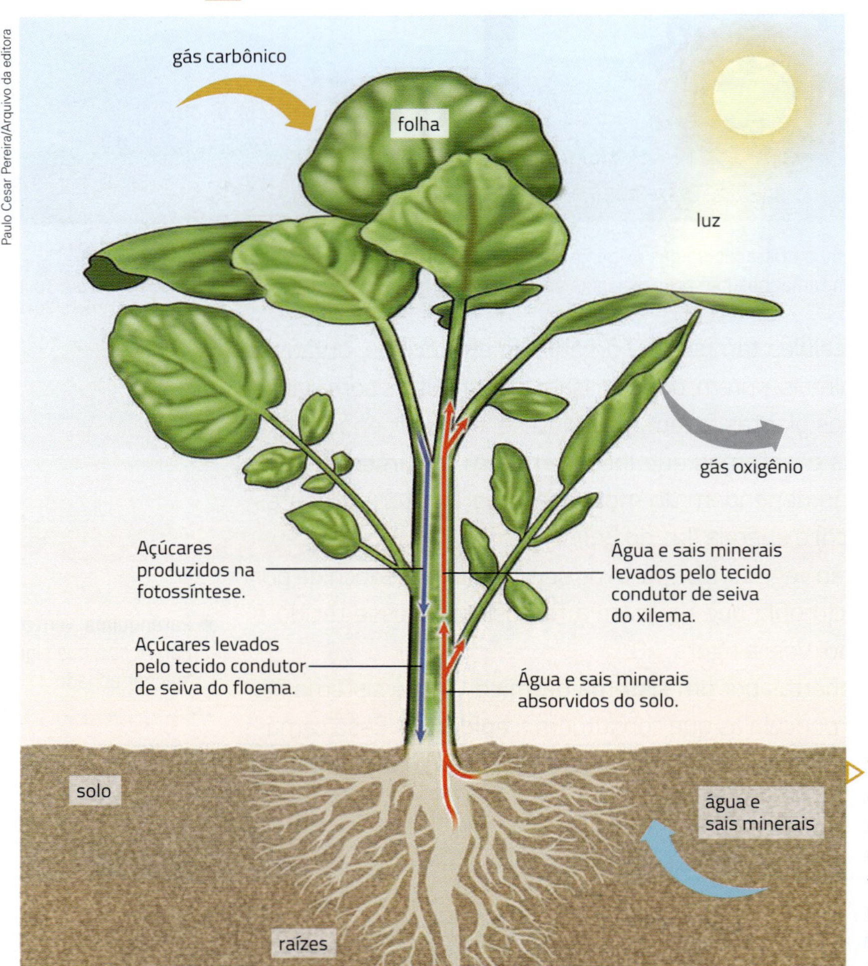

Fonte: elaborado com base em REECE, J. B. et al. *Campbell Biology*. 10. ed. Glenview: Pearson, 2014. p. 205.

7.9 Representação esquemática do transporte de água e sais minerais (seiva do xilema) e de açúcares (seiva do floema) na planta. (Elementos representados em tamanhos não proporcionais entre si. Cores fantasia.)

Observe as plantas que fazem parte da sua alimentação. Que partes delas você consegue reconhecer? Quais são as folhas e flores que você consome em suas refeições? Quais são as raízes e caules?

No 8º ano, você vai conhecer os sistemas que atuam na reprodução das plantas.

A seguir, vamos examinar modelos para compreender a organização complexa dos sistemas digestório, respiratório, cardiovascular, urinário e endócrino do organismo humano. Outros sistemas de órgãos que formam o corpo humano serão discutidos nos próximos capítulos.

3 O sistema digestório

O **sistema digestório** é responsável pela digestão dos alimentos e absorção dos nutrientes. Além dos dentes, que cortam e trituram os alimentos, esse sistema é auxiliado por diversos órgãos que possuem células organizadas na forma de **glândulas**. As **glândulas salivares**, por exemplo, lançam na boca a saliva, líquido responsável por umedecer a comida e iniciar a digestão de determinados alimentos. O **fígado**, além de desempenhar inúmeras funções, produz um líquido, a **bile** (armazenada na **vesícula biliar**), que facilita a digestão das gorduras. Outra glândula que produz uma secreção responsável pela digestão de vários tipos de alimentos é o **pâncreas**.

Na digestão atuam as enzimas digestivas, como a enzima da saliva, que atua na digestão do amido, presente no arroz, no pão, na batata e em outros alimentos. As enzimas são proteínas que facilitam as transformações ou reações químicas.

A digestão permite que os nutrientes presentes nos alimentos atravessem a parede do **tubo digestório** (o tubo por onde o alimento passa), sejam absorvidos pelo sangue e levados até as células.

Veja na figura 7.10 os principais órgãos do sistema digestório e as chamadas glândulas anexas, que auxiliam nos processos de digestão.

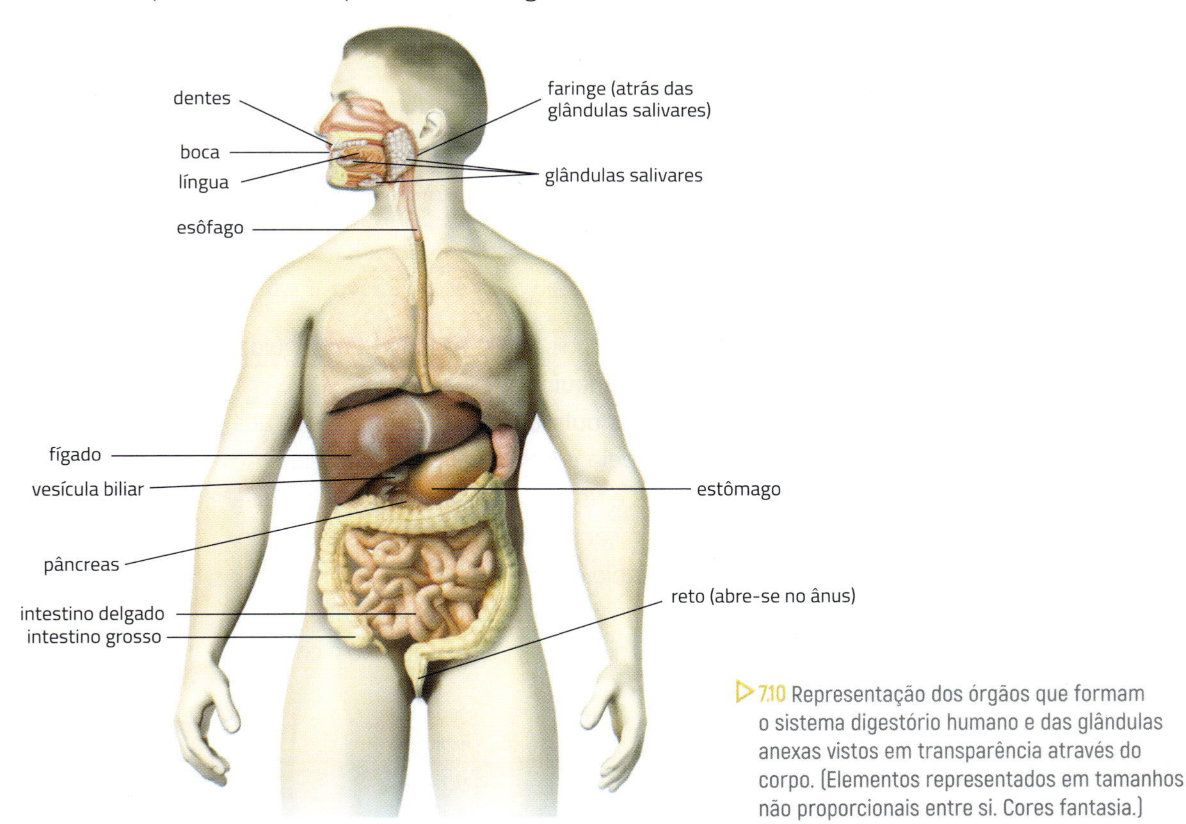

7.10 Representação dos órgãos que formam o sistema digestório humano e das glândulas anexas vistos em transparência através do corpo. (Elementos representados em tamanhos não proporcionais entre si. Cores fantasia.)

Fonte: elaborado com base em TORTORA, G. J. *Corpo humano*: fundamentos de anatomia e fisiologia. Tradução de Maria Regina Borges-Osório. 6. ed. Porto Alegre: Artmed, 2006. p. 478 e p. 484.

Depois de passar pela **boca** e ser engolido, o alimento passa pela **faringe** e pelo **esôfago** e chega ao **estômago**, onde a digestão continua. Em seguida, é empurrado para o **intestino delgado**, que também atua na digestão do alimento e na absorção da maior parte dos nutrientes do alimento digerido. Na próxima etapa da digestão, o alimento chega ao **intestino grosso**, onde boa parte da água contida nos alimentos é absorvida pelo corpo e ocorre a formação das **fezes**, compostas de tudo que não foi digerido nem absorvido pelo organismo. As fezes são eliminadas pelo **reto**, que se abre no **ânus**.

4 O sistema respiratório

Vimos que nossas células, e a de muitos organismos, utilizam o gás oxigênio para obter energia por meio da respiração celular. Nos seres humanos e em muitos outros animais, o **sistema respiratório** é responsável pela obtenção do gás oxigênio do ambiente que será usado na respiração celular. Também é esse sistema que elimina do corpo o gás carbônico produzido. Acompanhe, com o auxílio da figura 7.11, a descrição do caminho que o ar percorre no sistema respiratório humano.

Lápis 13B/Arquivo da editora

faringe
laringe
traqueia
brônquios
pulmões
diafragma
cavidade nasal
epiglote
bronquíolo
vasos sanguíneos
alvéolos pulmonares

7.11 Representação esquemática do sistema respiratório humano visto em transparência através do corpo. No destaque, alvéolos pulmonares envoltos por vasos sanguíneos. (Elementos representados em tamanhos não proporcionais entre si. Cores fantasia.)

Fonte: elaborado com base em TORTORA, G. J.; DERRICKSON, B. *Principles of Anatomy & Physiology*. 13. ed. Hoboken: John Wiley & Sons, Inc., 2012. p. 920.

O ar entra no corpo pelo **nariz**, chega à faringe e depois atinge a laringe. Em seguida, o ar passa pela **traqueia**, pelos **brônquios** e pelos **bronquíolos**.

Na laringe encontram-se as pregas vocais (ou cordas vocais) que vibram com a passagem do ar e produzem os sons de nossa voz.

A faringe serve de passagem tanto para o alimento quanto para o ar.

Dos bronquíolos o ar é conduzido aos **alvéolos pulmonares**. O ar que chega aos alvéolos contém gás oxigênio, que é absorvido pelo corpo e vai para o sangue. Ao mesmo tempo, o sangue que envolve os alvéolos é rico em gás carbônico, que passa para os alvéolos e acaba sendo eliminado na expiração. Nos alvéolos ocorre, portanto, a troca do gás carbônico do sangue pelo gás oxigênio do ar.

O ar entra nos pulmões e sai deles por meio da contração de um músculo, o **diafragma**, e dos músculos intercostais (entre as costelas). Esse processo é chamado **ventilação pulmonar**. Veja a figura 7.12.

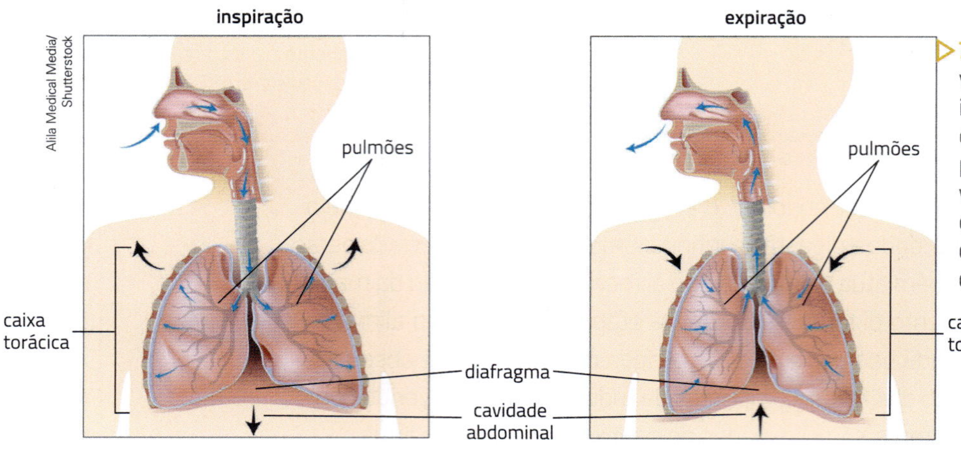

7.12 Representação esquemática da ventilação pulmonar: setas em azul indicam entrada e saída de ar; setas em preto, movimentos da ventilação pulmonar. Sistema respiratório visto em transparência através do corpo. (Elementos representados em tamanhos não proporcionais entre si. Cores fantasia.)

Fonte: elaborado com base em TORTORA, G. J.; DERRICKSON, B. *Principles of Anatomy & Physiology*. 13. ed. Hoboken: John Wiley & Sons, Inc., 2012. p. 938.

5 O sistema cardiovascular

O coração, os vasos sanguíneos e o sangue formam o **sistema cardiovascular**, ou **circulatório**. Com o auxílio da figura 7.13, acompanhe a descrição do trajeto do sangue no corpo.

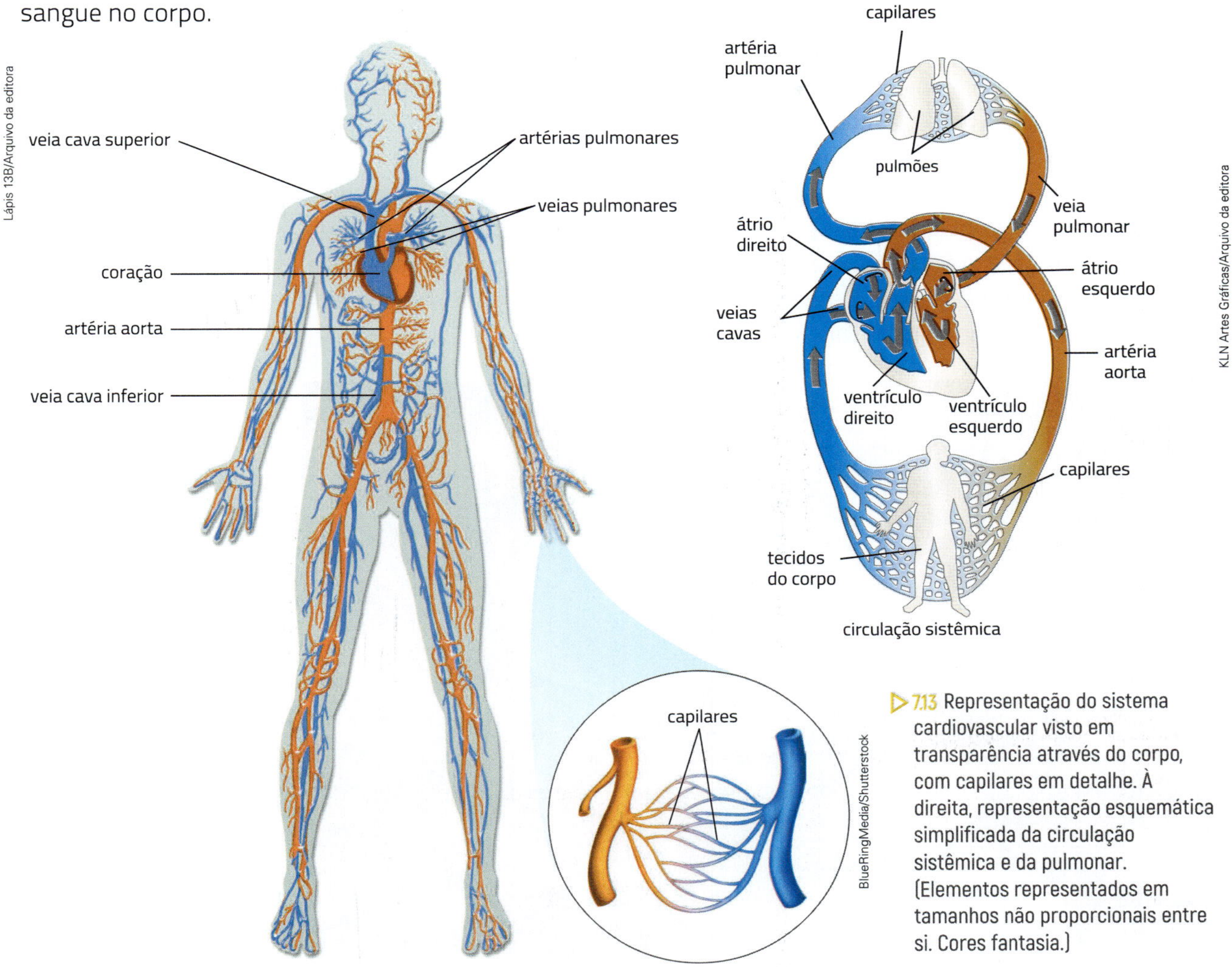

7.13 Representação do sistema cardiovascular visto em transparência através do corpo, com capilares em detalhe. À direita, representação esquemática simplificada da circulação sistêmica e da pulmonar. (Elementos representados em tamanhos não proporcionais entre si. Cores fantasia.)

Fonte: elaborado com base em SILVERTHORN, D. U. *Fisiologia humana*: uma abordagem integrada. 5. ed. Porto Alegre: Artmed, 2017. p. 476.

O coração é um órgão dividido em quatro câmaras (dois átrios e dois ventrículos) e seu tecido muscular se contrai e impulsiona o sangue para todo o corpo por meio dos vasos sanguíneos (artérias, veias, capilares). Em seu trajeto, o sangue ejetado do coração segue pelas **artérias** para todo o corpo e volta ao coração pelas **veias**: essa é a chamada **circulação sistêmica**, que leva sangue rico em gás oxigênio às células e traz de volta para o coração sangue pobre em gás oxigênio. Do coração, o sangue pobre em gás oxigênio é levado por artérias pulmonares até os pulmões, onde se torna rico em gás oxigênio e retorna ao coração pelas veias pulmonares: é a chamada **circulação pulmonar**.

Através de vasos microscópicos chamados **capilares**, ocorre a passagem de nutrientes, gases (gás oxigênio e gás carbônico) e excretas entre as células e o sangue. O gás oxigênio e os nutrientes passam do sangue para as células, enquanto o gás carbônico e as excretas percorrem sentido inverso.

Mundo virtual

Sociedade Brasileira de Cardiologia
http://prevencao.cardiol.br
Receitas, jogos, vídeos e notícias sobre a saúde do coração.
Acesso em: 29 jan. 2019.

O sangue

O sangue é responsável por transportar materiais de uma região do corpo para a outra. Trata-se de um tecido composto de uma parte líquida e de elementos com diferentes funções. A porção líquida, o **plasma**, é formada por água e diversas substâncias dissolvidas. No plasma são transportados nutrientes e resíduos de uma parte do corpo para outra.

Os elementos mais numerosos do sangue são as **hemácias** ou **glóbulos vermelhos**. Veja a figura 7.14. As hemácias transportam o gás oxigênio dos pulmões para os tecidos do corpo. Já os **glóbulos brancos**, também chamados de **leucócitos**, encarregam-se da defesa do organismo: eles destroem os microrganismos que invadem o nosso corpo. Finalmente, as **plaquetas** são elementos que ajudam a interromper o sangramento quando um vaso é danificado, em um processo chamado **coagulação sanguínea**. Nesse processo, forma-se uma massa, chamada coágulo, que fecha o vaso rompido e bloqueia o extravasamento do sangue.

A hemácia é produzida na cavidade central de alguns ossos (medula) e é responsável pelo transporte de gás oxigênio no sangue, pois contém uma proteína chamada hemoglobina, que se liga a esse gás. As hemácias transportam apenas uma pequena porção do gás carbônico. A maior parte desse gás é levada pelo plasma.

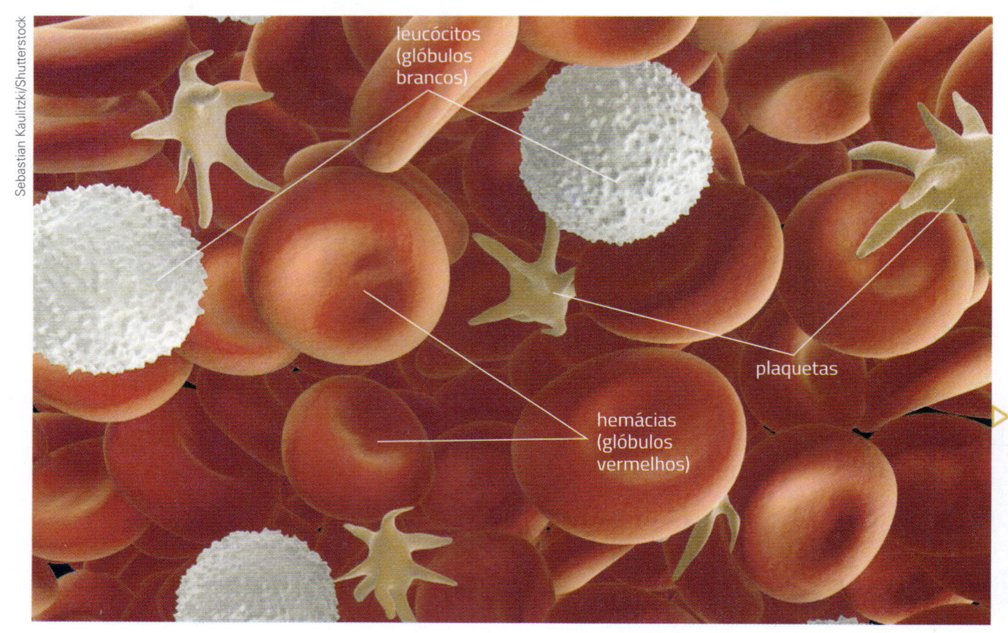

7.14 Representação dos elementos que compõem o sangue. Hemácias: cerca de 7 μm de diâmetro; leucócitos: entre 6 μm e 20 μm de diâmetro; plaquetas: cerca de 3 μm de diâmetro. (Cores fantasia.)

Conexões: Ciência e saúde

O exame de sangue

Você sabe por que profissionais da saúde, às vezes, pedem aos pacientes que façam exames de sangue?

Porque esses exames permitem descobrir diversas doenças ou informações sobre funções orgânicas. Existem vários tipos de exames, cada um com uma finalidade específica.

Um deles, o hemograma, permite saber, por exemplo, se a pessoa está com anemia, um problema que consiste na diminuição no número de hemácias ou na quantidade de hemoglobina.

Em outros exames, por exemplo, é possível diagnosticar o nível de glicose no sangue. Uma taxa muito elevada dessa substância pode ser sinal da doença chamada de diabetes. Há ainda exames que identificam doenças como a aids e a sífilis.

6 O sistema urinário

Você já percebeu que quando bebemos muita água produzimos mais urina? Isso ocorre porque o excesso de água é eliminado pelo sistema urinário. O excesso de sal consumido também é eliminado pela urina.

Muitas substâncias são produzidas em nosso corpo ou ingeridas na alimentação. Algumas delas, dependendo da concentração em que se encontram no corpo, podem se tornar tóxicas; outras podem estar em excesso. Ambas podem ser eliminadas pela **urina**, isto é, **excretadas**. O trabalho de filtragem dessas substâncias é feito pelos **rins**, veja a figura 7.15.

A ureia, produzida no corpo, é uma das substâncias eliminadas na urina.

A excreção das substâncias tóxicas ou em excesso (as **excretas**) é fundamental para o bom funcionamento do corpo. Essa atividade ajuda a manter constante a composição química do organismo, o que é importante para manter as funções vitais.

Essa capacidade de o organismo manter suas condições constantes é chamada homeostase (do grego *homoios*, "o mesmo", e *stasis*, "parada").

Nos rins, várias substâncias do sangue passam para o interior de milhões de tubos microscópicos. Aquelas que não são tóxicas nem estão em excesso retornam ao sangue. O líquido resultante é a urina, formada em cada rim, que passa para os **ureteres**, fica armazenada na **bexiga urinária** e sai pela **uretra**. Reveja a figura 7.15.

O sangue chega aos rins pela artéria renal. As substâncias saem do sangue pelos capilares. Ao final do processo, o sangue sai dos rins pela veia renal.

A bexiga é um saco muscular que armazena temporariamente a urina. À medida que ocorre o acúmulo de urina, a bexiga aumenta. Ao atingir certo volume de urina, que geralmente varia entre 200 e 300 mililitros, surge a vontade de urinar. Nesse momento, os músculos em forma de anel, localizados em torno da uretra, relaxam e a urina é eliminada do corpo pela micção, que é o ato de urinar.

Algumas bebidas têm ação diurética, isto é, aumentam o volume de água eliminado na urina (a eliminação de urina é chamada de diurese). É o caso da cafeína, que se encontra no café, no chá e em alguns refrigerantes.

Os medicamentos que possuem efeito diurético são indicados por profissionais da saúde (e, é claro, só devem ser tomados com indicação profissional) para pessoas com retenção de água causada por problemas cardiovasculares, renais, entre outros.

 **Mundo virtual**

Sociedade Brasileira de Nefrologia
https://sbn.org.br/publico
Apresenta notícias, vídeos educacionais e dúvidas frequentes sobre os rins.
Acesso em: 29 jan. 2019.

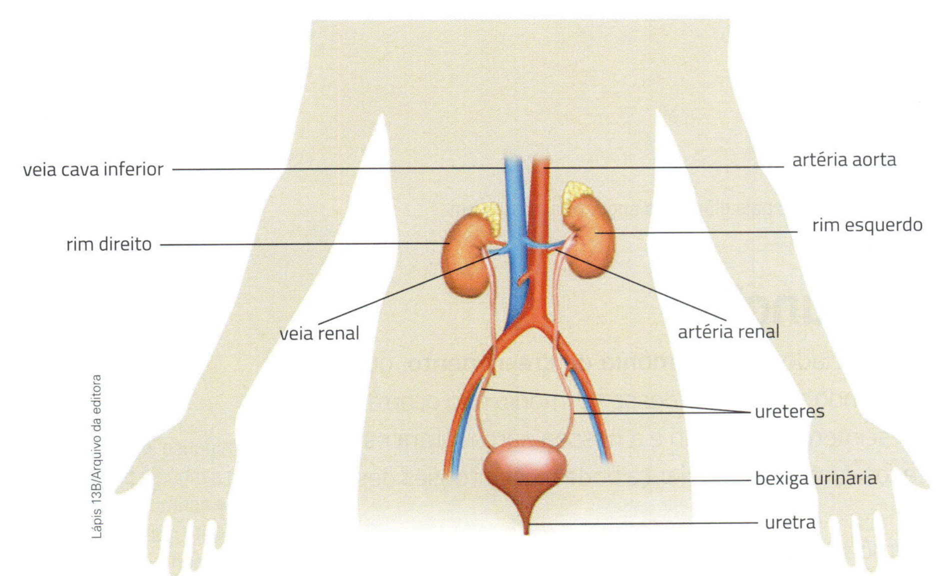

7.15 Representação do sistema urinário feminino visto em transparência através do corpo. A principal diferença anatômica entre o sistema urinário feminino e o masculino é que a uretra feminina é mais curta. (Cores fantasia.)

Fonte: elaborado com base em TORTORA, G. J.; DERRICKSON, B. *Principles of Anatomy & Physiology*. 13. ed. Hoboken: John Wiley & Sons, Inc., 2012. p. 1066.

7 O sistema endócrino

Embora sejam estudados separadamente e tenham funções próprias, todos os sistemas do corpo humano são integrados. O **sistema endócrino** é um dos responsáveis pela coordenação das funções do organismo, juntamente com o sistema nervoso. Ele é formado por um conjunto de glândulas que produzem e lançam **hormônios** no sangue. Os hormônios são substâncias que influenciam na atividade de vários órgãos. A figura 7.16 mostra a localização das principais glândulas do corpo humano que produzem hormônios.

Mundo virtual

Sociedade Brasileira de Endocrinologia e Metabologia
www.crescimento.org.br
Site que apresenta informações sobre diversos problemas endócrinos. Contém campanhas, listas com dicas de cuidados com a saúde, respostas às dúvidas de internautas e notícias.
Acesso em: 29 jan. 2019.

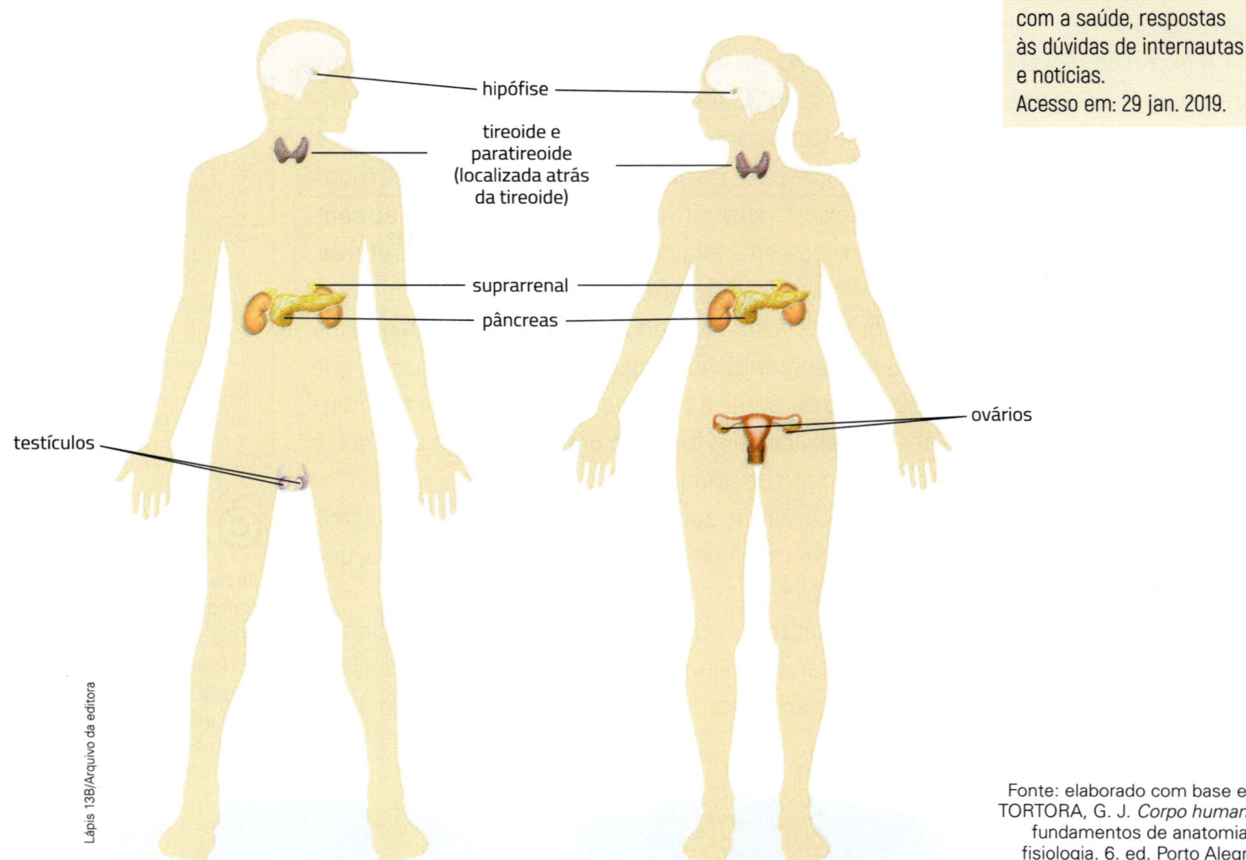

Fonte: elaborado com base em TORTORA, G. J. *Corpo humano*: fundamentos de anatomia e fisiologia. 6. ed. Porto Alegre: Artmed, 2006. p. 4.

7.16 Representação esquemática da localização das principais glândulas endócrinas vistas em transparência através do corpo. (Cores fantasia.)

Hormônios e suas funções

O crescimento do corpo é influenciado pelo **hormônio do crescimento**, que é produzido pela **glândula hipófise**. Quando a produção desse hormônio não ocorre, ou é reduzida durante a infância, o crescimento é afetado e a pessoa apresentará estatura muito abaixo da média. Em casos como esse, a criança pode receber doses desse hormônio por meio de injeções.

A hipófise produz também hormônios que estimulam o funcionamento de outras glândulas, além de regular a perda de água pela urina, por meio do **hormônio antidiurético**: se bebermos muito líquido, passamos a urinar mais; se bebermos pouco líquido, ocorre o contrário.

A hipófise lança ainda no sangue a prolactina, que estimula a produção de leite durante a amamentação, e a ocitocina, que estimula as contrações do útero no momento do parto.

O funcionamento adequado do metabolismo também é controlado por outros hormônios. A **tireoide** (veja a figura 7.17) produz os hormônios que intensificam a frequência e a intensidade dos batimentos cardíacos (os batimentos do coração ficam mais rápidos e mais fortes) e a frequência dos movimentos respiratórios, aumentando o fluxo de sangue para os tecidos. Durante o período de crescimento, esses mesmos hormônios controlam a formação dos ossos.

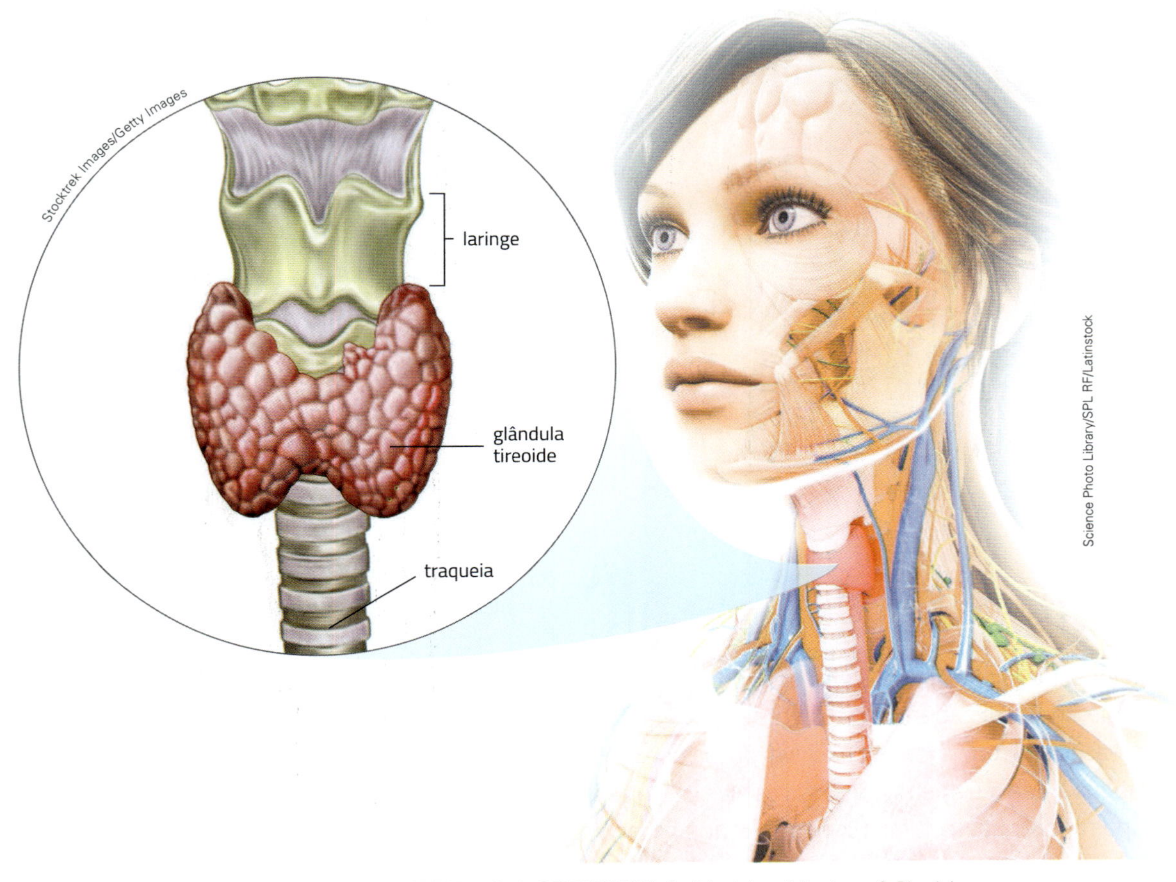

Fonte: elaborado com base em TORTORA, G. J.; DERRICKSON, B. *Principles of Anatomy & Physiology*. 13. ed. Hoboken: John Wiley & Sons, Inc., 2012. p. 697.

7.17 Representação esquemática da localização da glândula tireoide sobre a traqueia, vista em transparência através do corpo. Essa glândula produz hormônios que atuam na regulação do metabolismo. (Elementos em tamanhos não proporcionais entre si. Cores fantasia.)

O sistema endócrino também influencia no funcionamento dos músculos e dos nervos, controlando a quantidade de cálcio no sangue. As glândulas responsáveis por esse controle são as **paratireoides**, localizadas na parte de trás da glândula tireoide.

Você já deve ter ouvido falar em **adrenalina**. Esse hormônio prepara o corpo para enfrentar situações de perigo, em que a reação necessária pode ser de luta ou de fuga. É pelo efeito da adrenalina, produzida pelas **glândulas suprarrenais**, que sentimos, entre outros efeitos, o coração acelerar em uma situação de risco.

As glândulas suprarrenais produzem também hormônios que controlam as taxas de alguns sais, de glicose e de outras substâncias no organismo.

Atenção

As informações deste capítulo têm o objetivo de ajudar as pessoas a conhecer melhor o sistema endócrino e algumas doenças desse sistema, mas não substituem a consulta ao médico nem podem ser usadas para diagnóstico, tratamento ou prevenção de doenças.

O pâncreas é uma glândula mista. Esse órgão é uma glândula anexa ao sistema digestório, lançando **suco pancreático** no intestino delgado. Ele também atua como glândula endócrina, sendo responsável por liberar no sangue um hormônio chamado **insulina**. Veja a figura 7.18.

Fonte: elaborado com base em GUYTON, A. C.; HALL, J. E. *Tratado de fisiologia médica*. Rio de Janeiro: Elsevier, 2011. p. 890.

Lápis 13B/Arquivo da editora

7.18 Representação esquemática da localização do pâncreas no corpo humano e detalhe do órgão. O pâncreas está associado ao sistema digestório e ao sistema endócrino e tem cerca de 20 cm de comprimento. Na figura, os órgãos internos são vistos por transparência através do corpo. (Elementos em tamanhos não proporcionais entre si. Cores fantasia.)

A ação da insulina faz com que a glicose, que está circulando no sangue, entre nas células, onde será utilizada como fonte de energia. Quando comemos muito açúcar, o pâncreas libera mais insulina e o nível da glicose no sangue volta ao normal. A insulina também ajuda a transformar a glicose em glicogênio, que pode ser armazenado, principalmente, nas células do fígado e dos músculos e consiste em uma reserva de energia.

Níveis normais de substâncias referem-se às quantidades saudáveis para o equilíbrio (ou homeostase) do organismo, embora possam variar entre as pessoas.

O pâncreas também produz o hormônio **glucagon**, que tem um efeito oposto ao da insulina: quando cai a taxa de glicose no sangue, ele promove a transformação do glicogênio armazenado no fígado em glicose, que é então lançada no sangue. Com isso, a concentração de glicose no sangue se normaliza.

Tanto o excesso quanto a falta de glicose no sangue prejudicam o funcionamento do organismo. Quando o pâncreas deixa de produzir insulina, ou passa a produzi-la em quantidade insuficiente, a taxa de glicose no sangue aumenta, o que caracteriza a doença conhecida como **diabetes melito**.

Na diabetes, parte da glicose passa a ser eliminada pela urina, saindo junto com muita água. Essa perda provoca muita sede e fome, já que a glicose não está sendo bem absorvida pelas células.

A diabetes não tratada pode provocar perda de visão, feridas na pele e problemas cardíacos e renais.

O tratamento da diabetes consiste em monitorar e controlar a taxa de glicose no sangue com injeções de insulina (ou outro medicamento) ou, às vezes, apenas com uma dieta que evite alimentos ricos em açúcar. Exercícios físicos também são recomendados. Tudo, é claro, sob a supervisão de profissionais de saúde.

Mundo virtual

Sociedade Brasileira de Diabetes
www.diabetes.org.br
Site que contém informações sobre diabetes, sintomas e cuidados. Há também sugestões de receitas, artigos sobre alimentação e nutrição.
Acesso em: 29 jan. 2019.

ATIVIDADES

Aplique seus conhecimentos

1 › As ilustrações abaixo representam partes do corpo de um chimpanzé (que mede entre 60 cm e 90 cm de altura). Identifique as letras correspondentes a cada nível de organização (célula, tecido, etc.).

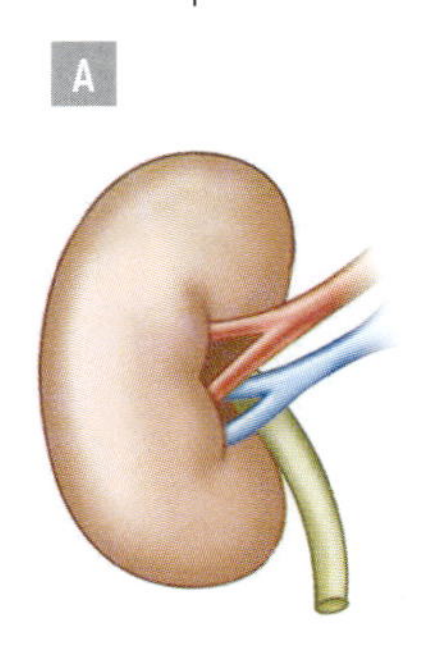

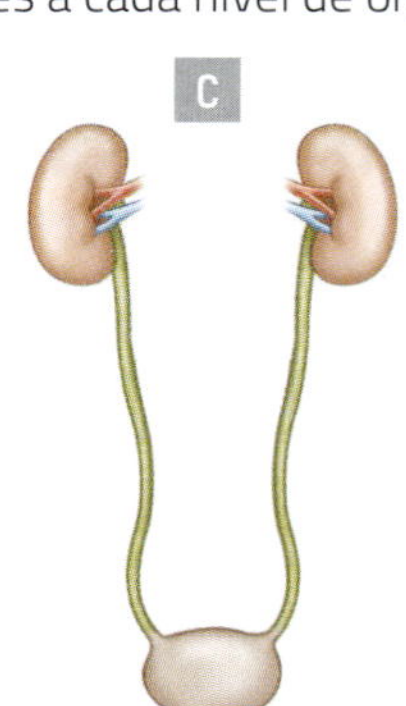

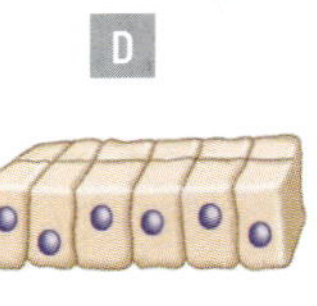

Fonte: elaborado com base em TORTORA, G. J.; DERRICKSON, B. *Principles of Anatomy & Physiology*. 13. ed. Hoboken: John Wiley & Sons, Inc.,: 2012. p. 3.

7.19 Elementos representados em tamanhos não proporcionais entre si. (Cores fantasia.)

2 › As ilustrações abaixo representam partes de uma planta. Identifique as letras correspondentes a cada nível de organização (célula, tecido, etc.).

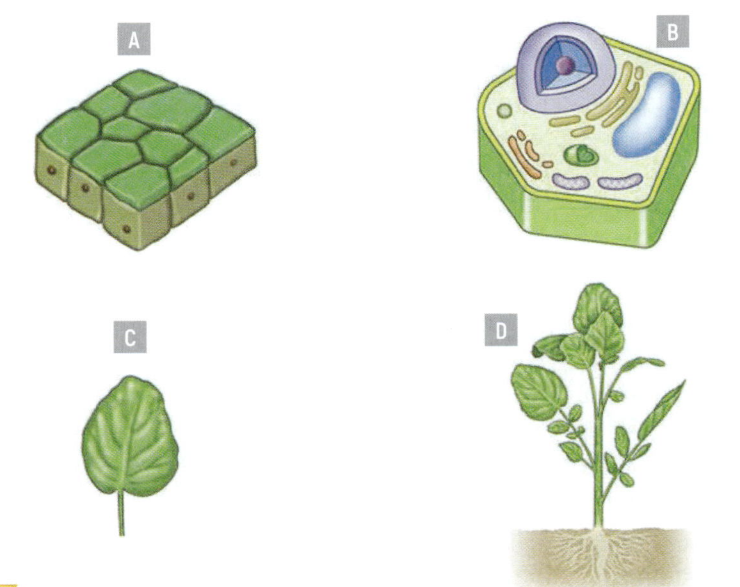

7.20 Elementos representados em tamanhos não proporcionais entre si. (Cores fantasia.)

Fonte: elaborado com base em RAVEN, P. H. et al. *Biology of Plants*. 8. ed. New York: W. H. Freeman and Company, 2013. p. 41.

3 › Observe novamente as figuras 7.19 e 7.20. O que os tecidos indicados nas duas figuras têm em comum? E os órgãos?

4 › Conforme consideramos níveis de organização mais complexos, aparecem propriedades que não estavam presentes nos níveis anteriores. Por exemplo: uma célula ou um tecido não são capazes de voar, mas um organismo dotado de asas, como a maioria das aves, e formado por células, tecidos, órgãos e sistemas, é capaz de fazê-lo. Use esse exemplo para explicar, com suas palavras, o que significa a frase "o todo é maior do que a soma das partes".

5› As figuras abaixo representam sistemas e órgãos do corpo humano. Observe-as e faça o que se pede.

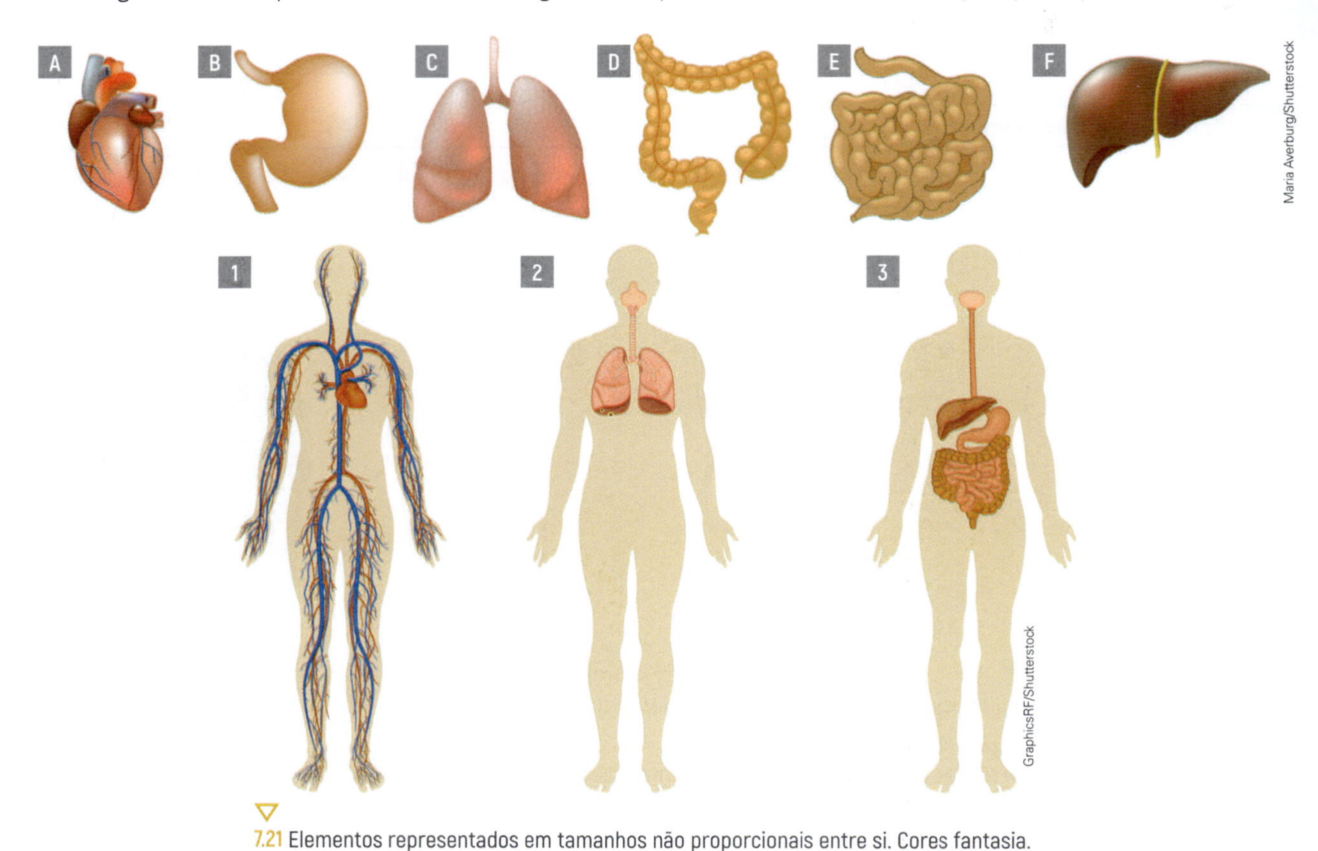

7.21 Elementos representados em tamanhos não proporcionais entre si. Cores fantasia.

a) Identifique as estruturas representadas nas figuras.
b) Usando os números e as letras, relacione os órgãos a cada um dos sistemas.
c) Dê dois exemplos de sistemas que você estudou neste capítulo e que não estão representados na figura acima.

6› Assinale as afirmativas verdadeiras.
( ) Todos os seres vivos são formados por muitas células.
( ) As células da pele podem ser observadas a olho nu.
( ) Tecidos são formados por agrupamentos de células.
( ) O coração é um exemplo de tecido.
( ) O sangue é um exemplo de tecido.
( ) O estômago é um exemplo de órgão.
( ) Os órgãos fazem parte de sistemas.

7› É comum as pessoas pensarem que a pele é um tecido. Em relação aos níveis de organização, como você classificaria a pele? Cite pelo menos duas funções da pele.

8› A expressão "ficar com a boca cheia de água" indica que algumas estruturas do sistema digestório entraram em ação. Quais seriam essas estruturas?

9› Os diversos sistemas de um organismo atuam em conjunto. Explique como o fornecimento de energia às células depende da ação em conjunto dos sistemas digestório, respiratório e circulatório.

10› Por que o tecido responsável pela fotossíntese nas plantas depende dos vasos condutores de seiva do xilema?

11› Quando bebemos mais água, urinamos mais. De que forma essa resposta colabora para o equilíbrio do corpo?

12› Você conhece o ditado "Uma andorinha só não faz verão"? De fato, as andorinhas voam sempre em grandes grupos e migram de regiões mais frias para regiões mais quentes em certas épocas do ano. Mas não é isso que o ditado quer dizer; os ditados populares tentam passar algum ensinamento. Como você poderia relacionar esse ditado com algo que estudou neste capítulo?

13 ▸ Um medicamento contra a diabetes foi produzido a partir de um hormônio extraído do lagarto da figura 7.22, que habita os desertos do México e dos Estados Unidos, o monstro-de-gila (*Heloderma suspectum*). Relacione esse fato com a importância de se preservar a biodiversidade no planeta.

Oliver Lucanus/NiS/Minden Pictures/Getty Images

7.22 O lagarto monstro-de-gila (mede cerca de 50 cm de comprimento).

14 ▸ Conta-se que já na Antiguidade percebeu-se que a urina de algumas pessoas atraía moscas. Hoje se sabe que esse é um sinal de que, provavelmente, o sistema endócrino dessas pessoas não está funcionando como deveria.

Como é chamado o problema de saúde mais provável de pessoas cuja urina atrai moscas? Qual é o principal órgão do sistema endócrino afetado por esse problema?

Trabalho em equipe

Cada grupo de estudantes vai escolher uma das atividades a seguir para pesquisar em livros, revistas ou *sites* confiáveis (de universidades, centros de pesquisa, etc.). Vocês podem buscar o apoio de professores de outras disciplinas (Geografia, História, Língua Portuguesa, etc.). Exponham os resultados da pesquisa para a classe e a comunidade escolar (estudantes, professores e funcionários da escola e pais ou responsáveis), com o auxílio de ilustrações, fotos, vídeos, blogues ou mídias eletrônicas em geral. Ao longo do trabalho, cada integrante do grupo deve defender seus pontos de vista com argumentos e respeitando as opiniões dos colegas.

1 ▸ O estudo da célula só se tornou possível com a invenção do microscópio, no século XVII. E nosso conhecimento sobre diversas doenças, inclusive o câncer, avança à medida que se aprofundam os conhecimentos sobre as estruturas celulares. Como as invenções tecnológicas, a exemplo do microscópio, afetam a construção do conhecimento científico? Como as descobertas científicas afetam nossas atividades cotidianas? Deem exemplos.

2 ▸ Por que devemos tomar um pouco de sol, mas a exposição excessiva ao sol pode ser perigosa? O que é índice de ultravioleta (IUV)? Quais cuidados devemos ter com a pele ao tomar sol?

3 ▸ O que é câncer e por que esse conjunto de doenças pode ser tão perigoso? Alguns tipos de câncer muito frequentes na população, como o câncer de pele e o de pulmão, podem ter seu risco bastante diminuído. Como isso pode ser feito?

4 ▸ Façam uma pesquisa sobre a função dos dentes, o que é a cárie dentária e como podemos preveni-la. Verifiquem também a possibilidade de convidar dentistas ou outros profissionais da área de saúde para apresentarem palestras sobre esse tema na escola.

5 ▸ Pesquisem na internet ou em bancos de sangue quais são os requisitos para que uma pessoa possa doar sangue. Com o auxílio dos professores de Ciências, de Língua Portuguesa e de Arte, elaborem uma campanha (com cartazes, folhetos, letras de música, etc.) para incentivar a doação de sangue. O resultado do trabalho poderá ser apresentado à comunidade escolar. Nesse caso, antes da apresentação, o conteúdo deve ser avaliado por um profissional da área de saúde, que também poderá ser convidado a participar da apresentação com uma palestra sobre o assunto.

Autoavaliação

1. Você buscou sanar suas dúvidas sobre os temas do capítulo conversando com o professor e com os colegas?
2. Você analisou e conseguiu compreender os esquemas e as ilustrações deste capítulo? Quais são as vantagens e as limitações das representações esquemáticas?
3. Qual a importância de conhecermos as estruturas e o funcionamento do nosso corpo?

CAPÍTULO

8 O sistema nervoso

8.1 Bruna Costa Alexandre, mesa-tenista brasileira nos Jogos Paralímpicos Rio 2016, no Rio de Janeiro (RJ), 2016.

O tênis de mesa é um esporte que exige muita concentração e coordenação. Veja a figura 8.1. Durante o jogo é necessário criar estratégias e ser ágil para não errar e ainda atacar o adversário. A jogadora vê a bola vindo em sua direção e deve decidir rapidamente o que fazer, ajustando o melhor golpe. Todas essas ações acontecem porque o sistema nervoso da jogadora recebe as informações dos órgãos dos sentidos e as organiza e interpreta para comandar as reações.

O sistema nervoso coordena nossas ações e reações e regula nossa interação com o ambiente. Ele atua, por exemplo, quando sentimos prazer ao comer uma fruta, durante o raciocínio para resolver um problema matemático, em uma aula de música, na qual aprendemos a tocar um instrumento, ou na escolha do momento certo para atravessar a rua.

Além de receber e interpretar as informações provenientes do ambiente e de comandar nossas reações, o sistema nervoso, com o sistema endócrino (visto no capítulo 7), coordena os demais sistemas do corpo.

Para começar

1. O que são impulsos nervosos?
2. Você conhece as principais estruturas do sistema nervoso?
3. Como o sistema nervoso coordena os sistemas motor e sensorial?
4. O que são substâncias psicoativas?

1 Os neurônios e o impulso nervoso

Imagine todas as reações desencadeadas no corpo de uma pessoa que escuta a frase: "O almoço está servido!". A mensagem chega às orelhas e é transmitida ao sistema nervoso, que analisa a informação e comanda uma série de ações: lavar as mãos antes de sentar-se à mesa, servir-se, mastigar e saborear a comida, conversar com as pessoas ao redor. Veja a figura 8.2.

As orelhas, os olhos, o nariz, a língua e a pele são os órgãos responsáveis, respectivamente, pelos sentidos: audição, visão, olfato, gustação e tato. Veremos mais detalhes sobre o sistema sensorial no próximo capítulo.

Monkey Business Images/Shutterstock

8.2 O sistema nervoso coordena nossas ações e sensações, por exemplo, quando sentamos à mesa para saborear o almoço e conversar com os colegas.

Todas as reações descritas acima são comandadas pelo sistema nervoso a partir de mensagens conduzidas pelos **neurônios**, que são as principais células desse sistema. Veja na figura 8.3 a representação do sistema nervoso e de uma célula nervosa, o neurônio.

Há uma região no neurônio – o **corpo celular** – na qual se localizam o núcleo e boa parte do citoplasma. Do corpo celular saem dois tipos de prolongamento: os **dendritos** (do grego, *dendron*, "árvore") e o **axônio** (do grego, *axon*, "eixo").

Detalhe de um neurônio no encéfalo

dendritos
axônio
corpo celular
células envolvendo o axônio

Partes do sistema nervoso

encéfalo
medula espinal
nervos

The human body: an illustrated guide to its structure, function, and disorders. Dorling Kindersley.

Fonte: elaborado com base em SILVERTHORN, D. U. *Fisiologia humana: uma abordagem integrada*. 5. ed. Porto Alegre: Artmed, 2017. p. 254.

8.3 Representação dos componentes do sistema nervoso humano visto em transparência através do corpo. No detalhe, esquema simplificado de um neurônio e suas partes (podem ser vistas células especiais que envolvem o axônio e facilitam a propagação do impulso nervoso). (Elementos representados em tamanhos não proporcionais entre si. Cores fantasia.)

Quando um neurônio recebe um estímulo vindo de algum órgão dos sentidos (dos olhos, das orelhas ou da pele, por exemplo), ocorrem mudanças que percorrem rapidamente as partes dos neurônios – os dendritos, o corpo celular e o axônio – formando o que chamamos **impulso nervoso**. Veja a figura 8.4.

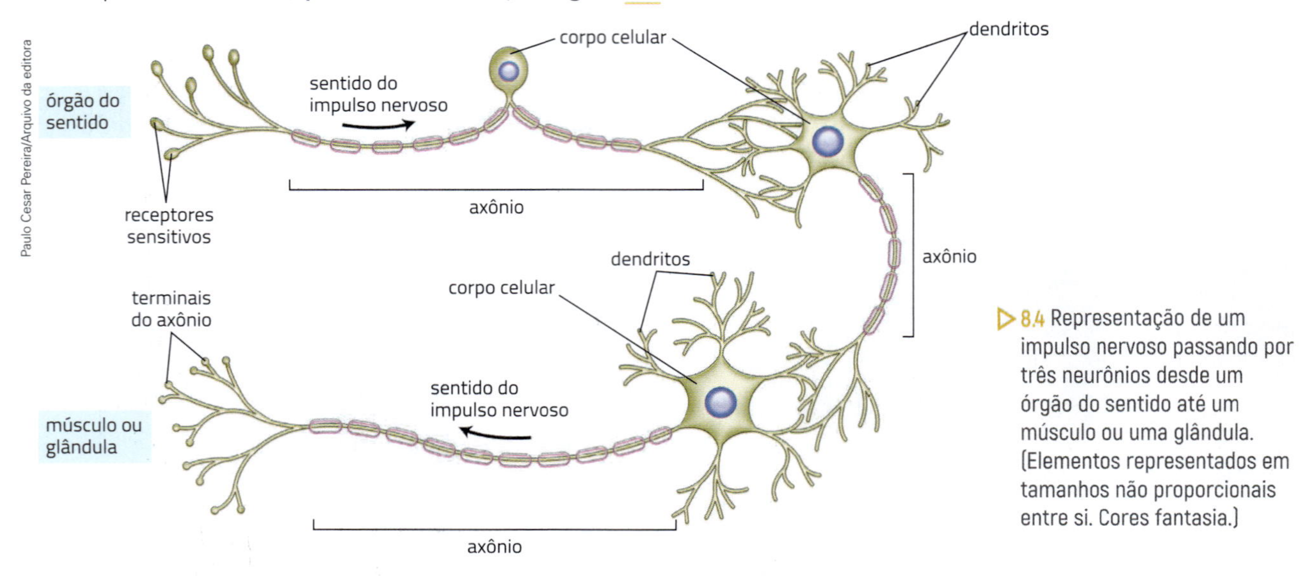

8.4 Representação de um impulso nervoso passando por três neurônios desde um órgão do sentido até um músculo ou uma glândula. (Elementos representados em tamanhos não proporcionais entre si. Cores fantasia.)

Fonte: elaborado com base em BEAR, R.; RINTOUL, D. Nervous System. *OpenStax College*. Disponível em: <https://cnx.org/contents/pMqJxKsZ@6/Nervous-System>. Acesso em: 30 jan. 2019.

O impulso nervoso pode ser transmitido de um neurônio para outro ou para músculos ou glândulas, fazendo o músculo se contrair para realizar um movimento ou fazendo a glândula eliminar um produto (secreção).

Quando um impulso nervoso chega aos terminais do axônio, certas substâncias, chamadas **mediadores químicos** ou **neurotransmissores**, estimulam os dendritos de outro neurônio, que passa a conduzir o impulso nervoso. Dessa forma, o impulso passa de um neurônio a outro muito rapidamente – leva cerca de um milésimo de segundo.

Essa região de aproximação entre os terminais do axônio de um neurônio e os dendritos de outro neurônio é chamada de **sinapse**. É pela sinapse que os impulsos passam de um neurônio para outro.

O sistema nervoso tem uma organização impressionante: são bilhões de neurônios, cada qual recebendo impulsos de muitos outros.

Os cientistas descobriram que em muitas alterações do sistema nervoso a quantidade dos neurotransmissores é afetada. Essas alterações também podem ser provocadas pelo consumo habitual de substâncias psicoativas, como você vai ver adiante.

Conexões: Ciência e tecnologia

A anestesia

Se você já extraiu um dente ou tomou pontos para fechar um corte, deve saber da importância da anestesia, utilizada para aliviar a dor durante esses procedimentos. Alguns tratamentos médicos só foram possíveis com a descoberta de processos que eliminam ou diminuem a dor. Os anestésicos funcionam geralmente bloqueando a transmissão do impulso nervoso até o cérebro.

Nas civilizações antigas do Egito e da Assíria alguns tipos de plantas já eram utilizados para aliviar a dor. A anestesia moderna começou no século XVIII, com os trabalhos do cientista inglês Joseph Priestley (1733-1804) e do químico inglês Humphry Davy (1778-1829). Eles isolaram o óxido nitroso, um gás, que ficou conhecido como gás hilariante, por provocar acessos de riso.

Com o tempo, novos anestésicos foram desenvolvidos, tornando possíveis cirurgias mais longas e complexas.

2 A organização do sistema nervoso

As mensagens recebidas pelos órgãos dos sentidos são levadas por nervos ao **sistema nervoso central**, formado pelo **encéfalo** (o cérebro é uma parte do encéfalo) e pela **medula espinal** (ou espinhal). Reveja a figura 8.3.

No sistema nervoso central são feitas conexões entre os neurônios e, através dos **nervos** – formados por prolongamentos dos neurônios (dendritos ou axônios) –, são enviadas mensagens aos músculos ou glândulas. Reveja a figura 8.3. O conjunto de nervos, responsáveis por receber as mensagens e conduzir as respostas, é chamado de **sistema nervoso periférico**. Vamos conhecer um pouco mais sobre algumas partes do sistema nervoso.

O encéfalo

Memória, emoções, sede, fome, linguagem, inteligência, controle sobre boa parte do que fazemos, tudo isso depende do encéfalo, uma massa cinzenta protegida pelos ossos do crânio.

No encéfalo há várias regiões, todas trabalhando em conjunto. Veja algumas dessas regiões na figura 8.5.

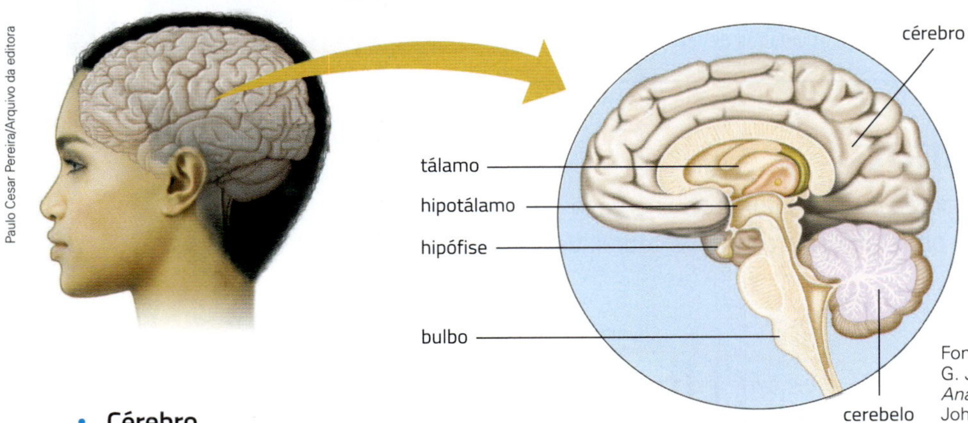

8.5 Representação de algumas partes que constituem o encéfalo. (Elementos representados em tamanhos não proporcionais entre si. Cores fantasia.)

Fonte: elaborado com base em TORTORA, G. J.; DERRICKSON, B. *Principles of Anatomy and Physiology*. 13. ed. Hoboken: John Willey & Sons, 2011. p. 529.

- **Cérebro**
  É a maior parte do encéfalo. No cérebro estão as áreas responsáveis pelos sentidos – visão, audição, olfato, tato e gustação –, pela linguagem (escrita e falada), pelo raciocínio, pela aprendizagem, pela memória e pelo controle voluntário dos músculos, entre outros.
- **Cerebelo**
  Controla a postura, o equilíbrio do corpo e coordena os movimentos, trabalhando em conjunto com o cérebro.
- **Bulbo**
  Controla a parte involuntária da respiração, os batimentos do coração, a pressão do sangue, o reflexo da tosse e do espirro, além de regular a salivação, o ato de engolir e outras funções do sistema digestório.
- **Tálamo**
  Recebe mensagens dos órgãos dos sentidos e as transmite para as regiões apropriadas do cérebro.
- **Hipotálamo**
  Entre outras funções, controla a temperatura do corpo, a digestão, a sede, a fome e, com o bulbo, os batimentos do coração e a pressão do sangue. Também regula a produção de hormônios da hipófise (glândula endócrina).

Como você acaba de ver, o encéfalo controla muitos órgãos e funções do corpo. Por isso, acidentes que causam lesões nessa região podem levar à morte ou afetar seriamente muitas funções do organismo.

 **Na tela**

Memória, com Paulo Mattos – tVCiência
http://tvciencia.net/uau-episodio-1-memoria-com-paulo-matos
Você sabia que esquecer também é muito importante para o bom funcionamento do cérebro? O médico psiquiatra Paulo Mattos fala sobre memória nesta entrevista.
Acesso em: 30 jan. 2019.

Conexões: Ciência no dia a dia

Prevenção de acidentes

O uso de capacete em diversas atividades é fundamental para proteger o encéfalo. Esse equipamento é muito importante em atividades como andar de motocicleta, bicicleta, *skate* ou patins. Muitos profissionais, como engenheiros ou operários, também devem usar capacete quando trabalham em obras, por exemplo, da construção civil. Veja figura 8.6.

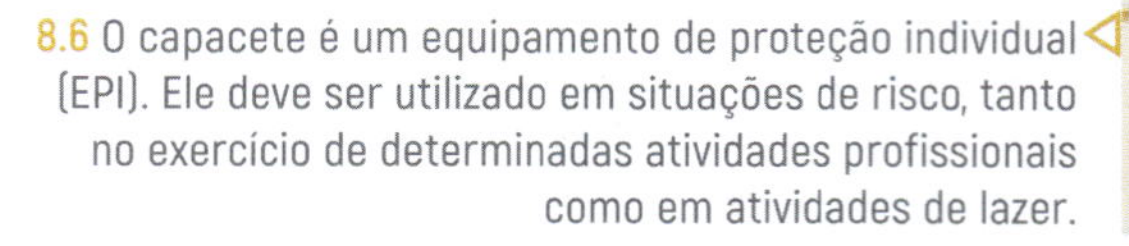

8.6 O capacete é um equipamento de proteção individual (EPI). Ele deve ser utilizado em situações de risco, tanto no exercício de determinadas atividades profissionais como em atividades de lazer.

A medula espinal

A medula espinal é um cordão formado por tecido nervoso com cerca de 40 centímetros de comprimento e é protegida pela coluna vertebral. Veja a figura 8.7.

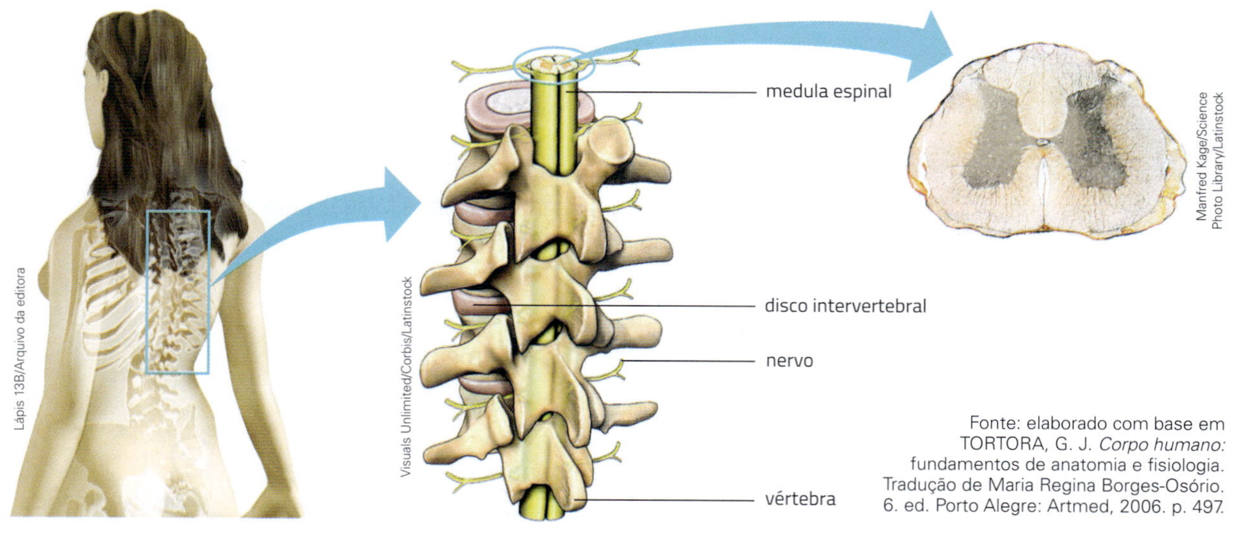

8.7 Esquema da localização da medula espinal, posicionada no interior da coluna vertebral, vista em transparência através do corpo. A ilustração do centro mostra a medula espinal no interior da coluna vertebral. (Elementos representados em tamanhos não proporcionais entre si. Cores fantasia.) À direita, na foto, medula espinal em corte vista ao microscópio óptico (aumento de cerca de 8 vezes; com uso de corantes). Na parte cinza, no centro, concentram-se os corpos celulares e na parte branca mais externa, os prolongamentos dos neurônios.

Muitas reações automáticas, chamadas **atos reflexos** ou, simplesmente, reflexos, não passam pelo encéfalo, mas são comandadas pela medula. É o que acontece quando tocamos um objeto muito quente e rapidamente tiramos a mão ou quando pisamos em algo pontudo e levantamos imediatamente a perna. Os nervos da mão ou do pé levam impulsos para a medula, que envia então uma mensagem para os músculos: eles se contraem e a mão ou a perna se movimenta. Veja a figura 8.8.

Na figura 8.8 você pode ver: o **neurônio sensorial** (ou **sensitivo**) (fica no interior de um nervo), que recebe o estímulo da pele; o **neurônio de associação** (está situado na medula espinal), que recebe o impulso nervoso do primeiro neurônio; e o **neurônio motor**, que recebe o impulso do neurônio de associação e o leva para o músculo.

Esse encadeamento de neurônios é chamado **arco reflexo**. O arco reflexo é a base dos atos reflexos, isto é, das respostas automáticas e involuntárias que temos quando reagimos a certos estímulos. Alguns impulsos se dirigem ao cérebro, onde são interpretados, e sentimos a dor do contato com o espinho, por exemplo. Mas, quando a mensagem da dor está sendo registrada no cérebro, o braço já se moveu, porque o caminho de ida e volta dos impulsos pela medula é mais rápido que o percurso até o cérebro e a tomada de consciência do que aconteceu.

O espirro, por exemplo, é um reflexo que ocorre quando algo irrita o nariz. A dilatação e a contração da íris também são atos reflexos, responsáveis por ajustar a intensidade de luz que chega à retina.

Há reflexos que podem ser aprendidos: com o treinamento, por exemplo, um jogador de futebol aprende a reagir de forma rápida e automática a várias situações que acontecem em uma partida.

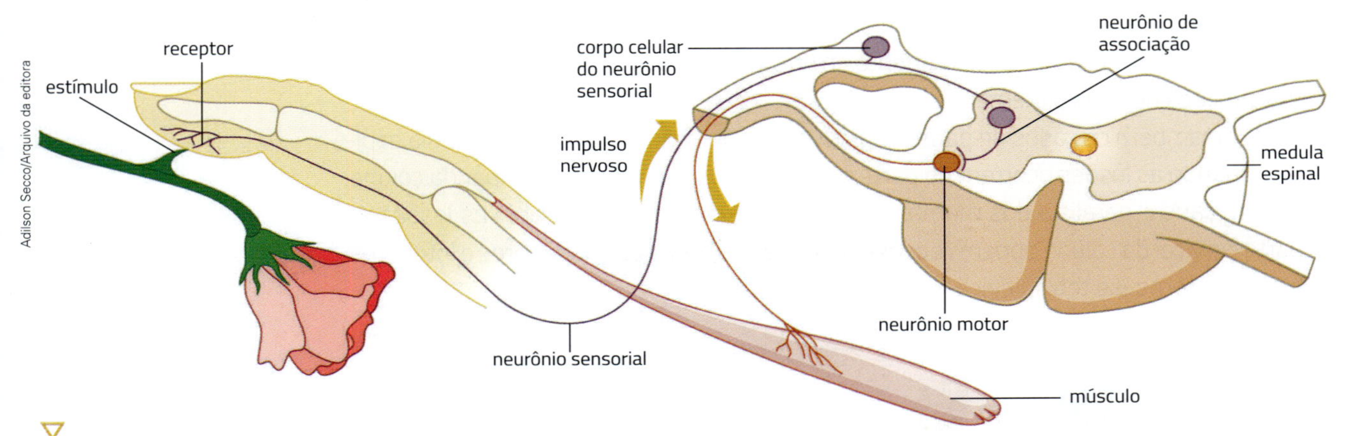

8.8 Esquema de um arco reflexo: o impulso nervoso vai até a medula espinal pelo neurônio sensorial e volta pelo neurônio motor para um músculo, fazendo-o se contrair e provocando a retirada do dedo. (Elementos representados em tamanhos não proporcionais entre si. Cores fantasia.)

Os nervos

Os nervos levam as mensagens de todas as partes do corpo para o sistema nervoso central e trazem de volta os comandos do encéfalo e da medula espinal para as diversas partes do corpo.

Uma parte do sistema nervoso controla músculos ligados aos ossos que, ao se contraírem, nos fazem andar, correr, esticar braços e pernas – enfim, reagir aos estímulos do ambiente. Esses músculos podem ser controlados de acordo com a nossa vontade. Por isso dizemos que são músculos de movimentos voluntários.

Por outro lado há uma parte do sistema nervoso que controla músculos de movimentos involuntários, localizados em órgãos como estômago, intestino e coração. A ação dos nervos dessa parte do sistema nervoso controla a digestão, o batimento cardíaco, a pressão do sangue, o trabalho das glândulas e outras funções involuntárias do corpo. Essas funções acontecem sem que tenhamos consciência desse trabalho.

3 Sistema nervoso: problemas e cuidados

Não é possível prevenir todas as alterações que atingem o sistema nervoso, pois não conhecemos as causas de várias delas. No entanto, sabemos que muitas alterações em outros sistemas do corpo afetam o sistema nervoso.

Alterações do sistema cardiovascular, como a hipertensão (pressão alta), afetam diversos órgãos do corpo, incluindo o cérebro. O rompimento de um vaso sanguíneo, por exemplo, chamado de acidente vascular cerebral (AVC) ou derrame, pode provocar a morte dos tecidos de uma parte do cérebro. O paciente pode falecer ou apresentar danos permanentes relacionados à área do cérebro atingida, como a perda de visão ou de movimentação de algumas partes do corpo.

A poliomielite (também chamada paralisia infantil) é provocada por um vírus que destrói os neurônios. Como consequência, ocorre a paralisia e atrofia (degeneração e perda das funções) dos músculos de movimentos voluntários, podendo levar à morte do paciente. Daí a importância da vacinação contra essa doença.

Você já ouviu falar na campanha de vacinação do Zé Gotinha? Se não ouviu, faça uma pesquisa e se informe sobre a importância da vacinação.

Como você já deve ter percebido ao longo do estudo dos sistemas do corpo humano, a manutenção e o funcionamento do nosso organismo dependem da integração das funções de cada sistema.

Há também os casos de paralisia provocados por traumatismos na medula espinal. Quando as lesões ocorrem na parte torácica e no início da parte lombar da coluna, podem causar paralisia dos membros inferiores, isto é, a paraplegia. Já as lesões na parte cervical da coluna podem causar a paralisia dos membros superiores e inferiores: a pessoa torna-se tetraplégica. Veja a figura 8.9.

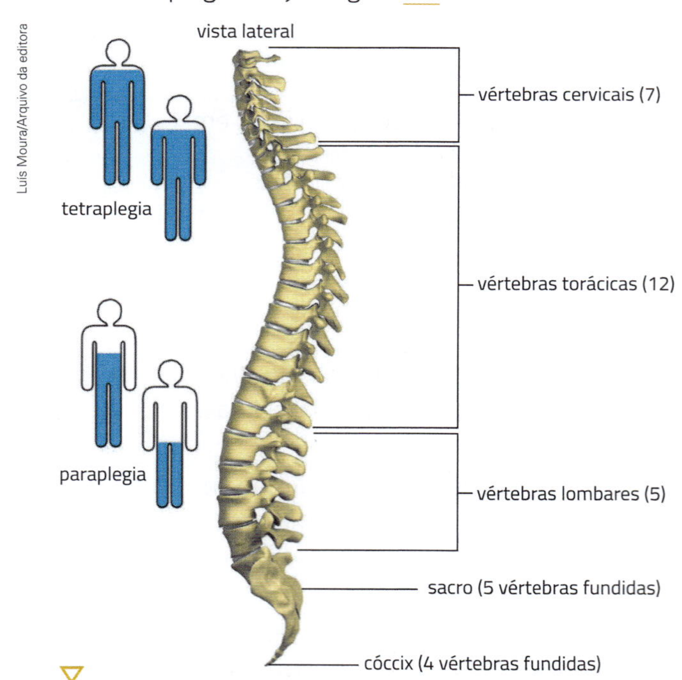

8.9 Lesões na coluna podem provocar paralisia. As regiões afetadas, indicadas pela cor azul, vão depender da parte da medula espinal atingida. (Elementos representados em tamanhos não proporcionais entre si. Cores fantasia.)

Atenção

Apenas profissionais da área da saúde, como médicos e dentistas, podem dar a orientação correta para o tratamento de uma doença. Não tome medicamentos por conta própria ou por ter lido recomendações em livros, revistas ou na internet.

A saúde do sistema nervoso

Cuidados gerais com a saúde são fundamentais para prevenir problemas no sistema nervoso. É importante, por exemplo, evitar o sedentarismo, o excesso de peso, o cigarro e o consumo de bebidas alcoólicas, ter uma alimentação equilibrada e dormir o número de horas necessárias para um descanso adequado. Veja figura 8.10.

8.10 Além de melhorar a disposição, a prática de atividades físicas pode prevenir diversos problemas de saúde, incluindo muitos problemas ligados ao sistema nervoso.

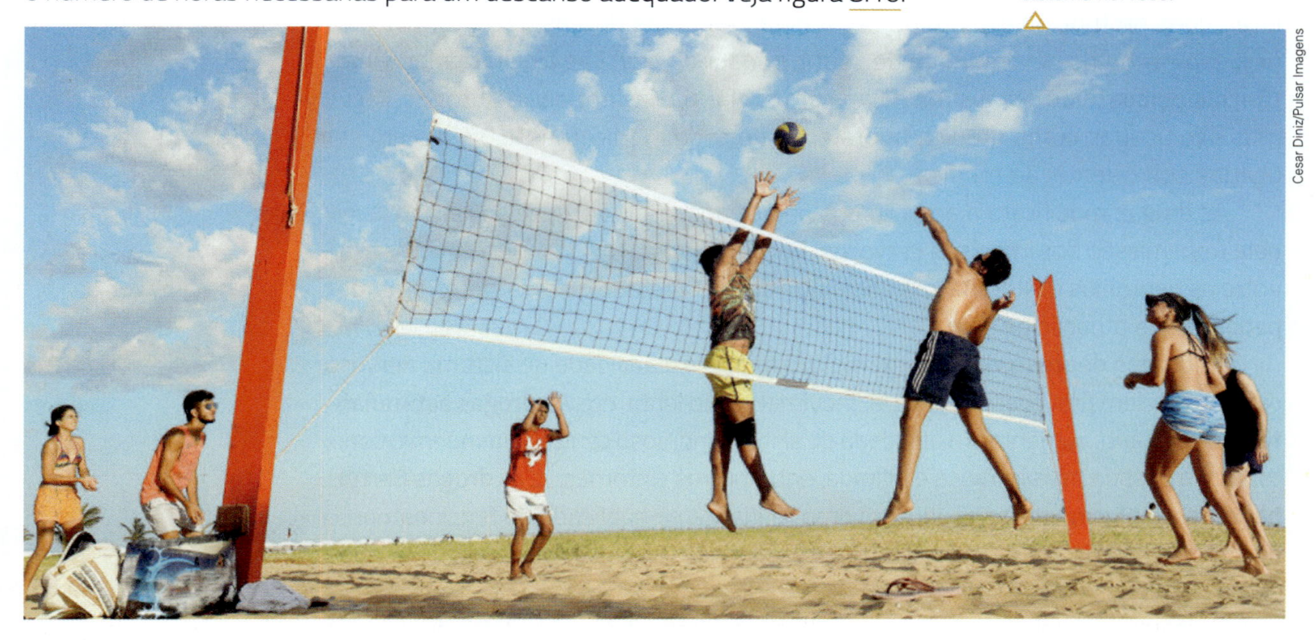

Cesar Diniz/Pulsar Imagens

Outro ponto importante é tentar lidar com os problemas e as situações de tensão de forma equilibrada. As dicas a seguir podem ajudar.

- Faça atividades físicas; a prática de exercícios ajuda a diminuir as tensões.
- Reserve parte do seu tempo para o lazer – de preferência, realize atividades que desenvolvam alguma habilidade ou que permitam a interação com a natureza e com outras pessoas. Pense em quanta coisa você pode fazer em vez de ficar, por exemplo, vendo televisão ou na frente de um computador ou celular: praticar esportes, passear, conversar, ler livros, ir ao cinema, ao teatro, aprender a tocar algum instrumento musical, estudar pintura, escultura, artesanato, desenho, participar de atividades que ajudem outras pessoas, etc.
- Procure conversar ou desabafar com familiares e amigos; isso pode ajudá-lo a enfrentar problemas e fazer você se sentir melhor. Muitas vezes não é fácil, mas vale a pena tomar a iniciativa, porque isso fortalece os vínculos afetivos entre as pessoas. Às vezes, pode ser necessário procurar profissionais, como psicólogos ou psiquiatras.

Lembre-se de que somente um profissional especializado pode fazer o diagnóstico correto de um problema do sistema nervoso e prescrever o tratamento adequado.

Vários estudos científicos indicam que, desde que uma pessoa tenha o suficiente para suas necessidades básicas (comida, moradia, educação, vestimentas, etc.), o aumento de ganhos materiais não contribui tanto para a felicidade quanto muitos pensam. Mais importante do que isso são as relações pessoais, a família e as amizades. Quando ajudamos os outros, estamos cultivando amizades e aumentando o nosso próprio nível de bem-estar e felicidade.

Mundo virtual

Memória
http://drauziovarella.com.br/corpo-humano/memoria
Matéria que apresenta informações sobre os mecanismos da memória e sua relação com as atividades cerebrais.
Acesso em: 30 jan. 2019.

Jogo da memória – Unesp
http://www.tv.unesp.br/apolonioeazulao/jogos
Jogo com três graus de dificuldade.
Acesso em: 30 jan. 2019.

4 Substâncias psicoativas: drogas

No sentido geral, **droga** é toda substância natural ou sintética que provoca alterações no funcionamento do organismo. Algumas drogas agem no sistema nervoso e modificam a maneira de sentir, pensar ou agir: são as chamadas **substâncias psicoativas**. Para simplificar, vamos chamá-las apenas de drogas. Algumas são usadas como medicamento e, como todo medicamento, só devem ser usadas sob orientação médica.

As drogas modificam a atuação dos neurotransmissores, que são responsáveis pela transmissão dos impulsos nervosos. Reveja a figura 8.4. Quando a comunicação entre os neurônios é alterada, o organismo pode ser afetado de diversas formas, dependendo da atuação da droga.

As **drogas depressoras**, por exemplo, diminuem a atividade do sistema nervoso central e podem provocar sonolência, movimentação lenta, etc. As **drogas estimulantes**, ao contrário, aumentam a atividade do sistema nervoso central: diminuem o sono, tornam a pessoa mais nervosa e agitada, entre outros sintomas. Já as **drogas perturbadoras**, ou **alucinógenas**, produzem uma mudança na qualidade do funcionamento do sistema nervoso central, podendo causar alucinações. Nesse caso, a pessoa vê ou sente coisas que não são reais.

O cigarro e as bebidas alcoólicas são drogas lícitas, isto é, permitidas por lei para maiores de 18 anos. Isso não quer dizer que elas não façam mal; muito pelo contrário, todas as drogas podem causar sérios distúrbios físicos e psíquicos.

Já a maconha, o *crack* e a cocaína são exemplos de drogas ilícitas, isto é, não são permitidas por lei, mesmo para maiores de 18 anos. Além de prejudicar a própria saúde, quem as usa – ou quem as vende ou distribui a outras pessoas – está sujeito às penas da lei. Veja a figura 8.11.

Divulgação/Prefeitura do Município de Campo Novo

8.11 Cartaz de campanha de conscientização contra o uso de drogas.

 **Mundo virtual**

Centro Brasileiro de Informações sobre Drogas Psicotrópicas (CEBRID)
http://www2.unifesp.br/dpsicobio/cebrid/quest_drogas
No *site* do CEBRID, organização associada ao Departamento de Medicina Preventiva da Universidade Federal de São Paulo (Unifesp), há diversas questões e respostas sobre drogas, inclusive sobre prevenção e tratamento.
Acesso em: 30 jan. 2019.

Todas as drogas podem causar algum prejuízo à saúde, mas os efeitos variam de acordo com a quantidade, o tipo de substância utilizada e as características da pessoa que as utiliza.

Logo depois de ingerir alguns tipos de droga, a pessoa pode ter uma sensação de prazer, sentir-se alegre, relaxada ou com mais energia. Mas depois aparecem efeitos desagradáveis, que variam com o tipo de droga e a quantidade consumida. Pode ser um grande cansaço, medo, depressão, problemas de memória, dificuldade de concentração e de aprendizagem, incapacidade de reagir em uma emergência (os reflexos ficam prejudicados), insônia, irritabilidade, alucinações, entre outros efeitos.

Na depressão, entre outros sintomas, a pessoa pode perder o interesse e a vontade de fazer até mesmo as atividades mais simples. Somente um médico pode diagnosticar a depressão.

Com o tempo, o cérebro pode ser afetado permanentemente, prejudicando a memória, a atenção, a concentração, a capacidade de raciocínio, etc. O uso repetido de alguns tipos de drogas pode causar danos aos pulmões, fígado, coração, rins e cérebro, levando a pessoa à morte.

Muitas drogas podem provocar dependência química. Nesses casos, a interrupção no uso provoca o estado ou a síndrome de abstinência: podem ocorrer vômitos, tremores, suores, insônia, convulsões, entre outras reações que podem até causar a morte. Muitas vezes, para aliviar essas reações, a pessoa recorre novamente à droga. O uso passa a ser habitual e o usuário tem dificuldade de diminuir ou interromper o consumo. Para livrar-se da dependência, muitas vezes é preciso procurar a ajuda de profissionais, como psicólogos e médicos.

Vamos ver, a seguir, mais detalhes sobre os problemas causados pela presença do álcool e do fumo no organismo.

Conexões: Ciência e saúde

A dependência de drogas

As drogas causadoras de dependência ativam o sistema de recompensa existente no cérebro.

Lícitas ou não, todas provocam aumento rápido na liberação de dopamina, neurotransmissor envolvido nas sensações de prazer.

[...]

Com a repetição da experiência, os neurônios que liberam dopamina já começam a entrar em atividade ao reconhecer os estímulos ambientais e psicológicos vividos nos momentos que antecedem o uso da substância, fenômeno conhecido popularmente como fissura.

É por esse mecanismo que voltar aos locais em que a droga foi consumida, a presença de pessoas sob o efeito dela e o estado mental que predispõe ao uso pressionam o usuário para repetir a dose.

O condicionamento que leva à busca da droga fica tão enraizado nos circuitos cerebrais, que pode causar surtos de fissura depois de longos períodos de abstinência. A pessoa deixa de ser usuária, mas a dependência persiste.

[...]

O condicionamento empobrece os pequenos prazeres cotidianos: encontrar um amigo, uma criança, a beleza da paisagem. No usuário crônico, os sistemas de recompensa e motivação são reorientados para os picos de dopamina provocados pela droga e seus gatilhos [...].

Com o tempo, a repetição do uso torna os neurônios do sistema de recompensa cada vez mais insensíveis à ação farmacológica da droga, fenômeno conhecido como tolerância.

[...]

VARELLA, D. Dependência química: neurobiologia das drogas. Disponível em: <https://drauziovarella.uol.com.br/drauzio/artigos/dependencia-quimica-neurobiologia-das-drogas/>. Acesso em: 30 jan. 2019.

Álcool

O álcool inicialmente alivia a tensão e dá uma sensação de relaxamento. À medida que aumenta a concentração dele no sangue, os centros nervosos que controlam o raciocínio, os reflexos, a coordenação motora e a memória passam a funcionar de forma lenta. A pessoa perde a firmeza para andar e passa a ter dificuldades para raciocinar e falar. Em alguns casos, pode ainda ficar agressiva e apresentar comportamento social inconveniente.

Pelo fato de o álcool provocar sonolência, diminuir os reflexos e prejudicar a coordenação motora, é proibido por lei dirigir veículos sob o efeito dessa substância. Além dos motoristas, os pedestres e condutores de veículos não automotores (como bicicleta ou *skate*) também comprometem a segurança no trânsito se estiverem sob efeito de álcool, podendo causar acidentes. Veja a figura 8.12.

L. Adolfo/Folhapress

8.12 Automóvel envolvido em acidente causado por motorista que estaria embriagado, em Uberaba (MG), 2014. É proibido dirigir após a ingestão de qualquer tipo de bebida alcoólica. Por isso, pessoas que dirigem depois de consumir bebidas alcoólicas estão sujeitas às punições da lei.

O consumo habitual e excessivo de álcool pode provocar danos ao cérebro (morte de neurônios), ao fígado e a outros órgãos. O consumo de doses altas pode provocar a morte por parada respiratória.

Algumas pessoas podem ficar dependentes do álcool. Quando isso ocorre, a pessoa bebe compulsivamente e, se não beber, fica irritada e pode apresentar síndrome de abstinência. O consumo de álcool em excesso gera a necessidade de tratamento médico, pois a pessoa corre risco de morte. Veja a figura 8.13.

Secretaria da Saúde/Governo do Estado de São Paulo

8.13 Crianças e adolescentes não devem consumir bebidas alcoólicas. A ingestão de bebidas alcoólicas na juventude é um fator de risco de dano cerebral.

Cigarro

Comparados com os não fumantes, os fumantes têm cerca de 20 a 30 vezes mais risco de desenvolver câncer de pulmão, entre outras doenças.

Calcula-se que ocorram no mundo cerca de 3 milhões de mortes por ano causadas pelo fumo.

As substâncias tóxicas contidas no cigarro afetam muitos órgãos além dos pulmões, já que passam para o sangue e chegam aos vários sistemas do corpo humano.

O cigarro contém substâncias que destroem células do sistema respiratório (presentes no nariz, na traqueia, nos brônquios e nos bronquíolos) encarregadas de filtrar e eliminar impurezas do ar. Além disso, o fumante costuma produzir muito muco (uma secreção viscosa), o que dificulta a passagem de ar e provoca a tosse. Os brônquios podem inflamar (bronquite) e os alvéolos pulmonares podem ser destruídos, causando a doença conhecida como enfisema. Com isso, cada vez menos oxigênio é absorvido pelos pulmões, e a pessoa passa a sentir falta de ar e a respirar com dificuldade. Veja a figura 8.14.

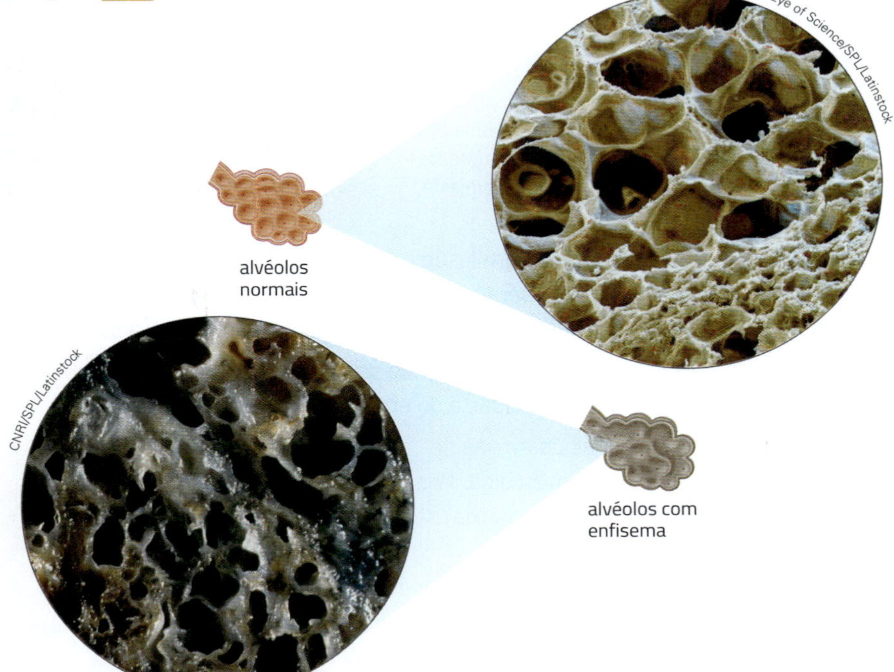

8.14 Ilustrações e fotografias de alvéolos normais e de um fumante com enfisema. As fotografias foram obtidas em microscópio eletrônico (aumento de cerca de 150 vezes, coloridas artificialmente). Cada alvéolo mede cerca de 0,2 mm de diâmetro. (Elementos representados em tamanhos não proporcionais entre si. Cores fantasia.)

A nicotina (principal substância psicoativa do cigarro) provoca relaxamento muscular e o aumento dos batimentos cardíacos e da pressão arterial. Ela eleva também o risco de se formarem placas de gordura que "entopem" as artérias (aterosclerose). Por isso, entre os fumantes o índice de problemas cardíacos é maior que entre os não fumantes.

A nicotina causa dependência e sua falta pode provocar sintomas desagradáveis, como dor de cabeça, irritação e insônia e um forte desejo de fumar; por isso pode ser difícil deixar de fumar. Há medicamentos que ajudam a parar de fumar, porém eles devem ser usados apenas com orientação médica.

Em resumo, apesar de inicialmente a pessoa se sentir bem, o consumo de drogas é uma agressão a todo o organismo. Além dos danos físicos à saúde, as drogas prejudicam o desenvolvimento da personalidade, a aprendizagem, o desempenho profissional, o relacionamento com outras pessoas e a capacidade de enfrentar os problemas do cotidiano. Por tudo isso, nossa recomendação é: diga não às drogas e não aceite nenhum convite para consumi-las!

Na tela

Diga sim à vida – Turma da Mônica na prevenção do uso de drogas
http://www.youtube.com/watch?v=dqtfQxjD5m4
Vídeo sobre o problema do uso de álcool entre adolescentes. É resultado de uma parceria da Secretaria Nacional de Políticas sobre Drogas (Senad) com o cartunista Mauricio de Sousa. Acesso em: 30 jan. 2019.

ATIVIDADES

Aplique seus conhecimentos

1 Quais dos itens a seguir fazem parte do sistema nervoso central e quais fazem parte do sistema nervoso periférico?

a) encéfalo
b) nervos cranianos
c) nervos espinais
d) medula espinal

2 A poliomielite é provocada por um vírus que se instala no sistema nervoso e destrói os neurônios. Essa doença pode ser prevenida por meio da vacinação. Veja a figura 8.15. Explique por que essa doença pode causar a paralisia muscular.

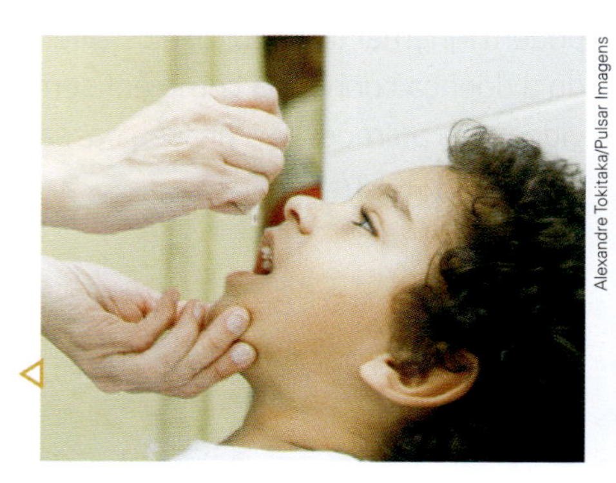

Alexandre Tokitaka/Pulsar Imagens

8.15 A vacinação é uma das medidas que podem ser adotadas para evitar a poliomielite.

3 O professor perguntou à turma que problemas uma pessoa com lesão no cerebelo teria. Alguns estudantes disseram que ela não seria capaz de respirar; outros, que ela não seria capaz de ouvir; outros, que ela não seria capaz de coordenar os movimentos do corpo; outros, que ela perderia a memória. Qual dessas respostas é a correta?

4 O estudante que respondeu à questão anterior dizendo que a pessoa não seria capaz de respirar lembrou-se, logo depois, de que isso de fato ocorreria se a lesão fosse em outra parte do encéfalo. Que parte é essa?

5 Veja a figura 8.16. O curare, veneno que alguns indígenas usam nas flechas, impede a passagem do impulso nervoso para os músculos. Por que uma pessoa envenenada por curare acaba morrendo por asfixia?

NTBG/National Tropical Botanical Garden

8.16 O curare pode ser extraído da planta *Chondrodendron tomentosum*, um tipo de trepadeira popularmente conhecida como butua, uva-do-mato ou parreira-brava (pode alcançar até 30 m de comprimento).

6 Embora atinja diretamente o sistema respiratório, a nicotina e outras substâncias presentes no cigarro também interferem em outros sistemas do corpo humano, como o sistema cardiovascular. Como essas substâncias chegam até os outros sistemas?

7 O álcool é a droga mais consumida no mundo e é legalizado na maioria dos países para pessoas maiores de idade. No Brasil, pessoas com mais de 18 anos podem consumir bebida alcoólica desde que não dirijam depois de beber. De acordo com o que você estudou neste capítulo, explique por que é muito perigoso dirigir depois de consumir álcool.

8 Quando encostamos acidentalmente a mão em um objeto muito quente, imediatamente a retiramos. Indique a afirmativa falsa em relação a essa situação.

a) Trata-se de um ato reflexo.
b) O neurônio sensorial enviou um impulso nervoso para a medula espinal.
c) O neurônio motor enviou um impulso nervoso para os músculos flexores do antebraço.
d) Ocorreu uma ação voluntária, controlada pelo cérebro.

9› As drogas são capazes de alterar a comunicação entre os neurônios, mesmo sem atuar no corpo celular do neurônio. Explique de que forma elas podem provocar essas alterações.

10› Por que o uso de drogas deve ser evitado, mesmo no caso daquelas que são legalizadas para maiores de 18 anos?

11› Em caso de acidente, quando há suspeita de algum dano à coluna vertebral, a vítima deve ser levada ao hospital imobilizada e deitada, evitando se movimentar. Por que é necessário esse cuidado?

12› Por meio de eletrodos presos à cabeça, pode-se registrar a atividade elétrica do cérebro. Esse exame é chamado eletroencefalograma. Explique por que na região que sofreu um acidente vascular cerebral (derrame) o eletroencefalograma acusa atividade elétrica menor e por que, como consequência de um derrame, a pessoa pode apresentar distúrbios na fala, na movimentação, na visão e em outras funções.

13› Para testar um tipo de reflexo, os médicos dão uma pequena batida com um martelinho de borracha logo abaixo do joelho. A pancada faz um músculo se contrair e provoca na perna um movimento semelhante ao de um pontapé. Veja a figura 8.17. Nesse tipo de reflexo, neurônios sensoriais são estimulados pela batida e, na medula espinal, enviam mensagens diretamente para neurônios motores.

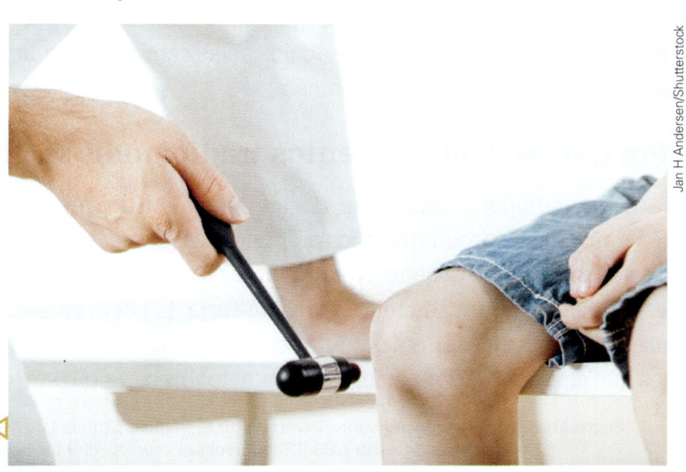
Jan H Andersen/Shutterstock

8.17 Médico testando reflexo na região da patela, um osso do joelho.

a) Como é chamado esse encadeamento de neurônios?
b) Compare esse reflexo com o que foi estudado neste capítulo: Que tipo de neurônio está ausente aqui?
c) Por que esse reflexo é chamado de "reflexo patelar"?
d) Esse ato reflexo é voluntário ou involuntário?

Investigue

Faça uma pesquisa sobre os itens a seguir. Você pode pesquisar em livros, revistas, *sites*, etc. Preste atenção se o conteúdo vem de uma fonte confiável, como universidades ou outros centros de pesquisa. Use suas próprias palavras para elaborar a resposta.

1› Além de cumprir as tarefas habituais, de trabalho e estudo, as pessoas precisam reservar um tempo para o lazer. Atividades que mantenham o corpo em movimento, que sejam desafiadoras ou que demandem uso da criatividade podem ser muito prazerosas e trazer grandes benefícios ao corpo e à mente.

Elabore uma lista de atividades que você já fez e gostou. Em seguida, procure descobrir atividades que você ainda não fez, mas gostaria de fazer. Essas atividades são individuais ou em grupo? Em que locais podem ser praticadas? Quais materiais são necessários para praticar essas atividades? Veja algumas sugestões: praticar um esporte, passear a pé ou de bicicleta, cantar num coral, tocar um instrumento musical, desenhar, pintar, costurar, fotografar, fazer artesanato, participar de grupos de teatro, promover campanhas ou gincanas com finalidade social, participar de jornais de estudantes, visitar museus, parques, jardins botânico e zoológico. Leia sua lista para a turma. Você vai descobrir que vários colegas têm interesses parecidos com os seus. Que tal se juntar a eles nessas atividades e aumentar seu círculo de amigos?

2› Alguns cientistas comparam o cérebro a um computador, mas há também diferenças importantes entre ambos. Pesquise que semelhanças e que diferenças há entre o cérebro e os computadores. Dê também sua opinião: O cérebro é melhor que o computador? Você acha que um dia será possível construir um computador que seja capaz de realizar o que o cérebro humano faz? Que tenha emoções e possa distinguir o que é moralmente certo e o que é errado? Discuta sua opinião com a turma, sempre respeitando opiniões diferentes da sua.

De olho no texto

Leia o texto a seguir e depois responda às questões.

Conhecimentos tradicionais

[...] Durante séculos, comunidades indígenas e locais do mundo todo adquiriram, usaram e transmitiram para novas gerações conhecimentos tradicionais sobre a biodiversidade local e a forma como ela pode ser usada para uma variedade de finalidades importantes. A biodiversidade local tem funções múltiplas que vão desde o uso como alimentos a medicamentos, passando por roupas e materiais de construção, até o desenvolvimento de conhecimentos e práticas para a agricultura e a criação de animais. [...] Esses conhecimentos tradicionais são frutos da luta pela sobrevivência e da experiência adquirida ao longo dos séculos pelas comunidades, adaptados às necessidades locais, culturais e ambientais e transmitidos de geração em geração.

Por que os conhecimentos tradicionais são importantes?

As comunidades indígenas e locais dependem dos recursos biológicos para uma variedade de propósitos cotidianos [...]. Em muitos casos as mesmas propriedades que os tornam úteis para as comunidades indígenas e locais são utilizadas pela indústria para desenvolver produtos populares. Os pesquisadores também os usam para entender melhor a biodiversidade e a intrincada teia da vida na Terra. [...] Sem esses conhecimentos tradicionais muitas espécies atualmente usadas em pesquisas e em produtos comercializados poderiam nunca ter sido identificadas. [...] É fundamental que aqueles que acessam os conhecimentos tradicionais os valorizem adequadamente. [...]

Secretariado da Convenção sobre Diversidade Biológica. *Convenção sobre diversidade biológica: ABS.* Tema: Conhecimentos tradicionais. Cartilhas da série ABS. Disponível em: <www.cbd.int/abs/infokit/revised/print/factsheet-tk-pt.pdf>. Acesso em: 30 jan. 2019.

Fotos: Fivespots/Shutterstock/Glow Images

8.18 As pererecas do gênero *Dendrobates* (2,5 cm a 5 cm de comprimento) produzem uma toxina que é utilizada na ponta das flechas por algumas comunidades indígenas para paralisar a caça. Essa substância pode ser usada também na produção de medicamentos que agem no sistema nervoso.

a) Consulte em dicionários o significado das palavras que você não conhece e redija uma definição para esses termos.

b) De acordo com o texto, por que devemos preservar o conhecimento tradicional de comunidades como as comunidades indígenas?

c) Em sua opinião, que outras razões justificam o respeito às comunidades tradicionais, como as indígenas, e a preservação das diversas culturas?

d) Os conhecimentos produzidos por comunidades indígenas podem contribuir, por exemplo, na obtenção de substâncias psicoativas que podem ser usadas na fabricação de medicamentos, como antidepressivos. Explique as três formas de ação que as substâncias psicoativas têm sobre o sistema nervoso.

Aprendendo com a prática

Vamos testar o tempo de reação das pessoas. Este experimento deve ser realizado em duplas. Um estudante (**A**), em pé, segura, no sentido vertical e por uma das pontas, uma régua de 25 cm a 30 cm. O outro estudante (**B**), sentado, deve manter o polegar e o indicador abertos e os demais dedos de uma das mãos fechados para envolver a outra ponta da régua, mas sem segurá-la. Veja a figura 8.19.

Mauro Nakata/Arquivo da editora

8.19

Então, sem avisar, o estudante **A** deve soltar a régua e o estudante **B** tem que tentar prendê-la entre os dedos o mais rápido possível. A dupla de estudantes deve se revezar nas duas posições. Em seguida, responda às questões.

a) Em que ponto cada estudante conseguiu segurar a régua? O que esse ponto indica?

b) Por que existe um tempo de reação entre a observação de que a régua está caindo e o ato de segurá-la?

c) Repita a experiência pelo menos três vezes para cada estudante da dupla. Para comparar os resultados, registre no quadro 8.20 os pontos em que cada um de vocês segurou a régua.

Tempo	Estudante A	Estudante B
Teste 1		
Teste 2		
Teste 3		

8.20

O que você verificou?

d) Você acha que o cansaço pode afetar o tempo de reação de uma pessoa?

e) E a ingestão de bebida alcoólica? Na sua opinião, ela pode afetar o tempo de reação de uma pessoa? Em caso positivo, em que situações ela é perigosa?

Autoavaliação

1. Como você avalia sua compreensão sobre o papel do sistema nervoso na coordenação das ações e reações e no funcionamento do corpo?
2. Você fez uma leitura atenta dos textos e buscou relacioná-los com as imagens e os esquemas ao longo do capítulo?
3. Por que é importante compreender como funciona o sistema nervoso e como as substâncias psicoativas podem afetá-lo?

CAPÍTULO

9 Interação do organismo com o ambiente

Darq/Shutterstock

9.1 Embora não pareça, as três silhuetas humanas acima têm o mesmo tamanho. Use uma régua para verificar isso.

Os órgãos dos sentidos e o sistema nervoso nos fornecem informações importantes sobre o mundo, mas em certas situações eles podem nos enganar. É o que acontece nas ilusões de óptica, como vemos na figura 9.1. Há diferença entre os tamanhos das três silhuetas?

Neste capítulo vamos conhecer os órgãos que nos fornecem informações sobre o ambiente: olhos, orelhas, língua, nariz e pele. Veremos também que as informações sensoriais são interpretadas e coordenadas pelo sistema nervoso.

Para começar

1. Você conhece as partes do olho humano e as funções de cada uma delas?
2. Quais são as causas de problemas de visão, como a miopia e a hipermetropia, e como eles podem ser corrigidos?
3. Que fenômenos ocorrem quando o som atinge as orelhas? E que sentidos estão associados ao nariz, à língua e à pele?

1 O sistema sensorial

Os seres humanos e muitos outros animais recebem informações do ambiente e do próprio corpo. Você sabe como isso acontece?

As informações são recebidas por células especializadas que podem estar reunidas em **órgãos dos sentidos**, como os da visão ou da audição e equilíbrio. O conjunto formado por todos os órgãos dos sentidos é conhecido como **sistema sensorial**.

Cada uma dessas estruturas sensoriais é capaz de receber certo tipo de estímulo: luz, som, substâncias químicas, variação de temperatura, etc. Esses estímulos são transformados em impulsos nervosos e levados para o encéfalo ou para a medula espinal.

O sistema nervoso interpreta os impulsos, armazena informações e encaminha respostas para as glândulas ou para os músculos. É por meio desses processos que nós, e muitos outros animais, reagimos aos estímulos e interagimos com o ambiente. Veja a figura 9.2.

Gaston Piccinetti/AGE Fotostock/AGB Photo Library

9.2 Grupo de suricatos (*Suricata suricatta*, até 50 cm de altura) observa a possível chegada de predadores. Esses animais vivem em regiões secas do continente africano, como o deserto de Kalahari, situado na porção sul do continente.

Saiba mais

Sentindo o ambiente

[...]

Hz: símbolo da unidade que mede o número de oscilações por segundo (ou frequência), o hertz

As pessoas sentem o mundo da mesma maneira?

Apesar de o olho e a orelha funcionarem da mesma maneira em todas as pessoas, a maneira que cada um de nós sentimos o mundo é peculiar e varia com a experiência de vida de cada um de nós. Assim, facilmente duas pessoas podem concordar sobre o reconhecimento de um mesmo objeto (uma calça na vitrine) mas o componente afetivo em relação a ele pode diferir totalmente: duas pessoas podem discordar completamente quanto ao *design*. Uma pessoa achará "lindo" e a outra, "horrível"... Daí ter sentido o ditado popular: "Gosto não se discute, respeita-se". Essas diferenças são decorrentes da experiência pessoal de cada indivíduo e de processos culturais.

Os outros animais sentem o mundo como o ser humano?

A sensibilidade humana para os sons é limitada, ou seja, escutamos apenas sons entre 20 e 20000 Hz e somos totalmente surdos para os infrassons (sons abaixo de 20 Hz) e os ultrassons (acima de 20000 Hz). No entanto, cães e gatos podem ouvir ultrassons e sons de baixíssima intensidade. Assim como somos sensíveis apenas à luz visível, outros animais são sensíveis aos raios ultravioleta (abelhas, borboletas) ou infravermelhos (serpentes). [...]

NISHIDA, S. M. Como funciona o corpo humano? *Museu Escola do Instituto de Biociências*. Disponível em: <http://www2.ibb.unesp.br/Museu_Escola/2_qualidade_vida_humana/Museu2_qualidade_corpo_sensorial_introducao.htm>. Acesso em: 29 jan. 2019.

2 Visão

Ao longo da evolução dos seres vivos, muitos animais desenvolveram estruturas capazes de detectar a luz do Sol refletida por objetos. Essas estruturas conferiram vantagens a esses organismos porque lhes permitiram contornar obstáculos e localizar presas ou predadores, facilitando a captura de alimento e a fuga dos predadores.

A evolução é um processo, gradual e com longa duração, de transformação das espécies de seres vivos. Vamos estudar mais sobre os processos evolutivos no 9º ano.

Alguns animais apenas detectam a presença ou ausência de luz, sem distinguir imagens. É o caso, por exemplo, das minhocas, que têm células sensíveis à luz (fotossensíveis) na superfície do corpo. Em alguns moluscos, como a ostra e o mexilhão, há receptores que captam a direção de onde vem a luz, sem formar imagens. Insetos e alguns moluscos do grupo dos cefalópodes, como polvos e lulas, têm olhos com lentes que formam imagens. Veja a figura 9.3. Nos vertebrados (peixes, anfíbios, répteis, aves e mamíferos), os olhos formam imagens e têm estrutura semelhante à do olho humano.

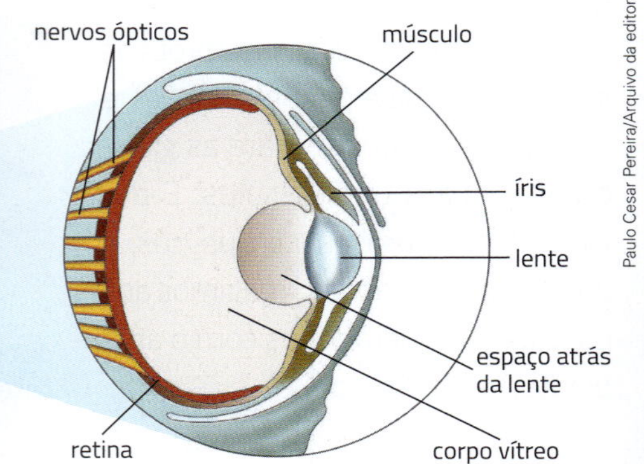

Fonte: elaborado com base em MOORE, J. *An Introduction to the Invertebrates*. 2. ed. Cambridge: Cambridge University, 2006. p. 146.

9.3 Lula (as maiores podem chegar a 13 metros de comprimento) e ilustração de um olho de lula em corte, que é semelhante aos olhos dos vertebrados. (Elementos representados em tamanhos não proporcionais entre si. Cores fantasia.)

Os insetos têm olhos simples – os ocelos –, que acusam a presença de luz e de objetos próximos, e olhos compostos, formados pela união de várias unidades dotadas de lentes que, em conjunto, fornecem imagens dos objetos e são muito sensíveis aos movimentos. Dependendo da espécie, pode ter um dos tipos ou ambos. Veja a figura 9.4.

9.4 A mosca-doméstica (*Musca domestica*, mede cerca de 1 cm) tem olhos compostos.

Vamos investigar, a seguir, as partes do olho humano e como esse órgão interage com o sistema nervoso, possibilitando a percepção e a interpretação de imagens.

As partes do olho humano

Se você fechar os olhos e passar suavemente as mãos sobre eles, vai sentir duas protuberâncias, os **bulbos dos olhos** (globos oculares), as **pálpebras** e os **cílios**.

As pálpebras e os cílios protegem os olhos. Além disso, cada vez que piscamos, certa quantidade de lágrima espalha-se sobre a superfície do olho, umedecendo e lubrificando o bulbo. As lágrimas apresentam substâncias que protegem os olhos da ação de bactérias, evitando infecções.

Acompanhe a descrição dessas partes do olho humano consultando a figura 9.5.

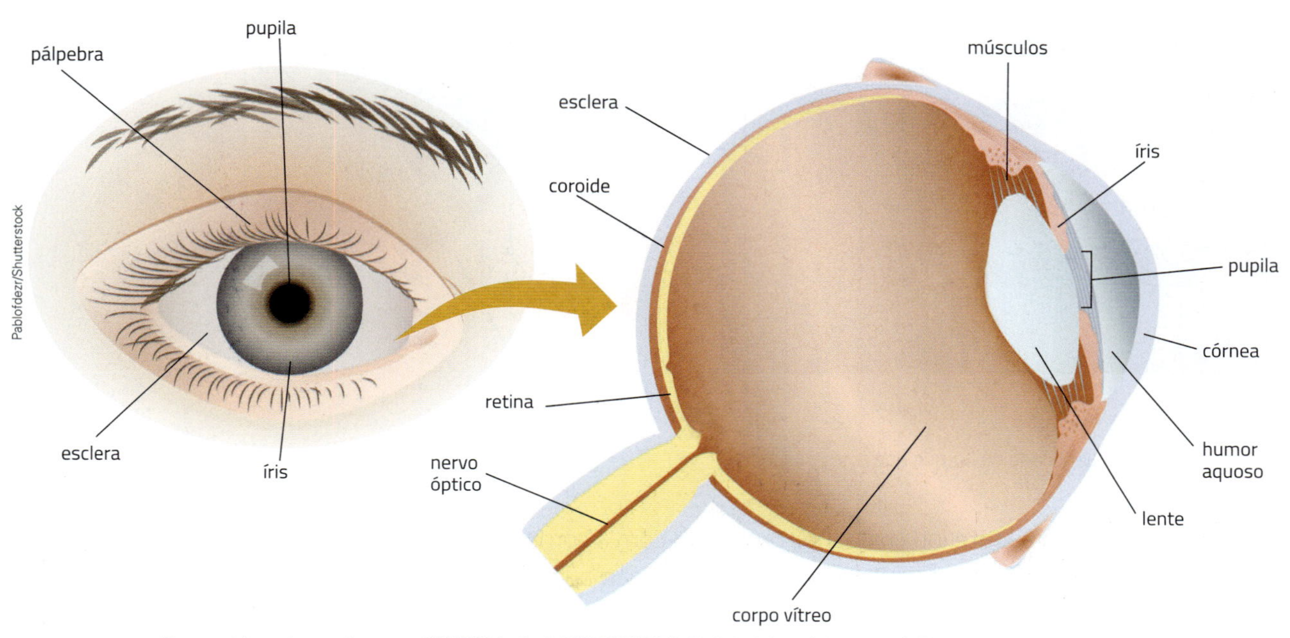

Fonte: elaborado com base em TORTORA, G. J; DERRICKSON, B. *Principles of Anatomy & Physiology*. 13. ed. John Wiley & Sons, Inc., 2012. p. 643 e 644.

9.5 Representação esquemática do olho humano em vista frontal e detalhes do bulbo do olho em corte de perfil (cerca de 3 cm de diâmetro). O nervo óptico, que conecta o olho ao cérebro, foi parcialmente representado. (Elementos representados em tamanhos não proporcionais entre si. Cores fantasia.)

A camada externa do olho é composta de duas estruturas: a **esclera** e a **córnea**. Na esclera estão presos músculos que movem os olhos. Sob a esclera, a **coroide** (ou **corioide**) possui vasos sanguíneos que nutrem as células. A córnea, por sua vez, é transparente e fica na região da frente do olho, no centro dele. Pessoas com problemas na visão causados por alterações na córnea podem fazer um transplante, que consiste em substituir parte da córnea doente por uma saudável. A nova córnea pode melhorar a visão do paciente. Esse é o transplante de órgãos mais realizado no mundo e o de maior sucesso.

Em uma camada mais interna está a **íris**, a parte colorida do olho, que fica poucos milímetros atrás da córnea e é composta, majoritariamente, por fibras musculares. Sua cor varia: há pessoas de olhos castanhos, azuis, verdes, entre outras cores.

No meio da íris há uma abertura, a **pupila**, por onde a luz entra depois de passar pela córnea. Observe o que acontece à pupila em ambientes claros e em ambientes escuros. Com um colega, faça a seguinte experiência: vá a um ambiente bem iluminado e observe a pupila dele. Depois, fique em um ambiente pouco iluminado e repita a observação. O que você notou? Como explicar o que aconteceu?

Pupila: vem do latim *pupilla*, "menininha". Ao olhar nos olhos de alguém, vemos nossa imagem refletida em miniatura. A pupila é conhecida também como "menina dos olhos". Em outros contextos essa expressão quer dizer também algo que tem um significado especial para alguém.

Você deve ter observado que no ambiente bem iluminado a pupila fica menor e no ambiente pouco iluminado a pupila fica maior. São os músculos da íris que causam essa variação no tamanho da pupila. Eles se contraem ou relaxam de acordo com a iluminação do ambiente. Dessa forma, a íris regula a quantidade de luz que entra nos olhos: em um ambiente bem iluminado a pupila fica menor, permitindo a passagem de menos luz; quando a iluminação é fraca, a pupila se abre, possibilitando que mais luz passe. Veja a figura 9.6.

Fotos: Adam Hart-Davis/Science Photo Library/Latinstock

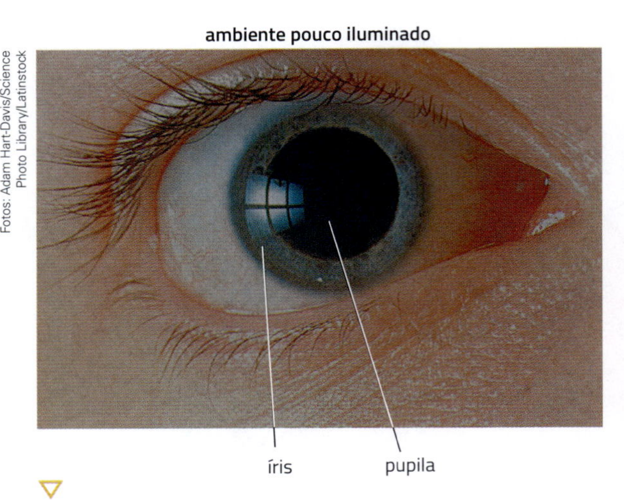

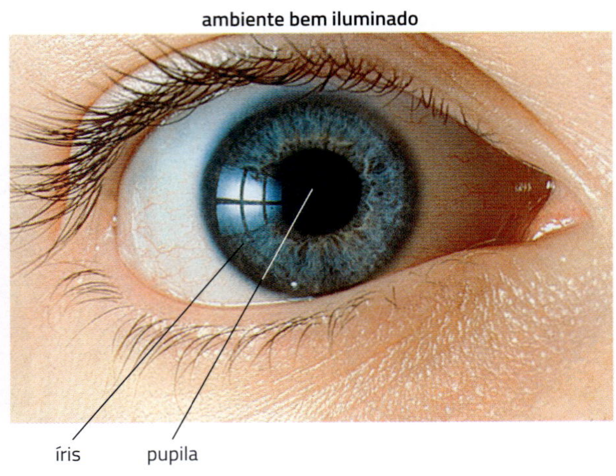

9.6 A íris controla a quantidade de luz que entra nos olhos.

Atrás da íris está a **lente** (ou cristalino), que, junto com a córnea, concentra a luz de modo a formar uma imagem no fundo do olho, na sua camada mais interna e sensível à luz, a **retina**. Reveja a figura 9.5.

Entre a córnea e a lente há um líquido, o **humor aquoso**, com a função de nutrir a córnea e a lente. E entre a lente e a retina há um material gelatinoso, o **corpo vítreo**.

Saiba mais

A fascinante evolução do olho

O olho humano é um órgão extremamente complexo; atua como uma câmera, coletando, focando luz e convertendo a luz em um sinal elétrico traduzido em imagens pelo cérebro. Mas, em vez de um filme fotográfico, o que existe aqui é uma retina altamente especializada que detecta e processa os sinais usando dezenas de tipos de neurônios. [...]

[...] Embora pesquisadores que estudam a evolução do esqueleto possam documentar facilmente a metamorfose em registros fósseis, estruturas de tecidos moles raramente fossilizam. E mesmo quando isso ocorre, os fósseis não preservam detalhes suficientes para determinar como as estruturas evoluíram. Ainda assim, recentemente biólogos fizeram avanços significativos no estudo da origem do olho, observando a formação em embriões em desenvolvimento e comparando a estrutura e os genes de várias espécies para determinar quando surgem os caracteres essenciais. Os resultados indicam que o tipo de olho comum entre os vertebrados se formou há menos de 100 milhões de anos, evoluindo de um simples sensor de luz [...], há cerca de 600 milhões de anos, até chegar ao órgão sofisticado de hoje, em termos ópticos e neurológicos, há 500 milhões de anos.

[...]

LAMB, T. D. A fascinante evolução do olho. *Scientific American Brasil*. Disponível em: <http://www2.uol.com.br/sciam/reportagens/a_fascinante_evolucao_do_olho.html>. Acesso em: 29 jan. 2019.

Conseguimos enxergar os objetos por causa da luz que reflete neles. Essa luz chega aos nossos olhos, atravessa a córnea, passa pelo humor aquoso, pela pupila, pela lente e pelo corpo vítreo até chegar à retina, onde a imagem é formada. Uma particularidade é que a imagem formada é invertida em relação ao objeto. Veja a figura 9.7.

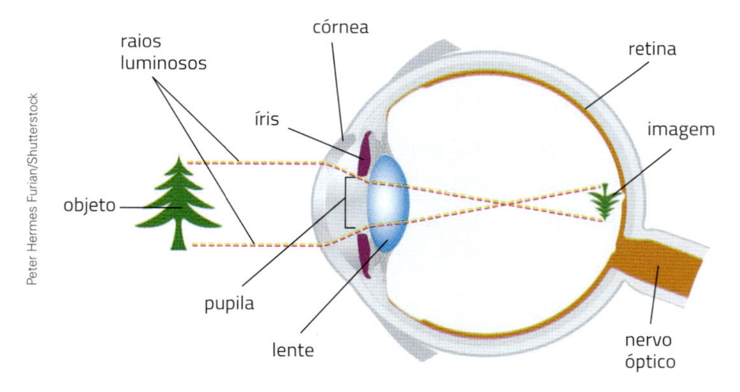

9.7 Representação esquemática mostrando a formação da imagem na retina. (Elementos representados em tamanhos não proporcionais entre si. Cores fantasia.)

Embora a imagem se forme na retina, ela só será percebida quando os impulsos nervosos gerados na retina chegarem, por meio do **nervo óptico**, ao cérebro – que, por sua vez, interpreta a informação e nos fornece a imagem do objeto na posição real. A função da retina, portanto, é transformar o estímulo luminoso em impulsos nervosos que serão levados pelo nervo óptico até o cérebro, que interpreta a imagem.

Na retina encontram-se cerca de 160 milhões de células sensíveis à luz, que podem ser de dois tipos: os **bastonetes** e os **cones**. Os bastonetes são bem sensíveis à luz e captam imagens em lugares pouco iluminados, porém não distinguem cores. Os cones são as estruturas responsáveis pela visão do colorido das imagens.

Na tela

Os cinco sentidos: visão
www.youtube.com/watch?v=9X82UMmhbll
A animação apresenta as particularidades do olho humano.
Acesso em: 29 jan. 2019.

Saiba mais

A visão e as ondas luminosas

O que acontece quando os raios de luz chegam aos nossos olhos? Para compreender isso, faça um experimento: mergulhe um objeto longo e reto, como uma colher ou um canudo, em um copo com água e observe-o do alto. Você notará que o objeto parece torto. Na verdade, ele continua reto – é a imagem de sua parte submersa que produz essa impressão.

Isso acontece porque, quando os raios de luz emitidos ou refletidos por um objeto qualquer passam de um meio para outro (por exemplo, da água para o ar ou do ar para a água), eles podem mudar de direção. Veja a figura 9.8. Esse fenômeno é chamado de refração da luz (você vai saber mais sobre esse fenômeno no 9º ano).

No olho humano, quando a luz passa da córnea para o humor aquoso, por exemplo, ela sofre um pequeno desvio.

9.8 Quando os raios de luz passam da água para o ar, eles mudam de direção, modificando a imagem que vemos.

Problemas da visão

A lente do olho é um pouco elástica, e os músculos presos a ela podem mudar sua curvatura, desviando (mudando de direção) os raios luminosos de modos diferentes para que a imagem se forme sobre a retina. Essa capacidade, chamada de **acomodação visual**, põe em foco objetos situados a distâncias diversas.

Presbiopia: vem do grego *presbys*, "antigo", e *opsis*, "olho".

Com o passar dos anos, porém, a lente vai perdendo a elasticidade. Isso resulta na dificuldade de enxergar de perto, ou seja, de pôr em foco os objetos próximos. Essa condição é conhecida como vista cansada ou **presbiopia** e costuma ocorrer depois dos 40 anos. O problema é corrigido com o uso de óculos com lentes que modificam o desvio dos raios luminosos e fazem a imagem formar-se na retina. Veja a figura 9.9.

É o mesmo tipo de lente que corrige a hipermetropia, como será visto adiante.

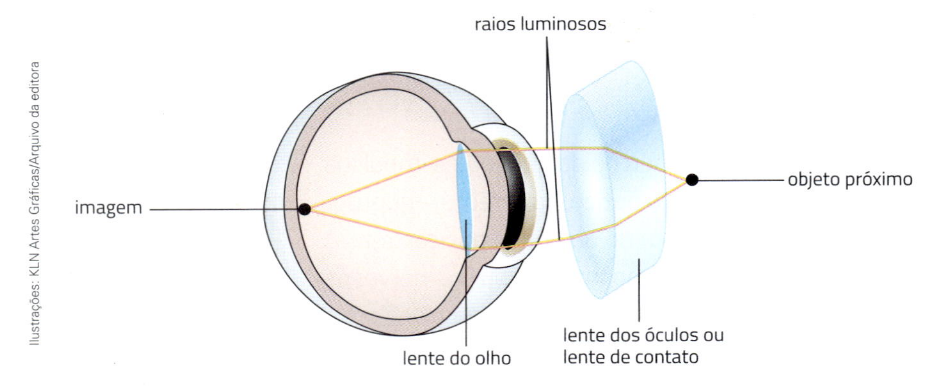

9.9 Representação de olho em corte mostrando a correção da presbiopia com o uso de lente. (Elementos representados em tamanhos não proporcionais entre si. Cores fantasia.)

Fonte: elaborado com base em: CHUDLER, E. H. Do You Wear Glasses? Here's Why! Disponível em: <https://faculty.washington.edu/chudler/sight.html>. Acesso em: 29 jan. 2019.

Em geral, a imagem se forma exatamente sobre a retina, e a visão é nítida. Algumas pessoas, porém, possuem um bulbo do olho mais alongado ou uma mudança na curvatura da córnea ou da lente do olho. Nesses casos, o ponto em que a imagem se forma fica um pouco à frente da retina. Se o objeto está próximo do olho, a lente muda de forma e se acomoda. Mas os objetos mais distantes passam a ser vistos fora de foco, o que resulta na dificuldade de enxergar de longe: é a **miopia**.

Miopia: vem do grego *myein*, "cerrar", e *opsis*, "olho", porque a pessoa míope costuma apertar as pálpebras para ver melhor.

A correção da miopia é feita com lentes especiais (em óculos ou em lentes de contato), chamadas **lentes divergentes**, que desviam os raios luminosos e fazem com que a imagem se forme na retina. Veja na figura 9.10 como isso ocorre.

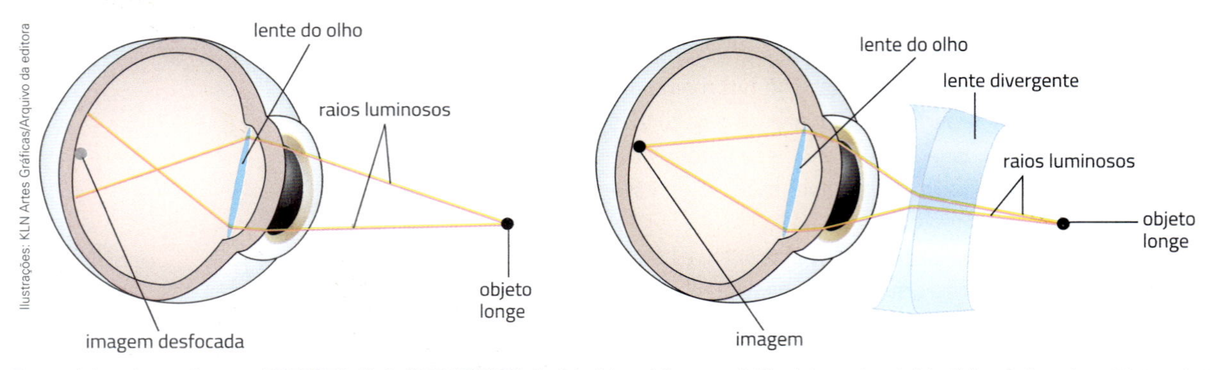

Fonte: elaborado com base em TORTORA, G. J.; DERRICKSON, B. *Principles of Anatomy & Physiology*. 13. ed. John Wiley & Sons, Inc., 2012. p. 652.

9.10 Representação do olho com miopia (visto em corte à esquerda) e correção desse problema de visão (visto em corte à direita). As lentes dos óculos ou das lentes de contato desviam os raios luminosos, formando imagens nítidas na retina. (Elementos representados em tamanhos não proporcionais entre si. Cores fantasia.)

Um problema de visão oposto à miopia é a **hipermetropia**. A pessoa com essa condição tem, em geral, o diâmetro do bulbo do olho mais curto. Por isso, o ponto em que a imagem se forma fica depois da retina.

> **Hipermetropia:** vem do grego *hypér*, "além"; *métron*, "medida"; e *óps*, "olho". Porque a imagem se forma em um ponto além da retina.

Nesse caso, a elasticidade da lente permite que ela mude de forma e se acomode para focalizar objetos distantes. Mas os objetos mais próximos são vistos fora de foco, o que resulta na dificuldade de enxergar de perto. O uso de lentes especiais, chamadas **lentes convergentes**, que desviam os raios luminosos e fazem a imagem se formar sobre a retina, corrige a hipermetropia. Veja na figura 9.11 como isso acontece. Há também cirurgias a *laser* que modificam a córnea e corrigem problemas como a miopia e a hipermetropia.

> Os médicos oftalmologistas são os profissionais que podem avaliar a indicação para essas cirurgias de acordo com cada caso.

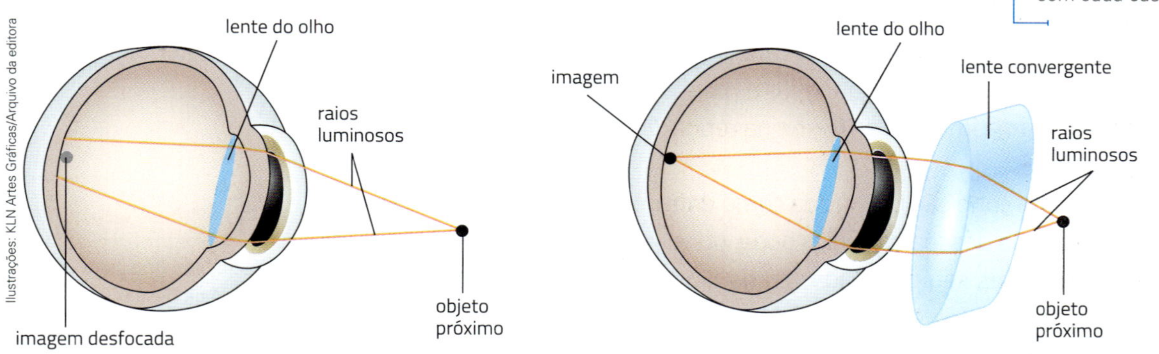

Fonte: elaborado com base em TORTORA, G. J.; DERRICKSON, B. *Principles of Anatomy & Physiology*. 13. ed. Hoboken: John Wiley & Sons, Inc., 2012. p. 652.

9.11 Representação do olho com hipermetropia (visto em corte à esquerda) e correção desse problema de visão (visto em corte à direita). As lentes dos óculos ou das lentes de contato desviam os raios luminosos, formando imagens nítidas na retina. (Elementos representados em tamanhos não proporcionais entre si. Cores fantasia.)

Em algumas pessoas, a lente ou a córnea (ou ambos) tem um formato irregular. Com isso, a imagem fica fora de foco em algumas direções: é o **astigmatismo**. A correção é feita com lentes que fazem alguns raios sofrerem mais desvios (mudanças de direção) do que outros. Desse modo elas compensam a curvatura desigual do olho. Veja a figura 9.12.

> **Astigmatismo:** vem do grego *a*, "sem", e *stygma*, "ponto", "marca".

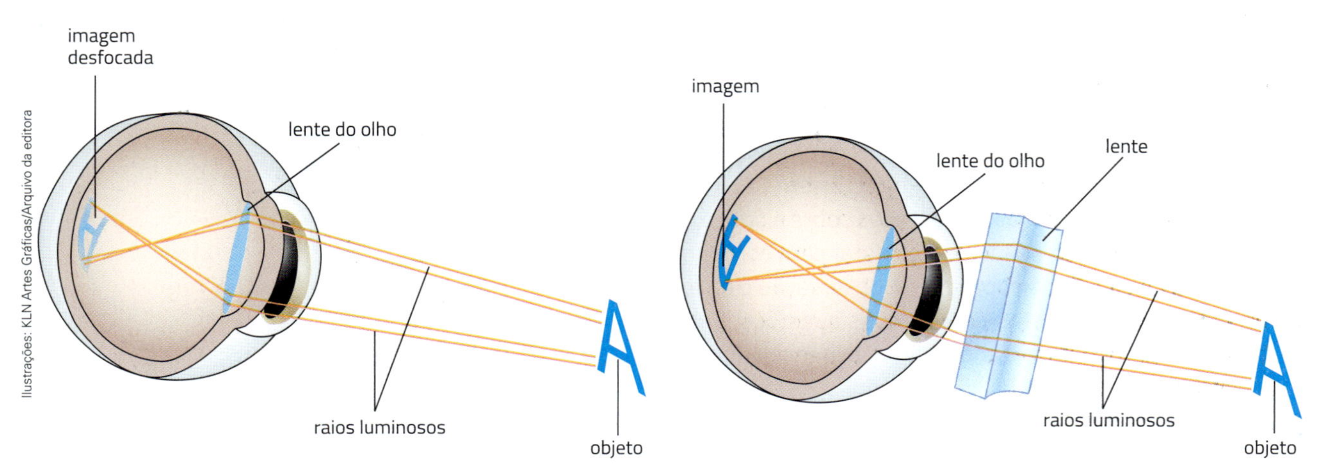

Fonte: elaborado com base em CHUDLER, Eric H. Do You Wear Glasses? Here's Why! Disponível em: <https://faculty.washington.edu/chudler/sight.html>. Acesso em: 30 jan. 2019.

9.12 Representação do olho com astigmatismo (visto em corte à esquerda) e correção desse problema de visão (visto em corte à direita). (Elementos representados em tamanhos não proporcionais entre si. Cores fantasia.)

A **catarata** é um problema em que a lente perde parte da transparência e prejudica a visão. É mais comum em pessoas com mais de 50 anos. O problema pode ser corrigido por meio de cirurgia, substituindo a lente do olho por uma lente sintética (artificial). Veja a figura 9.13.

9.13 Lente sintética usada para substituir a lente de pessoas com catarata.

GIPhotoStock/Cultura Images/Glow Images

Já no **glaucoma** há um excesso de humor aquoso, o que aumenta a pressão dentro do olho. Esse aumento de pressão pode destruir aos poucos o nervo óptico e provocar a cegueira. Nesse caso fica bem evidente a importância do sistema nervoso para a visão. Se não há nervo óptico para transmitir a mensagem ao cérebro, a pessoa não enxerga, mesmo que uma imagem se forme na retina. O tratamento é feito com medicamentos ou cirurgia.

Pessoas com uma condição conhecida como **daltonismo** têm dificuldade de distinguir certas cores. Uma pessoa daltônica pode, por exemplo, enxergar o amarelo e o azul, mas as demais cores são percebidas como branco, preto ou tons de cinza. São poucos os daltônicos que não detectam nenhuma cor e percebem apenas o branco, o preto e os tons de cinza.

Existem problemas na visão relacionados a questões econômicas e sociais. Nos países em desenvolvimento, como o Brasil, uma das causas de cegueira em crianças é a **deficiência de vitamina A**. Nesse caso, melhores condições de alimentação, com um bom suprimento de alimentos ricos nessa vitamina, previnem a perda da visão.

Mundo virtual

Sociedade Brasileira de Oftalmologia Pediátrica
http://www.sbop.com.br/publico-em-geral/
Seleção de leituras sobre olhos e problemas de visão recomendadas para o público em geral.
Acesso em: 29 jan. 2019.

Conexões: Ciência e História

A invenção dos óculos

As mais antigas lentes corretivas, feitas para enxergar melhor de perto, eram produzidas com vidros cheios de água ou pedras preciosas bem finas e polidas. Acredita-se que tais lentes fossem usadas desde o século I d.C. Os óculos, porém, só foram inventados no século XIII, em fábricas de vidro da cidade de Murano, na Itália.

Nessa época, o filósofo inglês Roger Bacon (1214-1294) realizou grandes avanços nos estudos sobre a óptica, possibilitando a criação de lentes de cristal para corrigir problemas de visão. Bacon buscava na observação e na experimentação as respostas para as suas questões. Sua atitude teve grande importância para o desenvolvimento da investigação científica.

Você usa óculos ou conhece alguém que use?

Mary Evans/Easypix Brasil

9.14 Antigamente, os óculos eram apoiados apenas no nariz ou tinham uma haste lateral que o usuário segurava.

3 Audição e equilíbrio

Ouvir aquela música da qual você gosta, diferenciar as notas tocadas em um instrumento, perceber o canto de um pássaro, ouvir o som de um carro que se aproxima na rua. Essas são algumas importantes funções da audição.

Os órgãos popularmente conhecidos como "ouvidos" nos permitem muito mais do que ouvir sons: eles também são **órgãos do equilíbrio** e fornecem ao cérebro informações sobre o movimento e a posição do nosso corpo. Os cientistas que estudam a anatomia do corpo e dão nome aos órgãos recomendam que se use o termo orelha em vez de ouvido.

Em linguagem popular, costuma-se usar orelha como sinônimo de pavilhão da orelha (ou pavilhão auricular), a parte externa desse órgão.

A **orelha** é dividida em três regiões: orelha externa, orelha média e orelha interna. Sua estrutura pode ser observada na figura 9.15.

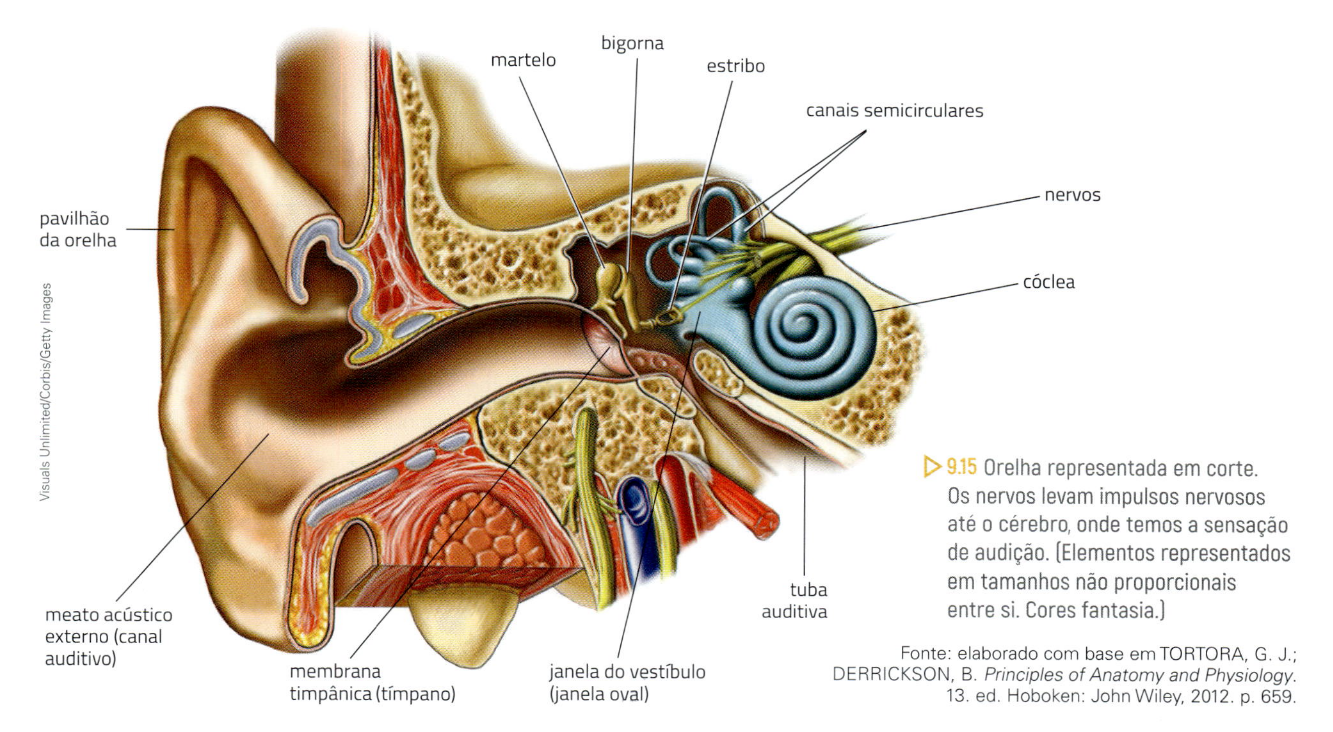

9.15 Orelha representada em corte. Os nervos levam impulsos nervosos até o cérebro, onde temos a sensação de audição. (Elementos representados em tamanhos não proporcionais entre si. Cores fantasia.)

Fonte: elaborado com base em TORTORA, G. J.; DERRICKSON, B. *Principles of Anatomy and Physiology*. 13. ed. Hoboken: John Wiley, 2012. p. 659.

A **orelha externa** é formada pelo **pavilhão da orelha** (também conhecido como pavilhão auricular), pelo **meato acústico externo** (chamado canal auditivo, na antiga terminologia da anatomia) e pela **membrana timpânica** (chamada tímpano na antiga terminologia).

O som chega à orelha externa, passa pelo meato acústico externo e atinge a membrana timpânica, que vibra com o som. Essas vibrações são transmitidas para três ossos muito pequenos na orelha média: o **martelo**, a **bigorna** e o **estribo**, que vibram e amplificam o som, fazendo vibrar também o líquido no interior da **cóclea**. Reveja a figura 9.15.

A cóclea é um tubo com a forma de concha de caracol, situada na **orelha interna**. A vibração do líquido encontrado em seu interior estimula as células sensitivas dentro dessa estrutura, que transformam as vibrações em impulsos nervosos. Esses impulsos são levados ao cérebro pelo **nervo vestibulococlear**. É no cérebro que se forma a sensação do som.

Da **orelha média** sai um canal, a **tuba auditiva**, que se abre na faringe. Reveja a figura 9.15.

A faringe é um órgão que faz parte também dos sistemas digestório e respiratório. Isso reforça a ideia de que os sistemas que formam um organismo não são isolados, mas se integram e participam do funcionamento do organismo como um todo.

A tuba auditiva permite que a pressão do ar de dentro da orelha média se equilibre com a da atmosfera. Vamos ver como isso acontece a partir de um exemplo.

Quando subimos uma serra de carro ou de ônibus, sentimos uma pressão na orelha. É que, como a pressão atmosférica diminui com a altitude, fica menor do que a pressão do ar na orelha. A membrana timpânica é então pressionada de dentro para fora e fica um pouco curvada. Se continuar assim, a membrana timpânica não pode vibrar corretamente, o que prejudica a audição. A saída de parte do ar pela tuba auditiva equilibra as pressões e resolve o problema. De modo geral, isso ocorre naturalmente, mas podemos facilitar esse processo engolindo um pouco de saliva, mastigando ou bocejando.

Além da cóclea, a orelha interna tem canais, os **canais semicirculares**, e uma cavidade, o **vestíbulo**, sendo, por isso, também chamada de **labirinto**. Os canais e a cavidade estão cheios de líquido.

Quando movemos a cabeça, ou quando nos movimentamos, esse líquido estimula células sensitivas, que enviam mensagens ao cérebro. O cérebro identifica o tipo de movimento realizado (para os lados, para a frente, etc.). Essas informações são importantes para manter o equilíbrio do corpo.

Museu Virtual de Instrumentos Musicais
http://mvim.ibict.br
Museu dedicado à preservação da memória dos instrumentos musicais.
Acesso em: 29 jan. 2019.

Abaixe o som! – *Ciência Hoje das Crianças*
http://chc.org.br/abaixe-o-som
Artigo que explica como pode haver perda de audição por escutar música em volume alto.
Acesso em: 29 jan. 2019.

Conexões: Ciência no dia a dia

Poluição sonora e problemas de audição

Os efeitos da poluição sonora dependem da intensidade do som, do tempo de exposição e da sensibilidade da pessoa, e podem variar de zumbidos e perda passageira da audição até a redução ou perda irreversível da audição. Mas a poluição sonora não afeta apenas a audição, ela também gera estresse e problemas relacionados com essa situação.

A intensidade do som pode ser medida por meio da unidade decibel (dB). Em tom normal, a voz humana produz um som da ordem de 60 decibels. Uma buzina muito alta, uma britadeira ou um ônibus podem produzir um barulho de 100 decibels. Quanto maior a intensidade sonora, menor o tempo necessário para que a exposição cause alguma perda de audição. Por isso, há leis que limitam o número de horas que determinados profissionais podem trabalhar por dia em função da intensidade sonora a que ficam expostos. O limite de tolerância a ruídos estabelecido para trabalhadores de ambientes industriais é de 85 dB durante 8 horas diárias. Para intensidades maiores, o tempo de exposição tem de ser progressivamente reduzido.

Para minimizar o problema, é preciso adotar medidas de planejamento urbano para desviar o trânsito pesado de zonas residenciais, hospitais e áreas de lazer; conservar e ampliar áreas verdes (que funcionam como barreiras contra os ruídos); promover campanhas educativas para evitar o uso excessivo da buzina (por lei, na área urbana, a buzina só pode ser usada em toques breves para evitar acidentes; fora dessa área, pode ser usada em ultrapassagens); fiscalizar os bares e outras casas noturnas para que respeitem os limites sonoros estabelecidos por lei; construir aeroportos longe de locais populosos; criar leis para obrigar pessoas que trabalham em lugares muito barulhentos a usar tampões nas orelhas e fiscalizar o cumprimento dessa ação, além de limitar o tempo de exposição do trabalhador em função do número de decibels do ambiente, pois, quanto maior o número de decibels, menor é o tempo de exposição tolerável.

Finalmente, é preciso evitar os locais muito barulhentos, assim como ouvir música com o volume muito alto. O hábito de ouvir música alto com fones de ouvido pode causar sérios problemas de audição a longo prazo.

Connel/Shutterstock/Glow Images

9.16 Ouvir música com fones de ouvido é comum e pode nos ajudar em muitas atividades. Porém, é importante sempre respeitar os limites de volume aconselhados para evitar problemas de audição.

4 Olfato, gustação e tato

A interação do nosso organismo com o meio ambiente também ocorre por meio dos odores, dos gostos e do tato. Esses sentidos nos ajudam a compreender o que está a nossa volta e, assim como a visão e a audição, podem nos ajudar a detectar situações de perigo.

Olfato

O cheiro de um pão ou de um bolo saindo do forno, o perfume de uma flor, um cheiro de queimado... Pelo olfato reconhecemos o odor de diversas substâncias. Desse modo, além de apreciar diferentes aromas, ainda podemos reconhecer situações de perigo, como identificar um alimento estragado ou detectar um vazamento de gás de cozinha.

Nós só podemos perceber os cheiros porque as substâncias soltam partículas no ar. Quando essas partículas chegam às **cavidades nasais** (fossas nasais) localizadas no interior do nariz, elas estimulam as células sensitivas, que se concentram em uma região das cavidades nasais. Pelo **nervo olfatório**, essas células mandam mensagens ao cérebro, que as interpreta e nos permite identificar os cheiros. Veja a figura 9.17.

O olfato humano não é tão desenvolvido quanto o da maioria dos mamíferos. Ainda assim, temos cerca de 40 milhões de receptores que nos possibilitam perceber cerca de 10 mil odores diferentes. Já alguns cães, como o pastor-alemão, têm cerca 2 bilhões desses receptores.

Atenção

Embora o olfato possa ser usado para reconhecer alimentos estragados, é importante lembrar que não devemos tentar identificar substâncias desconhecidas pelo cheiro, pois elas podem ser tóxicas.

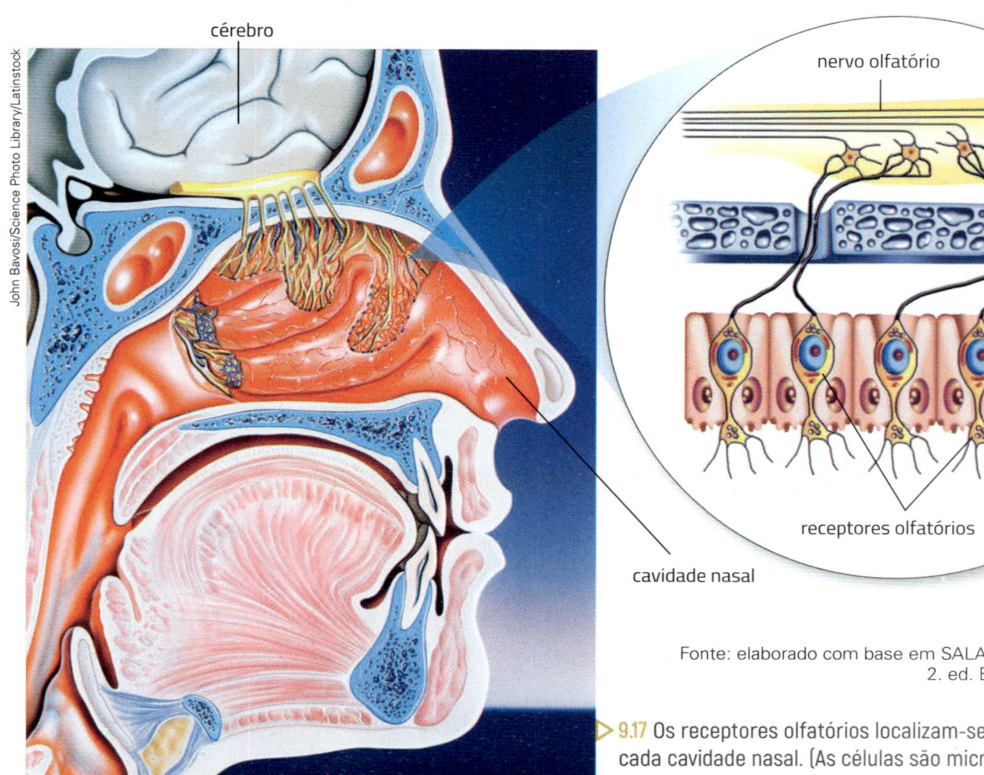

Fonte: elaborado com base em SALADIN, K. S. *Human Anatomy*. 2. ed. Boston: McGraw-Hill. p. 495.

9.17 Os receptores olfatórios localizam-se no teto de cada cavidade nasal. (As células são microscópicas. Elementos representados em tamanhos não proporcionais entre si. Cores fantasia.)

Gustação

O sentido da gustação nos dá informações sobre certas substâncias dissolvidas nos alimentos. Por meio da gustação, é possível perceber gostos diferentes e reconhecer diversos tipos de alimento. Podemos, por exemplo, identificar alimentos ricos em açúcares e evitar alimentos estragados. Mas, assim como em relação ao cheiro, nem todas as substâncias prejudiciais podem ser identificadas pelo gosto.

Na parte de cima da língua, há pequenas elevações que podem ser vistas a olho nu, as **papilas gustatórias**. Cada papila contém **botões gustatórios**, que só podem ser vistos com o auxílio de microscópio. Veja a figura 9.18.

Com os botões gustatórios, percebemos quatro tipos de sensações fundamentais (gostos básicos): o doce, o salgado, o azedo e o amargo.

O que ouvidos, nariz e garganta podem dizer sobre sua saúde

www.hospitalsiriolibanes.org.br/sua-saude/Paginas/ouvido-nariz-garganta-podem-dizer-sobre-sua-saude.aspx

Um otorrinolaringologista (especialista em doenças da orelha, do nariz e da garganta) responde a uma série de dúvidas e explica como manter em dia a saúde das orelhas, do nariz e da garganta.

Acesso em: 29 jan. 2019.

Djomas/Shutterstock

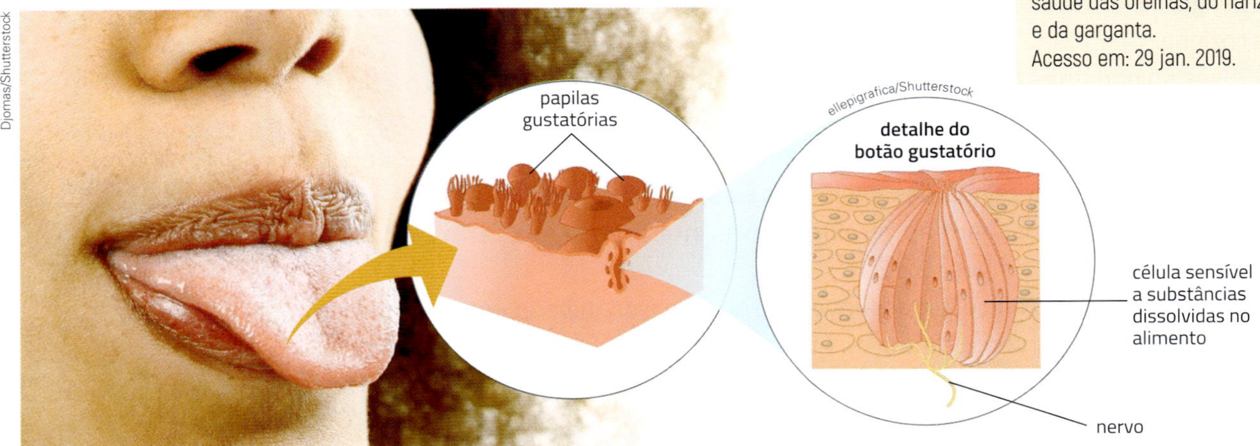

Fonte: elaborado com base em TORTORA, G. J.; DERRICKSON, B. *Principles of Anatomy & Physiology*. 13. ed. Hoboken: John Wiley, 2012. p. 640.

9.18 Superfície da língua (foto), papilas e botão gustatório (ilustrações).
(Elementos representados em tamanhos não proporcionais entre si. Cores fantasia.)

Quando os botões gustatórios são estimulados por partículas de alimento dissolvidas na saliva, eles enviam mensagens ao sistema nervoso. Esse sistema recebe também informações dos aromas do alimento. Ao interpretar esse conjunto de informações, o cérebro traduz as mensagens em sensações de sabor.

Quando estamos resfriados, o excesso de muco produzido no nariz dificulta o contato dos receptores com as partículas responsáveis pelo cheiro. O resultado é que os alimentos parecem ter menos sabor.

Saiba mais

O quinto gosto

Embora geralmente se fale em quatro gostos básicos (salgado, doce, azedo e amargo), muitos cientistas afirmam que há um quinto gosto, o *umami*. Trata-se de uma palavra japonesa, que vem dos ideogramas *umai*, "gostoso", e *mi*, "sabor". Ele pode ser percebido em alimentos temperados com glutamato monossódico, derivado de um aminoácido, o ácido glutâmico (mas algumas pessoas podem ser alérgicas a esse tempero). O ácido glutâmico também está naturalmente presente, com outros aminoácidos, nos alimentos ricos em proteínas, como a carne e o peixe. Por isso, esse gosto também pode ser percebido, em menor grau, nesses alimentos.

Tato

Do contato com a pele de outra pessoa até a dor de uma queimadura, a pele nos dá informações importantes sobre o mundo. Isso é possível porque temos vários tipos de receptores, que acusam dor, sensações táteis (tato e pressão) e sensações térmicas (calor e frio). O tato é a percepção de que algo tocou nossa pele e de que esse toque ocorreu em determinado ponto dela. Observe a figura 9.19.

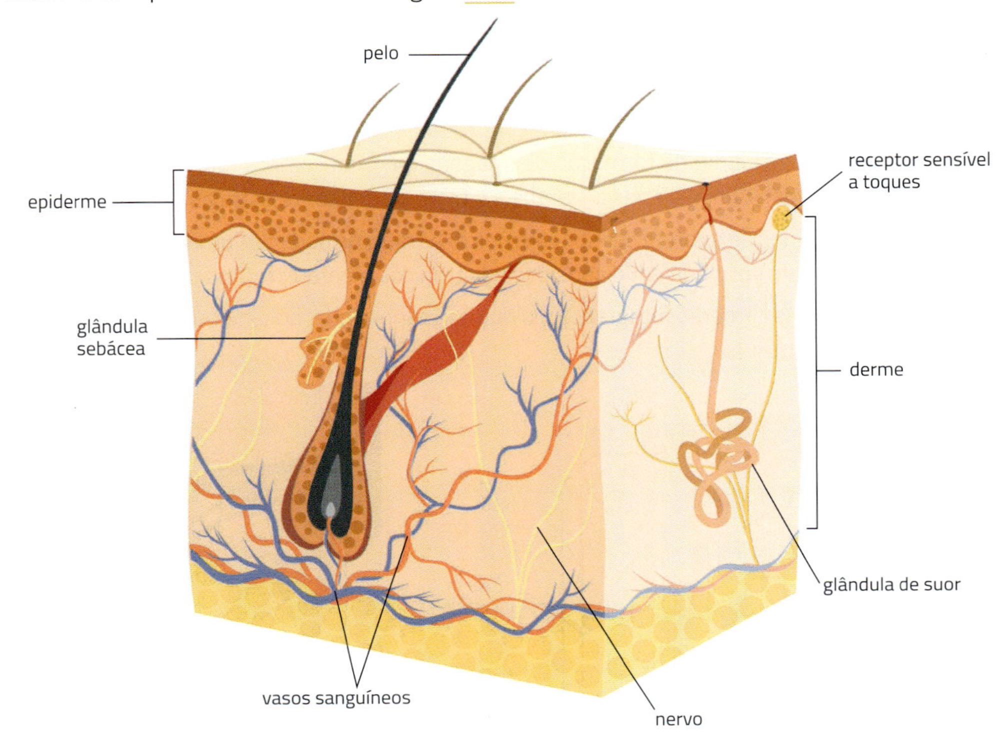

Fonte: elaborado com base em MADER, S. *Understanding Human Anatomy & Physiology*. 5. ed. Boston: McGraw-Hill, 2004. p. 165.

9.19 Representação de um corte de pele. Algumas áreas da pele têm mais receptores que outras, por isso são mais sensíveis: é o caso da extremidade dos dedos, que tem maior concentração de receptores que o dorso da mão, por exemplo. (As células são microscópicas. Elementos representados em tamanhos não proporcionais entre si. Cores fantasia.)

Os receptores que acusam a dor são terminações de células nervosas que estão espalhadas em vários tecidos do corpo.

A dor é uma informação importante: ela nos diz que há algo errado ocorrendo em nosso corpo. A dor impede, por exemplo, que uma pessoa tente mover uma perna quebrada, o que poderia piorar a fratura.

Certas substâncias agem diretamente em receptores da dor, como é o caso de alguns anestésicos locais usados por dentistas, que atuam em receptores nas gengivas. Já a aspirina e outros medicamentos inibem a produção de algumas substâncias que produzem dor e inflamação em diversas regiões do corpo. Outros tipos de analgésico atuam diretamente nos centros de dor no cérebro.

Analgésico: substância ou medicamento que diminui ou suprime a dor.

Mundo virtual

Programa de Atendimento e Apoio ao Surdocego – Instituto Benjamin Constant
www.ibc.gov.br/programa-de-atendimento-e-apoio-ao-surdocego
Esse instituto é considerado um centro de referência nacional na área de deficiência visual. No *link* há um vídeo que explica sobre o programa de atendimento e apoio à pessoa surdocega.
Acesso em: 29 jan. 2019.

ATIVIDADES

Aplique seus conhecimentos

1 Ordene as partes do olho listadas a seguir conforme o sentido da passagem de um raio de luz vindo do ambiente.

pupila	corpo vítreo	córnea
lente	retina	humor aquoso

2 A figura a seguir mostra o esquema de formação de imagens em uma câmera fotográfica. O diafragma pode ficar mais aberto ou mais fechado. A objetiva possui lentes e o filme ou sensor registra as imagens.

Nas câmeras digitais, a luz incide sobre o sensor eletrônico, é transformada em uma corrente elétrica e depois decodificada em imagem ou armazenada em dispositivos eletrônicos e então processadas em computador.

Se compararmos os olhos às câmeras fotográficas, o que corresponderia, no olho humano, ao diafragma, à objetiva e ao filme ou ao sensor eletrônico?

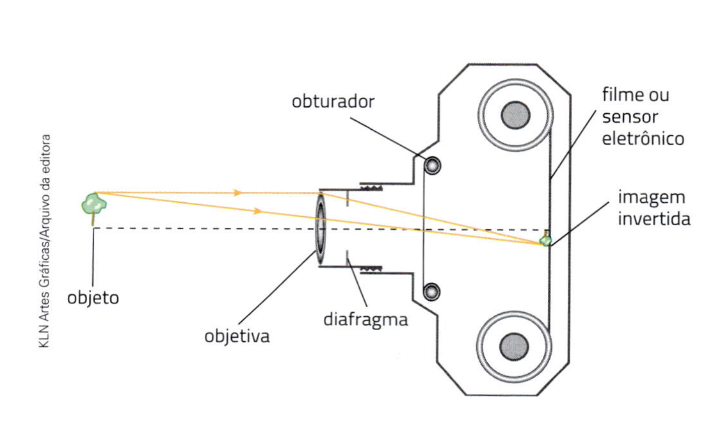

9.20 Esquema simplificado de máquina fotográfica e foto de sensor eletrônico. (Elementos representados em tamanhos não proporcionais entre si.)

3 O esquema abaixo mostra o olho de uma pessoa em dois instantes: ao ar livre, em um dia de sol, e em casa, em um quarto pouco iluminado. Identifique as duas situações e justifique sua resposta.

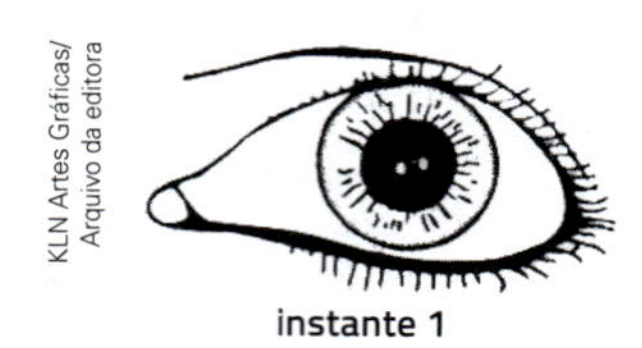

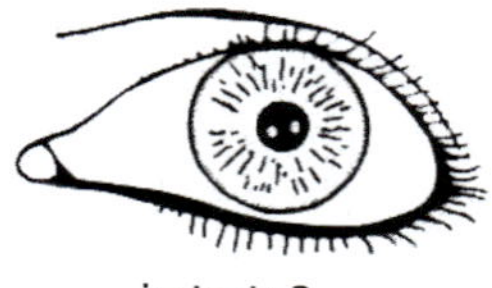

9.21

4 Você conheceu neste capítulo alguns problemas de visão: miopia, hipermetropia, astigmatismo, catarata, glaucoma e daltonismo. Escreva quais dos problemas citados correspondem a cada uma das descrições a seguir.

a) Lente com pouca transparência.

b) Aumento da pressão intraocular.

c) Dificuldade de distinguir determinadas cores.

d) Dificuldade de enxergar objetos distantes.

e) Dificuldade de enxergar objetos próximos.

5 ▸ A miopia e a hipermetropia são problemas diferentes e por isso requerem dois tipos diferentes de lente. A figura abaixo indica, para cada condição, onde a imagem é formada e a correção para cada problema. Identifique a condição (miopia ou hipermetropia) e o tipo de lente adequada para corrigir cada problema (lente convergente ou divergente).

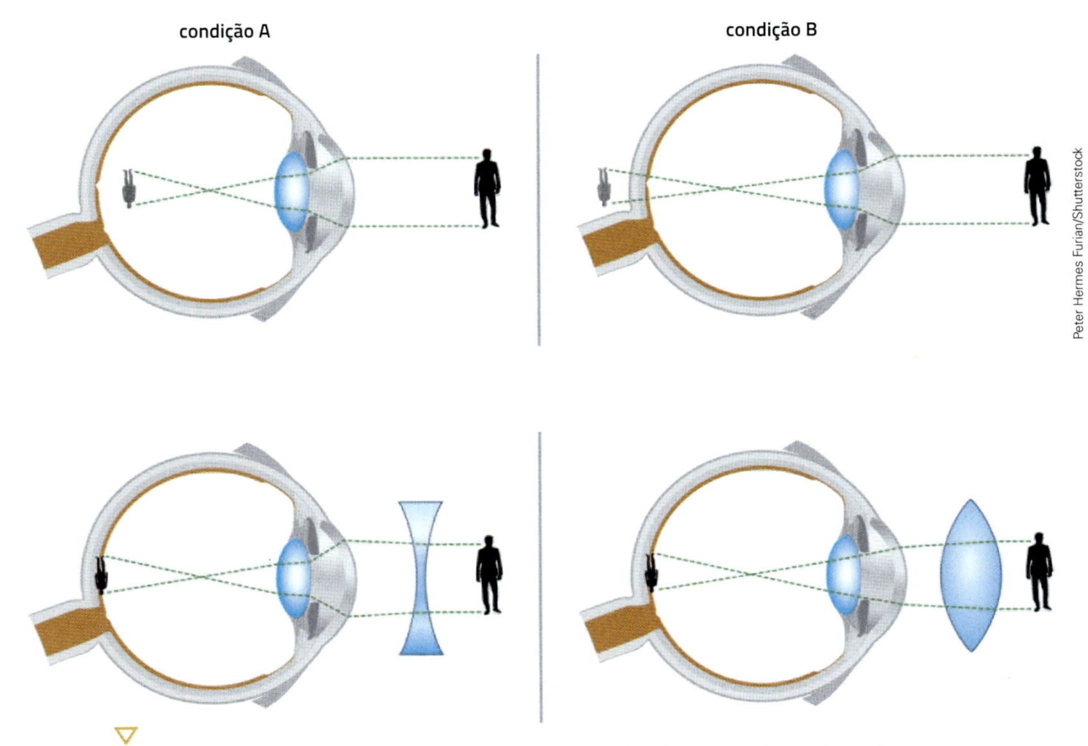

9.22 Elementos representados em tamanhos não proporcionais entre si. Cores fantasia.

6 ▸ Que parte do sistema sensorial nos informa sobre a posição de nosso corpo quando nos movimentamos?

7 ▸ Observe a figura abaixo e faça o que se pede.

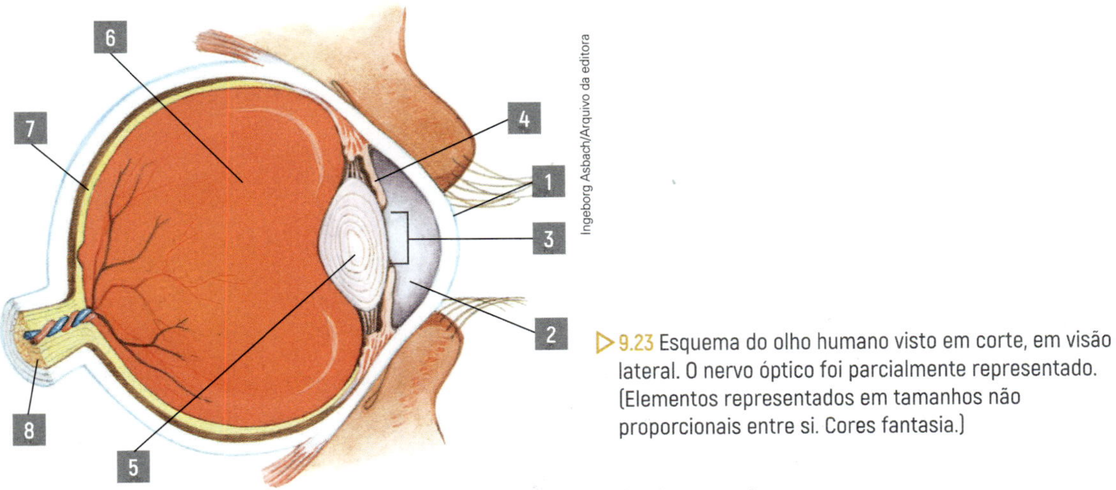

9.23 Esquema do olho humano visto em corte, em visão lateral. O nervo óptico foi parcialmente representado. (Elementos representados em tamanhos não proporcionais entre si. Cores fantasia.)

Fonte: elaborado com base em TORTORA, G. J.; DERRICKSON, B. *Principles of Anatomy & Physiology*. 13. ed. Hoboken: John Wiley & Sons, Inc., 2012. p. 643 e 644.

a) Em que região do olho são formadas as imagens?

b) Qual estrutura envia mensagens ao cérebro?

c) Qual estrutura regula a quantidade de luz que penetra nos olhos?

d) Qual é a estrutura que colabora para a acomodação visual?

e) Agora, siga a numeração e escreva o nome das estruturas indicadas.

8 ▸ Os raios ultravioleta do Sol podem causar danos à visão, aumentando, por exemplo, a probabilidade de aparecimento de catarata. Com base nessa informação, explique por que usar óculos escuros de má qualidade, que não filtram os raios ultravioleta, pode ser mais prejudicial do que não usar nenhuma proteção.

9 ▸ Na opinião de um estudante, devíamos dizer que alguns ossos, além de proteger órgãos e atuar nos movimentos, também participam na condução e percepção do som. O estudante está certo? Por quê?

10 ▸ A polícia e a Defesa Civil usam algumas raças de cães para localizar drogas e sobreviventes em desastres. Que sentido bem desenvolvido nos cães os torna eficientes nessas tarefas?

11 ▸ Ordene os termos a seguir, de acordo com o sentido da passagem de uma onda sonora: membrana timpânica (tímpano), bigorna, pavilhão da orelha, estribo, cóclea, martelo, meato acústico externo (canal auditivo).

12 ▸ Assinale a afirmativa incorreta.

a) O martelo, a bigorna e o estribo localizam-se na orelha interna.

b) Além de captar ondas sonoras, a orelha atua no equilíbrio do corpo.

c) A cóclea atua na audição.

d) Os canais semicirculares atuam no equilíbrio.

13 ▸ Um estudante afirmou que o termo "ouvido" não é totalmente correto, porque não expressa tudo o que esse órgão faz. Você concorda com ele? Por quê?

14 ▸ Uma pessoa que se queixa de tonturas e falta de equilíbrio soube, depois de consultar um médico, que poderia estar com inflamação em uma parte da orelha. Qual é a relação entre os sintomas que o paciente apresenta e o diagnóstico feito pelo médico?

De olho no texto

Leia o texto a seguir e depois responda às perguntas.

[...] O termo "pessoa com deficiência visual", convencionado pela ONU e ratificado por movimentos sociais mundiais, engloba cegos e pessoas com baixa visão – como eu.

Andar por uma cidade grande é um desafio diário para mim – a rua pode ser um lugar assustador e perigoso para quem não enxerga bem.

Protuberâncias arredondadas nos calçamentos avisam pedestres sobre proximidade da via. Comecemos por algo simples, como a guia da calçada ou meio-fio. Ela se torna um problema para quem não consegue vê-la. Você pode tropeçar e quebrar o pé – como já aconteceu comigo.

Gerson Gerloff/Pulsar Imagens

9.24 Protuberâncias em calçada tátil para pessoas com deficiência visual e rampa de acesso para pessoas com deficiência física em Garopaba (SC), 2015.

E quando as calçadas são rebaixadas para facilitar o acesso – a cadeirantes, por exemplo – cria-se um outro problema, já que fica mais difícil, para quem tem uma deficiência visual, diferenciar calçada e rua. [...]

Hoje, sinto alívio quando piso nas calçadas táteis – como são chamadas. Elas me dizem para parar – porque tem uma rua na minha frente e depois de cruzar a rua, me avisam que posso relaxar, porque já cheguei ao outro lado e estou em território seguro. [...]

Soluções simples dão segurança a deficientes visuais em Londres. *BBC Brasil*. Disponível em: <www.bbc.com/portuguese/videos_e_fotos/2013/08/130820_londres_deficientes_visuais_mv>. Acesso em: 11 fev. 2019.

a) Consulte em dicionários o significado das palavras que você não conhece e redija uma definição para essas palavras.

b) O texto descreve como é desafiador para uma pessoa com deficiência visual se deslocar a pé em grandes cidades. Qual foi a medida tomada na cidade para garantir a segurança de pessoas com deficiência visual?

c) Por meio dessa medida, o sentido da visão é compensado por outro. Qual é esse outro sentido?

d) Em sua opinião, por que é importante implementar medidas que facilitem a inclusão de pessoas com deficiência nos mais variados espaços?

e) Que outras medidas podem ser adotadas em grandes cidades para garantir a segurança de pedestres com ou sem deficiência?

Trabalho em equipe

Cada grupo de estudantes vai escolher uma das atividades a seguir para pesquisar em livros, revistas ou *sites* confiáveis (de universidades, centros de pesquisa, etc.). Vocês podem buscar o apoio de professores de outras disciplinas (Geografia, História, Língua Portuguesa, etc.). Exponham os resultados da pesquisa para a classe e a comunidade escolar (estudantes, professores e funcionários da escola e pais ou responsáveis), com o auxílio de ilustrações, fotos, vídeos, blogues ou mídias eletrônicas em geral. Ao longo do trabalho, cada integrante do grupo deve defender seus pontos de vista com argumentos e respeitando as opiniões dos colegas.

1 ▸ Quais são os problemas visuais e os cuidados que devemos ter com os olhos ao usar por tempo prolongado a tela de um computador ou celular? Verifiquem a possibilidade de convidar profissionais da área de saúde para a realização de palestras destinadas à comunidade escolar sobre esse assunto.

2 ▸ Pesquisem a história de Helen Keller (nascida nos Estados Unidos em 1880) e apontem as lições que podem ser tiradas dessa história.

3 ▸ Pesquisem informações sobre a invenção e o funcionamento do sistema braile.

4 ▸ Pesquisem quem foi Dorina Nowill (1919-2010) e redijam um texto a respeito da importância dela para a população com deficiência visual no Brasil.

5 ▸ O que é a Língua de Sinais Brasileira (Libras) e qual é a sua importância para pessoas com deficiência auditiva?

Aprendendo com a prática

Em cada olho há uma região em que a imagem não pode ser detectada: é o chamado ponto cego (fica na saída do nervo óptico). Faça um teste para verificar a existência do ponto cego utilizando a figura 9.25.

Alsu/Shutterstock

9.25

Segure o livro com o braço esticado, tape o olho esquerdo e fixe a visão sobre a cruz com o olho direito. Depois, aproxime o livro do rosto devagar, sempre olhando para a cruz.

a) Foi possível observar a imagem do ponto vermelho durante todo o teste?

b) Pesquise por que isso acontece.

Autoavaliação

1. Você analisou e compreendeu as ilustrações das estruturas e dos processos presentes neste capítulo?

2. Nas atividades que exigiram trabalho em equipe, você atuou de maneira colaborativa? Ficou satisfeito com os resultados obtidos e com o seu entendimento do tema pesquisado?

3. Depois do que você estudou neste capítulo, sua percepção sobre o respeito às pessoas com deficiência visual e auditiva mudou?

Novas formas de ver

A deficiência visual ocorre quando há o comprometimento parcial ou total da visão. Diferencia-se entre: baixa visão e cegueira. A baixa visão pode ser identificada quando não se consegue enxergar com clareza suficiente os dedos de uma pessoa que esteja a três metros de distância. A cegueira total é a impossibilidade de enxergar.

Pessoas que apresentam condições como miopia, astigmatismo ou hipermetropia, que podem ser corrigidas com lentes ou cirurgias, não são consideradas pessoas com deficiência visual.

A deficiência visual no Brasil

Brasil – pessoas com deficiência visual por região

(em porcentagem da população e em número de habitantes)

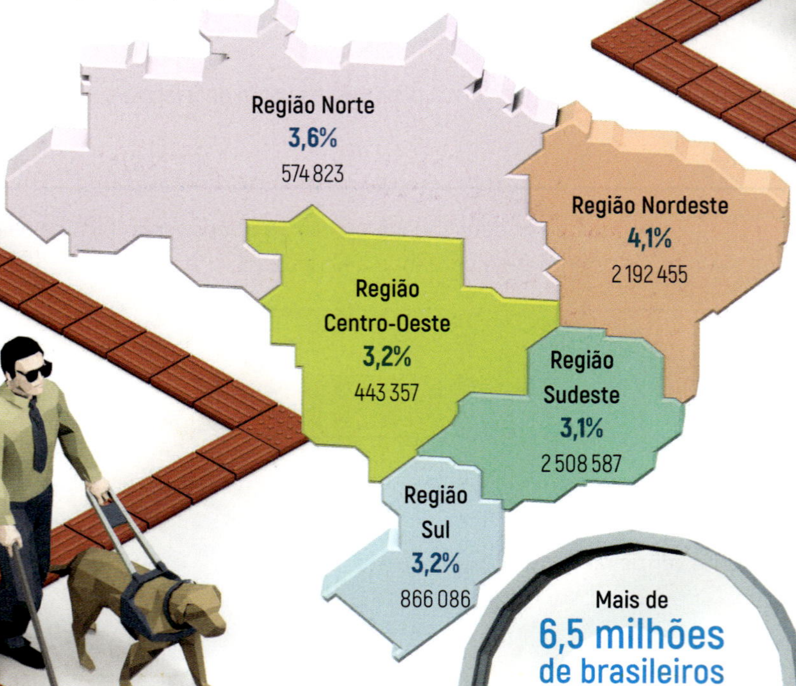

Região Norte
3,6%
574 823

Região Nordeste
4,1%
2 192 455

Região Centro-Oeste
3,2%
443 357

Região Sudeste
3,1%
2 508 587

Região Sul
3,2%
866 086

Mais de **6,5 milhões de brasileiros** têm alguma deficiência visual, segundo dados do Censo 2010 (IBGE).

Mario Kanno/Arquivo da editora

Entendendo o lugar do outro

Você já pensou na importância do sentido da visão, especialmente nos dias de hoje? Analise situações cotidianas como atravessar a rua, assistir a um filme, escrever ou usar o celular. Ouça pessoas conversando e repare o quanto dessa conversa depende de gestos que precisariam ser vistos. Por exemplo, "logo ali" ou "deste tamanho", ou "naquela direção". Só pelo som, você consegue saber se uma pessoa está sorrindo ou com expressão de espanto?

Fonte do mapa: elaborado com base em FUNDAÇÃO Dorina Nowill para cegos. *Estatísticas da deficiência visual*. Disponível em: <www.fundacaodorina.org.br/a-fundacao/deficiencia-visual/estatisticas-da-deficiencia-visual>. Acesso em: 30 jan. 2019.

Vendo com outros olhos

Atualmente existem diversas tecnologias assistivas. Esse tipo de tecnologia inclui recursos e serviços que promovem a inclusão social de pessoas com deficiência visual. Veja a seguir alguns exemplos.

Consulte

Saiba mais sobre o cotidiano de pessoas com deficiência visual e conheça algumas entidades que lhes dão assistência.

- **Inclusão social de pessoas com deficiência**
  http://www.bancodeescola.com
- **Fundação Dorina**
  https://www.fundacaodorina.org.br

Acesso em: 30 jan. 2019.

Elementos representados em tamanhos não proporcionais entre si.

- O piso tátil, instalado em calçadas, e a bengala auxiliam pessoas com deficiência visual a se deslocarem com mais independência e segurança.
- Em casos próximos à cegueira, a pessoa ainda é capaz de distinguir luz e sombra, mas utiliza recursos de voz para acessar programas de computador; locomove-se com a bengala e precisa de treinamentos de orientação e de mobilidade.
- A leitura e a escrita são possíveis com o uso do sistema **braile**. Nesse sistema, a pessoa tateia com os dedos símbolos feitos com pontos em relevo.

NataLT/Shutterstock

- A reglete é uma placa com espaços em fileiras utilizada para a escrita em braile.

The News Tribune, Russ Carmack/AP Photo/Glow Images

- O mapa tátil pode combinar textos em braile, partes em alto-relevo e grande contraste de cores.
- Casos de baixa visão podem ser compensados com lentes de aumento, lupas e telescópios, com o auxílio de bengalas e treinamentos de orientação.

Fonte: elaborado com base em SASSAKI, R. K. Terminologia sobre deficiência na era da inclusão. *Universidade Federal de Goiás*. Disponível em: <https://acessibilidade.ufg.br/up/211/o/TERMINOLOGIA_SOBRE_DEFICIENCIA_NA_ERA_DA.pdf?1473203540>. Acesso em: 30 jan. 2019.

Mario Kanno/Arquivo da editora

Propondo uma solução

Em grupos, escolham um dos temas a seguir: mobilidade, comunicação, jogos e lazer. Elaborem perguntas para entrevistar pessoas com deficiência visual. O objetivo da entrevista é identificar as necessidades do dia a dia dessas pessoas em relação ao tema selecionado. Utilizem as perguntas a seguir para organizar as ideias e, a partir da entrevista, proponham uma tecnologia assistiva. Em seguida, planejem a implementação da proposta.

1. Como a proposta ajudará pessoas com deficiência visual?
2. Que recursos e materiais são necessários? Quais serão as etapas de produção?

Na prática

1. Após a implementação da invenção, o resultado foi como o esperado?
2. Quais os pontos fortes e os fracos da tecnologia desenvolvida por vocês? De que maneira poderiam melhorá-la?
3. O que vocês aprenderam com essa experiência?

CAPÍTULO

10 Interação entre os sistemas muscular, ósseo e nervoso

LightField Studios/Shutterstock

10.1 A sustentação e a movimentação do esqueleto e dos músculos do corpo são coordenadas pelo sistema nervoso. **Atenção:** Devemos ter muito cuidado ao empinar pipas, mantendo a brincadeira longe de fios elétricos e do movimento de veículos.

Pense em todas as atividades que você faz durante um dia, do momento em que acorda até a hora em que vai dormir. Você passa a maior parte do dia em pé ou sentado? Que partes do corpo você usa ao se movimentar?

A coluna vertebral e os demais ossos, assim como os músculos, são fundamentais para que nosso corpo – e o de muitos outros animais – se sustente mesmo na posição sentada. Os ossos e os músculos também agem em conjunto possibilitando os movimentos. Veja a figura 10.1.

Neste capítulo vamos entender como os sistemas muscular e ósseo atuam, em interação com o sistema nervoso, na sustentação e movimentação do nosso corpo e do corpo de outros animais.

Para começar

1. Se os ossos são tão rígidos, como você consegue dobrar os braços e as pernas?
2. Como os músculos, os ossos e o sistema nervoso interagem durante a movimentação do corpo? Você conseguiria se locomover sem utilizar algum desses sistemas?
3. Que problemas podem ocorrer em nossos sistemas ósseo e muscular? Como esses problemas podem prejudicar nossos movimentos?
4. Quais são as diferenças entre o esqueleto de um inseto e o do corpo humano?

1 O esqueleto humano

Os ossos que formam o esqueleto humano atuam nos movimentos servindo de ponto de apoio para os músculos. Também ajudam a sustentar o corpo e protegem diversos órgãos, como os pulmões, o encéfalo e a medula espinal. Veja uma ilustração do esqueleto humano na figura 10.2.

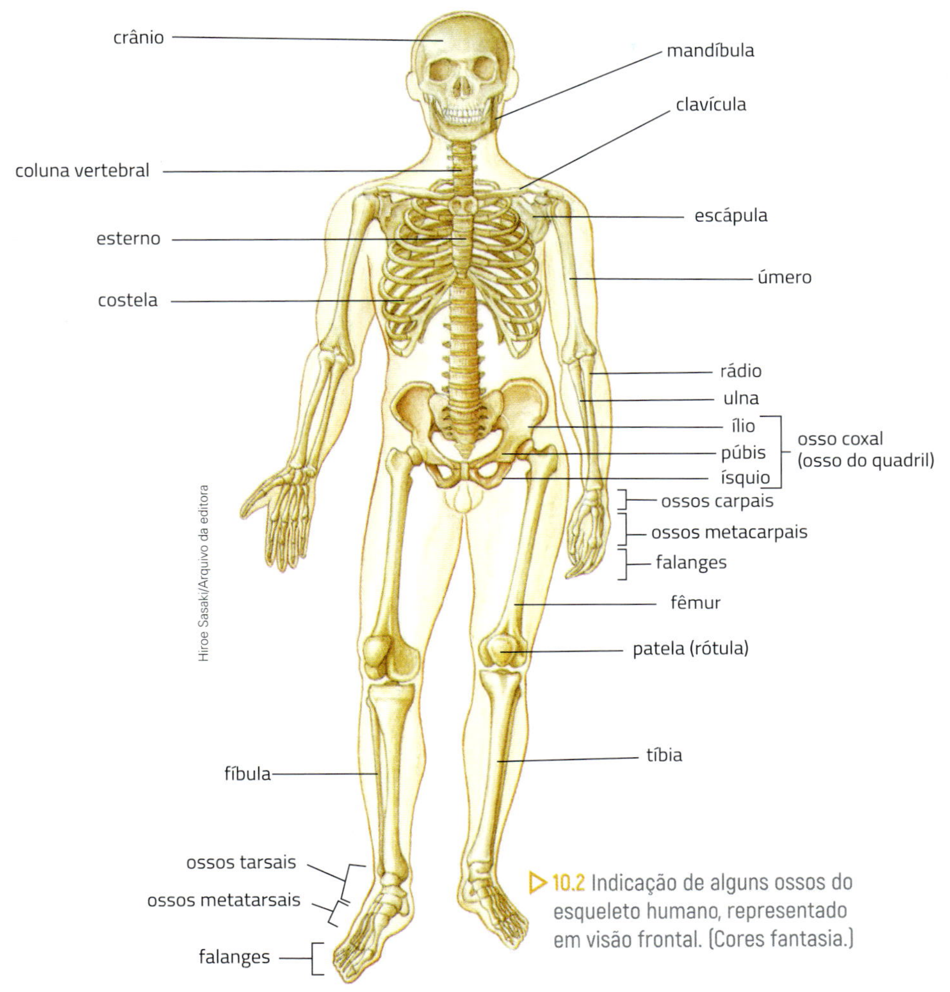

▷ 10.2 Indicação de alguns ossos do esqueleto humano, representado em visão frontal. (Cores fantasia.)

Fonte: elaborado com base em TORTORA, G. J.; DERRICKSON, B. *Principles of Anatomy & Physiology*. 13. ed. Hoboken: John Wiley & Sons, Inc., 2012. p. 210.

Conexões: Ciência e História

Revelações do esqueleto

Não são só os cadáveres frescos que guardam segredos sobre sua vida e sua morte. Mesmo após passar pelo processo de decomposição dos tecidos moles e enfrentar intervalos de dezenas, centenas ou milhares de anos, os mortos ainda podem nos contar histórias. É isso o que têm mostrado dois ramos distintos da Antropologia física: a Antropologia forense e a Paleoantropologia. A Antropologia forense é a área do conhecimento que busca estabelecer a identificação de restos cadavéricos por meio de características do esqueleto que possam individualizá-lo, tais como ancestralidade (caucasiana, africana, asiática ou indígena), sexo, idade, estatura, destreza manual, além de algumas doenças, lesões e hábitos alimentares.

[...]

PEREZ, C. P.; ANDRADE, S. C. As histórias que os mortos contam. *Com Ciência*. Disponível em: <http://www.comciencia.br/comciencia/handler.php?section=8&edicao=108&id=1289>. Acesso em: 29 jan. 2019.

As articulações

Experimente dobrar o braço. Durante esse movimento, há contração e relaxamento de músculos, possibilitando a movimentação do antebraço em direção ao tronco. Observe em que ponto do seu braço essa dobra ocorreu. Esse ponto é chamado articulação, ou junta.

As **articulações** são os pontos em que os ossos estão conectados. Em algumas, os ossos estão bem unidos e não há nenhum movimento entre eles, como ocorre no crânio. Em outras, os ossos podem se movimentar e, por isso, são chamadas **articulações móveis**. Algumas delas podem ser comparadas às dobradiças de uma porta: você pode dobrar a perna ou o antebraço porque no joelho e no cotovelo existem articulações desse tipo. Veja a figura 10.3.

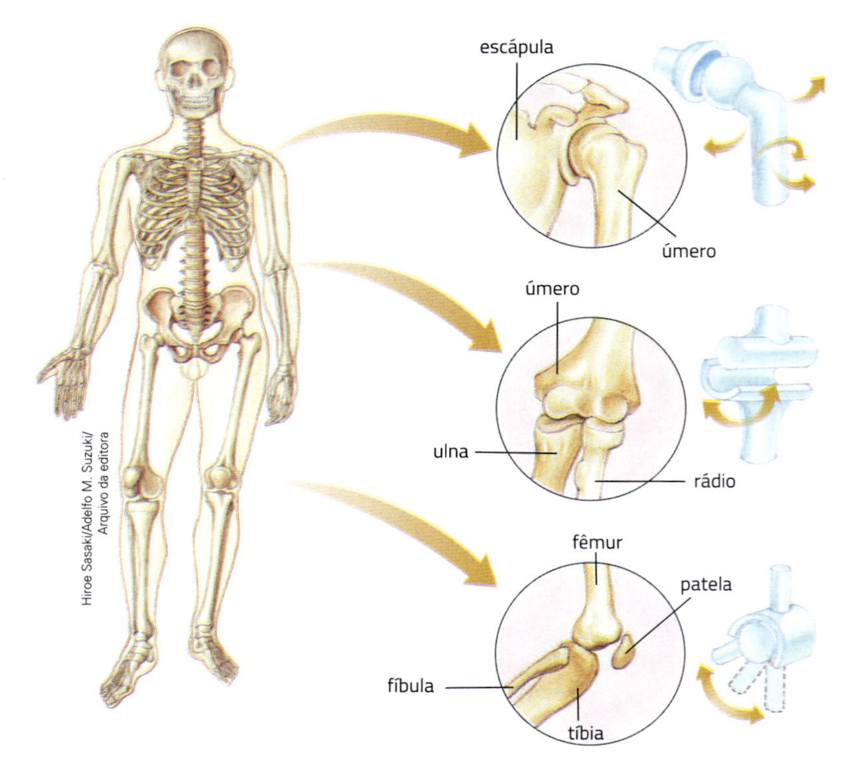

Fonte: elaborado com base em TORTORA, G. J.; DERRICKSON, B. *Principles of Anatomy & Physiology*. 13. ed. Hoboken: John Wiley & Sons, Inc., 2012. p. 303.

10.3 Ilustração dos tipos de movimento em algumas articulações móveis do esqueleto humano. (Elementos representados em tamanhos não proporcionais entre si. Cores fantasia.)

Experimente agora, com cuidado, movimentar todo o braço em várias direções ao redor do ombro. Percebeu que a amplitude desse movimento é maior do que quando você flexiona o braço? A razão é, novamente, o tipo de articulação.

Enquanto as articulações no cotovelo e no joelho permitem movimentos em uma única direção, no ombro existe um tipo de articulação que permite movimentos do braço em várias direções. Reveja a figura 10.3. Isso também ocorre com o quadril e as pernas. Nesses casos, a extremidade de um dos ossos tem a forma de bola, que, por sua vez, se encaixa na cavidade do outro osso.

Veja na figura 10.4 as principais partes da articulação do joelho. Os **ligamentos** (um tipo de tecido conjuntivo) unem os ossos; os **tendões** (também um tipo de tecido conjuntivo) unem os músculos aos ossos; os **meniscos**, formados por tecido cartilaginoso, diminuem o impacto e auxiliam a movimentação dos ossos na articulação.

10.4 Articulação do joelho e suas partes principais. (Cores fantasia.)

Os ossos do crânio

Ao mastigar a comida, você movimenta apenas um osso da cabeça. Você consegue mover outros ossos do crânio e da face?

Os ossos do crânio formam uma espécie de capacete, que envolve e protege o encéfalo e alguns órgãos dos sentidos. Além disso, há ossos que dão apoio aos músculos da face, que entram em ação nas expressões faciais (de alegria, de tristeza ou de dor, por exemplo). As articulações do crânio são **imóveis**, com exceção da que existe entre a mandíbula e o osso temporal. É essa articulação que nos permite abrir e fechar a boca. Observe a figura 10.5.

QA International/UIG/Fotoarena

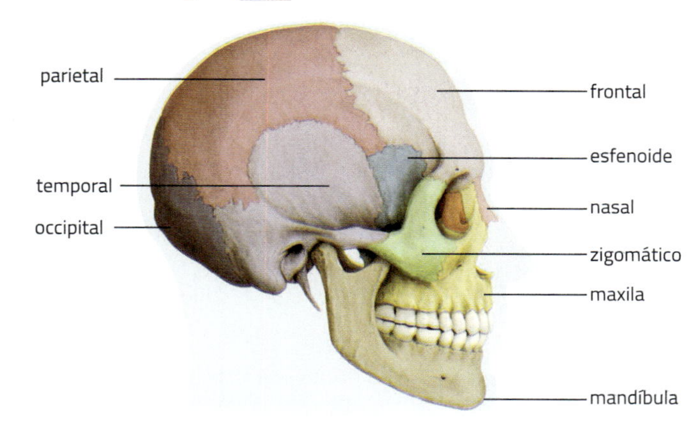

10.5 Alguns ossos do crânio em vista lateral. (Cores fantasia.)

Conexões: Ciência e tecnologia

Reconstruindo o passado

"Por baixo da pele, somos todos iguais". Essa é uma frase conhecida que prega a igualdade entre todos os seres humanos – afinal, somos todos feitos de carne e osso. Mas o fato é que os ossos podem trazer informações fundamentais sobre quem somos, a ponto de identificar os indivíduos após a morte quando não há outras referências. Para garantir maior precisão a esse processo e diminuir a quantidade de ossadas sem dono, pesquisadores da Universidade Federal do Rio de Janeiro (UFRJ) desenvolveram um método de reconstrução de rostos a partir de crânios com o uso de um *software*.

Ricardo Marroquim/UFRJ

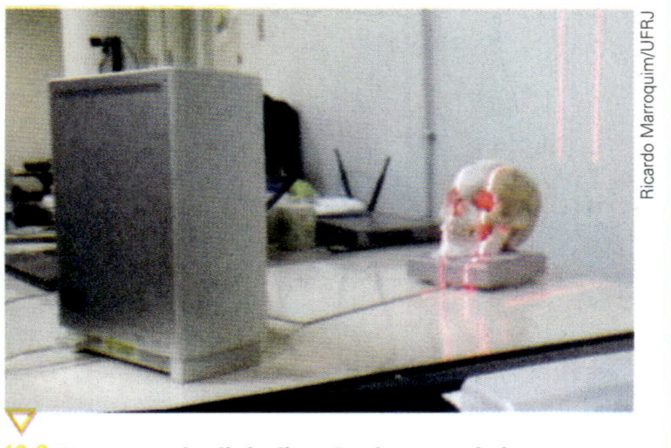

10.6 Processo de digitalização de um crânio.

Nessa técnica, o crânio – que não pode estar danificado – é escaneado tridimensionalmente por *lasers* e, em seguida, as informações são processadas pelo programa. [Veja parte do processo de escaneamento de um crânio na figura 10.6.] Baseado em pontos geométricos do rosto determinados a partir de cálculos matemáticos, o *software* gera uma imagem aproximada de como seria o rosto da pessoa em vida.

[...]

Até agora, a reconstrução facial era um trabalho não só científico, mas também artístico: desenhos feitos à mão e moldes de argila ocupavam o espaço que hoje os computadores dominam. A prática manual, mesmo com auxílio de computadores, tinha lá suas dificuldades. Encontrar profissionais com este perfil é um desafio e apostar na total precisão do trabalho, arriscado.

[...]

Com o processo automatizado, os resultados prometem ser mais confiáveis. Além disso, a inovação também agiliza o processo. "Enquanto o processo manual leva cerca de três dias, nosso *software* finaliza o trabalho em menos de uma hora" [...].

LEITE, V. Em busca da identidade perdida. *Ciência Hoje*. Disponível em: <http://cienciahoje.org.br/em-busca-da-identidade-perdida>. Acesso em: 29 jan. 2019.

Os ossos do tronco

No tronco encontramos as seguintes partes do esqueleto: coluna vertebral, costelas, osso coxal (osso do quadril) e esterno. Reveja a figura 10.2.

A **coluna vertebral** é constituída por uma pilha de 33 pequenos ossos, as **vértebras**. No adulto, as quatro últimas vértebras são soldadas e formam o osso chamado de cóccix; isso também ocorre com as cinco vértebras anteriores ao cóccix, que unidas formam o osso sacro.

Entre as vértebras há pequenas "almofadas" de cartilagem, os **discos intervertebrais**, que amortecem choques quando andamos ou corremos. Também são eles que permitem certos movimentos da coluna. Temos assim um eixo de sustentação do corpo que, ao mesmo tempo, é forte e flexível.

A hérnia de disco ocorre quando uma parte de um disco intervertebral se desloca para fora da vértebra. A hérnia pode pressionar um nervo e provocar muita dor.

Além disso, a coluna vertebral protege a medula espinal, que faz parte do sistema nervoso. Veja a figura 10.7.

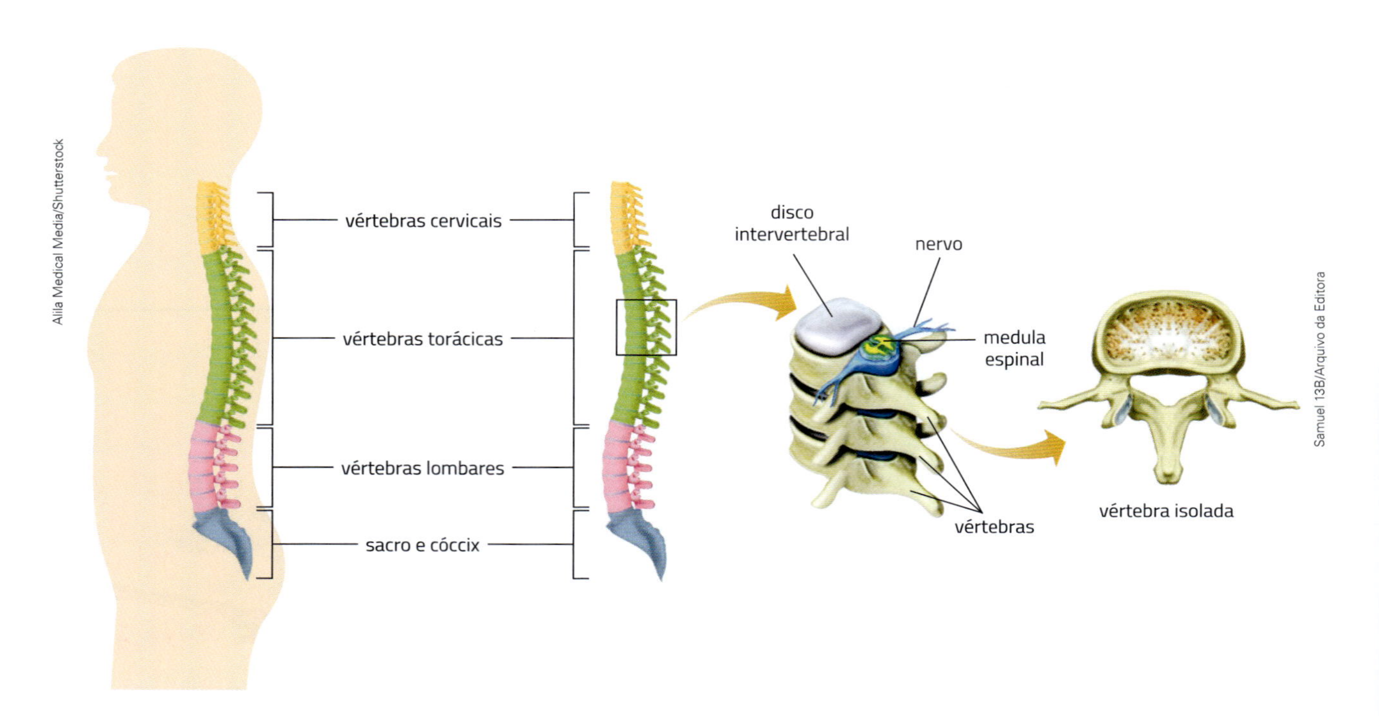

Fonte: elaborado com base em SOBOTTA, J. *Atlas de Anatomia Humana*. 19. ed. Rio de Janeiro: Guanabara Koogan, 1993. v. 1. p. 7 e 9.

10.7 Coluna vertebral e organização das vértebras. O sacro e o cóccix são formados pela fusão de algumas vértebras. (Elementos representados em tamanhos não proporcionais entre si. Cores fantasia.)

A **caixa torácica** é formada por doze pares de costelas que protegem os pulmões e o coração. Reveja a figura 10.2.

As **costelas** se prendem à coluna vertebral e ao osso esterno. A cartilagem que une as costelas ao osso esterno permite que elas se movam um pouco durante a inspiração e a expiração, aumentando e diminuindo o volume do tórax. Esse movimento é necessário para o ar entrar e sair dos pulmões. Além do diafragma (visto no capítulo 7), existem músculos entre as costelas que se relaxam e se contraem, participando dos movimentos de inspiração e expiração: são os músculos intercostais.

Os membros superiores e inferiores

Os ossos do braço se unem ao tórax pela cintura escapular (ombro), formada pela escápula e pela clavícula. Já os ossos dos membros inferiores se unem ao tronco pela pelve, formada pelos ossos coxais e pelo sacro. A pelve apoia e protege os órgãos do abdome, e seus ossos largos, assim como a escápula no ombro, servem de apoio para músculos. Reveja a figura 10.2.

Os ossos do braço, do antebraço, da coxa e da perna dão apoio para os músculos realizarem os movimentos de alavanca com braços e pernas (andar, levantar e pegar objetos, etc.).

Alavancas usam um ponto de apoio para realizar uma força. Vamos estudar alavancas e outras máquinas simples no 7º ano.

Muitos ossos de nosso corpo funcionam como alavancas. As forças são aplicadas pelos músculos. A contração dos músculos da nuca, por exemplo, puxa os ossos da cabeça, que está apoiada na coluna vertebral, fazendo-a inclinar-se para trás. Outro exemplo: ao se contrair, o bíceps puxa o osso do antebraço, levantando um objeto na mão também em um movimento de alavanca.

Em nossas mãos, os ossos, os diversos tipos de articulação e os pequenos e numerosos músculos atuam em conjunto, possibilitando uma grande variedade de movimentos, alguns bastante precisos. Observe na figura 10.8 como o polegar em oposição aos outros dedos da mão facilita pegar e manipular objetos.

Renato Soares/Pulsar Imagens

10.8 Criança da etnia Kayapó na escola da aldeia Moikarako, em São Félix do Xingu (PA), 2016. Observe o uso do polegar opositor para segurar o lápis durante a escrita.

A posição do polegar em relação aos outros dedos possibilitou a produção de ferramentas, a capacidade de segurar objetos e hoje é muito usada quando manuseamos uma tesoura ou escrevemos mensagens no telefone celular, por exemplo.

Os ossos dos pés colaboram na locomoção e no equilíbrio do corpo. Reveja a figura 10.2.

2 Os músculos

Andar, correr, mexer os dedos ao escrever mensagens de texto, pegar objetos, etc. Você sabe o que essas atividades têm em comum? Todas elas dependem da contração de músculos ligados aos ossos, os chamados **músculos estriados esqueléticos**. Veja a figura 10.9.

10.9 Representação de alguns músculos (em vermelho) e ligamentos (em branco) do corpo humano. (Cores fantasia.)

Quando observadas ao microscópio, as células da musculatura esquelética apresentam faixas claras e escuras, formando estrias. Por isso, eles são chamados músculos estriados esqueléticos. Veja a figura 10.10. A contração dos músculos esqueléticos pode ser controlada por nossa vontade, de forma consciente. Esse tipo de contração é diferente, por exemplo, da que ocorre no tubo digestório, nas artérias e no útero. Nesses casos a contração é involuntária (independente da nossa vontade) e se dá pela contração de um outro tipo de músculo, o **músculo não estriado** (ou liso), em que não aparecem estrias. No coração há um terceiro tipo de músculo, o **músculo estriado cardíaco**, que também possui faixas claras e escuras, mas sua contração é involuntária. Reveja a figura 10.10.

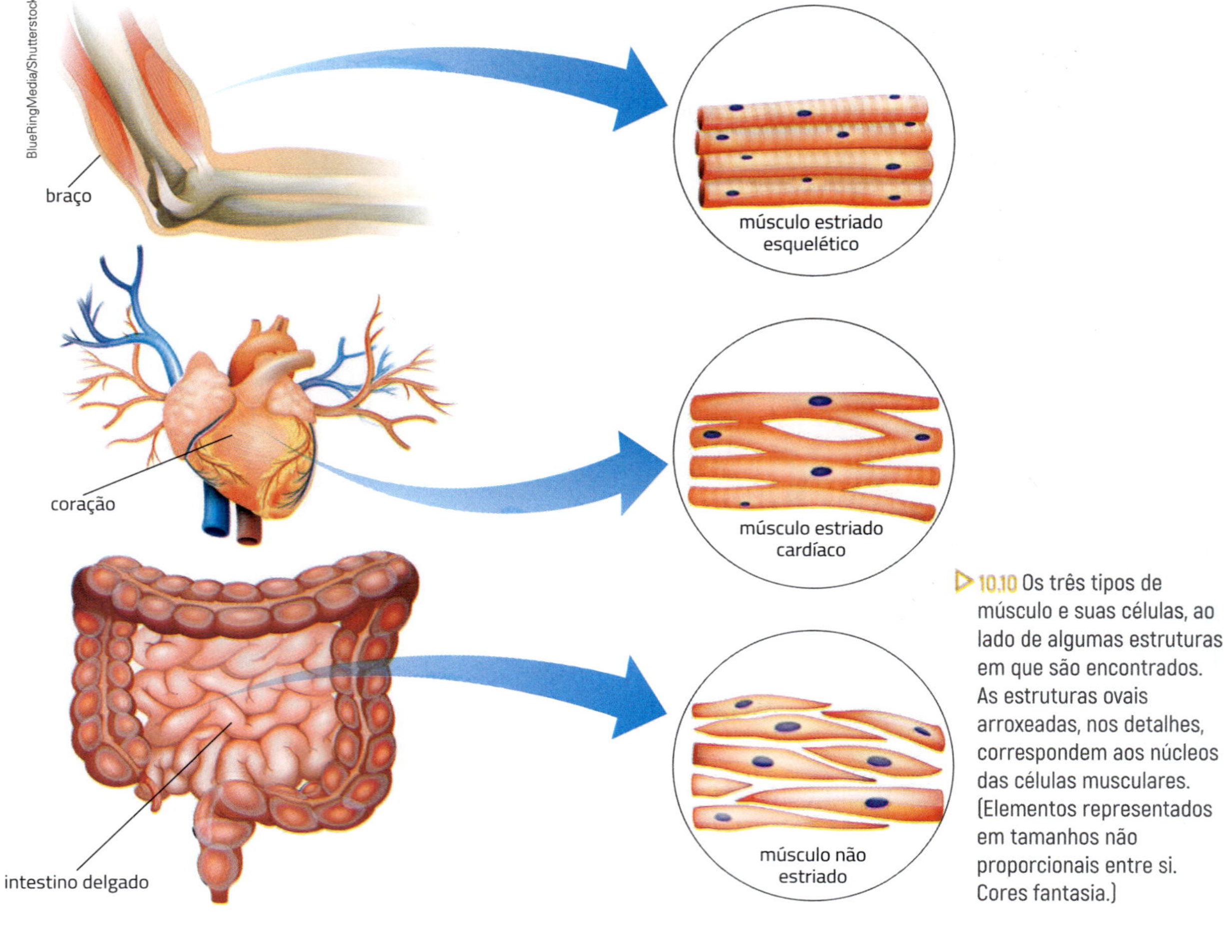

10.10 Os três tipos de músculo e suas células, ao lado de algumas estruturas em que são encontrados. As estruturas ovais arroxeadas, nos detalhes, correspondem aos núcleos das células musculares. (Elementos representados em tamanhos não proporcionais entre si. Cores fantasia.)

Fonte: elaborado com base em STARR, C. et al. *Biology*: The Unity and Diversity of Life. 14. ed. Boston: Cengage, 2018. p. 526.

Como vimos no capítulo 8, o sistema nervoso envia impulsos nervosos, conduzidos pelos neurônios, para os músculos, fazendo-os se contrair e provocando o movimento do corpo. Observe a figura 10.11.

Já neste capítulo vimos que as articulações nos permitem fazer diversos movimentos, como dobrar o braço. De que modo os músculos atuam nesses movimentos? Será que os músculos "puxam" e "empurram" os ossos?

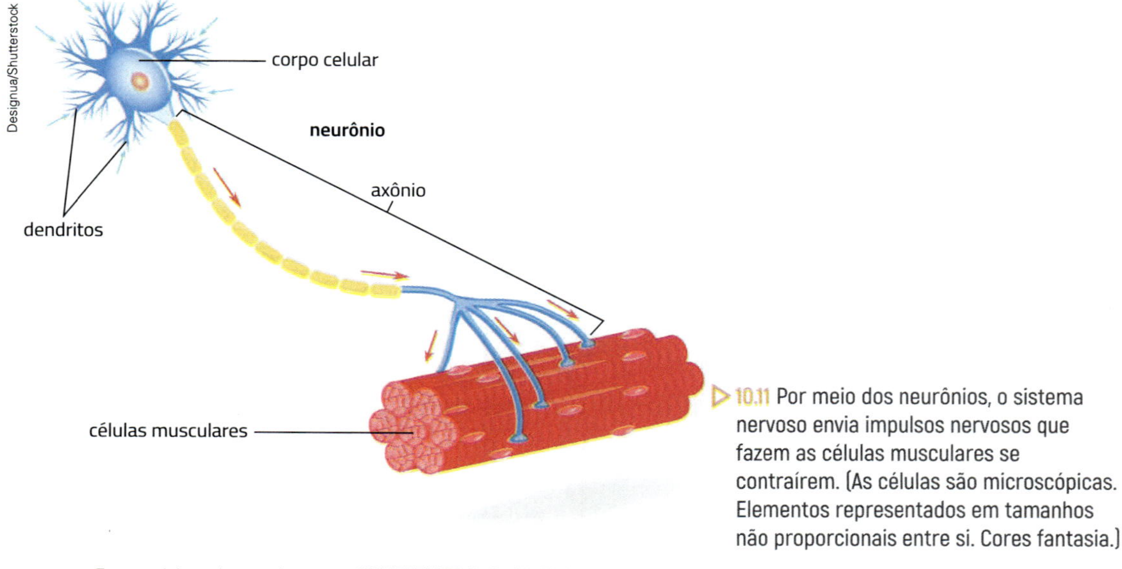

10.11 Por meio dos neurônios, o sistema nervoso envia impulsos nervosos que fazem as células musculares se contraírem. (As células são microscópicas. Elementos representados em tamanhos não proporcionais entre si. Cores fantasia.)

Fonte: elaborado com base em SILVERTHORN, D. U. *Fisiologia humana:* uma abordagem integrada. 5. ed. Porto Alegre: Artmed, 2010. p. 426.

Muitos músculos trabalham aos pares: quando um músculo se contrai, o outro relaxa, e vice-versa. A contração do bíceps braquial (músculo do "muque"), por exemplo, puxa os ossos do antebraço e os faz dobrar. Observe a figura 10.12. Perceba então que os músculos apenas "puxam" os ossos quando se contraem, mas não "empurram" os ossos quando se relaxam.

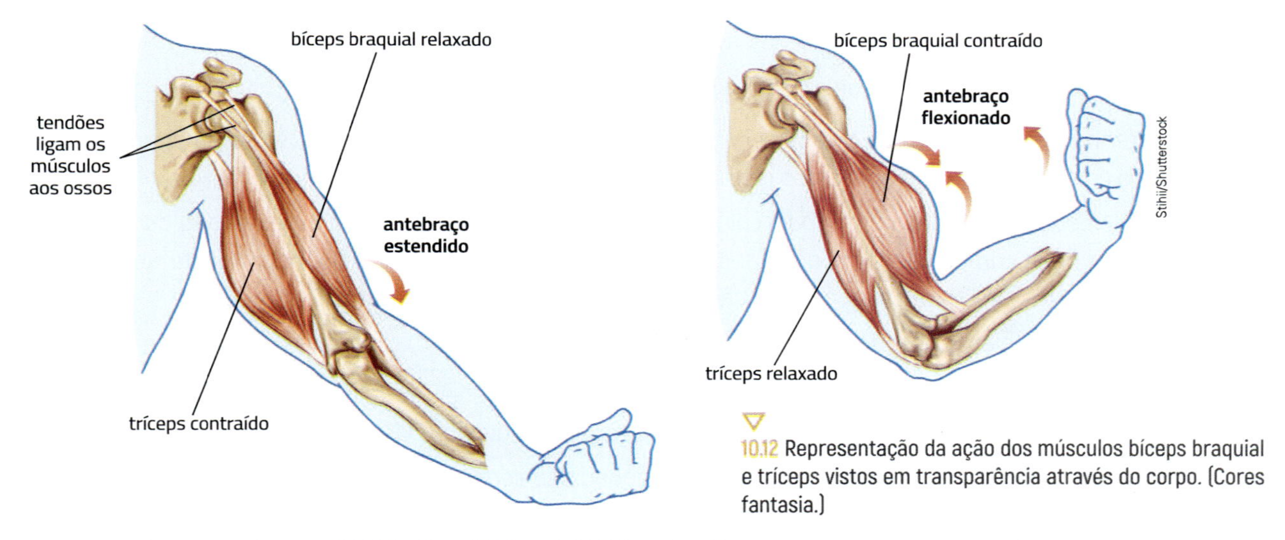

10.12 Representação da ação dos músculos bíceps braquial e tríceps vistos em transparência através do corpo. (Cores fantasia.)

Fonte: elaborado com base em RUSSELL, P. J.; HERTZ, P. E.; MCMILLAN, B. *Biology:* the dynamic science. 4. ed. Boston: Cengage, 2017. p. 1027.

Repare que, quando se estica o braço, o bíceps relaxa, enquanto o tríceps se contrai, diminui de tamanho. Quando dobramos o braço, ocorre a situação inversa: o bíceps se contrai e o tríceps relaxa. Esses movimentos são controlados de forma voluntária pelo sistema nervoso.

O sistema nervoso também coordena movimentos involuntários do corpo, incluindo a contração e o relaxamento dos músculos do coração e dos sistemas digestório e respiratório.

3 A saúde do sistema locomotor

Você estudou os sistemas ósseo e muscular. Juntos, eles constituem o **sistema locomotor**.

Você já teve alguma dor no corpo, como nas costas? A maioria das pessoas tem essas dores em algum momento da vida. No entanto, isso não quer dizer que haja problemas na coluna vertebral. Assim como a dor pode ser um sintoma de algum problema, ela também pode apenas sinalizar cansaço.

Dores nas costas podem ser causadas, por exemplo, por um problema no sistema urinário. Por isso, para entender a causa de uma dor persistente, é necessário procurar um médico.

Vista de frente, a coluna vertebral é reta; vista de lado, tem curvas. Em alguns casos, porém, ocorrem desvios que devem ser diagnosticados e tratados pelo médico. Alguns desses desvios podem ser consequências da má postura, mas podem também ter outras causas. Veja alguns desses desvios na figura 10.13.

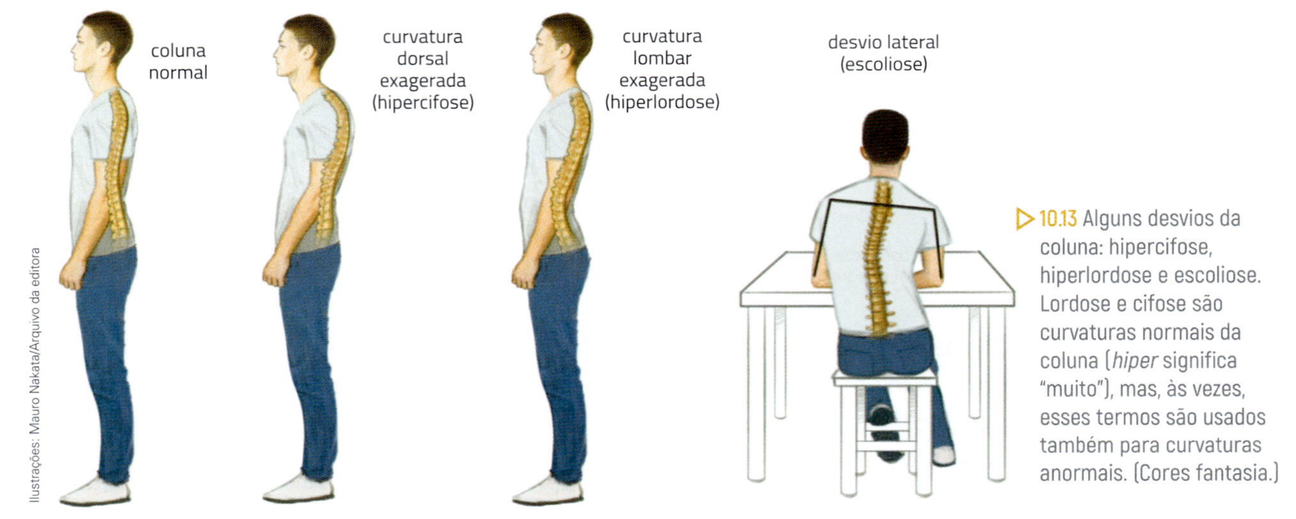

▷ 10.13 Alguns desvios da coluna: hipercifose, hiperlordose e escoliose. Lordose e cifose são curvaturas normais da coluna (*hiper* significa "muito"), mas, às vezes, esses termos são usados também para curvaturas anormais. (Cores fantasia.)

Fonte: elaborado com base em TORTORA, G. J.; DERRICKSON, B. *Principles of Anatomy & Physiology*. 13. ed. Hoboken: John Wiley & Sons, Inc., 2012. p. 249.

Veja algumas recomendações que ajudam a prevenir problemas na coluna:

- Mantenha as costas retas e a cabeça erguida ao caminhar. Mantenha essa postura ao apanhar algum objeto do chão, dobrando apenas os joelhos.
- Quando estiver sentado, mantenha a coluna reta apoiando as costas em toda a extensão do encosto da cadeira e fique com os pés bem apoiados no chão. Levante-se de vez em quando (no intervalo entre as aulas, por exemplo) para ativar a circulação sanguínea e relaxar os músculos.
- Evite carregar objetos pesados forçando apenas um lado do corpo e mantenha o objeto próximo ao corpo.
- Pratique exercícios físicos com regularidade, sempre sob orientação de especialistas.
- Não provoque torções desnecessárias da coluna: quando quiser se virar, gire o corpo inteiro.
- Durma em colchões firmes, com elasticidade adequada ao seu peso e altura. Os travesseiros não podem ser altos demais: devem ter somente a espessura mínima para manter o pescoço alinhado.
- Mantenha o monitor do computador em sua linha de visão (essa medida evita que você dobre o pescoço para olhar para cima ou para baixo). Além disso, os cotovelos devem ficar no nível da mesa.
- Controle seu peso, mantendo uma alimentação saudável: a obesidade favorece o aparecimento de problemas na coluna.
- Não carregue mochilas pesadas. Elas devem pesar, no máximo, o equivalente a 10% do seu peso corporal e devem ser carregadas sempre com as duas alças nos ombros. Uma opção é a mochila com rodinhas.

Fraturas e entorses

Quando um osso quebra, dizemos que ocorreu uma **fratura**. Se houver fratura ou suspeita de fratura, não se deve tentar reposicionar o osso, pois movê-lo pode causar danos a outras estruturas, como vasos sanguíneos, nervos e outros tecidos ligados aos ossos. Lembre-se de que os sistemas que formam o corpo humano, como o sistema nervoso e o locomotor, estão organizados de forma integrada; ou seja, nervos, ossos e músculos presentes nos membros são responsáveis, em conjunto, pelo movimento. A vítima de fratura deve permanecer imóvel, e os primeiros socorros devem ser prestados por alguém preparado para isso. Veja a figura 10.14.

123RF/Easypix Brasil

10.14 Médica analisando tomografia de coluna. Esse exame pode ser necessário quando há suspeita de fraturas ou outros problemas nos ossos e articulações.

Atenção

As informações deste capítulo têm o objetivo de ajudar a conhecer melhor o funcionamento e os problemas ligados aos sistemas ósseo e muscular, mas não substituem a consulta ao médico nem podem ser usadas para diagnóstico, tratamento ou prevenção de doenças.

Em geral, a região fraturada é imobilizada com o auxílio de gesso, fibra de vidro, talas ou aparelhos especiais. Como os ossos têm grande poder de regeneração, as partes quebradas são mantidas próximas umas das outras para que o osso possa se reconstituir. Na região da fratura se forma uma elevação, o calo ósseo.

Movimentos mais bruscos podem provocar **entorses**, que são lesões nos ligamentos das articulações. Elas ocorrem com frequência no tornozelo e no joelho. O tratamento vai depender do tipo de lesão. Já a **luxação** é um deslocamento do osso, que se "desencaixa" do outro na articulação.

Esses e outros problemas nas articulações, nos ossos e nos músculos podem aparecer, sobretudo, durante a prática inadequada de exercícios físicos, feitos sem orientação de especialistas.

A importância da atividade física

De acordo com a Organização Mundial da Saúde (OMS), atividade física é qualquer movimento corporal produzido pelos músculos esqueléticos que requeira gasto de energia. Isso inclui atividades físicas realizadas no trabalho, na escola, em casa, além das atividades de lazer, como participar de um jogo ou andar de bicicleta ou *skate*.

O termo "exercício" refere-se à atividade física planejada e com o objetivo de melhorar o condicionamento físico. Exercícios devem ser orientados por profissionais de Educação Física e do Esporte. Em alguns casos, é necessário também ter orientação médica especializada.

Os benefícios da prática de atividades físicas para a saúde de jovens a idosos incluem o desenvolvimento do músculo cardíaco, o que facilita o bombeamento do sangue. O corpo dos seres humanos sofre mudanças com a idade, por isso, cada faixa etária tem uma característica. A prática de atividades físicas deve ser específica para cada fase, respeitando suas capacidades e limitações. Veja a figura 10.15.

Além disso, atividades físicas praticadas com regularidade ajudam no controle do peso, da pressão arterial e da taxa de colesterol no sangue; melhoram a disposição física e mental; e aumentam a força, a resistência e a flexibilidade dos músculos e dos ossos, entre muitos outros benefícios.

O colesterol é um composto presente nas células de todos os animais. Ele também se encontra na corrente sanguínea, mas, em excesso, pode prejudicar o fluxo de sangue e causar outros problemas.

Então, reflita: Você pratica algum esporte ou outra atividade física com regularidade? Se não, que tal consultar um médico, conversar com o professor de Educação Física e começar quanto antes uma atividade compatível com sua idade e suas condições físicas?

Gerson Gerloff/Pulsar Imagens

10.15 Atividades físicas regulares são benéficas para indivíduos de todas as idades.

Conexões: Ciência e saúde

O perigo do uso de esteroides anabolizantes

Os esteroides anabolizantes são hormônios sintéticos semelhantes à testosterona, um hormônio masculino. Como veremos na Unidade 3, compostos sintéticos são aqueles feitos pelo ser humano em laboratórios.

Esses hormônios podem ser indicados pelos médicos em doses controladas para tratar certos problemas, como a falta de hormônios masculinos na adolescência.

No entanto, os esteroides anabolizantes são também consumidos em grande quantidade e sem acompanhamento médico por pessoas que querem aumentar a musculatura rapidamente.

O perigo é que o uso de esteroides sem controle médico pode interromper o crescimento do adolescente, provocar depressão, câncer de fígado e danos aos rins ou ao sistema circulatório (aumento de pressão arterial e até ataque cardíaco). No homem, pode provocar esterilidade. Na mulher, pode provocar diminuição do tamanho das mamas, desequilíbrio no ciclo menstrual e desenvolvimento de características masculinas, como pelos na face, entre outras alterações.

Os esteroides anabolizantes são proibidos nas competições esportivas, e muitos atletas perdem medalhas e títulos quando se constata que usaram essas substâncias. A proibição não se deve apenas aos problemas de saúde, mas também por questões éticas: além de ameaçar a saúde dos atletas, os esteroides anabolizantes podem melhorar o desempenho e conferir uma vantagem injusta aos que se valem desse recurso.

4 Sistema nervoso, músculos e esqueleto em outros animais

Não apenas nos seres humanos, mas também em outros animais, o sistema nervoso atua em conjunto com os ossos e os músculos. O sistema nervoso envia impulsos nervosos para os músculos, que, ao se contraírem, movimentam partes do esqueleto.

Observe que nosso **esqueleto** é **interno**, ou seja, está por baixo da pele e dos músculos. Ele sustenta o corpo, protege vários órgãos e, juntamente com músculos e sistema nervoso, atua nos movimentos. Esse também é o caso do esqueleto dos outros animais vertebrados – todos os que possuem coluna vertebral: peixes, anfíbios, répteis, aves e mamíferos. Veja a figura 10.16.

Fabio Colombini/Acervo do fotógrafo

Mauro Fermariello/SPL/Latinstock

10.16 Esqueletos internos de dois animais vertebrados: um peixe (cerca de 15 cm de comprimento) e um rato (cerca de 20 cm de comprimento). Diferentes músculos presos aos ossos proporcionam a movimentação do corpo desses animais.

Em muitos animais invertebrados, como os artrópodes (insetos, aranhas, camarões, lacraias, etc.) e muitos moluscos (caracóis, mexilhões, etc.), o esqueleto cobre o corpo, ou seja, é um **esqueleto externo**, também chamado **exoesqueleto.**

No grupo dos artrópodes, o exoesqueleto é fino e dobrável em alguns pontos, formando articulações. Essa característica, somada à contração dos músculos presos ao esqueleto, possibilita movimentos dos apêndices, como antenas, pernas e asas. Os apêndices desempenham ainda outras funções: pegar comida, mastigar o alimento, sugar o néctar, etc. No caso das antenas, elas funcionam como órgãos dos sentidos (olfato e tato). Veja a figura 10.17.

Plástico... de camarão?!
http://chc.org.br/plastico-de-camarao/
Como o exoesqueleto do camarão pode ser usado para produzir um plástico ecológico? A reportagem explica como é o plástico feito à base da substância quitina.
Acesso em: 29 jan. 2019.

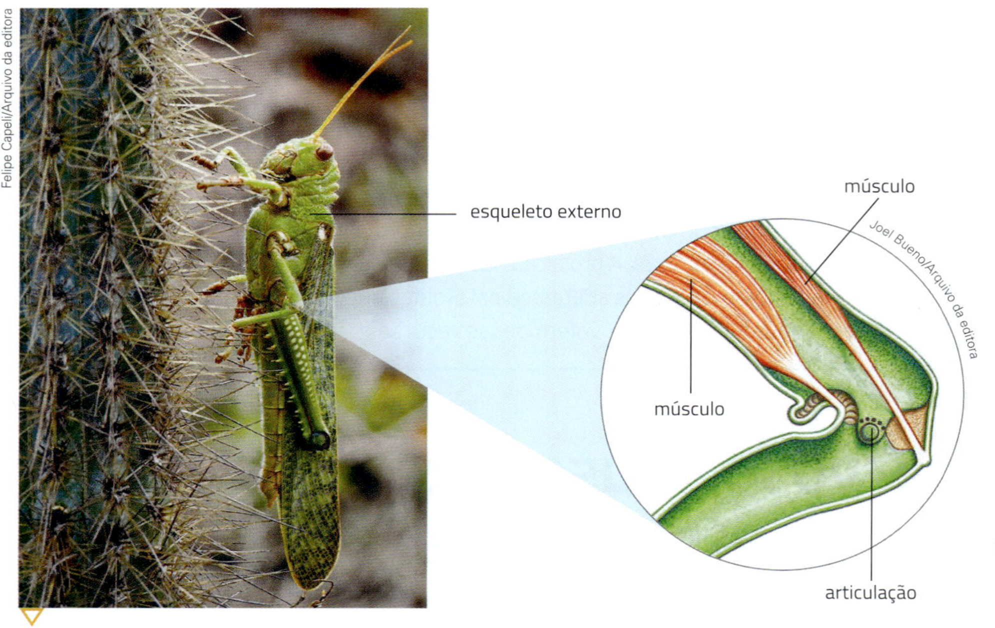

Fonte: elaborado com base em KROGH, D. *Biology:* A Guide to the Natural World. Boston: Benjamin Cummings, 2011. p. 425.

10.17 Detalhe (ampliado) de músculos e articulação de um gafanhoto (de 1 cm a 8 cm de comprimento, conforme a espécie), um artrópode. (Elementos representados em tamanhos não proporcionais entre si. Cores fantasia.)

O esqueleto externo dos artrópodes não se expande conforme o animal cresce. Assim, como o exoesqueleto envolve todo o corpo, ele é substituído periodicamente durante o crescimento do animal – são as chamadas **mudas**. Veja a figura 10.18.

10.18 Cigarra (cerca de 4 cm de comprimento): após a muda, ela abandona o esqueleto (à esquerda).

O sistema nervoso dos artrópodes é formado por um cérebro e nervos que controlam a contração dos músculos e o movimento desses animais. O sistema nervoso também é responsável por receber mensagens dos órgãos dos sentidos, como olhos e antenas.

Em alguns invertebrados, como as minhocas, a sustentação do corpo é feita pela pressão dos líquidos existentes no interior de cavidades do corpo. Em outros, como as águas-vivas, não há um esqueleto. Ainda assim, o movimento de todos os animais ocorre pela integração de tecidos nervosos e musculares.

Vamos estudar os animais com mais detalhes no 7º ano.

Saiba mais

O voo em insetos e aves

A maioria dos insetos, como borboletas, abelhas, besouros, baratas e gafanhotos, pode voar. São poucos os insetos que não têm asas, como as traças, as pulgas e os piolhos.

O movimento das asas depende da contração de músculos verticais e longitudinais ligados ao exoesqueleto desses animais. Veja na figura 10.19 que, quando os músculos verticais (representados em azul) se contraem, a parte dorsal do tórax abaixa e a asa levanta. Quando os músculos verticais relaxam, os longitudinais (em verde) se contraem. Assim, o tórax fica mais alto, o que faz a asa abaixar.

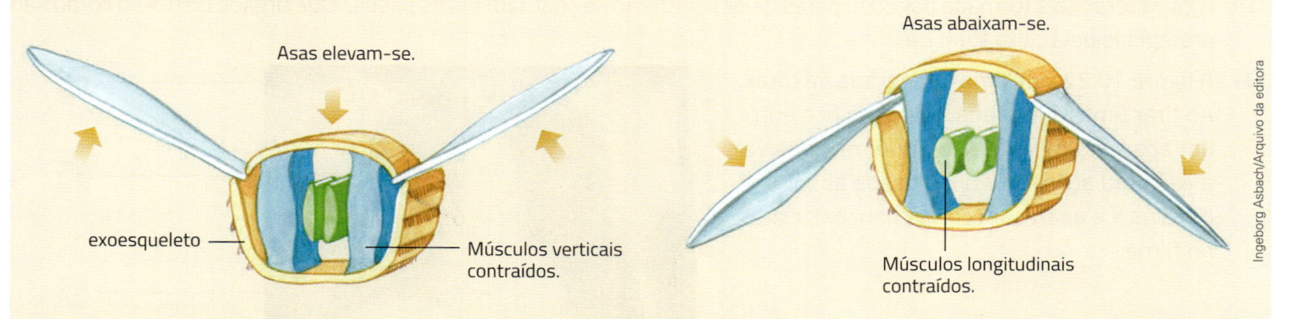

Fonte: elaborado com base em BRUSCA, R. C.; BRUSCA, G. J. *Invertebrados*. 2. ed. Rio de Janeiro: Guanabara Koogan, 2007. p. 636.

10.19 Representação da interação dos músculos no movimento das asas de um inseto (representados em corte transversal). A contração dos músculos deforma o exoesqueleto, promovendo o movimento das asas. (Elementos representados em tamanhos não proporcionais entre si. Cores fantasia.)

Outro grupo de animais que se especializou no voo foi o das aves. Esses animais apresentam algumas adaptações que possibilitam à maioria deles a capacidade de voar. O esqueleto das aves é leve e seu osso esterno costuma ser bem desenvolvido. Nesse osso há uma expansão, chamada carena, na qual se prende uma forte musculatura peitoral, responsável pelo movimento das asas. Veja as figuras 10.20 e 10.21.

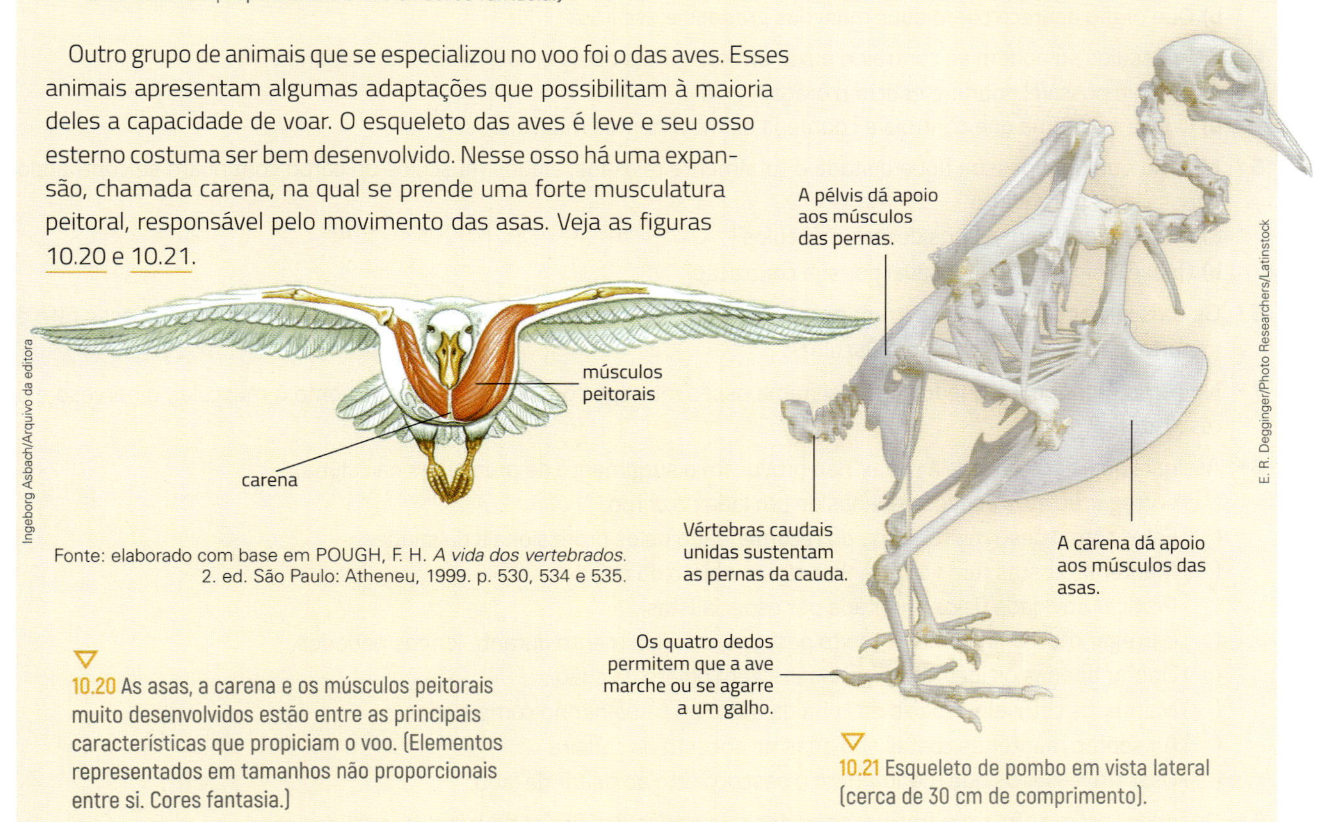

Fonte: elaborado com base em POUGH, F. H. *A vida dos vertebrados*. 2. ed. São Paulo: Atheneu, 1999. p. 530, 534 e 535.

10.20 As asas, a carena e os músculos peitorais muito desenvolvidos estão entre as principais características que propiciam o voo. (Elementos representados em tamanhos não proporcionais entre si. Cores fantasia.)

10.21 Esqueleto de pombo em vista lateral (cerca de 30 cm de comprimento).

Colaboram também para o voo uma visão aguçada e um sistema nervoso com áreas do cérebro responsáveis pela visão e pelo controle preciso dos músculos das asas.

ATIVIDADES

Aplique seus conhecimentos

1 › Reveja a figura 10.2. Depois, responda às questões.

a) Indique um osso que ajuda a proteger a medula espinal (parte do sistema nervoso).

b) Qual é o osso mais longo do corpo?

c) Qual é o único osso com articulação móvel da cabeça? Explique também qual é a função desse osso.

2 › A caixa torácica é formada por doze pares de ossos. Como se chamam esses ossos? Que órgãos do nosso corpo são protegidos pela caixa torácica?

3 › A figura 10.22 é de uma radiografia de tórax. Ao tirar uma radiografia, a pessoa fica entre um aparelho de raios X e um filme sensível a essa radiação. Então, os ossos absorvem os raios X e aparecem como manchas claras no filme.

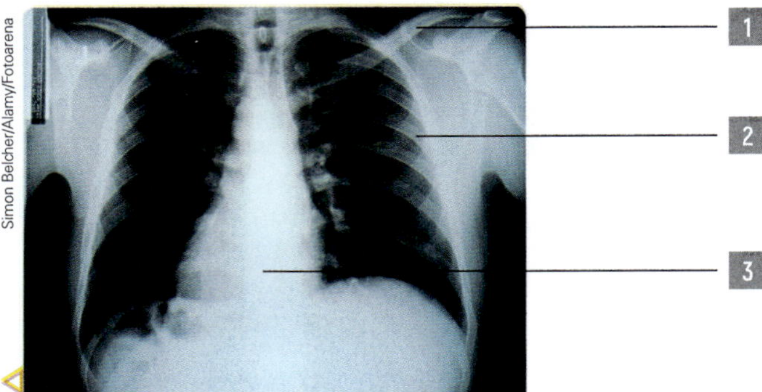

Simon Belcher/Alamy/Fotoarena

10.22 Radiografia de tórax.

a) Identifique as partes do esqueleto indicadas pelos números.

b) Que órgão aparece como duas manchas grandes e escuras?

4 › Os músculos só podem se contrair e puxar um osso, mas não o empurrar. Então, responda:

a) Como é possível dobrar e esticar o braço?

b) Qual é o sistema que controla e coordena os movimentos musculares?

5 › Mesmo que uma pessoa fique deitada e totalmente relaxada, alguns músculos do corpo continuam se contraindo várias vezes por minuto.

a) Onde se localizam alguns desses músculos?

b) Qual é o sistema responsável por sua contração?

6 › Os músculos esqueléticos costumam ter bastante irrigação sanguínea. O que isso quer dizer? Por que esse fato é importante para o trabalho do músculo?

7 › No corpo humano, de que formas o sistema ósseo interage com outros sistemas, como o muscular, o nervoso e o respiratório?

8 › Assinale quais dos fatores a seguir não provocam o surgimento de problemas na coluna.

( ) Carregar objetos pesados apenas de um lado do corpo.

( ) Estar com o peso muito acima do recomendado pelos profissionais de saúde.

( ) Manter as costas retas ao apanhar algum objeto do chão.

( ) Praticar atividade física orientada por especialistas.

( ) Carregar mochilas ou malas muito pesadas, principalmente durante longos períodos.

( ) Dobrar apenas os joelhos ao apanhar algum objeto do chão.

( ) Manter os cotovelos abaixo da linha da mesa ao trabalhar no computador.

( ) Ao sentar, manter as costas apoiadas no encosto da cadeira.

( ) Usar travesseiros que mantenham o pescoço reto ao deitar de lado.

9 › Quando alguém sofre uma fratura, as partes quebradas dos ossos devem ser mantidas próximas umas das outras e imobilizadas (sem movimento). Por que esse procedimento é necessário?

10 › Por que um inseto tem de trocar de esqueleto durante a fase de crescimento? Quais de suas funções podem ficar comprometidas durante essa troca?

Investigue

Faça uma pesquisa sobre os itens a seguir. Você pode pesquisar em livros, revistas, *sites*, etc. Preste atenção se o conteúdo vem de uma fonte confiável, como universidades ou outros centros de pesquisa. Use suas próprias palavras para elaborar a resposta.

1 Fetos e crianças recém-nascidas apresentam um tecido conjuntivo macio entre os ossos do crânio. Trata-se da moleira ou fontanela, indicada pela seta na foto a seguir.

Por volta dos dois anos de idade, a moleira se fecha, sendo então substituída por tecido ósseo. Mas a existência da fontanela é fundamental no momento do parto normal. Por quê?

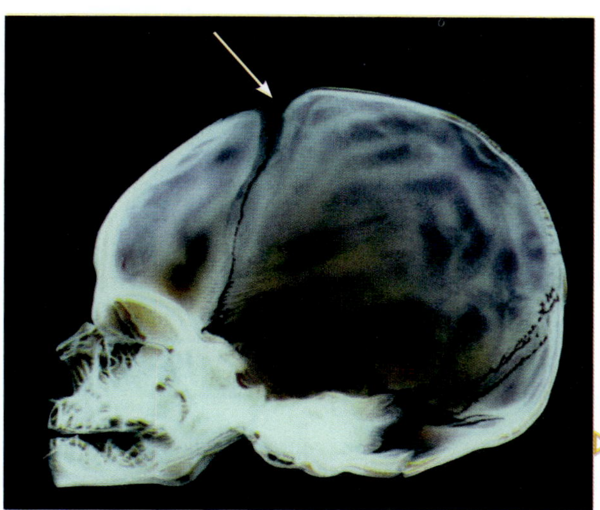

Dave Roberts/Science Photo Library/Latinstock

10.23 Radiografia de crânio de feto com fontanela (região escura na parte de cima do crânio, indicada pela seta).

2 No ano de 2014, a ginasta brasileira Laís Souza sofreu um grave acidente e lesionou a coluna, na região do pescoço. Por que acidentes como esses podem comprometer muito a vida de uma pessoa? Pesquise tratamentos existentes que tentam melhorar a condição de pessoas que sofreram acidentes graves.

3 Você viu neste capítulo que, além dos insetos, as aves também se especializaram na locomoção por meio do voo.

a) Quais sistemas apresentam adaptações que permitem o voo?

b) Cite algumas dessas adaptações.

c) Pesquise como as emas se locomovem. De que forma os sistemas ósseo, muscular e nervoso dessas aves devem ser diferentes daqueles encontrados em aves voadoras?

4 O que é artrose (ou osteoartrite) e bursite? Que problemas causam no organismo?

5 Pesquise, em fontes confiáveis, o que são pé plano e pé cavo. Que problemas causam no organismo?

De olho no texto

Leia o texto a seguir e depois responda às perguntas. Consulte em dicionários o significado das palavras que você não conhece e redija uma definição para esses termos.

Voo dos besouros

O mecanismo que permite o voo dos besouros é o conjunto dos dois pares de asas que eles têm e a musculatura vigorosa. [...]

O primeiro par de asas (os élitros) desses insetos [...] fica em posição superior e é bastante endurecido.

Quando o besouro está em repouso, funciona como um estojo que protege o segundo par. Este fica no interior, é membranoso, tem a consistência do couro e é sustentado por número variável de nervuras. Durante o voo, os élitros têm papel secundário, funcionando como um paraquedas. [...]

O mecanismo básico é o seguinte: os besouros abrem os élitros [...] e estendem as asas membranosas até ficarem planas e dão um impulso com as pernas. Assim, começam um voo planado e apenas em seguida dão início ao batimento vertical das asas membranosas, que possibilita seu deslocamento no ar.

COSTA, C. Como os besouros conseguem voar sendo tão pesados e tendo asas tão finas? *Ciência Hoje*. Disponível em: <www.cienciahoje.org.br/revista/materia/id/350/n/como_os_besouros_conseguem_voar_sendo_tao_pesados_e_tendo_asas_tao_finas>. Acesso em: 30 jan. 2019.

10.24 Joaninha (cerca de 8 mm de comprimento) levantando voo. Observe os dois pares de asas.

a) Em relação à localização no corpo, qual é a principal diferença entre o esqueleto dos insetos, como os besouros, e o esqueleto dos seres humanos?

b) De acordo com o texto, qual a função de cada um dos pares de asas dos besouros? O voo seria possível sem o élitro? E sem o sistema muscular?

c) Qual é o sistema responsável pela coordenação entre o esqueleto e a musculatura que permite o voo dos besouros?

Trabalho em equipe

Cada grupo de estudantes vai escolher uma das atividades a seguir para pesquisar em livros, revistas ou *sites* confiáveis (de universidades, centros de pesquisa, etc.). Vocês podem buscar o apoio de professores de outras disciplinas (Geografia, História, Língua Portuguesa, etc.). Exponham os resultados da pesquisa para a classe e a comunidade escolar (estudantes, professores e funcionários da escola e pais ou responsáveis), com o auxílio de ilustrações, fotos, vídeos, blogues ou mídias eletrônicas em geral. Ao longo do trabalho, cada integrante do grupo deve defender seus pontos de vista com argumentos e respeitando as opiniões dos colegas.

1 A sigla LER indica um conjunto de lesões. Façam uma pesquisa sobre elas e respondam às questões a seguir.

a) O que significa essa sigla? Quais são as doenças? Quais são as causas?

b) Que órgãos costumam ser afetados? Quais são os sintomas?

c) Como podem ser tratadas?

d) Quais atividades profissionais costumam apresentar maior incidência dessas lesões?

e) Pode-se dizer que essas lesões chegam a afetar a economia de um país ou de uma empresa? Por quê?

f) Como podemos nos prevenir contra elas?

g) Qual é o significado do termo ergonomia e que relação esse conceito tem com as LER?

2 Pesquisem quais são os benefícios, para a saúde, da prática de exercício físico realizado com a orientação de profissionais especializados e elaborem uma campanha (com cartazes ou em mídias digitais) para promover a prática dessas atividades na sua comunidade envolvendo diferentes faixas etárias. Apresentem o resultado da pesquisa à comunidade escolar. Antes, porém, o trabalho deve ser avaliado por um profissional da área de saúde e pelo professor de Educação Física, que poderá participar da apresentação e fazer uma palestra sobre o tema.

3 Façam um trabalho de campo para verificar se onde vocês moram há recursos que favorecem o acesso de pessoas com deficiência física a locais públicos (cinemas, teatros, estações de metrô, etc.) ou o deslocamento dessas pessoas pela cidade. Observem e registrem por escrito ou por meio de fotografias e desenhos. Verifiquem também o que diz a legislação a respeito. Se possível, entrevistem pessoas com deficiência física que estejam empregadas e procurem saber um pouco da história de cada uma e de suas dificuldades (se houver) no cotidiano.

4 Apalpem a região do calcanhar. Nela existe um tendão, o tendão calcâneo, popularmente chamado de "tendão de aquiles". Pesquisem por que esse tendão tem esse nome e expliquem também a origem e o significado da expressão "calcanhar de aquiles".

Aprendendo com a prática

Para realizar esta atividade, providencie, primeiramente, o que se pede a seguir e depois leia as orientações.

Material

- Dois ossos de coxa de galinha limpos
- Dois copos de plástico transparentes
- Água
- Vinagre
- Dois pedaços de filme plástico.

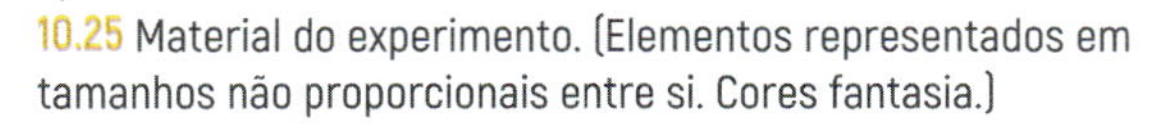

Ilustrações: Mauro Nakata/Arquivo da editora

10.25 Material do experimento. (Elementos representados em tamanhos não proporcionais entre si. Cores fantasia.)

Procedimento

1. Ponha um dos ossos de galinha em um copo com vinagre e o outro em um copo com água.
2. Cubra os copos com o filme plástico. Deixe os ossos de molho por cerca de 7 dias.
3. Ao fim desse prazo, retire os ossos dos copos e lave-os muito bem em água corrente.

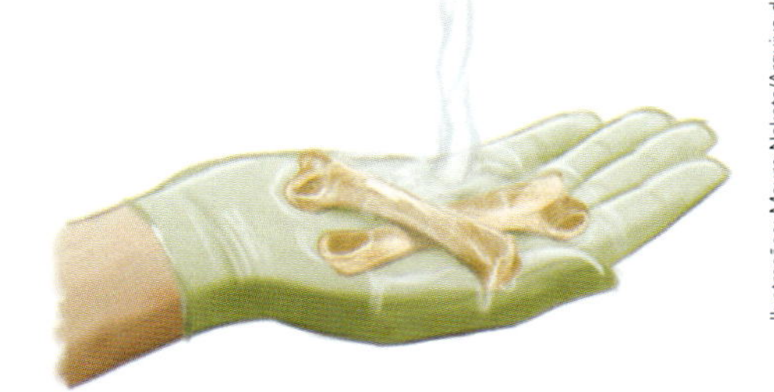

Ilustrações: Mauro Nakata/Arquivo da editora

10.26 Representação das etapas da atividade. (Elementos representados em tamanhos não proporcionais entre si. Cores fantasia.)

Depois, faça o que se pede e responda às questões a seguir.

a) Tente dobrar os dois ossos. O que você observou?

b) Pesquise uma forma de explicar o que aconteceu.

Autoavaliação

1. Você teve dificuldade para compreender algum dos temas estudados no capítulo? O que você fez para superar essa dificuldade?
2. Neste capítulo, estudamos algumas atitudes que podem contribuir para a manutenção da saúde do sistema locomotor. Reveja as recomendações apresentadas no capítulo e avalie se você, seus colegas e familiares as aplicam no cotidiano.
3. A prática de atividades físicas traz muitos benefícios para a saúde. Quais atividades você pratica ou gostaria de praticar? Quais são os principais benefícios que essas atividades trazem à sua saúde?

WAYHOME studio/Shutterstock

No laboratório, muitas substâncias passam por transformações químicas durante a realização dos experimentos.

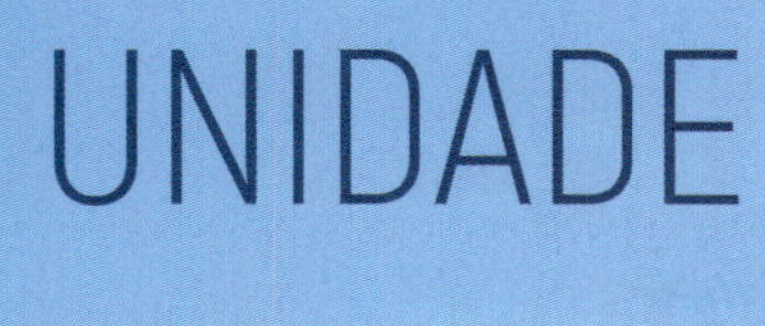

UNIDADE 3 A matéria e suas transformações

Toda a matéria que conhecemos é formada de substâncias químicas: os alimentos, a água, o ar, as construções, os aparelhos e instrumentos tecnológicos, o corpo dos seres vivos. Substâncias químicas também são usadas para produzir medicamentos e outros materiais. As indústrias misturam e separam diferentes substâncias e, além disso, criam outras, como alguns hormônios usados no tratamento de doenças.

1. Em 1907, o primeiro plástico, feito a partir do petróleo, foi criado pelo químico Leo Baekeland (1863-1944). Hoje, é um material extremamente comum, mas seus resíduos poluem oceanos e outros ambientes. Diante desse cenário, como podemos convencer as pessoas de que devemos consumir menos plástico?

2. Você já pensou na profissão que quer seguir no futuro? Como você imagina que o conhecimento de Ciências é usado em diferentes profissões?

CAPÍTULO

11 Substâncias e misturas

Franco Hoff/Pulsar Imagens

11.1 Salina em Chaval (CE), 2016. Em locais como esse, o sal é separado da água do mar para ser utilizado em diversas atividades, como na culinária.

Para começar

1. Quando colocamos óleo de cozinha e água em um copo, eles se misturam?
2. Como podemos diferenciar substâncias visualmente parecidas, como a água e o álcool?
3. Qual é a diferença entre uma substância pura e uma mistura de substâncias?
4. Como separar os componentes de uma mistura de água e areia?
5. Quais são as diferenças entre a massa crua de um bolo e o bolo depois de assado?
6. De onde vêm a gasolina e o *diesel* que usamos em veículos?

O processo de separação de misturas é essencial em diversas atividades humanas, como no tratamento da água ou no tratamento de esgotos. A obtenção de sal a partir da água do mar – veja a figura 11.1 – e a produção industrial de medicamentos e substâncias livres de impurezas também são exemplos de atividades em que são empregados processos de separação de misturas.

1 Identificação de substâncias puras

O que o leite, a água potável e o granito têm em comum?

Todos são misturas de substâncias. O leite é uma mistura de água, lactose (um tipo de açúcar), sais minerais, proteínas, gorduras, vitaminas e muitas outras substâncias. E, embora você não veja, quando bebe água está ingerindo também vários sais minerais, além de gases, dissolvidos na água. Por último, o granito, como você viu no capítulo 1, é uma rocha formada por uma mistura de minerais – quartzo (de cor branca), feldspato (cinza) e mica (preta). Veja a figura 11.2.

Coprid/Shutterstock
Coprid/Shutterstock
Photo_jeongh/Shutterstock

11.2 Exemplos de misturas de substâncias: leite, água e granito. (Os elementos representados nas fotografias não estão na mesma proporção.)

Quando pensamos em algo puro, ou no termo "pureza", associamos a algo que não está contaminado, ou que não está misturado. Em ciência, substâncias puras são aquelas formadas por um único componente, como é o caso do gás oxigênio. Já o ar, como vimos no capítulo 4, é uma mistura de gases que inclui o oxigênio, o gás carbônico, o nitrogênio, entre outros.

Tanto em nosso dia a dia quanto na natureza, não é muito comum encontrarmos substâncias puras, mas sim misturas de várias substâncias. Para transformar a água potável, por exemplo, em água pura, é preciso fervê-la em um aparelho especial, recolhendo e condensando seu vapor, como você vai ver adiante. Ao retirarmos da água os sais minerais e os gases nela dissolvidos, teremos uma substância pura. Para simplificar, vamos chamar as substâncias puras simplesmente de **substâncias**.

Saiba mais

Sistema Internacional de Unidades

Para facilitar a comunicação, os cientistas preferem usar um único grupo de unidades de medida: o Sistema Internacional de Unidades (SI). Nesse sistema, a unidade de comprimento é o metro (m); a de volume, o metro cúbico (m^3); a de massa, o quilograma (kg).

Também são usados múltiplos e submúltiplos dessas grandezas: grama (g), miligrama (mg) e tonelada (t), por exemplo. Veja as correspondências: 1 kg = 1 000 g; 1 g = 1 000 mg; 1 t = 1 000 kg.

Um metro cúbico (m^3) corresponde a 1 000 litros (L); 1 mililitro (mL), que é a milésima parte de 1 L, equivale a 1 centímetro cúbico (cm^3); e 1 L equivale a 1 decímetro cúbico (dm^3).

Pontos de fusão e de ebulição

No capítulo 3, vimos que, durante o ciclo da água, ela passa por mudanças de estado físico. Veja a figura 11.3.

Outros materiais, como o ferro e o alumínio, também podem passar por mudanças de estado físico.

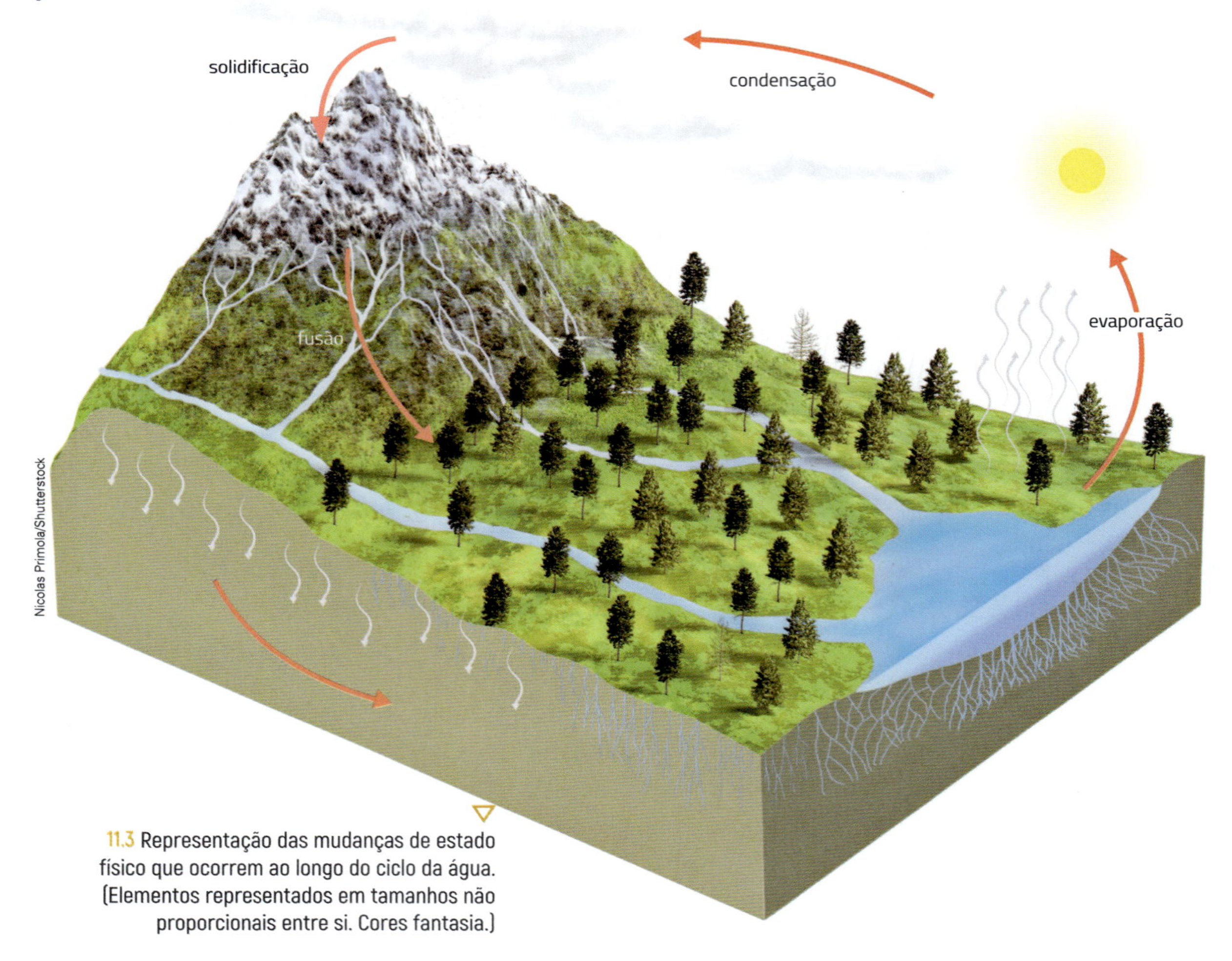

11.3 Representação das mudanças de estado físico que ocorrem ao longo do ciclo da água. (Elementos representados em tamanhos não proporcionais entre si. Cores fantasia.)

No capítulo 3 você também viu que a mudança do estado sólido para o líquido é chamada fusão e o fenômeno inverso é a solidificação; e que a passagem do estado líquido para o gasoso é chamada vaporização (que pode acontecer por ebulição ou evaporação) e o fenômeno inverso é a condensação ou liquefação. Reveja a figura 11.3.

Agora, vamos saber um pouco mais sobre as mudanças de estado da água e de outras substâncias puras.

À medida que se fornece energia em forma de calor a um pedaço de gelo, sua temperatura vai subindo até chegar a zero grau Celsius (0 °C). A partir desse momento, o calor passa a provocar mudança do estado sólido para o líquido (fusão). Enquanto houver água nos dois estados – líquido e sólido –, a temperatura desse sistema vai se manter em 0 °C. Somente quando todo o gelo estiver derretido é que a temperatura vai começar a subir. O mesmo vale para o processo inverso: durante a passagem da água do estado líquido para o sólido (solidificação), o sistema se mantém em 0 °C.

Essa temperatura é válida para a água pura, sob pressão de 1 atm. Como você viu no capítulo 4, a camada de ar que envolve a Terra exerce uma pressão: a pressão atmosférica. No nível do mar, ela equivale a 1 atm.

Portanto, durante a fusão ou a solidificação, a temperatura do sistema formado por água líquida e gelo permanece constante.

A temperatura de todas as substâncias puras permanece constante durante a fusão ou a solidificação. A temperatura de fusão do ouro no nível do mar, por exemplo, é 1 064 °C. Veja a figura 11.4. Dizemos, então, que o **ponto de fusão** – ou a **temperatura de fusão** ou **de solidificação** – do ouro é 1 064 °C.

Mundo virtual

Temperatura do ponto de fusão de algumas substâncias (°C)
http://www.if.ufrgs.br/cref/amees/tabela.html
Site do Instituto de Física da Universidade Federal do Rio Grande do Sul (UFRGS) que traz tabelas com as temperaturas de ponto de fusão e ebulição de algumas substâncias.
Acesso em: 30 jan. 2019.

DEA/C. SAPPA/De Agostini/Getty Images

Stepan Kapl/Shutterstock

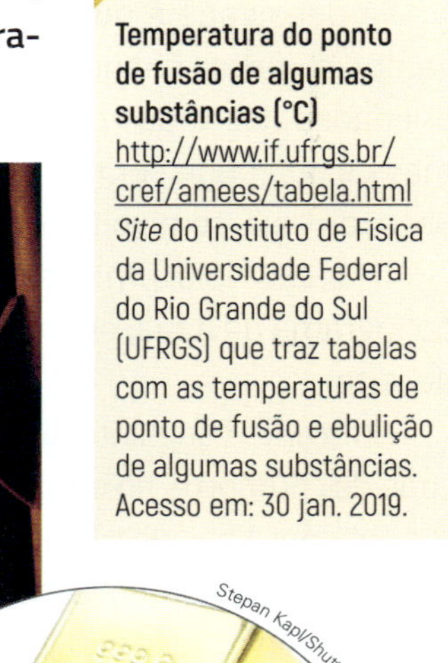

11.4 Ouro fundido sendo despejado em fôrma durante a produção de barras. No detalhe, barra de ouro após a solidificação.

Cada substância tem um ponto de fusão específico. Veja alguns exemplos: o ponto de fusão da água é 0 °C; o do ferro é 1 535 °C; e o do ouro, 1 063 °C. Portanto, o ponto de fusão é uma propriedade que ajuda a identificar as substâncias.

Além de ter um ponto de fusão específico, cada substância tem um **ponto de ebulição** específico, ou uma **temperatura de ebulição**. Essa propriedade também nos ajuda a identificar a substância: sob pressão de 1 atm, o ponto de ebulição da água é 100 °C; o do mercúrio é 357 °C; e o do ferro, 3 000 °C.

Da mesma forma, cada substância entra em ebulição a uma temperatura, em determinada pressão.

Na maior parte das situações, vamos considerar que a referência é a pressão atmosférica no nível do mar.

Assim como na fusão, durante a ebulição a temperatura da substância não se altera. Somente depois que a mudança de estado se completa é que a temperatura da substância começa a aumentar.

Agora você já deve ter compreendido que uma maneira de diferenciar substâncias bem parecidas é pela análise de suas propriedades, chamadas **propriedades específicas da matéria**.

Os pontos de fusão e de ebulição mudam quando se misturam substâncias. O ponto de ebulição da água, por exemplo, aumenta quando se acrescenta a ela um pouco de sal. Por isso, essas propriedades específicas também são usadas para saber se a substância é pura.

Densidade

A densidade é outra propriedade específica dos materiais. Para conhecê-la, vamos começar falando sobre duas **propriedades gerais da matéria**, isto é, propriedades que todos os corpos possuem: a massa e o volume. Toda matéria tem massa, que pode ser medida em uma balança, e toda matéria ocupa lugar no espaço, ou seja, tem volume.

O termo "corpo" significa aqui uma porção limitada de matéria, como um cubo de gelo ou um pedaço de madeira. O termo "objeto" é empregado para designar o corpo com determinado uso, como uma cadeira feita de madeira ou um martelo de ferro.

Por exemplo, em relação à massa, pode-se ter um quilograma de arroz e um quilograma de água; em relação ao volume, pode-se ter um litro de água e um litro de leite.

Imagine a seguinte situação: coloca-se em um dos pratos de uma balança um cubo de chumbo e, no outro prato, um cubo de alumínio; ambos os cubos com o mesmo volume. A balança de pratos funciona como uma gangorra. O prato que contém a maior massa fica em um nível mais baixo do que o outro prato. Veja a figura 11.5.

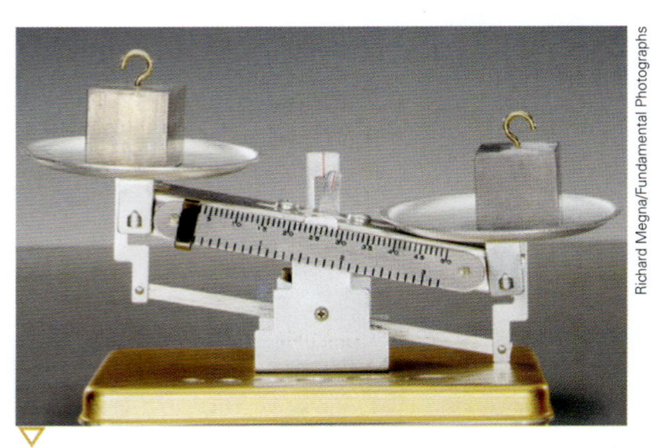

Richard Megna/Fundamental Photographs

11.5 Dois cubos de mesmo volume sobre os pratos de uma balança. O cubo da esquerda é de alumínio e o da direita é de chumbo.

Note que o prato que fica mais baixo é aquele em que está o cubo de chumbo. Isso acontece porque sua massa é maior que a do cubo de alumínio. Esses materiais diferem, portanto, na relação entre massa e volume, a qual chamamos **densidade**. No exemplo, o chumbo é mais denso que o alumínio, pois tem mais massa em um mesmo volume.

Para encontrar a densidade de um material, dividimos sua massa pelo seu volume, da seguinte forma:

$$d = \frac{m}{v}$$

Na fórmula: **d** representa a densidade; **m**, a massa; e **v**, o volume. A densidade pode ser expressa em diferentes unidades de medida, por exemplo: g/mL (grama por mililitro), kg/m^3 (quilograma por metro cúbico) ou g/cm^3 (grama por centímetro cúbico).

Veja mais este exemplo: se pusermos um recipiente de vidro cheio de água em um dos pratos de uma balança e, no outro prato, colocarmos um recipiente igual, mas cheio de óleo de soja, a balança vai inclinar-se para o lado da água. Isso porque a massa de 1 L de óleo de soja é 0,8 kg, e a massa de 1 L de água é 1 kg. Então, a densidade do óleo de soja é 0,8 kg/L e a densidade da água é 1 kg/L: a água é mais densa do que o óleo de soja. Percebeu a diferença? Há mais massa em um litro de água do que em um litro de óleo de soja.

A densidade tem relação com a flutuação dos corpos. O gelo e o óleo de soja, por exemplo, flutuam na água líquida porque são menos densos que ela. Veja a figura 11.6.

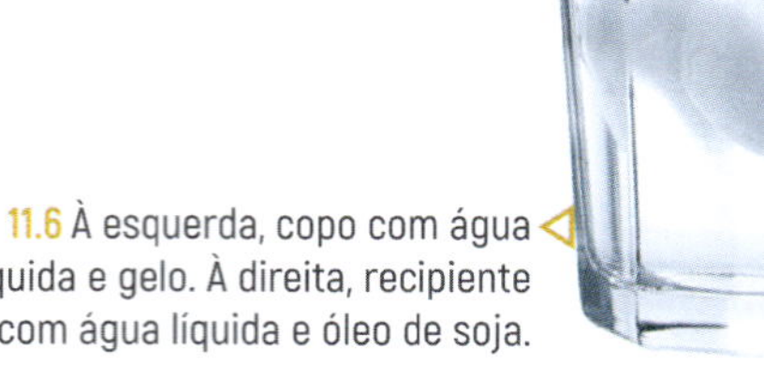

Katrina Leigh/Shutterstock

GIPhotoStock/Photo Researchers, Inc./Latinstock

11.6 À esquerda, copo com água líquida e gelo. À direita, recipiente com água líquida e óleo de soja.

O petróleo também é menos denso que a água. É por isso que em caso de acidente com navios petroleiros esse composto flutua na água do mar.

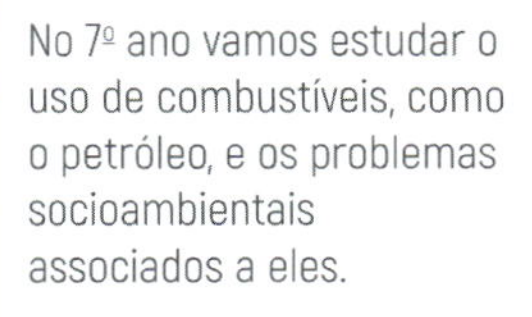

No 7º ano vamos estudar o uso de combustíveis, como o petróleo, e os problemas socioambientais associados a eles.

Na figura 11.7 é possível ver o resultado do vazamento de petróleo no mar.

AFP/Agência France Presse

11.7 Vazamento de petróleo em região costeira de Balikpapan, na Indonésia, 2018.

Vemos então que a densidade, assim como o ponto de fusão e o de ebulição, é uma característica específica dos materiais e, portanto, nos ajuda a saber se uma substância é pura ou se é uma mistura de substâncias.

A densidade da água pura, por exemplo, é 1 g/mL, enquanto a mistura de água com sal de cozinha apresenta densidade diferente: quanto maior a concentração de sal, maior será a densidade da mistura.

Conexões: Ciência e tecnologia

Combustíveis adulterados

Às vezes, jornais relatam que postos de combustíveis foram interditados por vender combustíveis adulterados. Como essas misturas são homogêneas, o consumidor não identifica a fraude apenas pela observação do líquido. Mas a fraude pode ser descoberta porque diferentes misturas têm diferentes densidades. Uma mistura de etanol e água, por exemplo, tem densidade intermediária entre 1,000 (densidade da água) e 0,790 (densidade do etanol; medidas a 1 atmosfera e 25 °C).

Fe Reis/Fotoarena

11.8 Densímetro na bomba de combustíveis em posto.

A densidade varia com a composição da mistura. O mesmo vale para a mistura de gasolina e outros componentes.

Nas bombas de combustíveis há equipamentos chamados densímetros, que são calibrados de acordo com a densidade das misturas. Se, por exemplo, houver mais água no etanol vendido no posto, ou mais etanol na gasolina, do que permitido pela legislação brasileira, a medida da densidade indica a fraude. Veja a figura 11.8.

Mundo virtual

Simulador de densidade
https://phet.colorado.edu/pt_BR/simulation/density
Simulador interativo de densidade desenvolvido pelo projeto PhET (Simulações Interativas da Universidade de Colorado Boulder).
Acesso em: 30 jan. 2019.

2 Misturas homogêneas e heterogêneas

Considere duas misturas: uma de água e areia e outra de água e sal. Qual é a diferença entre elas?

Quando a mistura de água e areia é agitada, podemos ver grãos de areia espalhados na água. Logo em seguida, a areia se deposita no fundo, e é possível distinguir os componentes da mistura a olho nu. Nesse caso, temos uma **mistura heterogênea**. Veja a figura 11.9.

O granito e a mistura de óleo e água são outros exemplos de misturas heterogêneas. Nelas é possível distinguir visualmente as diferentes substâncias presentes na mistura.

E quanto à mistura de água e sal? Se adicionarmos a um copo de água uma pitada de sal e mexermos o líquido, o sal se dissolve e teremos uma mistura em que não é possível distinguir os componentes a olho nu nem com o uso de lentes que ampliam a imagem. Portanto, dizemos que essa é uma **mistura homogênea** – também chamada de **solução** – de água e sal. O soro fisiológico, por exemplo, é uma solução de água e sal (cloreto de sódio) que contém 9 g de sal por litro. Ele é usado, por exemplo, em hospitais, em alguns casos de desidratação. Veja a figura 11.10.

Sérgio Dotta Jr./The Next

11.9 Mistura heterogênea de água e areia.

A desidratação pode ser provocada por diarreias prolongadas, pouca ingestão de líquidos, entre outros fatores. É muito perigosa, principalmente para crianças e idosos, por isso exige atendimento médico.

Stor24/Shutterstock

11.10 O soro fisiológico usado em hospitais é um exemplo de mistura homogênea, ou solução.

Soluto e solvente

Nas soluções, como as de água e sal ou de água e açúcar, há um **soluto** (o sal ou o açúcar), que é a substância que se dissolve, e um **solvente** (a água), a substância que dissolve o soluto.

As soluções em que a água é o solvente são chamadas **soluções aquosas**. Também há **soluções gasosas**, como o ar não poluído, e **soluções sólidas**, como as ligas metálicas.

O ouro puro é um metal considerado muito maleável. Por isso, na produção de joias, ele é endurecido, geralmente pela mistura com prata e cobre, formando uma liga metálica.

A quantidade de soluto em relação à quantidade de solvente pode variar em uma mistura. Se adicionarmos uma quantidade muito grande de sal à água, chegaremos a um ponto em que o soluto não se dissolve mais, e se deposita no fundo do recipiente. A mistura passa então a ser heterogênea. Você pode fazer esse experimento em casa.

3 Separação dos componentes de uma mistura

Já vimos que não é comum encontrar substâncias puras na natureza. Geralmente encontramos misturas de muitas substâncias diferentes e, em algumas situações, queremos separar seus componentes: para obter sal de cozinha a partir da água do mar; para remover impurezas da água, em estações de tratamento; para fabricar perfumes com componentes obtidos de folhas e flores; para extrair, das plantas, substâncias com propriedades medicinais.

Os processos empregados nas estações de tratamento de água e esgoto serão vistos no capítulo 12.

Para a execução de todos esses processos é necessário o uso de técnicas que separam os componentes das misturas.

Catação

Se você mora em uma região em que há coleta seletiva de resíduos, certamente conhece o método de **catação**. É por meio desse método que separamos plásticos, papéis, vidros e metais para destiná-los à reciclagem. Veja a figura 11.11.

A catação também é realizada por cozinheiros ao preparar feijão: antes do cozimento, é preciso separar o feijão das pequenas pedras e outros resíduos que podem vir misturados aos grãos. A catação, portanto, é o processo de separação dos componentes de uma mistura heterogênea de sólidos, feito com as mãos ou com uma pinça.

Lucas Lacaz Ruiz/Folhapress

11.11 Separação de material para reciclagem em São José dos Campos (SP), 2015. A separação é feita pelo método da catação.

Peneiração

Nas construções, é comum o uso de peneira para separar a areia fina da areia grossa, das pedras e de outros componentes. Veja a figura 11.12. As peneiras deixam passar um componente menor que o espaçamento de sua malha, retendo os componentes maiores. A **peneiração** separa, portanto, componentes sólidos de uma mistura heterogênea com base no tamanho.

O garimpeiro que procura diamantes costuma usar uma peneira para separar o barro das pedras. Depois, por catação, ele separa os diamantes.

Dirceu Portugal/Fotoarena

11.12 Trabalhador usando peneira para separar areia em Campo Mourão (PR), 2018.

Levigação

A **levigação** consiste em usar uma corrente de água para separar corpos mais densos de corpos menos densos em uma mistura heterogênea de sólidos. Os corpos menos densos são arrastados mais facilmente pela água. Nos garimpos, uma corrente de água passa por uma espécie de rampa ou por uma bacia (bateia), arrastando as partículas menos densas de areia e deixando no fundo o ouro, mais denso. Veja a figura 11.13.

Adriano Gambarini/Acervo do fotógrafo

11.13 Levigação em balsa no rio Jurema (MT), 2017.

Ventilação

Se você esfregar entre as mãos alguns grãos de amendoim com pele (os que ainda estão cobertos por uma película escura), verá que boa parte da pele se solta. Depois, assoprando, é possível separar essa pele dos grãos.

A mistura de café e folhas da planta do café pode, por exemplo, ser separada lançando-a para cima e deixando que a corrente de ar arraste as folhas. Veja a figura 11.14. Quando o ar é usado no processo de separação de misturas heterogêneas de sólidos, classificamos esse processo como **ventilação**.

Gerson Sobreira/Terrastock

11.14 Agricultor realizando ventilação após a colheita do café, em Santa Mariana (PR), 2017.

Separação magnética

Você já manipulou um ímã? Deve ter percebido que ele gruda em algumas coisas e em outras, não. O ferro, por exemplo, é atraído por ímãs, enquanto o cobre, usado para fazer fios e canos, não. A **separação magnética** é usada em misturas heterogêneas nas quais um dos componentes é atraído por um ímã. Veja a figura 11.15.

Design Pics/Glow Images

11.15 Separação magnética do ferro utilizado na reciclagem, em Quebec, Canadá, 2015.

Dissolução fracionada

Imagine como seria separar açúcar de areia pelo método da catação. Seria um trabalho quase impossível. Mas sabemos que o açúcar se dissolve na água, enquanto a areia não. Quando um dos componentes de uma mistura heterogênea é solúvel em água, e outros não, é possível usar a **dissolução fracionada**.

No caso, podemos adicionar água à mistura de açúcar e areia em quantidade suficiente para dissolver todo o açúcar. Veja a figura 11.16. Em seguida, basta despejar com cuidado a água com açúcar em outro frasco. Restará, então, um recipiente com areia e outro com uma mistura homogênea de água com açúcar, cujos componentes podem ser separados por outros processos, como a destilação ou a evaporação, que veremos adiante.

Fotos: Sérgio Dotta Jr./Arquivo da editora

11.16 Areia e açúcar sendo separados pelo método da dissolução fracionada.

Filtração

O processo de **filtração** é muito usado nas residências para filtrar a água da torneira antes de bebê-la. A vela do filtro retém as partículas maiores (como partículas de solo ou certos microrganismos) e deixa passar a água com sais minerais e outras partículas muito pequenas.

Outro exemplo de filtração ocorre nas chaminés de fábricas que apresentam medidas de controle da poluição do ar. As partículas sólidas da fumaça ficam retidas, diminuindo a quantidade de poluentes que chega ao ar atmosférico.

A filtração é, portanto, um processo de separação de misturas heterogêneas formadas por componentes sólidos e líquidos, ou sólidos e gasosos. Veja a figura 11.17.

Ernesto Reghran/Pulsar Imagens

11.17 Filtragem da água em estação de tratamento de esgoto em Londrina (PR), 2015. O esgoto já parcialmente tratado é lançado sobre as pedras, que funcionam como um filtro, retendo grande parte dos resíduos.

Decantação

Se você deixar uma mistura de areia e água em repouso, verá que a areia, que é mais densa, vai se depositando no fundo do recipiente. Esse processo é chamado **decantação**. Após a decantação, pode-se usar um sifão – um tubo cheio de água que transfere o líquido de um recipiente em um nível mais alto para outro, em um nível inferior. Veja a figura 11.18.

Fernando Favoretto/Criar Imagem

11.18 No recipiente à esquerda, a areia foi separada da água por decantação. Em seguida, iniciou-se o processo de transferência da água para o recipiente à direita por meio de um sifão.

Além de separar sólidos de líquidos, a decantação também pode ser usada para separar diferentes líquidos que não se misturam e que sejam de densidades diferentes, como a água e o óleo. Após a decantação, pode-se usar um funil com uma torneira, que é fechada depois que o líquido mais denso é transferido para outro recipiente, como mostra a figura 11.19.

Ilustrações: KLN Artes Gráficas/Arquivo da editora

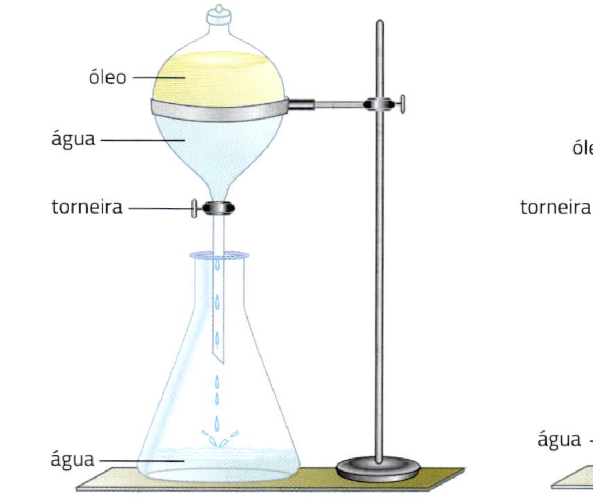

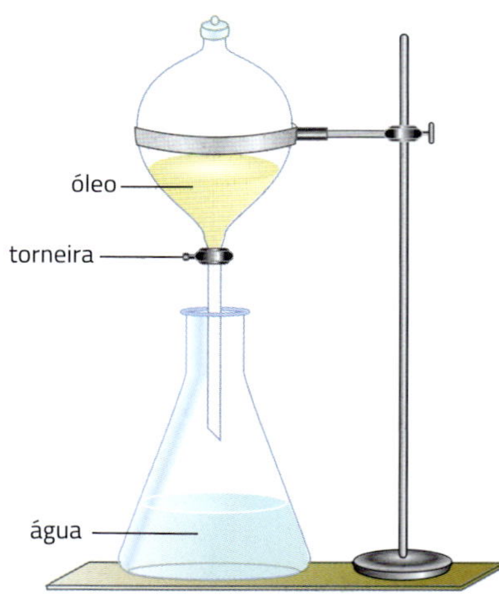

11.19 Representação de separação de mistura heterogênea de água (mais densa) e óleo (menos denso). Depois que toda a água sai do funil, a torneira é fechada. (Elementos representados em tamanhos não proporcionais entre si. Cores fantasia.)

Evaporação

Você sabe de onde vem o sal que utilizamos para temperar alimentos? Em muitas regiões do Brasil, como no Rio Grande do Norte, o sal é obtido a partir da água do mar. Para isso, é utilizado o método da evaporação, que permite separar de uma mistura homogênea o componente sólido dissolvido. Reveja a figura 11.1, que abre o capítulo.

Na evaporação, a fração líquida da mistura não pode ser reutilizada: apenas o material sólido é recuperado.

Primeiro, a água do mar é bombeada para imensos tanques, que formam as salinas. Com o calor do Sol, a água dos tanques evapora, deixando no fundo apenas o sal, que é então recolhido e tratado para a retirada de impurezas.

Destilação

A **destilação** é usada para separar componentes de uma mistura homogênea formada por um líquido e um sólido dissolvido, como uma mistura de água e sal. Além disso, os componentes de misturas formadas por dois líquidos com pontos de ebulição muito diferentes, como álcool e água, também podem ser separados por destilação.

No processo de destilação simples usa-se um aparelho chamado destilador, como o representado, de modo simplificado, na figura 11.20. Se desejarmos separar uma mistura de água e sal sem descartar a água, devemos fazer uma destilação.

O vapor de água passa pelo tubo interno do condensador, cujo tubo externo é resfriado por uma corrente de água fria. Como a temperatura do tubo externo é mais baixa, o vapor se condensa, o que faz com que a água volte ao estado líquido; ela então escorre até ser recolhida em um frasco. O sal permanece no recipiente da fervura. Reveja a figura 11.20.

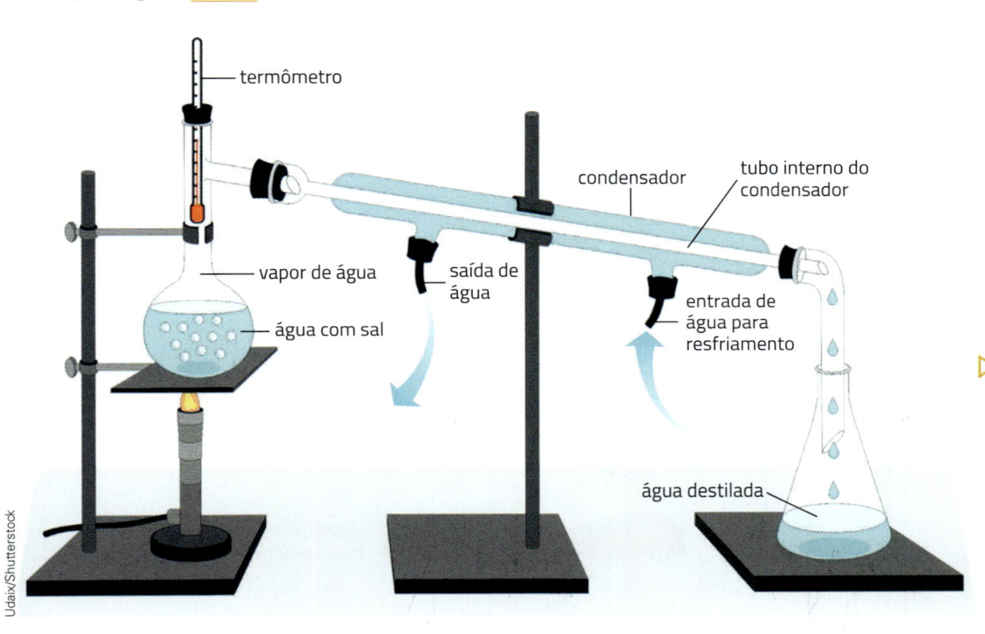

11.20 Representação de destilação simples feita em laboratório. A água obtida, resultante da condensação do vapor, é chamada de água destilada e é uma substância pura. (Elementos representados em tamanhos não proporcionais entre si. Cores fantasia.)

Conexões: Ciência e sociedade

A Química

A Química é uma ciência que estuda os fenômenos que alteram a natureza da matéria. Estuda também as propriedades específicas da matéria e sua constituição (do que a matéria é feita). A água, o sal, o açúcar e os metais, por exemplo, são substâncias químicas. Os conceitos que estamos estudando neste capítulo foram construídos pela Química.

Essa área da ciência é muito importante em nosso dia a dia e seus estudos podem ser usados para melhorar a qualidade de vida das pessoas. Infelizmente, algumas tecnologias químicas geraram produtos que poluem o planeta. É o caso dos derivados de petróleo, como óleos, gases e combustíveis fósseis.

Os conhecimentos da Química também podem ser usados para produzir armas de guerra, como gases que afetam o sistema nervoso. Por isso, é preciso que a aplicação do conhecimento gerado por essa e outras ciências seja orientada por princípios éticos, de modo que sejam respeitados os direitos humanos e a natureza, e atendidas as necessidades de toda a sociedade.

 **Mundo virtual**

Quando a química entra em cena – *Ciência Hoje*
http://cienciahoje.org.br/artigo/quando-a-quimica-entra-em-cena/
Artigo de Nadja Paraense dos Santos e Teresa Cristina de Carvalho Piva sobre a história da Química.
Acesso em: 30 jan. 2019.

Destilação fracionada e o petróleo

Para separar uma mistura homogênea de líquidos com pontos de ebulição próximos, pode-se usar a **destilação fracionada**. Por esse método, é possível separar misturas compostas por muitas substâncias, como o petróleo.

O petróleo é um líquido escuro e oleoso extraído de depósitos subterrâneos. É formado por uma mistura de substâncias orgânicas resultantes da transformação, ao longo de milhões de anos, de algas e outros seres microscópicos aquáticos que foram soterrados.

Você vai aprender mais sobre o petróleo e outros combustíveis fósseis no 7º ano.

Depois de sua extração, o petróleo é transportado para refinarias, onde seus componentes são separados e purificados nas chamadas torres de fracionamento. Veja a figura 11.21.

O petróleo é aquecido em uma fornalha, vaporiza-se e sobe pela torre. Os vapores com temperatura de ebulição mais alta se condensam nas partes mais baixas da torre, que é mais quente, e o líquido é recolhido. No alto da torre, os vapores que têm temperatura de ebulição mais baixa se condensam. Reveja a figura 11.21. Assim, em cada nível da torre, condensa-se uma fração de petróleo, resultando em vários produtos: gasolina, querosene, óleo *diesel* e gás de cozinha, conhecido como gás liquefeito do petróleo (GLP).

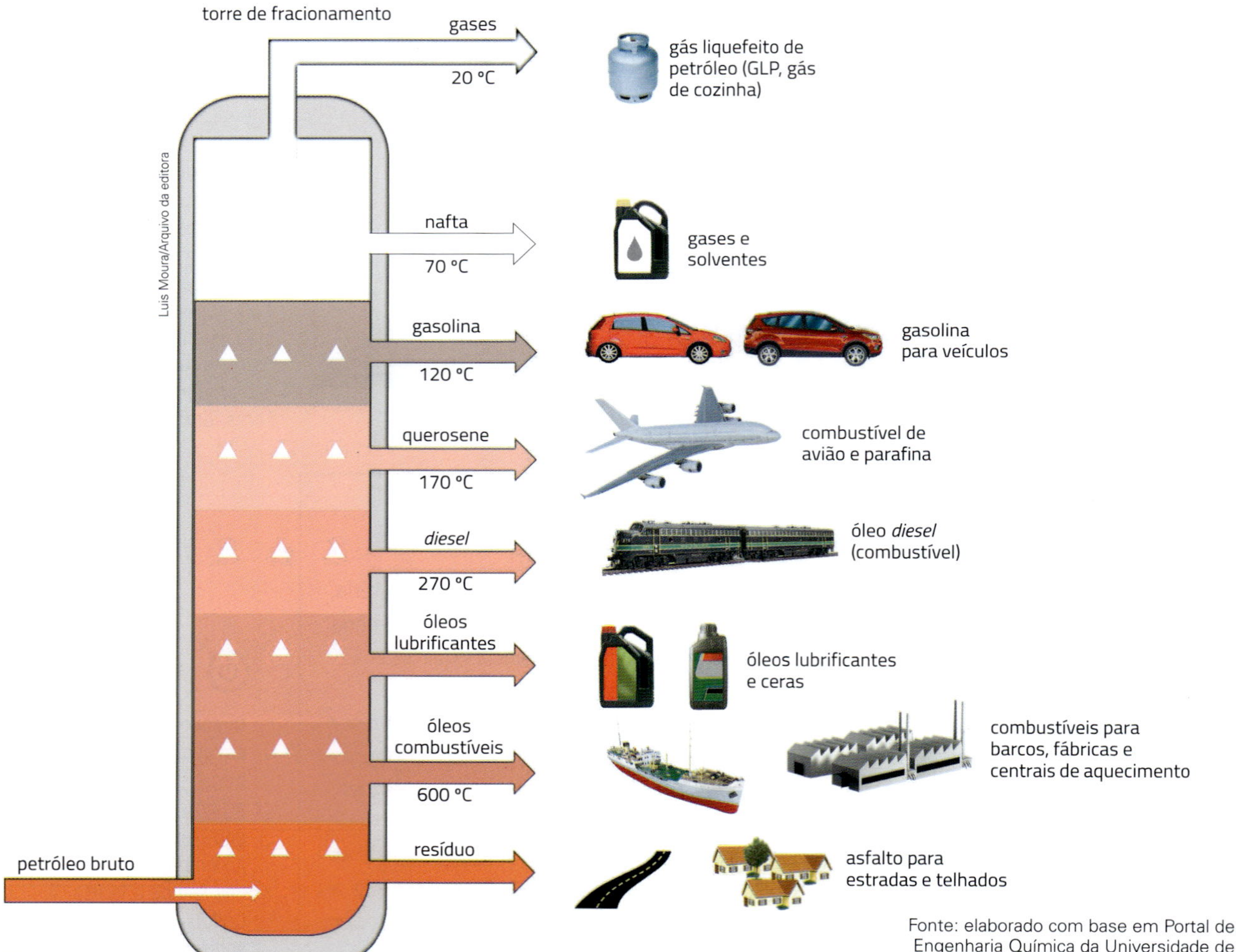

11.21 Representação da destilação fracionada para a obtenção de derivados do petróleo. (Elementos representados em tamanhos não proporcionais entre si. Cores fantasia.)

Fonte: elaborado com base em Portal de Engenharia Química da Universidade de Coimbra. Disponível em: <http://labvirtual.eq.uc.pt/siteJoomla/index.php?option=com_content&task=view&id=224&Itemid=415>. Acesso em: 30 jan. 2019.

4 Transformações químicas

Nas misturas que estudamos até aqui, cada substância mantém suas propriedades originais mesmo após ser misturada a outras. Ao misturarmos água com areia, por exemplo, a água e a areia mantêm as propriedades que tinham antes de serem misturadas. Dizemos que houve apenas um **fenômeno físico**.

> A areia continua a ser um sólido cristalino e a água continua a ser uma substância, como se costuma dizer, incolor (sem cor), inodora (sem cheiro) e insípida (sem gosto).

Agora, imagine a seguinte situação: misture farinha de trigo, açúcar, ovos, manteiga e fermento, e então você terá, pelo menos no início, apenas uma mistura de ingredientes, cada um com suas propriedades.

Mas, ao levar a mistura ao forno, após algum tempo ela ficará bem diferente, transformando-se em um bolo. Nesse caso, ocorreram transformações químicas, isto é, reações químicas entre os ingredientes do bolo, produzindo novas substâncias com novas propriedades. Neste caso, houve um **fenômeno químico**.

Veja mais alguns exemplos de transformações químicas.

Observe as fotos da figura 11.22. Na primeira foto, uma pessoa está rasgando um papel e, na segunda, papéis estão sendo queimados. Você sabe dizer qual das duas situações é um exemplo de transformação química?

Mundo virtual

Ciência para fazer bolo
http://chc.org.br/ciencia-para-fazer-bolo
Texto que descreve as transformações pelas quais a massa passa durante a produção de um bolo.
Acesso em: 30 jan. 2019.

Fernando Favoretto/Criar Imagem

Vincent Boisgard/EyeEm/Getty Images

11.22 Formas de transformação do papel.

Atenção
Não realize experimentos com fogo ou produtos químicos sem assistência do professor.

As **transformações químicas** – ou **reações químicas** – alteram a natureza da matéria e, consequentemente, suas propriedades específicas, como densidade e pontos de fusão e de ebulição. Em outras palavras, uma transformação química ocorre quando novas substâncias são formadas. É o caso do papel (feito de celulose) que, ao ser queimado, se transforma em fuligem (carbono) e em alguns gases (entre eles, o gás carbônico).

Observe agora a figura 11.23. Ela mostra bolhas resultantes da formação de um gás – o gás carbônico – após a reação química entre ácido acético – uma substância do vinagre – e uma solução de bicarbonato de sódio.

Fernando Favoretto/Criar Imagem

11.23 Em certos casos, é possível enxergar a olho nu evidências da ocorrência de uma transformação química. Na foto, formação de bolhas de gás carbônico após a adição de vinagre a uma solução de bicarbonato de sódio.

Acompanhe este outro exemplo: quando uma substância chamada iodeto de potássio é misturada com o nitrato de chumbo, ambos transparentes, forma-se uma nova substância, o iodeto de chumbo, de cor amarela, que tem propriedades específicas diferentes das duas substâncias originais. O iodeto de chumbo é um sólido, que se deposita no fundo do recipiente. Em Química, fala-se que houve a formação de um precipitado: um sólido que se acumula no fundo do recipiente. Veja a figura 11.24.

Os exemplos vistos anteriormente evidenciam algumas transformações químicas. No entanto, vale lembrar que elas não estão restritas aos laboratórios, já que ocorrem a todo momento no dia a dia: um bolo ou um pão assando no forno, um fósforo sendo aceso ou um objeto de ferro enferrujando são exemplos de transformações químicas. Veja a figura 11.25.

No interior do corpo humano e dos demais seres vivos ocorrem transformações químicas o tempo todo. Por exemplo, quando as substâncias dos alimentos são transformadas na digestão; ou quando o açúcar que comemos é usado pelas células, resultando em energia, gás carbônico e água (processo chamado respiração celular).

Como vimos, em certos casos é possível enxergar, a olho nu, mudanças que sinalizam a ocorrência de uma transformação química. Pode ser a mudança da cor ou de outras características visíveis de um material (como o prego enferrujado), a liberação de gases (formação de bolhas em meio líquido), a liberação de energia na forma de calor e luz (queima do papel), entre outras. Esses sinais são algumas **evidências de transformações químicas**.

Veja mais alguns exemplos do dia a dia de transformações químicas e dos sinais que evidenciam essas transformações.

Na fotossíntese, a planta transforma o gás carbônico do ar e a água do solo em açúcares, liberando gás oxigênio para o ambiente.

Outro exemplo ocorre algum tempo depois de descascarmos uma banana ou uma maçã, quando a superfície da fruta fica escura. Por quê? Ocorre uma reação química entre a banana ou a maçã e o oxigênio do ar. Trata-se de um fenômeno químico. Já o ato de descascar a banana ou a maçã constitui um fenômeno físico.

Você já pensou sobre o que acontece com a gasolina ou o etanol de um carro depois que ele rodou bastante e precisa ser reabastecido? O combustível foi transformado pelo processo de combustão em gás carbônico, vapor de água e outros gases. A combustão é mais um exemplo de transformação química.

Atenção

Esses experimentos só devem ser realizados por adultos e em laboratório.

Charles D. Winters/Photo Researchers, Inc./Latinstock

11.24 Exemplo de transformação química: a mistura de iodeto de potássio e nitrato de chumbo dá origem a iodeto de chumbo, sólido de cor amarela e com novas propriedades específicas da matéria.

Dini Gemelli/Shutterstock

11.25 Um prego novo entre pregos enferrujados.

Conexões: Ciência no dia a dia

Transformações químicas na cozinha

Uma pessoa que prepara um pão pode não saber, mas está provocando várias transformações químicas. Ao adicionar fermento biológico (fermento de padaria) à massa do pão, por exemplo, ela desencadeia uma transformação química chamada fermentação.

O fermento biológico contém um fungo (da espécie *Saccharomyces cerevisiae*) que transforma os açúcares presentes nos ingredientes do pão em álcool e gás carbônico. A liberação do gás carbônico faz a massa aumentar de volume e ficar fofa. É por isso que a massa do pão "cresce" enquanto fica "descansando": ela fica com espaços ocupados por gás. Veja figura 11.26.

Science Photo Library/Latinstock

11.26 Fungo (*Saccharomyces cerevisiae*) presente no fermento biológico visto ao microscópio eletrônico de varredura (aumento de cerca de 1625 vezes; coloridas artificialmente).

Os conhecimentos sobre os fenômenos químicos também são utilizados para saber se a massa do pão já pode ser levada ao forno. No momento em que se deixa a massa para descansar, retira-se dela uma pequena bolinha que é colocada na água de um copo. Inicialmente a bolinha afunda, mas depois de algum tempo ela flutua. Isso acontece porque a produção de gás carbônico forma pequenas bolhas na massa, tornando-a menos densa do que a água. A subida da bolinha é sinal de que a massa já cresceu o bastante e está pronta para ir ao forno. Veja a figura 11.27.

Com o cozimento, o fungo do fermento morre e o álcool evapora por causa do calor.

Fabio Colombini/Acervo do fotógrafo

11.27 Pães que serão assados no forno (à esquerda) e pães assados (à direita). Que diferenças visíveis o pão cru e o pão assado apresentam?

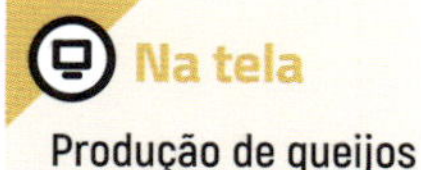

Na tela

Produção de queijos minas frescal – Embrapa
https://youtu.be/SrEex6cvVul
Animação sobre produção de queijos, criada pela Embrapa Agroindústria de Alimentos.
Acesso em: 30 jan. 2019.

ATIVIDADES

Aplique seus conhecimentos

1 Um estudante fez a seguinte afirmação: "Enquanto o gelo derretia, sua temperatura subiu de 0 °C a 5 °C". Você acha que a afirmação do estudante está correta? Justifique sua resposta.

2 Por que é importante conhecer as propriedades específicas da matéria (densidade, ponto de fusão, ponto de ebulição, etc.) das diferentes substâncias?

3 Você sabia que é possível usar o conhecimento sobre substâncias e misturas para verificar a qualidade de produtos? Isso acontece com a gasolina e o etanol nos postos de combustível, por exemplo. Pesquise o que são densímetros e como eles são usados para verificar a qualidade da gasolina e do etanol.

4 Observe os itens abaixo e identifique as misturas homogêneas e as heterogêneas.

a) Água e areia.

b) Granito.

c) Água mineral não gasosa.

d) Água com sal totalmente dissolvido.

e) Petróleo flutuando na água do mar depois de um vazamento de navio petroleiro.

f) Ar atmosférico não poluído.

5 Quais são as técnicas usadas para separar e isolar todos os componentes da seguinte mistura: uma colher de sopa de sal, meia xícara de areia e um litro de água?

6 A figura ao lado mostra um equipamento usado em laboratório para separar líquidos.

a) Qual é o líquido mais denso? Justifique sua resposta.

b) Que processo está sendo utilizado para separar esses líquidos?

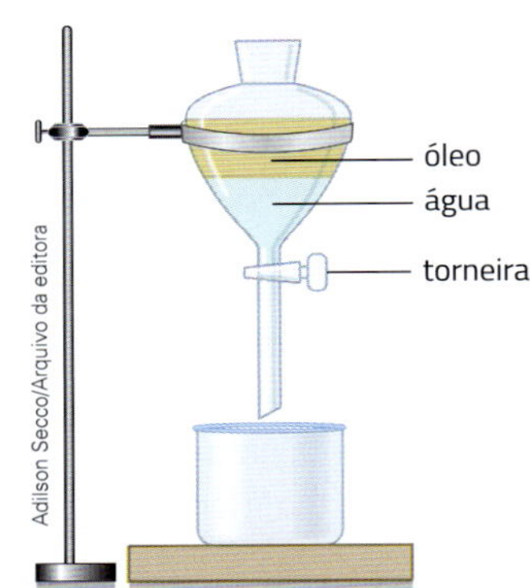

11.28 Elementos representados em tamanhos não proporcionais entre si. Cores fantasia.

7 Na foto, aparecem duas velas de filtro de água, uma limpa (à esquerda) e outra suja (à direita). Que processo de separação de misturas deixou a segunda vela suja?

11.29 Velas de filtros.

8 Você conheceu neste capítulo alguns métodos para separar misturas, como destilação simples, destilação fracionada, catação, decantação, separação magnética, dissolução fracionada seguida de destilação ou evaporação. Agora, indique os métodos que podem se aplicar a cada caso.

a) Óleo e água.

b) Sal e areia.

c) Arroz e feijão.

d) Álcool e água.

e) Farinha e arroz.

f) Limalha de ferro e açúcar.

g) Água e sal.

9 › Misturou-se um pouco de água salgada com óleo de cozinha. No esquema abaixo, os processos utilizados para a separação dos componentes da mistura estão representados pelas letras A e B. Identifique quais foram esses processos.

água salgada e óleo ⟶ **A** ⟶ óleo + água salgada
água salgada ⟶ **B** ⟶ água + sal

10 › As caixas-d'água devem ser limpas periodicamente, pois, com o tempo, forma-se uma camada de lama ou barro no fundo delas. Que processo de separação de misturas ocorre em casos como esses? Justifique sua resposta.

11 › Como podemos separar dois líquidos que têm pontos de ebulição diferentes?

12 › Identifique em quais das situações abaixo estão ocorrendo transformações químicas e indique quais são as evidências dessas transformações nessas situações.

a) Fusão do ferro.
b) Queima de um pedaço de papel.
c) Queda de um objeto no chão.
d) Amassamento de uma latinha de suco.
e) Bicarbonato de sódio misturado ao vinagre.
f) Evaporação da água.

Investigue

Faça uma pesquisa sobre os itens a seguir. Você pode pesquisar em livros, revistas, *sites*, etc. Preste atenção se o conteúdo vem de uma fonte confiável, como universidades ou outros centros de pesquisa. Use suas próprias palavras para elaborar a resposta.

1 › Nas máquinas de lavar roupa, há um momento em que o cesto das roupas gira rapidamente, jogando a mistura de água e roupas para os lados. É o momento da centrifugação.

a) Qual é a importância da centrifugação na máquina de lavar roupa?
b) Pesquise outras misturas que passam pelo processo de centrifugação durante a separação de seus componentes. Entre os processos de separação que você estudou, qual deles é facilitado pela centrifugação?

2 › Pesquise alguns exemplos nos quais a aplicação dos conhecimentos adquiridos por ciências como a Química melhoraram as condições de vida da humanidade e alguns exemplos nos quais essas aplicações foram utilizadas de maneira inadequada e causaram danos às pessoas e ao meio ambiente.

Aprendendo com a prática

Escolha um dos itens a seguir para preparar uma mistura. Providencie os materiais indicados e realize o trabalho sob a supervisão do professor. (Esta atividade também pode ser desenvolvida em grupo.)

- Areia e pó de serra (serragem).
- Pedrinhas, areia e pequenos fiapos de palha de aço.
- Fubá e pequenos fiapos de palha de aço.
- Fiapos de palha de aço e grãos de feijão, arroz e ervilha.

Material

Instrumentos que você considera necessários para separar os componentes da mistura. Você pode usar, por exemplo, frascos de plástico, água, colher, peneira, ímã, filtro de papel de coar café. Demonstre para os colegas o processo usado na separação da mistura escolhida.

Atenção

Tenha cuidado ao usar os materiais e peça ajuda ao professor para manusear a areia e o pó de serra.

Autoavaliação

1. Você teve dificuldade para compreender algum dos temas estudados no capítulo? O que você fez para superar essa dificuldade?
2. Alguns dos métodos de separação de misturas estudados neste capítulo são muito empregados diariamente. Quais métodos são mais utilizados no seu dia a dia e qual a importância deles? Liste cada método e sua aplicação.
3. Você compreendeu a diferença entre fenômeno físico e químico? Cite exemplos que você presencia em seu cotidiano que estão de acordo com as definições de cada tipo de fenômeno.

OFICINA DE SOLUÇÕES

Tudo junto e misturado

Olhe ao seu redor: Quantos materiais diferentes você consegue identificar? Você sabe do que eles são constituídos? Esses materiais são compostos de apenas uma substância, ou são misturas de várias delas?

Muitos materiais com os quais temos contato no dia a dia são misturas, ou seja, são compostos de diversas substâncias.

O leite, por exemplo, parece ser constituído de uma única substância branca e líquida. Mas ele é, na verdade, uma mistura. Isso fica mais visível quando fervemos o leite para produzir manteiga e creme de leite e **separamos** a gordura dos demais componentes, como a água.

No dia a dia
Ao espremer frutas é possível separar o bagaço e as sementes do suco usando uma peneira. Esse instrumento também é útil para separar grãos finos de farinha ao preparar massas. Coadores de café são usados para filtrar a maior parte dos componentes sólidos do café durante seu preparo.

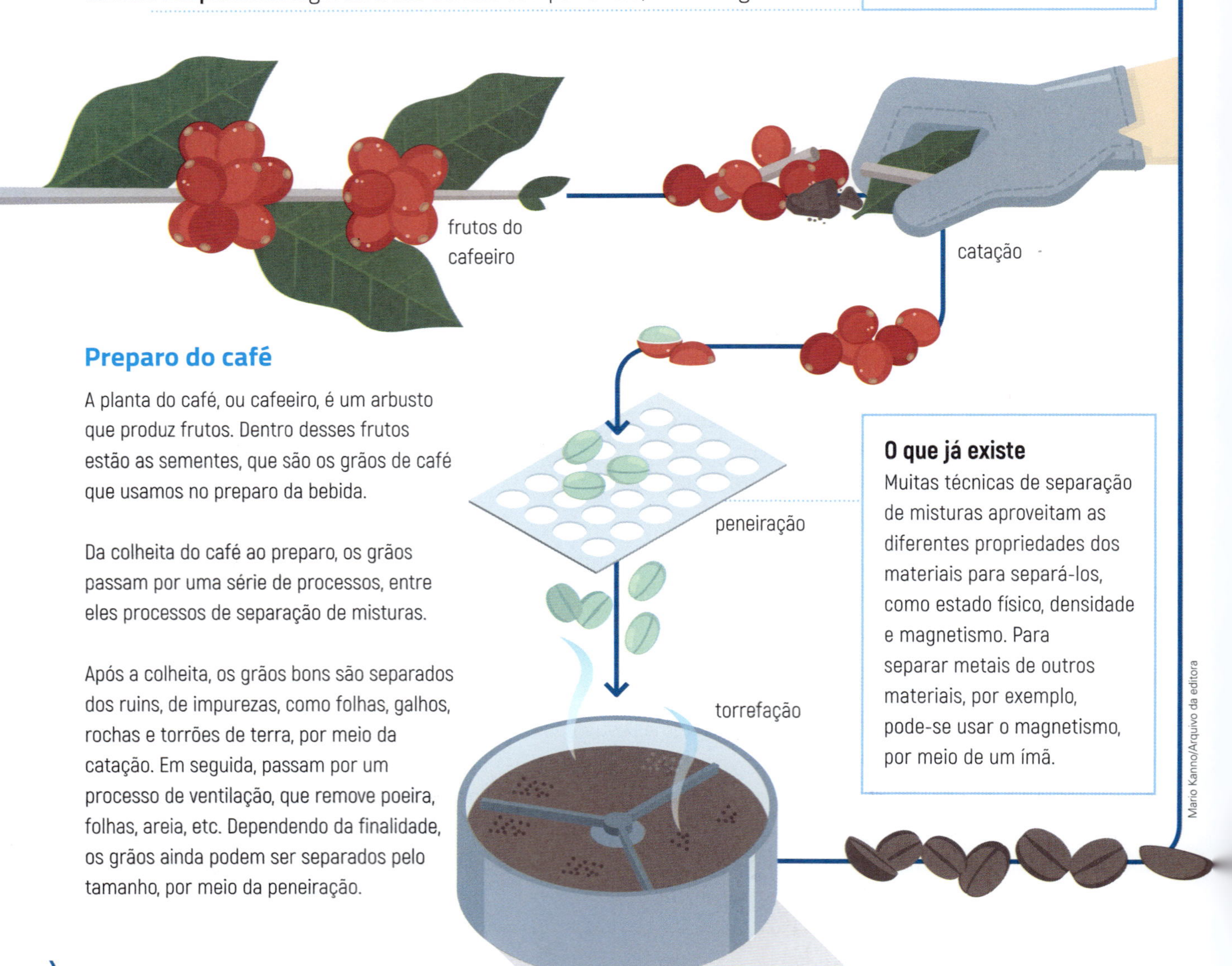

Preparo do café

A planta do café, ou cafeeiro, é um arbusto que produz frutos. Dentro desses frutos estão as sementes, que são os grãos de café que usamos no preparo da bebida.

Da colheita do café ao preparo, os grãos passam por uma série de processos, entre eles processos de separação de misturas.

Após a colheita, os grãos bons são separados dos ruins, de impurezas, como folhas, galhos, rochas e torrões de terra, por meio da catação. Em seguida, passam por um processo de ventilação, que remove poeira, folhas, areia, etc. Dependendo da finalidade, os grãos ainda podem ser separados pelo tamanho, por meio da peneiração.

O que já existe
Muitas técnicas de separação de misturas aproveitam as diferentes propriedades dos materiais para separá-los, como estado físico, densidade e magnetismo. Para separar metais de outros materiais, por exemplo, pode-se usar o magnetismo, por meio de um ímã.

Após os grãos serem torrados (torrefação) a temperaturas entre 150 °C e 230 °C, moinhos mecanizados fazem a moagem deles.
O produto da moagem é embalado e está pronto para o consumo.

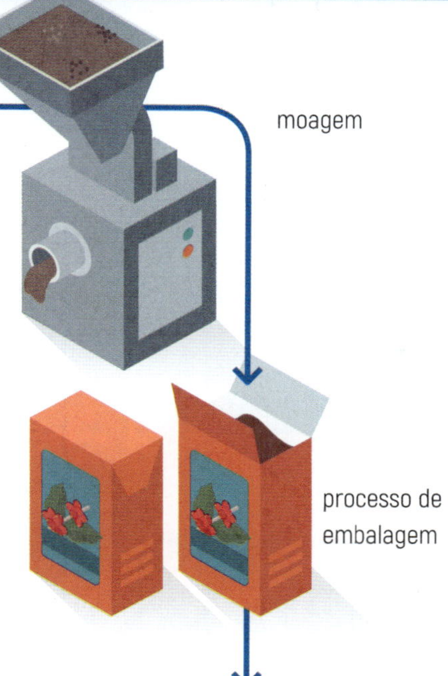

Consulte

Conheça algumas soluções de separação de misturas que você pode fazer em casa.

- **Filtro doméstico**
  http://www.ibb.unesp.br/Home/Graduacao/ProgramadeEducacaoTutorial-PET/ProjetosFinalizados/PRINCIPIO_DE_FUNCIONAMENTO_DE_UM_FILTRO_DOMESTICO.pdf
- **Destilador**
  http://qnesc.sbq.org.br/online/qnesc31_1/10-EEQ-0308.pdf

Acesso em: 30 jan. 2019.

Existem várias maneiras de preparar o café. Em uma delas, água quente e pó de café entram em contato no coador, para que os componentes que dão sabor ao café sejam extraídos para água. O coador também separa o pó da parte líquida por meio do processo de filtração.

Elementos representados em tamanhos não proporcionais entre si.

Mario Kanno/Arquivo da editora

Propondo uma solução

Desenvolva com os colegas um aparelho ou instrumento que separe um tipo de mistura. Escolha um dos temas a seguir.

- **Filtração:** para separar uma mistura de sólidos e líquido;
- **Separação de sólidos:** para separar uma mistura de sólidos;
- **Centrifugação:** para separar uma mistura em que os componentes têm diferentes densidades.

Agora, utilizem as perguntas a seguir para organizar suas ideias e guiar a implementação proposta.

1. De que maneira o aparelho poderá auxiliar nas tarefas cotidianas?
2. Quais tipos de mistura o aparelho irá separar?
3. Que processo de separação de mistura o aparelho irá realizar?
4. Quais são os materiais necessários para a construção do aparelho? Quais serão as etapas de produção?

Na prática

1. Como será feita a divisão de tarefas no grupo?
2. O aparelho funcionou conforme o planejado? Com ele é possível separar as misturas da maneira prevista?
3. Quais as dificuldades na execução do projeto?
4. O que vocês aprenderam com essa experiência?

CAPÍTULO 12

Tratamento de água e esgoto

12.1 Estação de tratamento de água em Suzano (SP), 2017.

A vida humana, assim como a de todos os seres vivos do planeta, depende da água. Mas as pessoas dependem da água não só pela necessidade biológica: precisam dela para limpar as casas, lavar as roupas e o corpo. E mais: para limpar máquinas nas indústrias, irrigar plantações, criar animais, gerar energia, entre outras atividades.

O problema é que muitas dessas atividades comprometem a qualidade da água. Casas e indústrias despejam nos esgotos substâncias que prejudicam o meio ambiente e a nossa saúde.

Abastecer as casas com água tratada e recolher e tratar o esgoto faz parte do saneamento básico. Veja a figura 12.1. Medidas como essas são fundamentais para evitar diversas doenças e para preservar o ambiente. É aqui que técnicas de separação de misturas, como filtração e decantação, abordadas no capítulo anterior, têm grande importância socioambiental.

Para começar

1. De onde vem a água que chega às casas? Como e por que ela é tratada?
2. Para onde vai a água que sai das casas? O que fazer para que essa água não polua o ambiente?
3. É possível dar um destino adequado ao esgoto mesmo onde não há estação de tratamento?

1 Tratamento da água

Antes de chegar à torneira das casas, a água deve ser submetida a tratamentos que eliminam as impurezas e os microrganismos prejudiciais à saúde. Entram em ação vários processos de separação de misturas, que tornam a água própria para o consumo.

A água dos mananciais é levada por canais ou tubulações, chamados de adutoras, para as **estações de tratamento de água**. Depois do tratamento, a água é conduzida para grandes reservatórios e só então é distribuída para as casas. Observe a figura 12.2.

Mananciais são corpos de água, como lagos, rios, represas e lençóis de água subterrâneos. Por causa da enorme importância da água para a sociedade e para o meio ambiente, é fundamental proteger os mananciais e a vegetação que os cerca.

12.2 Representação esquemática das etapas de captação, tratamento e distribuição de água. (Elementos representados em tamanhos não proporcionais entre si. Cores fantasia.)

Fonte: elaborado com base em SABESP. Tratamento de água. Disponível em: <http://site.sabesp.com.br/site/interna/Default.aspx?secaoId=47>. Acesso em: 31 jan. 2019.

Conexões: Ciência e História

Os aquedutos romanos

Aquedutos são canais que transportam e distribuem a água de nascentes ou rios para as cidades.

Muitas civilizações antigas construíram aquedutos, mas foi no Império Romano que eles se multiplicaram. Entre 312 a.C. e 226 d.C., para garantir o abastecimento de Roma, foram construídos onze grandes aquedutos, o maior deles com 90 km de extensão. Esses aquedutos eram principalmente subterrâneos, mas com alguns trechos ao ar livre, sustentados por arcos. Os romanos também construíram essas estruturas em algumas cidades conquistadas, por isso é possível encontrar esses arcos em locais tão distantes como França (antiga Gália), Turquia (antiga Capadócia) e Espanha. Veja a figura 12.3.

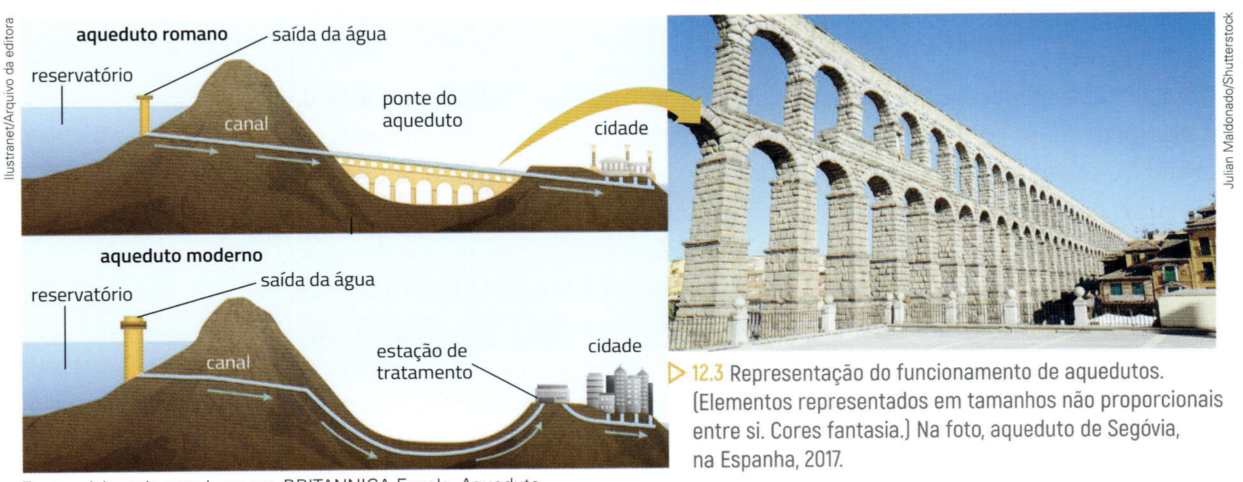

12.3 Representação do funcionamento de aquedutos. (Elementos representados em tamanhos não proporcionais entre si. Cores fantasia.) Na foto, aqueduto de Segóvia, na Espanha, 2017.

Fonte: elaborado com base em BRITANNICA Escola. Aqueduto. Disponível em: <https://escola.britannica.com.br/levels/fundamental/article/aqueduto/480638>. Acesso em: 31 jan. 2019.

Estação de tratamento de água

Acompanhe agora a explicação sobre uma estação de tratamento de água (ETA); siga a figura 12.4, que mostra um esquema simplificado de seu funcionamento.

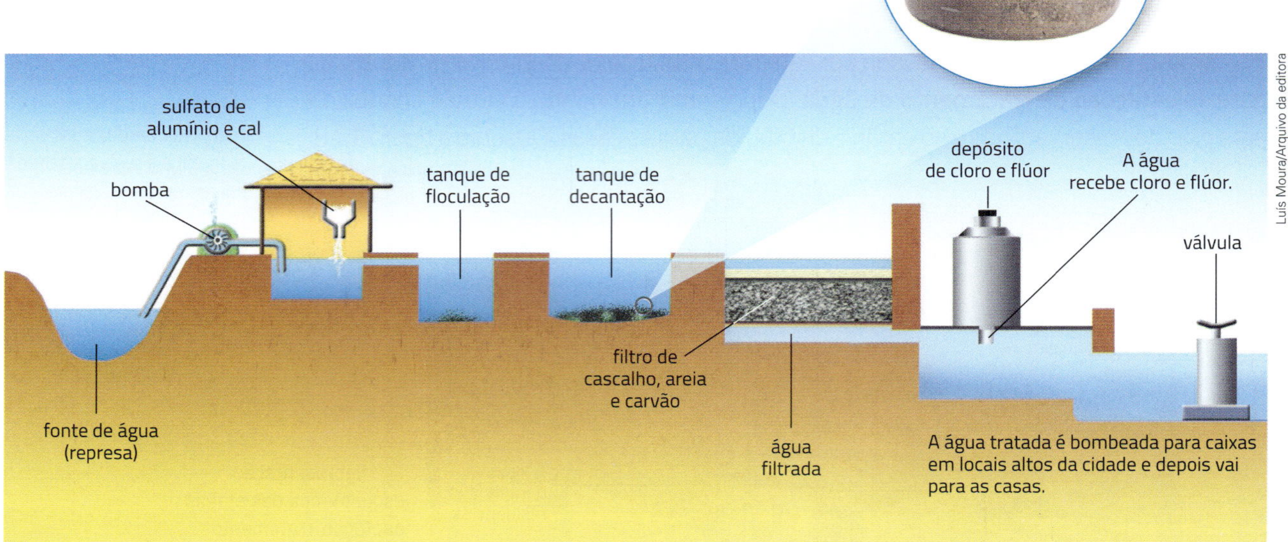

12.4 Representação esquemática das etapas pelas quais a água passa em uma estação de tratamento. (Elementos representados em tamanhos não proporcionais entre si. Cores fantasia.) Na foto, um pouco de terra depositado na água dentro de um recipiente de vidro ilustra o que acontece no tanque de decantação.

Fonte: elaborado com base em SABESP. Tratamento de água. Disponível em: <http://site.sabesp.com.br/site/interna/Default.aspx?secaoId=47>. Acesso em: 31 jan. 2019.

Inicialmente, a água é colocada em tanques, onde recebe sulfato de alumínio e outros produtos que facilitam a união de partículas muito finas de areia, argila e outros materiais. Esse processo, chamado **coagulação**, é uma preparação para a etapa seguinte.

A água então vai para o tanque de **floculação**, onde é agitada. Com isso, as partículas de sujeira se chocam e se unem, formando blocos mais pesados, que recebem o nome de flocos.

Depois a água é transferida para o tanque de **decantação**, no qual a água fica em repouso. Os flocos que se formaram no tanque anterior se depositam no fundo e formam um tipo de lodo. Desse modo, algumas impurezas sólidas são separadas da água, que segue para o tanque seguinte. O lodo acumulado é bombeado para um canal de esgoto.

No capítulo anterior, estudamos outros exemplos da técnica de decantação. Se achar necessário, reveja o capítulo 11.

Na próxima etapa, a água passa por filtros – formados por várias camadas de cascalho (pequenas pedras), areia e carvão – e as partículas que sobraram são retidas. Essa etapa é conhecida como **filtração**. Em intervalos de tempo de vinte a trinta horas, esses filtros precisam ser lavados, pois ficam entupidos.

No capítulo anterior, vimos outros exemplos da técnica de filtração. Se achar necessário, reveja o capítulo 11.

Na etapa final do tratamento, a água é misturada a produtos que contêm cloro (**cloração**) e outros que contêm flúor (**fluoração**). Os produtos com cloro matam os microrganismos que não foram eliminados nas etapas anteriores. Já o flúor é importante para a proteção dos dentes da população: ele fortalece a camada externa do dente, chamada esmalte, ajudando a prevenir cáries. Nem todos os municípios do Brasil recebem água com flúor, chamada de água fluoretada.

No 7º ano você vai estudar alguns microrganismos que podem contaminar a água e provocar doenças.

Finalmente, a água é levada para os reservatórios e então é distribuída por encanamentos subterrâneos para as casas e os edifícios.

Quando não há estação de tratamento de água

Nos locais em que não existe estação de tratamento, a água é obtida diretamente de rios, lagos, nascentes, represas ou poços.

O poço mais comum é o **poço raso**, que capta água subterrânea das camadas mais próximas da superfície, indo até cerca de 20 m de profundidade, no máximo. Ele deve ser construído no local mais elevado do terreno e longe das fontes de poluição e contaminação – a pelo menos 30 m de distância da fossa séptica.

O poço raso deve ter uma estrutura impermeável que fique a pelo menos 90 cm acima do solo. Essa estrutura impede a entrada de águas que escorrem pela superfície do solo. Observe a figura 12.5.

Nascente: local onde a água do subsolo chega naturalmente à superfície.

Como veremos adiante, as fossas sépticas são estruturas nas quais as fezes e os resíduos da casa podem ser despejados.

É preciso também que os primeiros 3 m do poço sejam revestidos internamente para ficarem impermeáveis à água da chuva que se infiltra no solo: além dessa profundidade, a água já passou por um processo natural de filtração ao atravessar o solo. Ainda assim, o poço deve ser desinfetado antes do uso, segundo as recomendações dos órgãos de saúde.

Já o **poço tubular profundo** é mais profundo que o poço comum e capta água de 40 m a 200 m de profundidade. No poço tubular profundo do tipo **artesiano**, a água jorra espontaneamente sob pressão para a superfície. Veja a figura 12.6. No poço tubular profundo do tipo **semiartesiano** é necessário um equipamento para bombear a água para a superfície. Esses poços devem ser perfurados com máquinas especializadas.

É importante certificar-se de que a água do poço (ou de outras fontes) não está contaminada por microrganismos ou substâncias tóxicas. Por isso a água deve ser periodicamente submetida a análises em laboratório. É preciso também que toda a água usada na casa (para beber, para lavar frutas e verduras, para lavar louça) seja filtrada e fervida ou tratada com produtos à base de cloro, seguindo as instruções de desinfecção da água que são determinadas por órgãos de saúde.

12.5 Poço raso em Carambeí (PR), 2018.

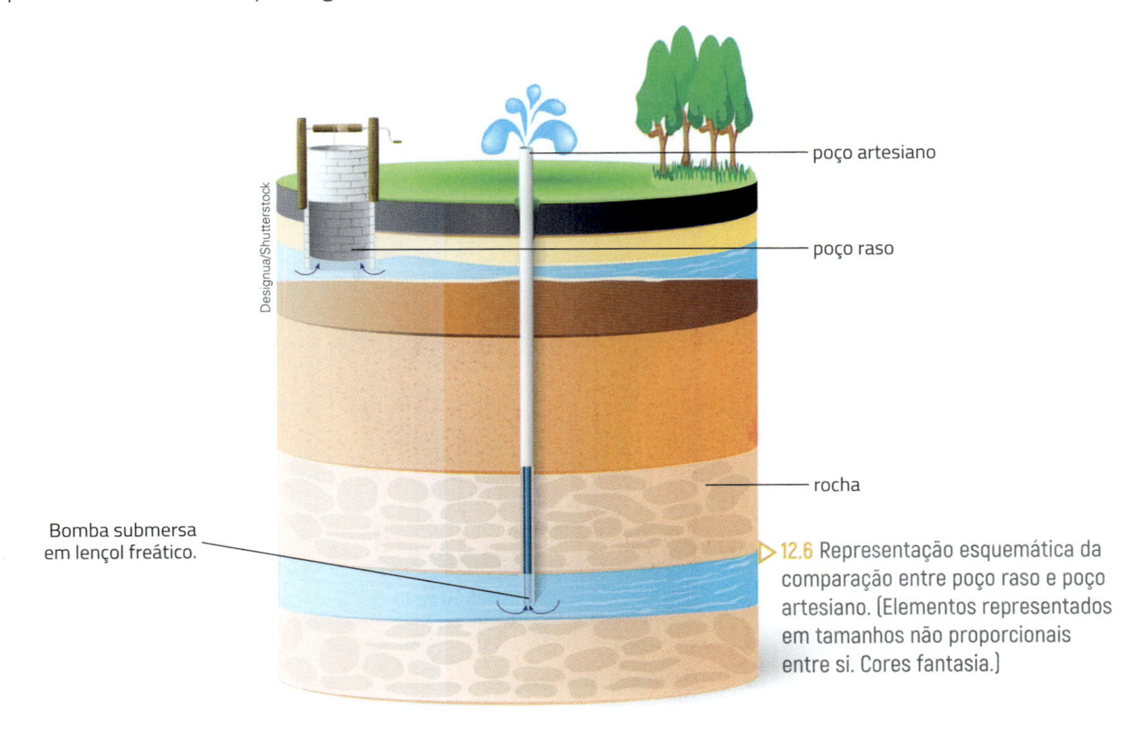

12.6 Representação esquemática da comparação entre poço raso e poço artesiano. (Elementos representados em tamanhos não proporcionais entre si. Cores fantasia.)

Cuide da água!

Como acabamos de ver, a água obtida diretamente de rios, lagos, nascentes, represas ou poços deve ser filtrada e fervida. Mas mesmo quem recebe água encanada, que vem de uma estação de tratamento, deve filtrá-la antes de beber porque pode haver contaminação nas caixas-d'água ou infiltração nos canos. É um engano pensar que água transparente e sem cheiro é necessariamente potável, já que, a olho nu, não enxergamos microrganismos causadores de doenças nem substâncias tóxicas que podem estar presentes na água.

Por isso é importante manter a caixa-d'água em bom estado e limpá-la regularmente, mesmo quando ela armazena água tratada. Veja a figura 12.7.

Dirceu Portugal/Fotoarena

12.7 A limpeza da caixa-d'água deve ser feita segundo as determinações dos órgãos públicos voltados à proteção e promoção da saúde da população.

Há vários tipos de filtros de água domésticos. Alguns são ligados a uma fonte de água (como uma torneira, por exemplo); outros têm velas de filtração que ficam dentro de potes ou talhas de cerâmica ou vidro e precisam ser periodicamente abastecidos com água. Observe a figura 12.8.

Em geral os filtros contêm uma estrutura porosa conhecida como vela. Ela retém boa parte dos microrganismos e de outros seres causadores de doenças, como as lombrigas e solitárias, que causam verminoses. Esses seres são chamados de parasitas, assim como algumas bactérias e vírus. Por serem muito pequenos, os vírus podem passar pela filtração da vela. Vamos estudar mais sobre esses seres no 7º ano.

Sérgio Dotta Jr./Arquivo da editora

Fabio Colombini/Acervo do fotógrafo

12.8 Exemplos de filtros domésticos. (Os elementos representados nas fotografias não estão na mesma proporção.)

Algumas velas têm também carvão ativado em seu interior. Esse material retém odores e parte do cloro adicionado à água durante o tratamento, já que o excesso de cloro pode causar um gosto desagradável.

É importante limpar a vela com frequência, esfregando-a somente com uma esponja macia (utilizada exclusivamente para esse fim) e com bastante água corrente, sem usar sabão, palha de aço, sal, açúcar ou outros produtos que possam desgastá-la. Esse procedimento deve ser realizado pelo menos uma vez por semana ou sempre que a água começar a ser filtrada muito lentamente. Essa lentidão mostra que os resíduos acumulados em volta da vela estão dificultando a filtragem. Se você tiver um filtro desse tipo em sua casa, peça a um adulto que lhe mostre como é feita a limpeza. A vela também deve ser substituída periodicamente, de acordo com a indicação do fabricante.

Fernando Favoretto/Criar Imagem

12.9 Hipoclorito de sódio é distribuído gratuitamente em locais que não recebem água tratada por sistemas de abastecimento.

Em certas situações, além da filtragem, a água que será usada para beber ou para lavar alimentos, louças e talheres também precisa ser fervida por 15 minutos ou tratada com produtos à base de cloro (veja a figura 12.9). Esse tratamento é obrigatório quando a água:

- não vem de uma estação de tratamento;
- não foi analisada por um laboratório;
- foi analisada por um laboratório e reprovada para consumo por conter microrganismos;
- vem de uma estação de tratamento, mas há algum microrganismo transmitido pela água espalhando-se pela região (casos de epidemias).

Quando há um grande aumento no número de casos de uma doença em determinado local, dizemos que há uma epidemia. É comum observar, por exemplo, epidemias de dengue no verão e epidemias de gripe no inverno. No 7º ano vamos estudar mais sobre a incidência de doenças na população.

Antes de tratar a água com cloro, é muito importante filtrá-la sempre, pois os ovos de animais que causam verminoses, por exemplo, não são destruídos pelo cloro, mas podem ser removidos pela filtração.

Depois da fervura, o recipiente com água deve ficar coberto para evitar contaminação por insetos ou poeira. Antes de beber a água fervida e resfriada, pode-se agitá-la com uma colher para que um pouco de ar se dissolva na água e melhore o gosto dela.

A água usada na cozinha também deve ser devidamente tratada. Isso vale tanto para a água destinada à higienização de frutas e verduras quanto à limpeza de utensílios e recipientes. Caso se tenha dúvida sobre a qualidade da água, deve-se evitar o seu uso.

Mundo virtual

Cuidados com água para consumo humano

http://bvsms.saude.gov.br/bvs/folder/cuidados_agua_consumo_humano_2011.pdf

O material, elaborado pelo Ministério da Saúde, apresenta informações e procedimentos necessários para a higienização da água nos casos em que ela não é previamente tratada. Embora não seja o ideal, muitas populações ainda precisam recorrer a esses métodos para poder utilizar a água.

Acesso em: 31 jan. 2019.

2 Tratamento do esgoto

A água que foi usada no banheiro, na cozinha e na limpeza deve ser descartada. Na maioria das residências das grandes cidades, essa água é conduzida por encanamentos – que formam a **rede de esgoto** – até as **estações de tratamento de esgoto** (ETE), para então serem despejadas em rios, lagos ou no mar. O mesmo ocorre com a água usada em muitas indústrias e hospitais. Veja a figura 12.10.

O tratamento do esgoto é necessário para evitar a poluição e a contaminação da água de rios, lagos e mares por substâncias tóxicas e por organismos causadores de doenças. Porém, infelizmente, apenas 55% da população brasileira tem acesso ao tratamento adequado de esgoto (que pode ser fossa séptica ou rede de coleta e estação de tratamento de esgoto), segundo publicação da Agência Nacional de Águas (ANA) de 2017.

Dados publicados em 2017, no *Atlas Esgotos: despoluição de bacias hidrográficas*, da Agência Nacional de Águas, Secretaria Nacional de Saneamento Ambiental. Veja a referência completa no final desta página.

Delfim Martins/Pulsar Imagens

12.10 Estação de tratamento de esgoto em Fortaleza (CE), 2018.

Mundo virtual

Atlas esgotos – Agência Nacional de Águas (ANA)
http://atlasesgotos.ana.gov.br
Reúne as principais informações sobre a situação do esgoto sanitário nos 5 570 municípios brasileiros.
Acesso em: 31 jan. 2019.

Companhia de Saneamento Básico do Estado de São Paulo (Sabesp)
http://site.sabesp.com.br
Empresa responsável pelo tratamento e abastecimento de água e esgoto no estado de São Paulo. A página contém informações sobre o saneamento básico no estado e disponibiliza uma videoteca com títulos sobre o tratamento da água e do esgoto e a importância da água, entre outros.
Acesso em: 31 jan. 2019.

Companhia de Saneamento de Minas Gerais (Copasa)
www.copasa.com.br/wps/portal/internet/pesquisa-escolar/destaques/material-do-programa-chua
Na página da Copasa há materiais do Programa de Educação Sanitária e Ambiental que abordam os temas do tratamento e abastecimento de água e da coleta e tratamento de esgoto.
Acesso em: 31 jan. 2019.

Estação de tratamento de esgoto

Vamos conhecer agora o processo de tratamento do esgoto doméstico. Acompanhe as explicações com o auxílio da figura 12.11.

Quando o esgoto chega às estações de tratamento, ele passa primeiro por grades de metal, que funcionam como uma peneira, para separar o lixo. Esse material pode ser levado para aterros sanitários.

O esgoto passa por reservatórios, no fundo dos quais se deposita o material sólido mais denso que a água – como a terra, a areia e outras partículas. Esse material é removido e levado para outros locais, onde é enterrado.

Os esgotos industriais precisam ser submetidos a tratamentos especiais para eliminar outras substâncias tóxicas.

São locais construídos especialmente para receber resíduos sólidos, como restos de comida, papel higiênico, fraldas e esponjas de aço usadas. Nos aterros sanitários, o solo é protegido para que não seja contaminado. O lixo é depositado em camadas que são cobertas com terra, para não atrair animais como ratos e baratas. No capítulo 13 você vai saber mais sobre o aterro sanitário.

Fonte: elaborado com base em SABESP. Tratamento de esgotos. Disponível em: <http://site.sabesp.com.br/site/interna/Default.aspx?secaoId=49>. Acesso em: 31 jan. 2019.

12.11 Representação esquemática de estação de tratamento de esgoto. (Elementos representados em tamanhos não proporcionais entre si. Cores fantasia.)

A porção líquida do esgoto ainda contém partículas menores de material sólido, que demoram mais para decantar. Por isso, o esgoto passa lentamente para os outros tanques, no fundo dos quais se forma lodo, rico em matéria orgânica.

O lodo do esgoto pode ser levado para um equipamento fechado chamado **biodigestor**. Veja a figura 12.12. Nesse equipamento, bactérias fazem a decomposição da matéria orgânica e produzem um gás, o metano, que pode ser usado como combustível.

12.12 Biodigestor em Concórdia (SC), 2018.

A parte líquida, que ficou acima do lodo, vai para um novo tanque. Nesse tanque a matéria orgânica que ainda está dissolvida na água é atacada por microrganismos, como as bactérias. Na presença de gás oxigênio, as bactérias decompõem a matéria orgânica, produzindo gás carbônico, água e outros compostos. Por isso, para garantir a oxigenação, o líquido é agitado com grandes hélices em um processo chamado de **aeração**. Se não houver oxigênio suficiente, pode ocorrer um tipo de decomposição que produz gases tóxicos.

Depois do tratamento, o esgoto pode ser despejado em rios ou no mar, por exemplo.

Onde não há coleta e tratamento de esgoto

Em locais onde não existe sistema de esgoto, as fossas são uma opção sanitária. Há dois tipos de fossa: a séptica e a seca.

A **fossa séptica**, também chamada de **tanque séptico**, é um tanque subterrâneo de concreto e impermeável. A parte sólida do esgoto que chega à fossa sofre decomposição por microrganismos e se transforma em um líquido, que é levado por um cano para uma escavação maior, o sumidouro. Veja a figura 12.13.

Séptico: refere-se a tudo que contém microrganismos.

O sumidouro tem paredes de concreto, mas o fundo dele é de terra ou de fragmentos de rochas, para que o líquido se infiltre no solo.

Ilustrações: Luis Moura/Arquivo da editora

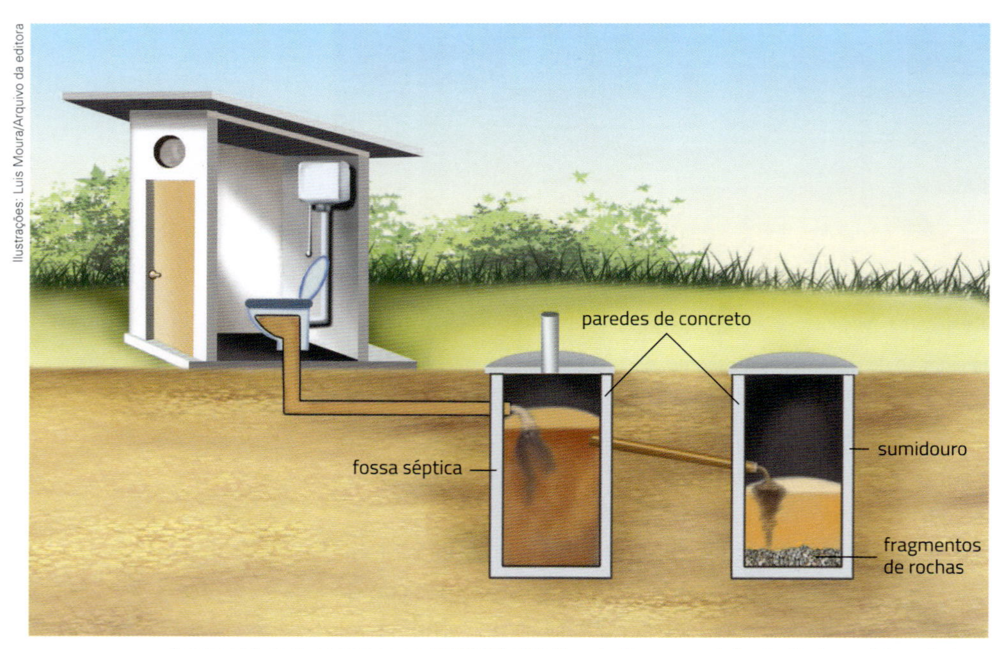

Fonte: elaborado com base em SNOHOMISH County Government. Septic Systems. Disponível em: <https://snohomishcountywa.gov/2591/LakeWise-Septic-Systems>. Acesso em: 31 jan. 2019.

12.13 Representação esquemática de fossa séptica e sumidouro. (Elementos representados em tamanhos não proporcionais entre si. Cores fantasia.)

Tanto a fossa séptica como o sumidouro devem ficar distantes da fonte de água potável (como os poços) para evitar que ela seja contaminada. Antes de construir qualquer sistema para recolher dejetos, deve-se procurar o serviço de saneamento da prefeitura local para saber qual é o tipo mais adequado para a situação. E, caso haja vazamento de esgoto em qualquer local, é necessário avisar imediatamente o Serviço de Água e Esgotos da localidade. A construção, a limpeza periódica e a manutenção da fossa séptica devem ser feitas segundo as recomendações dos órgãos de saúde.

As **fossas secas** são buracos no chão, com 2 m a 3 m de profundidade e 1 m de diâmetro, onde podem ser lançadas as fezes e a urina. O papel higiênico usado também pode ser descartado na fossa. Sobre o buraco, coloca-se um piso de madeira ou de concreto com uma abertura, e sobre esse piso é colocado um assento com tampa. Como abrigo da fossa, deve-se construir uma casa de madeira ou alvenaria. Nesse sistema, não é usada água para dar descarga. Observe a figura 12.14.

A tampa deve ser mantida fechada para impedir que moscas e outros animais entrem em contato com os resíduos e depois contaminem a água e os alimentos.

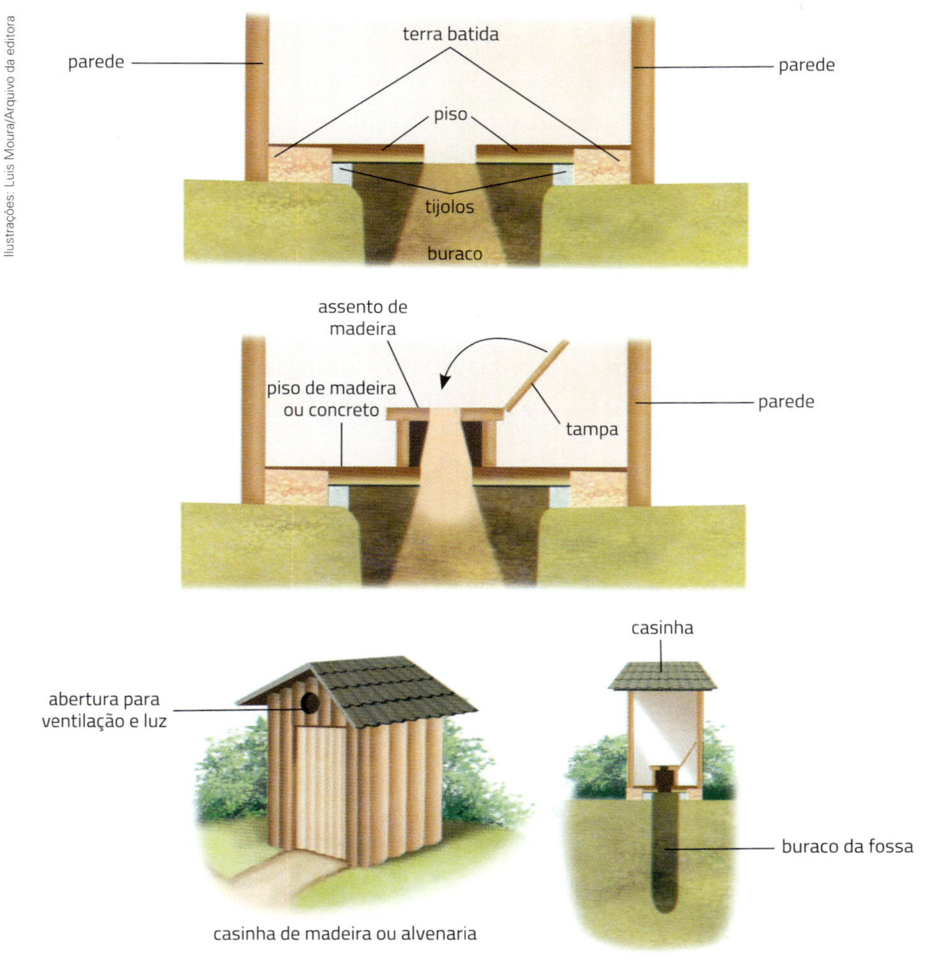

Fonte: elaborado com base em UFRRJ. Sistema de esgotos: soluções individuais. Disponível em: <www.ufrrj.br/institutos/it/de/acidentes/esg3.htm>. Acesso em: 31 jan. 2019.

12.14 Representação esquemática de construção de uma fossa seca, também chamada casinha ou privada higiênica. (Elementos representados em tamanhos não proporcionais entre si. Cores fantasia.)

A fossa não pode ser feita em locais em que, ao se cavar o buraco, seja encontrada água. Além disso, é recomendável que fique a pelo menos 30 m de distância de qualquer fonte de água e 1,5 m acima do lençol subterrâneo, para evitar que a água seja contaminada.

Dentro da fossa os resíduos sofrem decomposição pela ação das bactérias presentes nas fezes. Os líquidos se infiltram na terra e os gases saem pela abertura do buraco. Para diminuir o mau cheiro, é necessário jogar periodicamente um pouco de terra misturada com cal sobre os resíduos.

Depois de alguns anos, quando o buraco estiver quase cheio, ele será tapado com terra, essa fossa será desativada e outra deverá ser construída.

Mundo virtual

Serviço Autônomo de Água e Esgoto (SAAE São Carlos)
www.saaesaocarlos.com.br/joomla4/saaeambiental/home.html
Animações sobre a água no planeta, fontes de captação e estações de tratamento de água, além de jogos, experimentos e desafios.
Acesso em: 31 jan. 2019.

ATIVIDADES

Aplique seus conhecimentos

1 › Quais são os principais métodos de separação de misturas utilizados em uma estação de tratamento de água?

2 › Nas estações de tratamento, a água passa por alguns processos, como a coagulação e a floculação. Esses processos são realizados antes de qual etapa do tratamento? Por quê?

3 › Se uma amostra de água é transparente e sem cheiro, ela pode ser considerada potável? Explique.

4 › Com base no que você estudou sobre água e esgoto, assinale as afirmativas verdadeiras.

( ) A água de um poço deve ser analisada por um laboratório para verificar sua qualidade.

( ) Simples buracos no chão onde se lançam fezes e urina são chamados de fossas sépticas.

( ) Se a água que chega às casas for de boa qualidade, não é necessário filtrá-la.

( ) A água retirada de rios e poços não precisa ser filtrada.

( ) A fervura da água por tempo adequado ou o uso de produtos à base de cloro destroem muitos organismos causadores de doenças.

( ) Ao contrário da fossa seca, a fossa séptica não precisa ficar distante da fonte de água potável.

5 › Veja um esquema simplificado de uma estação de tratamento de água e depois responda às questões.

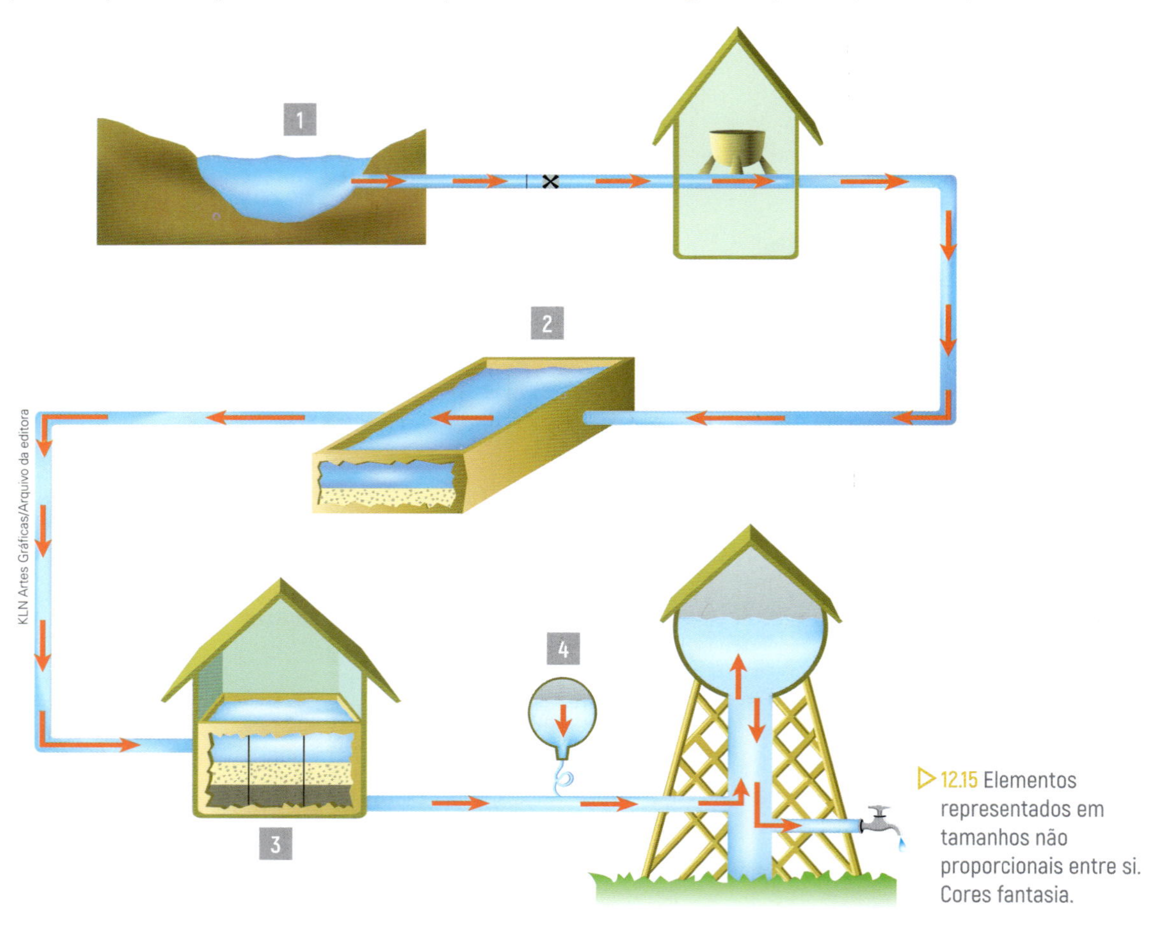

▷ 12.15 Elementos representados em tamanhos não proporcionais entre si. Cores fantasia.

a) Por que a água deve ficar algumas horas no tanque 2? Como se chama esse processo?

b) No tanque 3, a água passa por camadas de cascalho, areia e carvão. Qual é o nome desse processo e qual é a utilidade dele?

c) No trecho 4, a água recebe alguns produtos químicos. O que esses produtos contêm e qual é a função deles?

6 › Veja um esquema simplificado de uma estação de tratamento de esgoto e depois responda às questões.

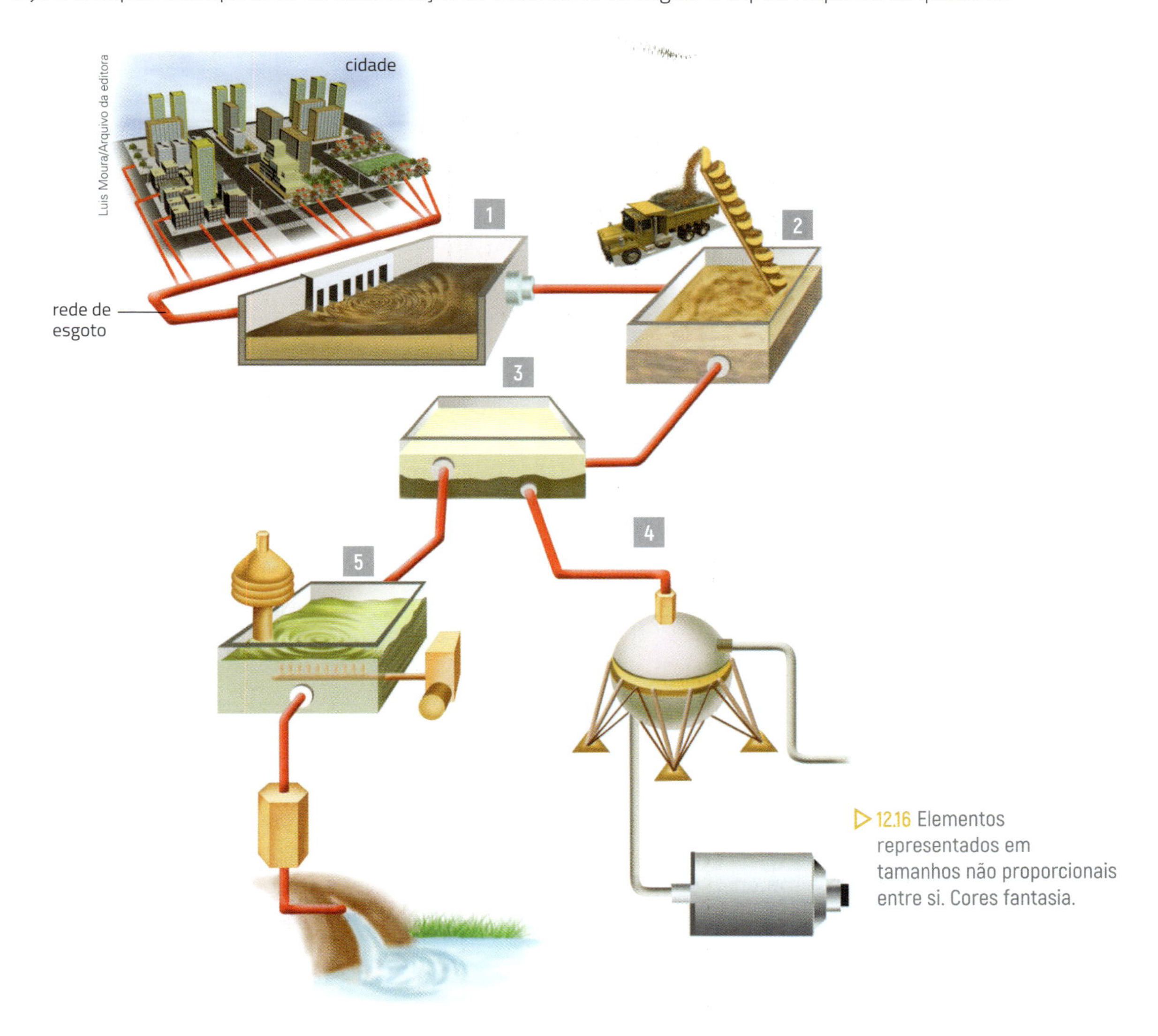

▷ 12.16 Elementos representados em tamanhos não proporcionais entre si. Cores fantasia.

a) Na etapa 1 do tratamento do esgoto ocorre um tipo de separação de mistura heterogênea. Cite os principais componentes dessa mistura e proponha um destino para o material retido.

b) Proponha uma solução para aproveitar o lodo que sai pelo encanamento indicado pelo número 4.

7 › Imagine que sua residência seja abastecida por uma rede de água tratada. Ainda assim, é recomendável utilizar um filtro, como os que aparecem na figura 12.8. O que pode estar acontecendo se o filtro não estiver liberando água? Proponha soluções para resolver os possíveis problemas.

8 › Coliformes fecais são bactérias encontradas geralmente no intestino humano. De acordo com a Companhia Ambiental do Estado de São Paulo, a qualidade das águas das praias é classificada de acordo com a quantidade de coliformes fecais (medida em Unidades Formadoras de Colônia - UFC) da seguinte maneira:

- EXCELENTE – máximo de 250 coliformes fecais em 100 mL de água do mar;
- MUITO BOA – máximo de 500 em 100 mL;
- SATISFATÓRIA – máximo de 1000 em 100 mL;
- IMPRÓPRIA – acima de 1000 em 100 mL.

a) Como os coliformes fecais chegam até a água?

b) Por que esses coliformes podem ser usados como indicador da qualidade da água?

9 › Que cuidados devem ser tomados quando se usa água não encanada para beber?

10 ▸ Observe na tabela abaixo os dados referentes ao ano de 2016.

Saneamento básico no Brasil em 2016

Região	Municípios atendidos pela rede de distribuição de água	Municípios atendidos pela rede de coleta de esgoto
Norte	55,4%	10,5%
Nordeste	73,6 %	26,8%
Sudeste	91,2%	78,6%
Sul	89,4%	42,5%
Centro-Oeste	89,7%	51,5%
Brasil	**83,3%**	**51,9%**

12.17

Fonte: BRASIL. Ministério do Desenvolvimento Regional. Sistema Nacional de Informações sobre Saneamento (SNIS): diagnóstico dos serviços de água e esgotos – 2016. Disponível em: <http://snis.gov.br/diagnostico-agua-e-esgotos/diagnostico-ae-2016>. Acesso em: 4 fev. 2019.

a) Em 2016, qual era a porcentagem de municípios atendidos pela rede de coleta de esgoto no Brasil?

b) A Lei n. 11 445, de 2007, ficou conhecida como Lei do Saneamento Básico. Por que leis como essas são importantes para garantir a saúde da população?

c) Qual é a porcentagem de casas atendidas pela rede de distribuição de água e de coleta de esgoto em seu município?

11 ▸ Por que a falta de água potável e de esgoto tratado facilita a transmissão de doenças?

Trabalho em equipe

Cada grupo de estudantes vai escolher uma das atividades a seguir para pesquisar em livros, revistas ou *sites* confiáveis (de universidades, centros de pesquisa, etc.). Vocês podem buscar o apoio de professores de outras disciplinas (Geografia, História, Língua Portuguesa, etc.). Exponham os resultados da pesquisa para a classe e a comunidade escolar (estudantes, professores e funcionários da escola e pais ou responsáveis), com o auxílio de ilustrações, fotos, vídeos, blogues ou mídias eletrônicas em geral. Ao longo do trabalho, cada integrante do grupo deve defender seus pontos de vista com argumentos e respeitando as opiniões dos colegas.

1 ▸ Elaborem uma campanha para mostrar a importância da água para os seres humanos e a importância de combater o desperdício de água em casa, na escola e no trabalho.

2 ▸ Procurem saber como é o abastecimento de água no município em que vocês moram. Há estação de tratamento de água? Onde fica? Como é esse tratamento?

3 ▸ Pesquisem o destino do esgoto na cidade em que vocês moram. Há estação de tratamento? Onde ela está localizada? Como é esse tratamento?

Ao final das pesquisas, procurem saber se na região da escola existe alguma instituição educacional ou de pesquisa que trabalhe com algum dos temas sugeridos ou que mantenha uma exposição sobre esses assuntos. Verifiquem se é possível visitar o local. Como opção, acessem *sites* de universidades, museus, etc. que tratem desses temas ou que disponibilizem uma exposição virtual sobre eles.

Investigue

Faça uma pesquisa sobre o item a seguir. Você pode pesquisar em livros, revistas, *sites*, etc. Preste atenção se o conteúdo vem de uma fonte confiável, como universidades ou outros centros de pesquisa. Use suas próprias palavras para elaborar a resposta.

- A água não serve apenas para beber ou para uso doméstico. Pesquise a importância da água em várias áreas: na indústria, na geração de energia, na agricultura. Pesquise também em qual dessas áreas, em geral, ocorre o uso de maior quantidade de água. Depois redija um texto sobre os diversos usos da água.

Aprendendo com a prática

Esta atividade deve ser feita em grupo.

Material

- Uma garrafa de plástico transparente de 2 L ou 1,5 L com o fundo cortado conforme figura 12.18 (peçam a um adulto que a corte para vocês)
- Um chumaço de algodão (o suficiente para fechar o gargalo da garrafa)
- Areia grossa e pedrinhas (cascalho ou pedras de brita pequenas)
- Em torno de 1 L de água misturada com um pouco de solo ou areia em uma garrafa com tampa
- Carvão em pó
- Par de luvas

Procedimento

1. Ponham o chumaço de algodão bem apertado no gargalo da garrafa.
2. Apoiem o gargalo (de cabeça para baixo) sobre a boca de um copo grande ou sobre a outra parte da garrafa que foi cortada, como mostra a figura 12.18.
3. Utilizando as luvas, ponham uma camada de areia dentro da garrafa, sobre o algodão, e depois uma camada de carvão em pó, sobre a areia. Coloquem mais uma camada de areia e, sobre ela, as pedrinhas. Cada camada pode ter cerca de 3 cm de espessura.

Ilustranet/Arquivo da editora

12.18 Elementos representados em tamanhos não proporcionais entre si. Cores fantasia.

4. Derramem com cuidado a água suja na garrafa e observem a cor da água que cai no recipiente abaixo.

Agora respondam:

a) Nas estações de tratamento de água há uma etapa semelhante à que houve nesse experimento. Como se chama essa etapa? O que acontece nela?

b) Nas estações de tratamento, após a água passar pela etapa semelhante à do experimento, qual é a etapa final do tratamento? Por que ela é importante?

Atenção

A água que resultou da atividade não pode ser bebida, pois não está convenientemente tratada. Aproveitem essa água para regar plantas. Os materiais utilizados, como copos descartáveis e garrafas PET, devem ser lavados e reutilizados em outras atividades ou destinados para reciclagem.

Autoavaliação

1. Você ficou satisfeito com seu entendimento da atividade prática? Você conseguiu relacionar os resultados observados com o conteúdo trabalhado no capítulo?
2. O que você pode fazer para que os tratamentos de água e esgoto do município onde você mora sejam adequados e acessíveis a todos?
3. Você conhece alguma região onde o tratamento de esgoto não é adequado? Como você pode contribuir para mudar essa situação?

CAPÍTULO

13 Materiais sintéticos e os resíduos sólidos

13.1 Lixo contendo materiais plásticos em recife de coral localizado nas Pequenas Ilhas da Sonda, na Indonésia, 2016.

Pete Oxford/Minden Pictures/Getty Images

Você conhece a expressão "faca de dois gumes"? Uma faca desse tipo tem uma lâmina que corta dos dois lados. Por isso, essa expressão é usada em situações em que um fato pode representar tanto aspectos positivos quanto negativos.

O desenvolvimento tecnológico, por exemplo, pode ser associado a essa expressão. Com o auxílio da ciência e da tecnologia, o ser humano desenvolveu uma infinidade de produtos e processos que, por um lado, melhoram as condições de vida da população e, por outro lado, geram problemas que afetam o ambiente, a saúde humana e a saúde de outros seres vivos.

Um dos maiores problemas que enfrentamos atualmente é a enorme geração de resíduos sólidos, como embalagens. Para se ter uma ideia, cerca de 8 milhões de toneladas de lixo plástico são lançadas nos oceanos por ano. Veja a figura 13.1.

Para começar

1. Você sabe o que é um material sintético?
2. Cite exemplos de objetos feitos de plástico ou que tenham plástico em sua composição. Quais são as consequências do descarte inadequado desses objetos no ambiente?
3. Para onde vai o lixo recolhido das casas e das indústrias?
4. Que medidas podemos tomar para diminuir o volume de plásticos e outros materiais sintéticos no lixo?

1 Os materiais sintéticos

Cada vez mais, o desenvolvimento científico e a tecnologia vêm alterando a vida e o ambiente de maneira positiva. Mas será que é apenas isso? Por exemplo: se, por um lado, são desenvolvidos medicamentos que previnem doenças, por outro, estão sendo criados resíduos que poluem o ambiente.

Além de nos ajudar a compreender o mundo, a atividade científica influencia no desenvolvimento de diversas tecnologias, como ferramentas, máquinas e novos materiais.

Uma das aplicações tecnológicas que vem causando profundas mudanças sociais e ambientais é a produção de materiais ou substâncias sintéticas, como os plásticos.

Um **material sintético** é produzido em laboratórios e indústrias a partir da transformação de **materiais naturais**, como o petróleo. Por resultar de muitas transformações, o material sintético geralmente é muito diferente das substâncias naturais originais.

O algodão, extraído de plantas, é um exemplo de material natural usado para a confecção de roupas. No entanto, atualmente muitas roupas são feitas de poliéster, um material sintético fabricado a partir de compostos obtidos do petróleo. Veja a figura 13.2.

Fernando Favoretto/Criar Imagem

Sergio Dotta Jr./Arquivo da editora

13.2 À esquerda, etiqueta de uma roupa de algodão, um material natural extraído de plantas. À direita, etiqueta de uma roupa de poliéster, um material sintético.

A borracha natural é feita a partir do látex produzido pela seringueira, uma árvore nativa do Brasil. Veja a figura 13.3. Ao látex são adicionados alguns produtos para que a borracha fique mais dura e elástica. Com essa matéria-prima são fabricados, por exemplo, brinquedos, luvas de borracha, utensílios de cozinha, preservativos ("camisinhas") e pneus. Já a borracha sintética é feita por meio de um processo industrial, a partir de derivados do petróleo. Durante esse processo são adicionados ingredientes que mudam a cor, o cheiro ou a textura do material conforme o produto que será fabricado.

Fabio Colombini/Acervo do fotógrafo

13.3 Extração de látex da seringueira (a árvore pode atingir 30 m de altura), na cidade de Mirandópolis (SP), 2013.

Os plásticos

Repare nos objetos à sua volta. Quantos deles têm partes feitas de plástico? Você provavelmente identificou muitos objetos que contêm plástico em sua composição: brinquedos, garrafas, utensílios domésticos, encanamentos, fios, embalagens, roupas, peças de aparelhos eletrônicos e de eletrodomésticos, etc. Os plásticos estão presentes nos mais variados ambientes: residências, escolas, hospitais, comércio, etc. Veja a figura 13.4.

Ilustranet/Arquivo da editora

13.4 Exemplos de objetos de plástico. (Elementos representados em tamanhos não proporcionais entre si. Cores fantasia.)

Os **plásticos** representam um tipo de material sintético feito a partir de derivados de petróleo. O uso desses materiais é vantajoso em determinadas situações, pois são resistentes, podem ser facilmente moldados (o termo "plástico" vem do grego *plastikós*, que significa "adequado à moldagem") e costumam ser mais baratos que outros materiais, como o vidro, o metal, etc. Além disso, objetos feitos de plástico costumam ser mais leves, o que facilita o manuseio e o transporte. Equipamentos eletrônicos portáteis, como *tablets* e *notebooks*, por exemplo, são montados a partir de diversas peças plásticas.

A desvantagem do plástico, no entanto, é que esse material representa um grave problema ambiental: a maior parte dos plásticos não é **biodegradável**, ou seja, não pode ser decomposta por bactérias e fungos. Como vimos no capítulo 2, bactérias e fungos são seres decompositores que se alimentam de restos ou das fezes de seres vivos. Materiais não biodegradáveis não sofrem a ação de decompositores e, por isso, se acumulam na natureza, pois demoram centenas de anos para se desfazer pela ação da chuva e do vento, por exemplo.

Além dos plásticos, metais, vidros, detergentes e pilhas são exemplos de materiais não biodegradáveis.

Pedaços de plástico podem se espalhar pelo ambiente e ser ingeridos por animais que os confundem com alimento. Quando isso acontece, muitos animais acabam morrendo; em outros casos, o plástico se acumula no corpo deles e acaba sendo transferido ao longo das cadeias alimentares, o que pode causar danos à saúde dos seres vivos.

O uso do plástico se tornou muito comum e esse material passou a ser usado para fabricar objetos descartáveis, de vida útil curta, como é o caso de canudos, sacolas, embalagens de produtos de limpeza, higiene e alimentos. Após o descarte, se esse material não tiver destino correto, ele acabará poluindo o ambiente.

Os alimentos são embalados com plástico para evitar possíveis contaminações. Por isso, as embalagens plásticas também podem fazer com que os alimentos durem mais.

Um tipo de plástico com amplo uso em embalagens, principalmente nas de refrigerantes, é o PET (a sigla vem do nome químico desse plástico, o politereftalato de etileno). Uma das vantagens desse plástico é que ele pode ser reciclado: depois de triturado, lavado e submetido a secagem, ele pode ser usado para fabricar novos produtos de plástico. Você já observou um símbolo triangular estampado em embalagens? Ele indica que o material que compõe a embalagem pode ser reciclado. Veja a figura 13.5.

Vamos saber mais sobre reciclagem adiante, neste capítulo.

DenisMArt/Shutterstock

Lukas Gojda/Shutterstock

13.5 Símbolo de reciclagem em garrafa PET. Embora seja reciclável, o plástico usado para fazer garrafas também pode acabar poluindo o ambiente se não for descartado da maneira correta.

Saiba mais

Tipos de plástico

[...] Os plásticos são divididos em dois grupos diferentes: os termoplásticos e os termorrígidos. [...] Os termoplásticos podem ser aquecidos e moldados; quando reaquecidos, eles amolecem e podem ser moldados novamente. Este ciclo reversível de amolecimento e endurecimento é o que permite a reciclagem, uma vez que o processo pode ser repetido numerosas vezes. A maioria dos plásticos é de termoplásticos. [...] Já os plásticos termorrígidos (ou termofixos) podem ser moldados apenas uma única vez. [...] Por este motivo, a reciclagem é muito difícil. Quando comparados aos termoplásticos eles apresentam maior estabilidade dimensional, mantêm suas propriedades em uma mais larga faixa de temperaturas, são mais resistentes aos solventes e muito convenientes para usos externos. [...]

Os plásticos são muito diferentes entre si, mas todos têm algumas características em comum: podem ser muito resistentes a agentes químicos presentes nos produtos de limpeza doméstica; podem ser leves e possuem graus variáveis de resistência; podem ser processados de diversas formas para produzir fibras finíssimas ou objetos complexos (de garrafas a componentes de carros e adesivos); são materiais que, com diferentes aditivos e cores, podem ser usados em um sem número de aplicações, para reproduzir as características de materiais como algodão, seda e fibras de lã, porcelana e mármore, filmes flexíveis e isolantes térmicos para prédios.

[...]

MENDA, M. Plásticos. *Conselho Regional de Química – IV Região*. Disponível em: <https://www.crq4.org.br/quimicaviva_plasticos>. Acesso em: 31 jan. 2019.

Coprid/Shutterstock

13.6 Formas de gelo costumam ser fabricadas com material termoplástico.

Suradech Prapairat/Shutterstock

13.7 Capacetes são produzidos com plásticos termorrígidos.

Conexões: Ciência e ambiente

Um oceano de plástico

O consumo de água armazenada em embalagens plásticas pode garantir às pessoas acesso à água limpa. Entretanto, essa prática tem como problema o descarte do plástico, porque a maior parte desse material não costuma ser reciclada, indo parar em aterros sanitários e lixões, ou no oceano. Veja a figura 13.8. Calcula-se que cerca de 90% do lixo flutuante nos oceanos seja formado por materiais plásticos.

Se o descarte incorreto de resíduos plásticos como garrafas, sacolas e outros objetos feitos desse material continuar aumentando, estima-se que em 2050 haverá nos oceanos uma massa de plástico maior do que a massa de peixes.

Para reverter esse cenário de poluição dos oceanos é necessário um conjunto de ações envolvendo governos, empresas e consumidores. Como os plásticos não são biodegradáveis, eles devem ser retirados do ambiente e reciclados. Ao mesmo tempo, as empresas devem substituir, sempre que possível, as embalagens plásticas por outros materiais. Outras medidas fundamentais para o ambiente, especialmente o marinho, são a melhoria do sistema de coleta e tratamento do lixo e a mudança dos hábitos de consumo das pessoas.

O que cada um de nós pode fazer para reduzir o consumo de objetos de plástico? Vale a pena refletir sobre essa questão e, principalmente, agir.

Luciana Whitaker/Pulsar Imagens

13.8 Poluição na Praia do Fundão, no Rio de Janeiro (RJ), 2016.

Fonte: elaborado com base em <http://news.nationalgeographic.com/news/2010/03/100310/why-tap-water-is-better>; <http://g1.globo.com/natureza/noticia/onu-lanca-campanha-para-reduzir-plastico-nos-oceanos.ghtml>. Acesso em: 31 jan. 2019.

Mundo virtual

Ministério do Meio Ambiente
http://www.mma.gov.br/destaques/item/9411
Informações sobre resíduos de plástico, papel, papelão, papel metalizado, vidro e metal. Acesso em: 31 jan. 2019.

Os medicamentos

A maioria dos medicamentos também é feita de materiais sintéticos. Esses produtos são feitos em laboratórios e dependem de longas pesquisas científicas que testam sua eficácia e efeitos adversos e colaterais. Efeito adverso é uma reação negativa do corpo durante ou após o uso de um medicamento, ao passo que efeito colateral é um efeito diferente daquele pretendido com o uso do medicamento, mas que não é necessariamente ruim. Veja a figura 13.9.

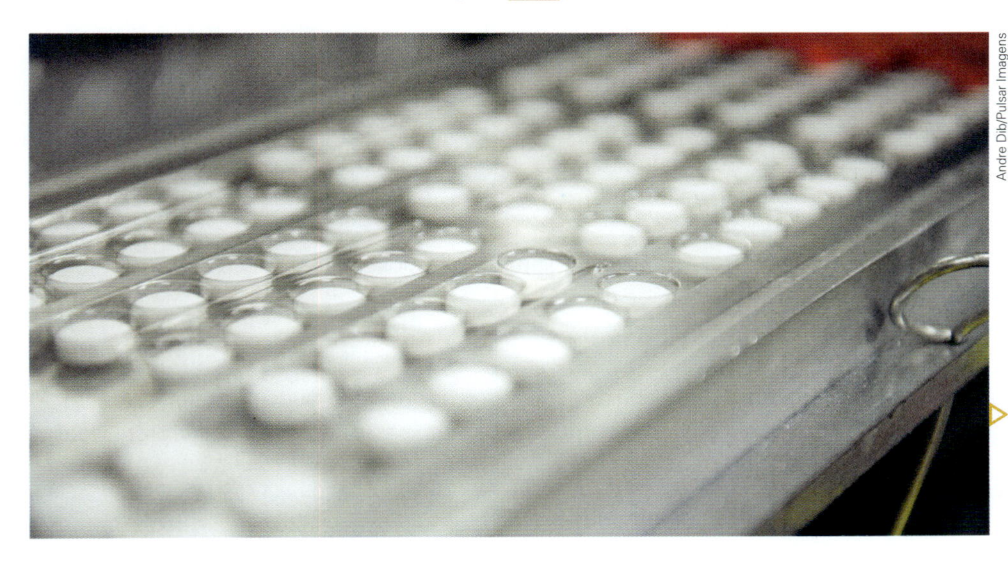

Andre Dib/Pulsar Imagens

13.9 Fabricação de medicamentos em comprimidos em indústria farmacêutica em Itapevi (SP), 2014.

Os medicamentos que aliviam dores (analgésicos), diminuem a febre (antitérmicos) e combatem inflamações (anti-inflamatórios) são muito consumidos pela população para aliviar sintomas de determinadas doenças. Alguns desses medicamentos são derivados do ácido salicílico, um componente sintético semelhante à substância salicina, que é encontrada na casca da árvore conhecida como salgueiro.

Atenção

Medicamentos derivados do ácido salicílico não podem ser usados em casos de suspeita de dengue, zika e chikungunya porque aumentam o risco de sangramento.

No entanto, o uso indiscriminado e constante desses e de outros medicamentos pode provocar efeitos prejudiciais, como irritação no estômago e até sangramentos no tubo digestório.

Os **antibióticos** são medicamentos que inicialmente eram produzidos a partir de seres vivos (bactérias e fungos) e que atualmente são produzidos a partir de substâncias sintéticas. Esses medicamentos matam ou impedem a reprodução das bactérias, sendo fundamentais no tratamento de infecções.

O uso correto de antibióticos ajuda na cura de doenças e salva vidas. Já o uso de antibióticos sem orientação médica pode levar à seleção de bactérias resistentes ao medicamento: as bactérias sensíveis ao antibiótico morrem, mas as bactérias resistentes a ele sobrevivem e podem se reproduzir, tornando a população de bactérias resistentes maior. Isso significa que um antibiótico pode deixar de fazer efeito se precisarmos novamente dele.

Esse processo de seleção faz parte da evolução dos seres vivos e será estudado no 9º ano.

Atenção

Tomar antibióticos sem orientação médica é prejudicial à saúde. Só um médico pode determinar por quanto tempo e em que dosagem esses medicamentos devem ser usados para que sejam eficazes e não prejudiquem o paciente.

Conexões: Ciência e História

A descoberta da penicilina

Muitas invenções e descobertas ocorreram em função das guerras. Algumas delas tiveram consequências terríveis para a humanidade, como a bomba atômica. Outras, contudo, foram bastante positivas, como a penicilina.

Após retornar dos campos de batalha da Primeira Guerra (1914-1918), o médico e oficial escocês Alexander Fleming (1881-1955) começou a buscar um tratamento para evitar a morte de soldados cujos ferimentos haviam sido infectados. Veja a figura 13.10.

13.10 Alexander Fleming trabalhando em seu laboratório.

Em 1928, ele estava cultivando em placas de vidro um tipo de bactéria causadora de doença, quando observou um fenômeno estranho: uma das placas tinha sido contaminada por um fungo e, ao seu redor, havia uma região na qual nenhuma bactéria crescia. Descobriu, então, que o fungo produzia uma substância capaz de impedir o crescimento de bactérias. O fungo era uma espécie do gênero *Penicillium* e a substância produzida foi chamada penicilina (figura 13.11).

Como esse fungo era difícil de ser cultivado, e a quantidade de penicilina produzida era muito pequena, somente no início da década de 1940 a penicilina foi purificada, concentrada e testada, passando então a ser produzida comercialmente.

Essa produção facilitou o tratamento das feridas de guerra durante a Segunda Guerra Mundial (1939-1945).

13.11 Fungo *Penicillium chrysogenum*, usado no passado na produção do antibiótico penicilina. Na figura é possível visualizar parte do fungo e uma faixa onde não ocorreu crescimento bacteriano. Tanto as bactérias como os fungos são microscópicos, mas eles formam grupos (colônias) que podem ser vistos a olho nu.

Mundo virtual

Do pão estragado à farmácia
http://chc.org.br/do-pao-estragado-a-farmacia
Texto que conta um pouco mais da história de Alexander Fleming, cientista reconhecido pela descoberta da penicilina.
Acesso em: 31 jan. 2019.

Defensivos agrícolas

No capítulo 2, você viu que uma das maneiras de combater os organismos que atacam as plantas é utilizar **defensivos agrícolas**, também chamados **pesticidas**, **agroquímicos** ou **agrotóxicos**. Esses produtos, em geral, são sintéticos e eliminam pragas, diminuindo as perdas e aumentando a produção das lavouras.

O termo praga refere-se a organismos que, ao se proliferar desordenadamente, podem causar danos às lavouras. São exemplos insetos, ácaros, fungos, bactérias e vegetais.

A degradação de alguns tipos de agrotóxicos é muito lenta. Por essa razão, assim como ocorre com os plásticos, esses compostos tendem a se acumular no ambiente, podendo ser transferidos de um organismo para outro ao longo das cadeias alimentares. Dependendo de sua concentração, os agrotóxicos também podem causar problemas à saúde humana.

Por isso, vários tipos de agrotóxicos com degradação muito lenta foram proibidos e substituídos por outros cuja degradação ocorre de uma a doze semanas. Esses produtos também podem ser tóxicos para quem os aplica se forem usados sem a devida proteção (máscaras, luvas, botas e macacão especial).

Outro problema é que os agrotóxicos podem matar determinados organismos, como a joaninha, que se alimentam de animais que atacam as plantações. Eles matam também insetos, como as abelhas e as borboletas, responsáveis pela polinização.

Muitas plantas se reproduzem por meio de grãos de pólen que podem ser levados por alguns insetos, ou outros animais, de uma flor para outra. Polinização é o processo de transporte do grão de pólen.

Outra consequência do uso dos agrotóxicos sem cuidado é a seleção de insetos resistentes. Com o tempo, determinado agrotóxico pode deixar de ter efeito contra um grupo de insetos, pois já terá se formado uma população de indivíduos resistentes. Os insetos resistentes são exemplos de organismos que passaram por seleção natural, um processo explicado pelos cientistas britânicos Charles Darwin (1809-1882) e Alfred Russel Wallace (1823-1913).

Você vai saber mais sobre seleção natural no 9º ano.

O uso de agrotóxicos pode ser reduzido com a adoção de diversas medidas, como a utilização de um predador ou parasita da praga. Esse tipo de **controle biológico** elimina apenas a praga, sem causar danos a outros organismos. A rotação de culturas, o plantio direto, a manutenção de áreas próximas às da lavoura com vegetação natural da região e a escolha da época para o plantio e a colheita menos favorável ao ataque de pragas são outras práticas que podem ajudar a diminuir o uso de agrotóxicos.

Outra opção é o uso da **agricultura orgânica**, que se vale dessas e de outras técnicas para evitar o uso de agrotóxicos. Veja a figura 13.12. A produtividade (produção por área cultivada) dessa forma de agricultura, porém, ainda é menor que a da agricultura tradicional, o que dificulta o abastecimento de alimentos em um mundo com mais de 7 bilhões de pessoas.

Edson Grandisoli/Pulsar Imagens

13.12 Horta orgânica de agricultura familiar em Sorocaba (SP), 2018.

2 Tecnologia e alimentação

O que acontece com alimentos frescos, como frutas e verduras, depois de algum tempo fora da geladeira? Esses alimentos estragam porque sofrem a ação de microrganismos. Uma das maneiras de conservar os alimentos por mais tempo é mantê-los refrigerados ou congelados, já que baixas temperaturas diminuem ou interrompem as atividades das bactérias e de outros microrganismos.

Outra tecnologia usada para conservar alimentos é a **pasteurização**. Por meio dessa técnica, líquidos, como o leite, são aquecidos a uma temperatura entre 72 °C e 75 °C por um período de 15 a 20 segundos e depois resfriados rapidamente, o que causa a morte dos microrganismos.

A conservação dos alimentos também pode ser feita com o salgamento, que desidrata o alimento e dificulta a sobrevivência ou reprodução de microrganismos. É o caso do bacalhau, da carne-seca ou da carne de sol, por exemplo. Veja a figura 13.13. O mesmo efeito de conservação é obtido ao serem adicionadas grandes quantidades de açúcar a alimentos como compotas e geleias depois da fervura.

Luciana Whitaker/Pulsar Imagens

13.13 Carne de sol protegida por tela em Rurópolis (PA), 2017.

Aditivos químicos nos alimentos

Alguns materiais naturais e sintéticos podem ser adicionados aos alimentos para conservá-los. Essas substâncias são chamadas de **aditivos químicos** e são usadas para dar cores e acentuar os sabores dos alimentos.

Aditivos químicos são muito comuns em salgadinhos de pacote, biscoitos, refrigerantes e alimentos enlatados.

Alguns aditivos são encontrados na natureza, como os corantes extraídos da beterraba (betanina), de vegetais de cor vermelha, laranja ou amarela, como a cenoura (carotenos), ou de diversas outras plantas (antocianinas, por exemplo). Outros são produzidos em laboratório, sendo, portanto, artificiais ou sintéticos.

O fato de serem sintéticos não significa necessariamente que sejam perigosos à saúde: isso vai depender, entre outros fatores, da quantidade de aditivos sintéticos utilizada no alimento ou consumida por dia.

Um tipo de aditivo, chamado **gordura *trans***, é fabricado por meio de um processo que transforma óleos vegetais líquidos em gordura sólida à temperatura ambiente. Essa gordura é usada para dar mais consistência a sorvetes, batatas fritas, bolos, biscoitos, chocolates e algumas margarinas.

A gordura *trans* aumenta o risco de problemas cardíacos, pois eleva os níveis do chamado "colesterol ruim", que pode prejudicar o fluxo de sangue nos vasos sanguíneos. Por isso, os médicos e nutricionistas recomendam evitar o consumo desse tipo de gordura. Também por esse motivo, os fabricantes vêm reduzindo a quantidade de gordura *trans* dos alimentos.

As indústrias são obrigadas a colocar nos rótulos dos alimentos e bebidas a quantidade de gordura *trans* que um alimento contém. Veja a figura 13.14. Há outros termos utilizados nos rótulos dos produtos, como "gordura ou óleo vegetal hidrogenado" ou "parcialmente hidrogenado", que também indicam a presença de gordura *trans* nos alimentos.

Desde 2001 é obrigatório, no Brasil, incluir a tabela nutricional nos rótulos dos alimentos industrializados. A partir de 2003, tornou-se obrigatório também informar a presença de gordura *trans*, mas apenas se a quantidade por porção estiver acima de 0,2 g.

Fernando Favoretto/Criar Imagem

QUANTIDADE POR PORÇÃO		%VD(*)
GORDURAS SATURADAS	3,2 g	15
GORDURAS TRANS	0,3 g	(**)
FIBRA ALIMENTAR	0 g	0
SÓDIO	21 mg	1

13.14 Tabela nutricional de um alimento indicando a quantidade de gordura *trans*. Note que não há um valor diário recomendado do ponto de vista nutricional para o consumo dessa gordura nociva.

Conexões: Ciência e saúde

Vamos ler o rótulo dos alimentos

Ao analisar a embalagem de um alimento, o primeiro passo é observar a data de validade e a forma como o produto deve ser armazenado (em local fresco, na geladeira, etc.). O prazo de validade de alguns produtos é menor depois que são abertos.

No rótulo você encontra também informações nutricionais, com a lista de nutrientes que o produto contém e as substâncias que são adicionadas a ele – os aditivos químicos. Veja a figura 13.15, que apresenta o rótulo de um leite em pó desnatado.

O valor energético (ou valor calórico) indica a quantidade de quilocalorias (kcal) ou de quilojoules (kJ) na porção. Quilocalorias e quilojoules são unidades usadas para expressar a quantidade de energia. Quanto maior for o número de quilocalorias e quilojoules, maior será a quantidade de energia contida no alimento.

INFORMAÇÃO NUTRICIONAL
Porção de 20 g (2 colheres de sopa)***

	Quantidade por porção	% VD (*)
Valor energético	68 kcal = 285 kJ	3%
Carboidratos	10 g, dos quais:	3%
Açúcares	10 g	**
Proteínas	6,5 g	9%
Gorduras totais	0 g, das quais:	0%
Gorduras saturadas	0 g	0%
Gorduras *trans*	0 g	**
Gorduras monoinsaturadas	0 g	**
Gorduras poli-insaturadas	0 g	**
Colesterol	0 mg	0%
Fibra alimentar	0 g	0%
Sódio	102 mg	4%
Cálcio	500 mg	50%
Ferro	2,7 mg	19%
Magnésio	49 mg	19%
Vitamina A	113 µg RE	19%
Vitamina D	1,5 µg	30%
Vitamina C	8,6 mg	19%
Vitamina B1	0,23 mg	19%
Vitamina B3	3,0 mg	19%
Vitamina B6	0,25 mg	19%
Vitamina B12	0,46 µg	19%
Vitamina B5	0,95 mg	19%
Vitamina B7	5,7 µg	19%

*% Valores Diários de referência com base em uma dieta de 2.000 kcal ou 8.400 kJ. Seus valores diários podem ser maiores ou menores dependendo de suas necessidades energéticas. **VD não estabelecido. ***Quantidade suficiente para o preparo de 200ml.

Fernando Favoretto/Arquivo da editora

13.15 Rótulo de leite em pó desnatado.

Alimentos *diet*, *light* e adoçantes

Alimentos **dietéticos** (ou ***diet***) são aqueles feitos sem determinadas substâncias. Pessoas com diabetes, por exemplo, devem dar preferência ao consumo de produtos *diet*, que não contêm açúcar comum (sacarose). Já os alimentos *light* (que significa "leve") apresentam teor mais baixo de calorias ou de alguma substância (como sal) em relação ao produto padrão. Esses alimentos beneficiam pessoas com algumas restrições alimentares.

Para ter o rótulo *light*, a redução deve ser de pelo menos 25% em relação ao produto padrão.

Os adoçantes são produtos usados por pessoas com restrição ao consumo do açúcar comum. Alguns adoçantes são produtos sintéticos. É importante lembrar que o uso desse produto por si só não leva ao emagrecimento nem substitui a necessidade de uma alimentação equilibrada e controlada para uma vida saudável.

No rótulo desses produtos está especificada a quantidade diária máxima que pode ser ingerida sem riscos. Além disso, algumas pessoas são alérgicas a determinados adoçantes e não podem consumi-los.

3 Resíduos sólidos

A produção de medicamentos e a conservação de alimentos são exemplos de como o desenvolvimento científico e tecnológico trouxe benefícios para a saúde humana. Que outras consequências a produção de novos materiais pode ter?

Materiais considerados desnecessários ou indesejáveis compõem o lixo e são denominados **resíduos sólidos**. Esses materiais podem ser sintéticos (embalagens plásticas, preservativos e medicamentos vencidos, etc.) e ter diferentes origens: doméstica, comercial, industrial, agrícola, hospitalar e até mesmo espacial.

O lixo espacial é formado por equipamentos espaciais sem utilidade, como satélites desativados e partes que se desprenderam de foguetes e de outros equipamentos.

Se não receber tratamento e destino adequados, o lixo pode poluir e contaminar o solo e os ambientes aquáticos, obstruir bueiros e cursos de água, provocando enchentes, entre outros problemas.

O lixão

Parte do lixo produzido no Brasil é jogada, sem nenhum tratamento ou separação de materiais, em **lixões**.

Nesses depósitos de lixo a céu aberto, a matéria orgânica em decomposição atrai insetos (baratas, moscas, mosquitos, etc.), urubus, ratos e outros animais transmissores de organismos que podem nos causar doenças (vírus, bactérias, etc.). Essas condições colocam em risco a saúde de pessoas que vivem próximo aos lixões.

A decomposição da matéria orgânica do lixo produz um caldo malcheiroso e poluente, o **chorume**. Além da matéria orgânica, o chorume pode conter produtos tóxicos, como o chumbo e o mercúrio, que são componentes de tintas e solventes, pilhas, lâmpadas fluorescentes, etc. Quando o chorume é carregado pela água da chuva, pode contaminar os rios e a água subterrânea que abastece os poços domésticos. Essa contaminação pode tornar a água da região imprópria para o consumo, prejudicando a população.

Como vimos no capítulo 3, a água subterrânea constitui uma reserva de água conhecida como lençol subterrâneo ou freático.

Por favorecer a transmissão de doenças e a contaminação do ambiente por metais e outros produtos tóxicos, o lixão é considerado uma péssima opção de destino para o lixo. Veja a figura 13.16.

Reconhecendo os problemas sociais e ambientais relacionados aos lixões, a Política Nacional dos Resíduos Sólidos determinou como meta a eliminação dos lixões e a recuperação de suas áreas.

Luciana Whitaker/Pulsar Imagens

13.16 Lixão a céu aberto em Arraial do Cabo (RJ), 2018.

Mundo virtual

Lixo bem cuidado... Saúde protegida

http://www.ccs.saude.gov.br/visa/publicacoes/arquivos/lixo_bem_cuidado.pdf

A apostila, elaborada pelo governo da Bahia, trata dos tipos de lixo e da melhor destinação para cada um deles.

Acesso em: 31. jan. 2019.

O aterro sanitário

O **aterro sanitário** é muito diferente do lixão. No aterro, o lixo é depositado em trincheiras que são escavadas e forradas com uma manta impermeável para proteger o solo. O aterro tem sistemas de escoamento do chorume e da água das chuvas, além de uma tubulação para saída de gases – principalmente do gás metano, que é produzido na decomposição da matéria orgânica. Veja a figura 13.17.

O gás metano pode ser queimado, servindo de fonte de energia.

Rubens Chaves/Pulsar Imagens

Sofia Colombini/Acervo da fotógrafa

13.17 Nas fotos acima, à esquerda, vista geral do aterro sanitário em Salvador (BA), 2017; e, à direita, chorume sendo recolhido em tanque para tratamento.

Nos aterros sanitários, um trator espalha e amassa o lixo, compactando-o. Depois, essa camada de lixo é coberta com terra compactada ou com manta impermeável. Uma nova camada de lixo pode então ser depositada sobre a primeira.

Apesar de precisar de áreas grandes para ser construído, ser mais caro que o lixão e ter capacidade de utilização limitada, o aterro sanitário não polui o ambiente se for bem construído. Isso ocorre porque a cobertura de terra isola o lixo e impede a propagação do mau cheiro e o acesso de insetos, ratos e outros animais. Além disso, a camada impermeabilizante protege os rios e águas subterrâneas.

A incineração

A **incineração** é a queima do lixo em equipamentos que funcionam em alta temperatura. Essa técnica apresenta a vantagem de reduzir bastante o volume de lixo. Além disso, destrói os organismos que causam doenças, contidos principalmente no lixo hospitalar e no lixo industrial.

Certos componentes do lixo, no entanto, produzem gases tóxicos ao serem queimados. Nesses casos, é necessário instalar filtros para evitar a poluição do ar, o que encarece o processo. Depois da queima do lixo, sobra um volume menor de resíduos, que podem ser encaminhados para os aterros sanitários ou para a reciclagem.

A compostagem

Para o lixo orgânico, há um destino alternativo aos aterros sanitários: a compostagem. A **compostagem** transforma a matéria orgânica – como estrume, folhas, papel e restos de comida – em adubo. O adubo produzido é chamado de **composto**.

O lixo orgânico é composto principalmente de restos de alimentos (cascas de frutas, casca de ovo, borra de café, etc.) e restos de vegetais, como folhas e pedaços de madeira, etc.

Em primeiro lugar é preciso retirar do lixo o material não orgânico, que não pode ser decomposto. Depois, o lixo orgânico é triturado e levado para equipamentos que aceleram o processo de decomposição e a produção do adubo.

A decomposição é promovida por bactérias e fungos, os quais transformam as substâncias orgânicas complexas em substâncias mais simples e, depois, em substâncias minerais que podem ser utilizadas pelas plantas. Uma tonelada de lixo doméstico rende cerca de 500 quilogramas de composto orgânico.

Além do adubo, a decomposição do lixo orgânico produz gases que podem ser aproveitados como combustíveis. Nesse caso a matéria orgânica é depositada em recipientes grandes e fechados, os **biodigestores**, onde será produzido o biogás (uma mistura de gases combustíveis, que polui menos que os derivados de petróleo), além de fertilizantes.

Mundo virtual

De onde vem? Para onde vai? – Instituto Akatu
www.youtube.com/playlist?list=PLo3RUE7u58xe3HDj1h2P5YHz-41xQ1Lhh
Os vídeos dessa série explicam quais matérias-primas são usadas para produzir sacolas e garrafas plásticas, petróleo, balas e celulares e o que acontece com esses produtos no ambiente.
Acesso em: 31 jan. 2019.

Compromisso Empresarial para Reciclagem (Cempre)
www.cempre.org.br
Instituição voltada a promover a reciclagem e o gerenciamento integrado de resíduos. Na página é possível localizar cooperativas de catadores de material reciclável e sucateiros no Brasil.
Acesso em: 31 jan. 2019.

A reciclagem

Você viu que o lixo descartado pode ter diferentes destinos. Mas será que existe alguma forma de diminuir a quantidade de coisas que vai para o lixo?

A **reciclagem** é a utilização de materiais descartados para fabricar novos produtos. O papel, por exemplo, pode ser usado na produção de jornal, embalagem, etc. O metal, o vidro e o plástico também podem ser reciclados. Entretanto, nem todos os tipos desses materiais podem ser reciclados: o papel-carbono, os clipes de papel e os espelhos, por exemplo, não podem ser reciclados.

Para exemplificar a importância da reciclagem, preste atenção nestas informações sobre a reciclagem do papel:

- O papel é fabricado principalmente com a celulose extraída de árvores. Cada tonelada de papel reciclado equivale a cerca de vinte árvores que deixaram de ser derrubadas.
- O processo também poupa energia, uma vez que a reciclagem do papel gasta menos energia do que a produção de papel com a celulose de árvores.

Da mesma forma, ao reciclar alumínio e vidro é possível diminuir o consumo de minerais e economizar energia.

Segundo dados da Associação Brasileira da Indústria PET (Abipet), em 2016 foram recicladas 51% das garrafas PET produzidas no Brasil. Com isso há benefícios sociais e econômicos, gerando renda e empregos e beneficiando cooperativas de catadores de materiais recicláveis, além de benefícios ambientais, já que diminui a necessidade de matéria-prima extraída do petróleo e o volume de lixo. Veja a figura 13.18.

Lucas Lacaz Ruiz/Fotoarena/Folhapress

13.18 Funcionários separando lixo reciclável em São José dos Campos (SP), 2014.

A reciclagem oferece outras vantagens:

- Reduz a poluição do solo e da água com produtos tóxicos.
- Diminui o volume do lixo que vai para os aterros sanitários e os lixões. Isso é muito bom, porque nas cidades há cada vez menos espaços livres. Os lixões e aterros já instalados estão ficando sobrecarregados, e isso aumenta o risco de poluição do ambiente e de contaminação das pessoas.
- Gera trabalho para muitas pessoas nas usinas de reciclagem, na coleta de materiais, etc.

Veja na figura 13.19 alguns símbolos da reciclagem. As três setas que aparecem em alguns deles representam os três grupos que precisam trabalhar em conjunto para que a reciclagem funcione: as empresas que fabricam o produto, os consumidores e as usinas de reciclagem. Os tipos de plástico são indicados por números, como o número 1 que aparece na figura correspondente ao plástico PET. Já o mesmo símbolo com o número 3 no centro indica o policloreto de vinila (PVC), usado em encanamentos, esquadrias, etc.

Casa de Tipos/Arquivo da editora

13.19 Símbolos da reciclagem.

Nas cidades que adotam o sistema de coleta seletiva de lixo, os diversos tipos de material – metal, plástico, vidro, papel, restos de alimentos – podem ser separados pelos moradores. Nas ruas dessas cidades existem coletores coloridos, um para cada tipo de lixo. Veja a figura 13.20. O material a ser reciclado é então recolhido e encaminhado para as usinas de reciclagem.

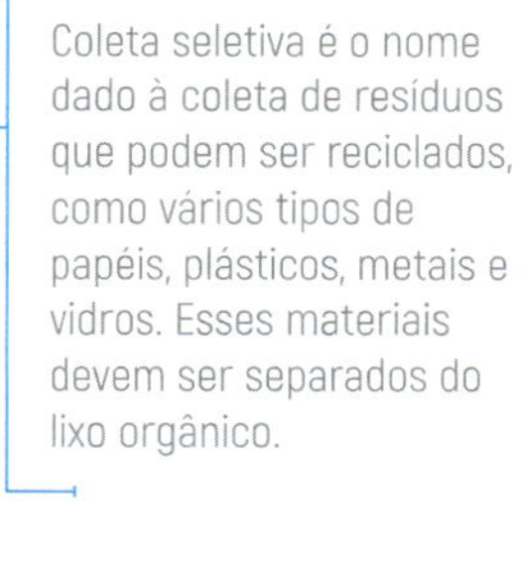
Coleta seletiva é o nome dado à coleta de resíduos que podem ser reciclados, como vários tipos de papéis, plásticos, metais e vidros. Esses materiais devem ser separados do lixo orgânico.

Cesar Diniz/Pulsar Imagens

13.20 Lixeiras para coleta seletiva em Dourados (MS), 2018.

Mesmo que a cidade onde você mora não tenha coleta seletiva, separe o lixo em dois recipientes: os recicláveis (papéis, plásticos, vidros e metais) e os não recicláveis (restos de comida). Existem trabalhadores informais, conhecidos como catadores, que recolhem esse material em muitas regiões.

Consciência e ação!

Para preservar o ambiente e, consequentemente, a qualidade de vida das pessoas, todos nós – a população, os governos, as instituições públicas e privadas – precisamos conhecer as questões relacionadas ao lixo. É necessário tomar atitudes que diminuam o volume de lixo e favoreçam os tratamentos adequados. Nesse sentido, a sociedade pode pressionar o governo a criar e fiscalizar medidas voltadas à proteção ambiental e à saúde da população.

Mas há também algumas coisas que você pode fazer em seu dia a dia:

- Não jogue lixo nas praias e nas ruas. Quando for à praia, leve um saco plástico para recolher o lixo; depois jogue esse saco em um coletor. Veja a figura 13.21.
- Para reduzir o volume de lixo, evite produtos descartáveis e dê preferência a toalhas de pano em vez de toalhas de papel. Para guardar alimentos, utilize recipientes com tampa em vez de cobri-los com papel-filme ou papel-alumínio. Escolha os produtos com menos embalagens, ou com embalagens recicláveis. Ao fazer compras, leve uma sacola ou reutilize as sacolas plásticas dos supermercados.
- Pilhas, baterias e equipamentos eletrônicos usados costumam conter substâncias tóxicas e devem ser entregues aos fabricantes, distribuidores ou comerciantes, à rede de assistência técnica ou, ainda, em postos de coleta (que podem ser encontrados em lojas e supermercados) para serem encaminhadas à reciclagem. De acordo com a Política Nacional de Resíduos Sólidos, instituída pela Lei n. 12 305/2010, essa medida vale também para pneus, agrotóxicos e óleos lubrificantes, assim como seus resíduos e embalagens, produtos eletroeletrônicos e seus componentes e lâmpadas fluorescentes, de vapor de sódio e mercúrio e de luz mista.

Mundo virtual

Movimento Separe. Não pare.
http://separenaopare.com.br
Apresenta diversas informações sobre por que e como reciclar e uma explicação sobre o acordo setorial de embalagens, um compromisso do setor comercial para ampliar a reciclagem no país.
Acesso em: 31 jan. 2019.

Você vai saber mais sobre o funcionamento de pilhas e baterias no 8º ano.

Zuma Press/Easypix Brasil

13.21 Voluntários recolhendo lixo na praia de Copacabana durante o Dia Mundial da Limpeza na cidade do Rio de Janeiro (RJ), 2017.

- Procure reutilizar objetos, usando como rascunho o verso de uma folha impressa, reaproveitando embalagens, comprando produtos que tenham refil. Não jogue fora roupas, brinquedos antigos e utensílios que ainda possam ser reaproveitados. Sempre que possível, doe brinquedos, livros e roupas. Existem entidades que aceitam doações de inúmeros objetos; descubra quais delas atuam em sua região. Veja a figura 13.22.

Mundo virtual

Centro de Informações sobre Reciclagem e Meio Ambiente
www.recicloteca.org.br
Apresenta artigos e notícias sobre iniciativas que tratam de reciclagem, Ecologia e meio ambiente.
Acesso em: 31 jan. 2019.

Divulgação/Arquivo da editora

13.22 Cartaz de campanha do agasalho realizada em Santo André (SP).

- Participe de associações de bairro e de movimentos ecológicos para pressionar o governo em questões ligadas à proteção do ambiente. A ação organizada torna mais fácil conseguir, por exemplo, a implantação da coleta seletiva de lixo.
- Em algumas cidades, há empresas que coletam o óleo vegetal usado na cozinha com o objetivo de utilizá-lo na produção de sabão ou de um combustível, o biodiesel. Onde essa iniciativa existe, os adultos devem armazenar o óleo já frio para posterior coleta. Veja a figura 13.23.
- Economize energia. Isso significa, muitas vezes, economizar carvão mineral e derivados do petróleo, que poluem o ar quando queimados como combustível para produção de energia.

Atenção

Somente adultos devem manusear utensílios com óleo quente.

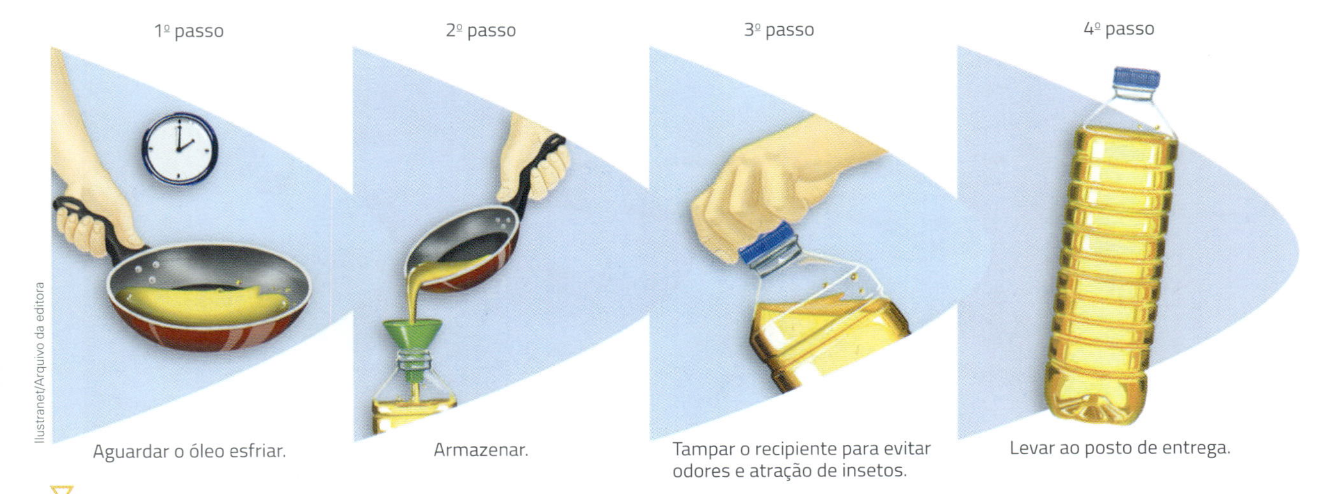

Ilustranet/Arquivo da editora

13.23 Método de coleta de óleo para descarte adequado.

Conexões: Ciência e História

As atividades humanas e o consumo

Quando antepassados da espécie humana viviam nas cavernas, na Pré-História, o lixo era composto basicamente de cascas de frutas, sementes e restos de animais. Com a descoberta de como produzir fogo e, ao longo do tempo, de como fabricar objetos de metal, de barro e de outros materiais, mais lixo passou a ser produzido e outros materiais foram incorporados a ele.

Quando o número de pessoas e a quantidade de lixo produzido eram menores e o lixo era composto predominantemente por materiais orgânicos (mesmo que transformados pela ação do fogo), a maior parte dele era decomposta rapidamente pela própria natureza. Porém, com a Revolução Industrial na Europa, em meados do século XVIII, máquinas e indústrias passaram a produzir um tipo diferente de lixo: os resíduos industriais, que, diferentemente dos resíduos orgânicos, não se decompõem facilmente. Veja a figura 13.24.

Atualmente vivemos na chamada sociedade de consumo, em que muitos produtos duram pouco e são descartáveis. Para diminuir a produção de lixo, é preciso repensar nossos hábitos.

Na hora de comprar, devemos nos perguntar se a compra é realmente necessária. Será que dá para pedir emprestado ou alugar? Ou, então, comprar um artigo de segunda mão? E será que precisamos tanto dos últimos produtos lançados ou pretendemos comprá-los apenas porque os que temos já saíram de moda? Quantas vezes adquirimos um produto como o que nossos amigos tinham porque queríamos ser iguais a eles e depois nos arrependemos? Será que um impulso como esse é fruto das propagandas a que assistimos? Será que somos influenciados pelo comportamento dos nossos colegas? Vale a pena refletirmos sobre essas questões, pois as decisões que tomamos afetam o planeta em que vivemos.

akg-images/Newscom/Glow Images

13.24 *Fundação da fábrica de máquinas Borsig em Berlim*, 1847, de Eduard Bierma (1803-1892) (óleo sobre tela, 110 cm × 161,5 cm).

ATIVIDADES

Aplique seus conhecimentos

1 ▸ O que é um material sintético? Que materiais sintéticos você usa no dia a dia?

2 ▸ Observe a figura 13.25 e responda às questões a seguir.

Patricia Dulasi/Shutterstock

13.25 Vegetais acondicionados em bandejas e embalagens descartáveis.

a) Você já viu alimentos embalados dessa maneira? Qual é o benefício dos plásticos utilizados para embalar alimentos?

b) Que problemas o uso excessivo e o descarte inadequado desses materiais podem causar?

c) Como esses alimentos são consumidos? Sabendo disso, de que outra forma esses alimentos podem ser acondicionados?

3 ▸ Um estudante afirmou que os materiais sintéticos são artificiais e por isso fazem mal à saúde. Você concorda com essa afirmação?

4 ▸ Como o uso de agrotóxicos contribui para o aumento da produção de alimentos? Por que esses materiais não podem ser usados em excesso e sem controle?

5 ▸ Analisando o que você aprendeu sobre o destino adequado do lixo, responda:

a) Quais são os riscos que os lixões trazem à nossa saúde?

b) Em relação ao meio ambiente e à sociedade, quais são as vantagens do aterro sanitário em relação aos lixões?

6 ▸ Você já foi a alguma festa em que eram usados objetos de plástico, como copos, talheres e pratos? Esses objetos descartáveis são usados comumente em festas, principalmente de crianças. A partir dessa informação, responda:

a) Por que muitas pessoas preferem usar objetos como esses em vez de copos, pratos e talheres não descartáveis?

b) Como esses objetos podem ser substituídos?

c) Se for necessário utilizar objetos como esses, como eles devem ser descartados?

7 ▸ Com base no que você estudou sobre a compostagem do lixo, responda:

a) Que processo semelhante à compostagem ocorre nos ambientes naturais?

b) Que tipos de resíduos podem ser destinados à compostagem?

c) Por que não devemos misturar resíduos orgânicos com resíduos recicláveis, como embalagens plásticas?

De olho no texto

O texto abaixo trata da descoberta de compostos vegetais que podem ser usados no combate a doenças. Leia-o e depois responda às questões a seguir.

[...] Um grupo de 45 pesquisadores identificou compostos químicos extraídos de plantas de áreas remanescentes de Mata Atlântica e do Cerrado paulista, que em experimentos preliminares de laboratório apresentaram atividade contra fungos, tumores e a doença de Chagas.

A seleção de 229 extratos de plantas resultou em seis espécies com ação antibiótica, das quais duas, as mais conhecidas, já podem ser citadas. Uma é a *Rauvolfia sellowii*. Também conhecida como casca-de-anta ou jasmim-grado, é uma árvore que pode chegar a 25 metros, comum nos Estados de Minas e São Paulo.

13.26 Casca-de-anta ou jasmim-grado (*Rauvolfia sellowii*). A árvore pode chegar a 25 m de altura.

Daniel Grasel/Acervo do fotógrafo

[...]

Outra planta com ação antibiótica é a *Aspidosperma olivaceum*, também chamada de guatambu ou guatambu-branco, árvore de 10 a 15 metros de altura, frequente na Mata Atlântica de Minas a Santa Catarina, onde é chamada de peroba.

[...]

Abre-se assim a perspectiva para a descoberta de novos modelos de medicamentos, que, a partir das plantas, poderiam ser elaborados a custos baixos pela indústria farmacêutica. Do ponto de vista ecológico, a pesquisa [...] apresenta informações valiosas para entender os processos de adaptação das plantas e sua interação com os outros seres vivos – e, portanto, fundamentais nos estudos de conservação e do desenvolvimento sustentável das matas remanescentes de São Paulo. [...]

Novos medicamentos das matas. *Revista Fapesp*. Disponível em: <http://revistapesquisa.fapesp.br/2000/03/01/novos-medicamentos-das-matas>. Acesso em: 31 jan. 2019.

a) Consulte em dicionários o significado das palavras que você não conhece, e redija uma definição para essas palavras.

b) Onde os pesquisadores encontraram compostos que podem ser usados no combate a doenças?

c) Como a preservação de matas pode contribuir com o desenvolvimento de medicamentos?

d) Em 2011, o governo estabeleceu um controle mais rigoroso na venda de antibióticos. Por que esses medicamentos, como o extraído da casca-de-anta, não devem ser tomados sem prescrição médica adequada?

Investigue

Faça uma pesquisa sobre os itens a seguir. Você pode pesquisar em livros, revistas, *sites*, etc. Preste atenção se o conteúdo vem de uma fonte confiável, como universidades ou outros centros de pesquisa. Use suas próprias palavras para elaborar a resposta.

1 Imagine que você viu alguém jogando lixo no chão de sua escola ou na rua e redija um pequeno texto explicando para a pessoa por que ela não deve fazer isso.

2 Pesquise em revistas, observe propagandas na televisão, pense em todas as novidades em matéria de automóveis, roupas, aparelhos eletrônicos, etc. e redija um texto comentando os seguintes pontos: você considera de fato úteis todos os produtos novos lançados pela indústria? Que novidades você considera desnecessárias para uma vida satisfatória?

3 A invenção dos plásticos foi benéfica ou maléfica para o ser humano? Escreva um pequeno texto usando argumentos relacionados ao uso e ao descarte desse material.

4 › Um estudante viu o símbolo ao lado em um recipiente contendo certo tipo de lixo.

a) Pesquise o que esse símbolo significa.

b) Que tipo de lixo o estudante deve ter visto?

c) Qual é a solução usada para esse tipo de lixo e por que ela é a mais adequada?

Banco de imagens/Arquivo da editora

13.27 Símbolo encontrado em certo tipo de recipiente de lixo.

5 › Em relação ao lixo, o que significam os termos "reduzir, reutilizar, reciclar, repensar, recusar"? Explique cada uma dessas atitudes com exemplos práticos. Pesquise também o que significa "consumo consciente" e "desenvolvimento sustentável" e dê exemplos da importância dessa atitude.

Trabalho em equipe

Cada grupo de estudantes vai escolher uma das atividades a seguir para pesquisar em livros, revistas ou *sites* confiáveis (de universidades, centros de pesquisa, etc.). Vocês podem buscar o apoio de professores de outras disciplinas (Geografia, História, Língua Portuguesa, etc.). Exponham os resultados da pesquisa para a classe e a comunidade escolar (estudantes, professores e funcionários da escola e pais ou responsáveis), com o auxílio de ilustrações, fotos, vídeos, blogues ou mídias eletrônicas em geral. Ao longo do trabalho, cada integrante deve defender seus pontos de vista com argumentos e sempre respeitando as opiniões dos colegas.

1 › Busquem dados atualizados sobre a quantidade de lixo produzido no Brasil e o destino dele (qual é a porcentagem de lixo que vai para os aterros sanitários, para os lixões, etc.). Pesquisem quais são os países que produzem mais lixo e se existe diferença entre o lixo produzido em países mais ricos e países mais pobres. Finalmente, pesquisem como o problema do lixo passou a ser tratado no fim do século XIX.

2 › Pesquisem qual é o destino do lixo na cidade em que vocês moram e, se esse não for um destino adequado, descubram também que problemas ambientais isso pode causar e que medidas devem ser adotadas para controlar esse problema. Não se esqueçam de pesquisar se há coleta seletiva de lixo na cidade, se há programas de reciclagem e organizações de catadores de material reciclável, e se existem instituições que compram material reciclável.

3 › Pesquisem quem foi Rachel Carson, autora do livro *Primavera silenciosa*, e qual é a importância de seu trabalho para a defesa do meio ambiente.

4 › Procurem amostras de alguns produtos que são vendidos em embalagens (alimentos, pastas de dente, brinquedo, etc.). Observem criticamente esses produtos com as respectivas embalagens. Pensem, discutam em grupo e respondam: A embalagem é realmente necessária? Ela pode ser modificada para diminuir o volume de lixo no ambiente? Como? Deem sugestões.

Ao final das pesquisas, procurem saber se na região em que vocês vivem existe alguma instituição educacional ou de pesquisa que trabalhe com algum dos temas sugeridos ou que mantenha uma exposição sobre esses assuntos. Verifiquem se é possível visitar o local. Como opção, acessem *sites* de universidades e museus que tratem desses temas ou que disponibilizem uma exposição virtual sobre eles. Veja sugestões de *sites* ao longo do seu livro.

Autoavaliação

1. Como você avalia sua compreensão sobre materiais sintéticos?
2. Depois do que você estudou neste capítulo, sua percepção sobre plásticos, medicamentos, defensivos agrícolas, aditivos químicos em alimentos e alimentos *diet*, *light* e adoçantes mudou? Por quê?
3. Considerando o que você estudou neste capítulo, que atitudes do seu cotidiano podem ser modificadas para a redução e o destino correto dos resíduos sólidos?

RECORDANDO ALGUNS TERMOS

Você pode consultar a lista a seguir para obter uma informação resumida de alguns termos utilizados neste livro. Aqui, vamos nos limitar a dar a definição de cada palavra ou expressão apenas em função do tema deste livro.

A

Ácido clorídrico. Substância ácida usada na indústria. Também é produzida no estômago.

Adubação. Ato de adubar o solo, isto é, de acrescentar sais minerais que estão em falta.

Adubação orgânica. Adubação com restos de vegetais (folhas, galhos, cascas de arroz, etc.), farinha de ossos e estrume de boi, cavalo, porco, galinha, etc.

Adubação química. Adubação com fertilizantes compostos de uma mistura dos principais nutrientes empregados pelas plantas: nitrogênio, potássio e fósforo, entre outros.

Adubação verde. Uso de leguminosas (feijão, soja, ervilha) para adubar o solo.

Adutoras. Canos que levam a água do rio ou da represa para estações de tratamento de água.

Agrotóxicos. Produtos químicos usados para combater insetos e outros organismos que se alimentam de plantações. Também chamados de pesticidas ou defensivos agrícolas.

Água destilada. Água pura (sem nenhuma substância dissolvida) obtida por destilação.

Água doce. Água dos rios, dos lagos e de fontes com menos sal que a água do mar.

Água mineral. Água que brota de fontes do subsolo.

Água potável. Água que pode ser bebida sem riscos para a saúde.

Altitude. Altura de um lugar medida a partir do nível do mar.

Alvéolo pulmonar. Estrutura microscópica em forma de saco presente nos pulmões dos mamíferos onde ocorrem as trocas gasosas com o sangue.

Anemômetro. Instrumento que mede a velocidade do vento.

Ano-luz. Distância percorrida pela luz, em um ano, no vácuo.

Antibiótico. Substância capaz de impedir a reprodução de bactérias e combater infecções no organismo.

Aquecimento global. O aquecimento da Terra devido à intensificação do efeito estufa.

Argônio. Gás nobre presente no ar e usado em lâmpadas incandescentes.

Artéria. Vaso sanguíneo que conduz sangue do coração para outras partes do corpo.

Ascaridíase. Doença causada por um verme, o áscaris (ou lombriga), que cresce no intestino. É adquirida pela ingestão de água ou alimentos contaminados.

Assoreamento. Acúmulo de terra transportada pela água, que se deposita no fundo dos rios, obstruindo seu fluxo. Em períodos de chuvas, pode provocar o transbordamento de rios e o alagamento das áreas vizinhas.

Astronauta. Pessoa que viaja pelo espaço.

Astronomia. O estudo dos corpos celestes.

Aterro sanitário. Depósito de lixo compactado em trincheiras abertas no solo, forradas com material impermeável e depois cobertas de terra.

Atmosfera. Camada de ar que envolve o planeta.

Átrio. Cada uma das cavidades superiores do coração.

Axônio. Parte do neurônio que conduz impulsos nervosos para os músculos, as glândulas ou outros neurônios.

B

Bactéria. Ser vivo microscópico formado por apenas uma célula sem núcleo individualizado.

Barômetro. Instrumento usado para medir a pressão atmosférica.

Basalto. Rocha magmática de granulação fina.

Bentos. Seres que vivem no fundo dos ecossistemas aquáticos.

Biodigestores. Recipientes grandes e fechados, onde a matéria orgânica do lixo sofre decomposição, dando origem a uma mistura de gases que pode ser usada como combustível.

Bioma. Grandes áreas caracterizadas por um tipo principal de vegetação.

Biosfera. Parte da Terra onde é possível a vida. É formada pelo conjunto de ecossistemas.

Biruta. Cone de tecido utilizado para observar a direção do vento.

Brônquios. Tubos que surgem a partir de ramificações da traqueia.

Bulbo. Parte do encéfalo que controla funções como o batimento cardíaco e a respiração.

C

Cadeia alimentar. Sequência de organismos que indica a passagem de alimento e energia entre eles.

Calagem. Técnica que consiste em aplicar calcário moído no solo para reduzir a acidez e permitir o cultivo.

Calor. Energia que passa de um corpo para outro em razão da diferença de temperatura entre eles.

Carnívoro. Organismo que se alimenta de herbívoros e animais em geral.

Carvão mineral. Material formado a partir de fósseis de plantas e que pode ser usado como combustível.

Celsius. Unidade de temperatura.

Célula. Unidade estrutural e fisiológica dos seres vivos.

Célula adiposa. Célula que armazena gordura.

Célula-ovo. Célula resultante da união do espermatozoide com o óvulo. O mesmo que zigoto.

Cerebelo. Parte do encéfalo responsável pelo ajuste dos movimentos e pelo equilíbrio.

CFC. Abreviatura de clorofluorcarboneto, gás usado como propelente em alguns produtos e em um tipo de geladeira e condicionador de ar. Destrói a camada de ozônio.

Chuva ácida. Chuva mais ácida que o normal devido à liberação excessiva de gases por veículos e indústrias. Pode corroer prédios e destruir plantas e seres aquáticos.

Cirro. Nuvem alta, branca, semelhante a plumas, associada a condições de bom tempo.

Cirros-estratos. Camadas finas de nuvens de grande altitude.

Citoplasma. Região da célula entre a membrana e o núcleo.

Clima. Média das condições meteorológicas de um lugar medidas ao longo de um grande período.

Clorofila. Substância verde que capta a energia solar, usada pelas plantas e algas no processo de fotossíntese.

Coluna vertebral. Conjunto de ossos que forma o principal eixo de sustentação do corpo dos vertebrados.

Comburente. Substância que alimenta a combustão.

Combustão. Reação rápida de uma substância com o oxigênio, liberando energia.

Combustíveis fósseis. Combustíveis formados a partir de fósseis. Exemplos: carvão mineral, petróleo, gás natural.

Combustível. Substância que pode ser queimada para liberar energia.

Cometa. Corpo formado por gases congelados e poeira e que gira em torno do Sol.

Compostagem. Processo de transformação dos restos orgânicos do lixo em adubo.

Comunidade. Conjunto de seres vivos de determinado lugar, que mantêm relações entre si.

Condensação. Passagem do estado líquido para o estado gasoso. O mesmo que liquefação.

Constelação. Grupo de estrelas que, vistas da Terra, parecem formar figuras conhecidas.

Continente. Grande massa de terra que se ergue acima do leito oceânico.

Córnea. Membrana transparente que cobre a porção anterior do globo ocular.

Cristal. Sólido formado por partículas organizadas em formas geométricas regulares (cúbicas, prismáticas, etc.). A maioria dos minerais forma cristais.

Cristalino. Também chamada lente, é a estrutura do olho que ajuda a focalizar os raios luminosos na retina.

Cromossomo. Filamento contendo o material genético da célula.

Crosta da Terra. Parte sólida da superfície do planeta, formada principalmente de rochas.

Cúmulos. Nuvens isoladas com formas de montanhas.

Cúmulos-nimbos. Nuvens baixas, com a parte superior mais larga.

Curvas de nível. Técnica agrícola que consiste em cultivar as plantas em encostas e em linhas dispostas na mesma altura de um terreno íngreme, para diminuir os efeitos da erosão.

Daltonismo. Condição genética que faz com que o indivíduo não consiga distinguir determinadas cores.

Decomposição. Transformação da matéria orgânica do solo ou da água em matéria mineral. Os principais decompositores são as bactérias e os fungos.

Decompositor. Ser vivo — principalmente bactérias e fungos — que faz a decomposição dos resíduos e dos cadáveres.

Dendrito. Prolongamento do neurônio capaz de receber estímulos ou impulsos nervosos.

Densidade. Razão entre a massa de uma substância e seu volume.

Deriva continental. Movimento lento dos continentes.

Derme. Camada de tecido conjuntivo que fica sob a epiderme.

Desidratação. Perda excessiva de líquido pelo corpo por diarreia ou vômitos.

Desmatamento. Retirada da vegetação natural de uma área.

Destilação. Técnica que consiste em provocar a ebulição de um líquido e em seguida condensá-lo em outro recipiente. É usada para separar os componentes de uma solução.

Diafragma (músculo). Músculo que promove a entrada e a saída de ar nos pulmões.

Diarreia. Eliminação frequente de fezes líquidas.

Digestão. Conjunto de processos que contribuem para a transformação das partículas dos alimentos em partículas menores.

DNA (ácido desoxirribonucleico). Material químico que forma o gene.

Duodeno. Parte inicial do intestino delgado.

Ebulição. Passagem do estado líquido para o estado gasoso com formação de bolhas e à temperatura constante.

Eclipse. A passagem de um corpo celeste pela sombra de outro.

Eclipse lunar. Eclipse que ocorre quando a Lua passa pela sombra da Terra.

Eclipse solar. Eclipse que ocorre quando a Terra passa pela sombra da Lua.

Ecologia. Ciência que estuda como os seres vivos se relacionam com o ambiente em que vivem.

Ecossistema. Conjunto formado pelos fatores físicos e seres vivos do ambiente e pelas diversas interações entre os seres vivos e o ambiente.

Efeito estufa. Processo pelo qual parte do calor da Terra é retido por gases da atmosfera. O efeito estufa influencia a temperatura média do planeta.

Embrião. Organismo nas primeiras fases do desenvolvimento.

Encéfalo. Parte do sistema nervoso localizada no interior do crânio.

Energia. Capacidade de realizar trabalho.

Epiderme. Camada de células superficiais que cobre o corpo de alguns animais. A parte externa da pele.

Equador. Linha imaginária que circunda a Terra na sua parte mais larga.

Erosão. Processo de remoção da superfície do solo e de fragmentos de rochas devido à ação do intemperismo (chuva, vento e outros fatores).

Esgoto. Sistema que recolhe líquidos e dejetos lançados pelas casas.

Esôfago. Parte do sistema digestório que liga a faringe ao estômago.

Espécie. Conjunto de indivíduos muito semelhantes, capazes de cruzar entre si, originando descendentes férteis.

Espermatozoide. Célula reprodutora masculina.

Estação espacial. Estação que fica em órbita com astronautas.

Estrato. Uma das camadas de uma rocha sedimentar.

Estratosfera. Camada da atmosfera acima da troposfera e abaixo da mesosfera.

Evaporação. Passagem de uma substância do estado líquido para o estado gasoso sem entrar em ebulição.

Exosfera. Camada mais externa da atmosfera.

Experimento. Teste científico feito seguindo cuidados específicos.

Faringe. Canal comum ao sistema digestório e respiratório.

Fases da Lua. Aspectos diferentes com que a Lua aparece no céu.

Fauna. Animais de uma área.

Fecundação. União do gameta masculino com o gameta feminino. Também chamada fertilização.

Feixe de luz. Conjunto de raios luminosos convergentes, divergentes ou paralelos.

Fermentação. Processo pelo qual alguns organismos, como certas bactérias e fungos, liberam energia do alimento sem oxigênio.

Feto. Nome que se dá ao embrião a partir da oitava semana de gestação.

Filtração. Processo de separação das partículas de uma mistura por meio de filtros, que retêm as partículas maiores e deixam passar as partículas menores.

Fitoplâncton. Conjunto de algas flutuantes.

Floculação. Processo utilizado nas estações de tratamento de água e que faz as partículas finas de areia e de argila presentes na água se juntarem, formando partículas maiores, os flocos.

Foco. Ponto de uma lente ou espelho para o qual convergem os raios (ou seus prolongamentos) que incidem paralelamente ao eixo, depois de terem sido refletidos ou refratados.

Força. Algum agente que muda a velocidade do corpo ou provoca nele uma deformação.

Fossa seca. Buraco no chão onde são lançadas as fezes e a urina.

Fossa séptica. Tanque subterrâneo de concreto onde é lançada a água com os dejetos da casa. O líquido originado da decomposição vai para o sumidouro.

Fósseis. Restos de organismos que habitaram a Terra há muito tempo e que ficaram preservados, geralmente em rochas. Podem ser também registros de atividades de organismos.

Fotossíntese. Processo pelo qual as plantas e outros seres autotróficos usam gás carbônico, água e energia da luz solar para fabricar açúcares, liberando oxigênio.

Fungo. Organismo cujo corpo é composto de um conjunto de fios, as hifas. Pode ser formado por uma ou por várias células. Não tem clorofila nem faz fotossíntese. Alguns fungos são decompositores, outros são parasitas.

Fusão. Passagem do estado sólido para o estado líquido.

Galáxia. Aglomerado de estrelas, gás e poeira mantidos juntos pela força gravitacional.

Gametas. Células sexuais produzidas por seres que realizam a reprodução sexuada.

Gás carbônico. Gás produzido na respiração da maioria dos seres vivos e usado pelas plantas na fotossíntese.

Gás natural. Gás formado a partir de fósseis.

Genes. Os genes estão no núcleo das células e influenciam as características dos seres vivos. São transmitidos dos pais para os filhos e são formados por uma substância química chamada ácido desoxirribonucleico (DNA).

Genética. Ciência que estuda as leis da hereditariedade.

Geologia. Estudo da história da Terra e de sua estrutura.

Glândula. Estrutura que produz substâncias (secreções) que exercem funções no organismo.

Glóbulo branco. Ver leucócito.

Glóbulo vermelho. Ver hemácia.

Gnaisse. Rocha metamórfica formada de quartzo e feldspato.

Granito. Rocha magmática de granulação grossa.

Granizo. Pequenas pedras de gelo que caem das nuvens.

Habitat. O lugar em que uma espécie vive.

Hemácia. Elemento do sangue que transporta oxigênio. O mesmo que glóbulo vermelho.

Hemoglobina. Substância que transporta oxigênio no interior da hemácia.

Hidrosfera. Conjunto total de água do planeta (rios, lagos, oceanos).

Higrômetro. Instrumento que mede a umidade do ar.

Hipófise. Glândula endócrina localizada na base do encéfalo.

Hipotálamo. Parte do encéfalo que produz hormônios e controla a temperatura do corpo, a sede, a fome, etc.

Hipótese. Suposição que se faz para tentar resolver um problema.

Hormônio. Substância química lançada no sangue que regula determinadas funções no organismo.

Húmus. Material resultante da decomposição de restos de organismos.

Incineração. Queima do lixo em aparelhos e usinas especiais.

Inseticida. Produto químico que mata insetos.

Inseto. Invertebrado com três pares de pernas articuladas (com articulações), corpo dividido em cabeça, tórax e abdome.

Intemperismo. Destruição das rochas pela ação da água, do vento, da temperatura, de processos químicos e biológicos, que as transformam em pequenos fragmentos.

Intestino delgado. Parte do sistema digestório que se situa entre o estômago e o intestino grosso.

Intestino grosso. Parte do sistema digestório que se situa entre o intestino delgado e o ânus.

Invertebrados. Animais sem coluna vertebral.

Ionosfera. Camada da atmosfera com muitas partículas eletricamente carregadas.

Íris. Parte anterior da coroide que regula a entrada de luz pela pupila.

Laringe. Parte do sistema respiratório que liga a faringe à traqueia.

Larva. Primeiro estágio do processo de transformação (metamorfose) pelo qual alguns animais passam até originar o indivíduo adulto.

Latitude. Distância angular de um ponto da superfície da Terra medida a partir da linha do Equador.

Lava. Magma expelido pelos vulcões durante as erupções.

Lei científica. Afirmação baseada em hipóteses gerais que foram testadas cientificamente.

Lençol de água. Rocha saturada de água sobre camadas de rocha impermeável. Abastece os poços. É o mesmo que lençol freático.

Lençol freático. Ver lençol de água.

Lente convergente. Lente que faz os raios paralelos ao eixo convergirem para um foco depois de serem refratados.

Lente divergente. Lente que faz os raios paralelos ao eixo divergirem uns dos outros após serem refratados.

Leucócito. Célula que ajuda a destruir micróbios ou substâncias estranhas que invadem o organismo. O mesmo que glóbulo branco.

Ligação química. União entre átomos.

Linfócito. Célula de defesa do corpo que faz parte do sistema imunitário.

Liquefação. Ver condensação.

Litosfera. Parte formada pela crosta da Terra juntamente à parte superior do manto.

Lixão. Local onde se descarrega lixo diretamente sobre o solo, sem qualquer medida de proteção ao meio ambiente.

Magma. Parte do manto formada por rochas derretidas.

Manejo integrado de pragas. Uso de várias técnicas para reduzir o uso de agrotóxicos nas plantações.

Manto. Camada da Terra entre o núcleo e a crosta. Contém rochas no estado sólido e rochas derretidas.

Marés. Subida e descida da água dos oceanos devido à atração gravitacional da Lua e do Sol.

Massa de ar. Grande volume de ar com condições uniformes de temperatura e umidade.

Mata Atlântica. Floresta Tropical que acompanha o litoral brasileiro. Hoje está bastante devastada.

Medula espinal. Parte do sistema nervoso que passa pela coluna vertebral. Também chamada medula nervosa.

Medula óssea. Tecido no interior de alguns ossos que produz células do sangue.

Melanina. Substância que dá cor à pele e a protege contra a ação dos raios ultravioleta.

Membrana plasmática. Envoltório da célula que controla a entrada e a saída de substâncias.

Membrana timpânica. Membrana que separa a orelha externa da orelha média e que vibra com as ondas sonoras. Também chamada de tímpano.

Mesosfera. Camada da atmosfera que vai dos 50 km até cerca de 80 km de altitude.

Metabolismo. O conjunto de processos químicos de um organismo.

Meteorologia. Ciência que estuda as condições atmosféricas e auxilia na previsão do tempo.

Microscópio. Instrumento que permite a observação de estruturas muito pequenas, não visíveis a olho nu.

Mineral. Composto químico que forma as rochas.

Minério. Mineral com valor econômico.

Mistura. Reunião de duas ou mais substâncias sem combinação química entre elas.

Monóxido de carbono. Gás tóxico que pode provocar a morte por falta de oxigênio.

Neblina. Nuvem que se forma perto do solo.

Nervo. Conjunto de prolongamentos dos neurônios que levam ou trazem impulsos nervosos.

Neurônio. Célula do sistema nervoso responsável pela condução do impulso nervoso.

Neurotransmissor. Substância química que transmite as mensagens de um neurônio para outro ou de um neurônio para um músculo ou glândula.

Neve. Flocos brancos de cristais de água congelada que caem das nuvens.

Nicho ecológico. Conjunto de relações de um organismo com o ambiente em que vive.

Nimbos. Nuvens de chuva.

Nimbos-estratos. Nuvens de chuva espessas e extensas.

Nitrogênio. Elemento que forma o gás mais abundante no ar.

Núcleo. Região da célula onde se encontra o material genético. (Células de bactérias não têm núcleo.)

Núcleo (da Terra). Parte central do planeta.

Oceano. Grande massa de água salgada.

Onda sísmica. Energia liberada em um terremoto.

Ônibus espacial. Veículo que pode levar tripulantes ao espaço e pousar de novo na Terra.

Órbita. A trajetória seguida por um corpo celeste no espaço ao redor de outro astro.

Orelha. Órgão responsável pela audição e pelo equilíbrio.

Óvulo. Gameta feminino (em animais) ou estrutura das plantas que contém o gameta feminino, a oosfera.

Oxigênio. Elemento que forma o gás que a maioria dos seres vivos usa na respiração.

Ozônio. Gás presente na atmosfera da Terra. Forma uma camada que absorve boa parte dos raios ultravioleta do Sol.

Pâncreas. Órgão que fabrica diversas enzimas digestórias lançadas no duodeno.

Papilas gustativas. Estruturas presentes na língua que atuam na percepção do paladar.

Parasita. Organismo que se instala no corpo de outro, o hospedeiro, passando a extrair dele alimento e causando-lhe prejuízos.

Pascal. Unidade de pressão; vem de Blaise Pascal (1623-1662), matemático, físico e filósofo francês.

Pedra-pomes. Rocha magmática muito leve e que contém bolhas de gás.

Peso. O resultado da atração gravitacional da Terra sobre um corpo.

Petróleo. Material formado a partir de matéria orgânica depositada no fundo dos mares e fossilizada. Do petróleo extraímos vários produtos usados como combustíveis (gasolina, óleo diesel, etc.) e como fonte de diversos produtos (plásticos, tecidos, tintas, etc.).

Placas tectônicas. Placas de rochas sobre as quais estão os continentes e o assoalho dos oceanos.

Plaqueta. Elemento do sangue que ajuda a parar uma hemorragia.

Plasma. Parte líquida do sangue que contém água, proteínas e outras substâncias dissolvidas.

Pluviômetro. Aparelho que mede a quantidade de chuva.

Poço artesiano. Poço construído com equipamento especial, que fura a terra e tira água de lençóis subterrâneos profundos.

Poço raso. Poço que obtém água de até cerca de 20 metros de profundidade.

Poluentes. Produtos que promovem poluição.

Poluição. Alteração no ambiente provocada por produtos que prejudicam o ser humano e outros seres vivos.

População. Indivíduos de uma mesma espécie que vivem em determinada região.

Precipitação. Formas de água que caem das nuvens (chuva, neve, granizo).

Pressão. Efeito de uma força por unidade de área.

Pressão arterial. Pressão que o sangue exerce dentro das artérias.

Pressão atmosférica. Pressão exercida pela camada de ar que envolve a Terra.

Propriedade física. Característica observada em uma substância que não altera a identidade química dessa substância.

Propriedade química. Característica de um material que envolve alguma transformação química.

Quartzo. Mineral composto de silício e oxigênio.

Radiação. Energia na forma de ondas ou partículas emitidas por uma fonte.

Radiossonda. Aparelho transportado por balões meteorológicos e que mede a pressão, a temperatura e outros aspectos da atmosfera.

Radiotelescópio. Telescópio que capta ondas de rádio do espaço.

Raio de luz. Linhas retas que representam a trajetória seguida pela luz. O mesmo que raio luminoso.

Raios ultravioleta. Radiação emitida pelo Sol e que estimula a produção de melanina pela pele.

Reação química. Transformação de uma ou mais substâncias em substâncias químicas diferentes.

Reagente. Substância que reage quimicamente com outra.

Recursos naturais não renováveis. Recursos que não podem ser recompostos na natureza na mesma velocidade com que são consumidos (petróleo, carvão mineral, etc.).

Recursos naturais renováveis. Recursos que podem ser repostos pelo ser humano ou pelos ciclos naturais à medida que são consumidos (plantas e animais usados na alimentação, por exemplo).

Respiração. Processo por meio do qual os organismos obtêm o oxigênio necessário às funções vitais a partir do ar e eliminam gás carbônico.

Respiração celular. Processo que ocorre no interior das células e que libera energia de açúcares e outras substâncias.

Retina. Parte interna dos olhos onde a imagem se forma.

Rocha calcária. Rocha sedimentar de carbonato de cálcio.

Rocha magmática. Rocha originada a partir do resfriamento e da solidificação do magma eliminado pelos vulcões. O mesmo que rocha ígnea.

Rocha matriz. Rocha situada na camada mais profunda da crosta terrestre e que deu origem ao solo.

Rocha metamórfica. Rocha formada a partir de outros tipos de rochas submetidas a grandes pressões ou elevadas temperaturas.

Rocha sedimentar. Rocha formada por fragmentos de rochas depositados em camadas.

Rotação de culturas. Técnica que consiste em cultivar, no mesmo terreno, plantas diferentes em períodos alternados para diminuir a erosão ou o esgotamento do solo.

Satélite. Corpo em órbita ao redor de um planeta. Pode ser um corpo celeste (satélite natural) ou um equipamento fabricado pelo ser humano (satélite artificial).

Sedimento. Acúmulo de pequenas partículas de rocha depositadas pela água ou pelo vento.

Sinapse nervosa. Região de proximidade entre dois neurônios ou entre um neurônio e um músculo ou uma glândula.

Sismógrafo. Aparelho que registra as ondas sísmicas liberadas num terremoto.

Sociedade. Grupo de indivíduos da mesma espécie e que vivem juntos de forma permanente, cooperando entre si.

Solidificação. Passagem do estado líquido para o estado sólido.

Solo. Camada da superfície da Terra capaz de sustentar o crescimento das plantas.

Solo arenoso. Solo que tem uma quantidade maior de areia do que a média (cerca de 70% de areia).

Solo argiloso. Solo com mais de 20% de argila.

Solo humífero. Solo rico em húmus, bastante fértil.

Solução. Mistura homogênea de duas ou mais substâncias.

Soluto. O componente da solução que estiver em menor quantidade.

Solvente. O componente da solução que estiver em maior quantidade.

Sonda espacial. Veículo não tripulado que carrega equipamentos para realizar pesquisas no espaço.

Sublimação. Passagem do estado sólido diretamente para o estado gasoso e vice-versa.

Substâncias orgânicas. São os açúcares, as proteínas, as gorduras, as vitaminas e outras substâncias presentes, principalmente, no corpo dos seres vivos.

Sumidouro. Escavação com paredes de concreto que recebe o líquido da fossa.

T

Tanque de decantação. Tanques nas estações de tratamento de água onde as partículas de areia e de argila se depositam.

Tecido. Conjunto de células que executam determinada função.

Tectônica global. Teoria científica segundo a qual a crosta da Terra é formada por placas em movimento, o que explica a atividade dos vulcões, dos terremotos e de outros fenômenos geológicos. Também chamada de tectônica das placas.

Teia alimentar. Interseção de várias cadeias alimentares.

Telescópio. Instrumento com lentes ou espelhos especiais que nos fornece imagens ampliadas de objetos muito distantes, como os corpos celestes.

Tempo. Condições meteorológicas (temperatura, umidade, pressão, vento, etc.) da atmosfera de um lugar, medidas em determinado intervalo de tempo.

Tendão. Estrutura que liga o músculo ao osso.

Teoria. Conjunto de leis e conceitos proposto para explicar vários fenômenos.

Termosfera. A penúltima camada da atmosfera.

Terraço. Área plana em encosta inclinada, que permite o cultivo e diminui a erosão dos morros.

Terremoto. Movimento súbito de uma placa terrestre que libera ondas de choque, causando tremores ou vibrações na superfície da Terra.

Tireoide. Também chamada glândula tireóidea, é uma glândula endócrina situada na parte anterior do pescoço.

Tórax. Parte do corpo entre a cabeça e o abdome de alguns animais, como os insetos.

Transformação química. Ver reação química.

Transgênico. Organismo que contém genes de outras espécies inseridos através das técnicas de engenharia genética. Os alimentos transgênicos são feitos a partir de organismos transgênicos.

Transpiração. Perda de água na forma de vapor pelas plantas ou pela pele dos animais.

Troposfera. A camada mais baixa da atmosfera.

Tsunami. Onda criada no oceano a partir de um terremoto (ou de um vulcão) e que atinge grande altura e velocidade.

Tuba auditiva. Conduto que comunica a orelha média com a faringe e permite equilibrar a pressão do ar de dentro da orelha média com a da atmosfera. Também chamada trompa de Eustáquio.

U

Umidade. Quantidade de vapor de água na atmosfera.

Umidade relativa. A relação entre a quantidade de vapor de água no ar e a máxima quantidade de vapor de água possível em certa temperatura.

Universo. O conjunto de tudo o que existe.

Ureter. Canal que leva a urina do rim até a bexiga urinária.

Usina nuclear. Usina onde a energia nuclear é convertida em outras formas de energia, como a elétrica.

Útero. Órgão onde o embrião dos mamíferos em geral se desenvolve.

V

Vacina. Produto contendo antígenos, usado para induzir a produção de anticorpos pelo organismo, protegendo-o contra infecções.

Vaporização. Passagem do estado líquido para o estado gasoso por ebulição ou evaporação.

Vaso sanguíneo. Conduto que transporta o sangue no interior do organismo.

Veia. Vaso sanguíneo que traz sangue dos órgãos para o coração.

Ventrículo. Cada uma das cavidades inferiores do coração.

Vértebra. Cada um dos ossos que formam a coluna vertebral.

Vertebrado. Animal que possui coluna vertebral. Exemplos: peixes, anfíbios, répteis, aves e mamíferos.

Vesícula biliar. Órgão do sistema digestório dos vertebrados que armazena a bile e a lança no intestino delgado.

Vírus. Agentes infecciosos que não têm estrutura celular. Causam várias doenças na espécie humana e em outros seres vivos.

Volume. O espaço ocupado por um corpo.

Vulcão. Abertura ou fenda na crosta terrestre por onde é expelido o magma.

Z

Zigoto. Ver célula-ovo.

Zooplâncton. Seres heterotróficos que formam o plâncton.

LEITURA COMPLEMENTAR

O planeta Terra

Capítulos 1, 2, 3, 4 e 5

50 pequenas coisas que você pode fazer para salvar a Terra. The Earthworks Group. 9. ed. Rio de Janeiro: José Olympio, 2002.
Este livro sugere ao leitor algumas atitudes simples para proteger a Terra, levando em conta temas como o efeito estufa, a poluição do ar e do subsolo, a diminuição da camada de ozônio, o lixo, a chuva ácida e a ameaça à fauna.

A água do planeta azul. Fernando Carraro. São Paulo: FTD, 1998.
Este livro conta a história de dois garotos que durante as férias da escola observam a chuva que cai há três dias. O enredo discute o ciclo da água e a importância desse recurso para o planeta.

A água e os seres vivos. Massao Hara. São Paulo: Scipione, 1990.
Esta obra discute os vários aspectos da relação entre os seres vivos e a água, tratando das formas de obtenção, utilização e eliminação desse líquido vital pelos diferentes seres que habitam o planeta.

A Geologia em pequenos passos. Michel François. São Paulo: Ibep, 2006.
Este livro apresenta de forma simples e divertida conceitos básicos de Geologia, como a formação das rochas, a constituição da crosta terrestre, etc.

A história do dia e da noite. Jacqui Bailey; Matthew Lilly. São Paulo: DCL, 2008.
Além de ensinar a fazer um relógio de sol, este livro propõe uma reflexão sobre a importância do Sol e da existência dos dias e das noites para a vida.

A poluição atmosférica. Gerard Mouvier. São Paulo: Ática, 1997.
Com este livro, o autor mostra que a atmosfera é um sistema complexo, onde numerosas espécies químicas estão em constante interação. A obra alerta para a fragilidade do equilíbrio atmosférico, que vem sendo perturbado pelas atividades humanas.

Água. Brenda Walpone. São Paulo: Melhoramentos, 1991.
Este livro mostra de maneira divertida os vários fenômenos relativos à água, como a evaporação, o congelamento, a tensão de superfície e a densidade.

Água. Sônia Salem. São Paulo: Ática, 2009.
Este livro aborda questões como o consumo, a distribuição e o desperdício de água em todo o planeta, levantando discussões sobre a poluição aquática e a falta do recurso hídrico.

Água: as descobertas começam com uma palavra. Penélope Arlon. São Paulo: Caramelo, 2006.
Com este livro, o jovem leitor pode conhecer as respostas para uma série de questões ligadas à origem e ao destino da água.

Água, meio ambiente e vida. Sônia Dias. São Paulo: Global, 2004.
A obra trata da relação entre o homem e o planeta Terra, trazendo discussões sobre o uso múltiplo da água.

Água: vida e energia. Eloci Peres Rios. São Paulo: Atual, 2004.
Com este livro, a autora discute vários aspectos relacionados à água, como as fontes disponíveis, a possibilidade de reaproveitamento do recurso e as doenças causadas pela poluição dos rios, oceanos e esgotos.

Aquecimento global. Susannah Bradley. São Paulo: DLC, 2008.
Ricamente ilustrado, este livro aborda tópicos como o efeito estufa, a camada de ozônio, o aquecimento global, as condições de tempo extremas, a poluição atmosférica e suas consequências.

Aquecimento global não dá rima com legal. César Obeid. São Paulo: Moderna, 2009. (Série Saber em Cordel).
Inspirado na literatura de cordel e com xilogravuras, este livro apresenta as causas, consequências e possíveis soluções individuais e coletivas para o aquecimento global.

Ar. Brenda Walpole. São Paulo: Melhoramentos, 1991.
O livro mostra os diversos fenômenos relacionados ao ar, como o isolamento, as correntes de convecção, a pressão do ar e a aerodinâmica, explicando, por exemplo, como voam os aviões, os helicópteros e as pipas.

Ar. Gabrielle Woolfitt. São Paulo: Scipione, 1996.
Este livro mostra como o ar é necessário para a vida, sendo aproveitado pelos animais para a sua sobrevivência e locomoção e, no caso do homem, para a produção de energia.

Astronomia: o estudo do Universo. Terry Mahoney. 5. ed. São Paulo: Melhoramentos, 2009.
O livro mostra uma visão empolgante da ciência do Universo. As imagens coloridas estimulam a curiosidade, e os textos apresentam princípios essenciais para a compreensão dessa disciplina científica.

Cinco pedrinhas saem em aventura. Maria Cristina Motta de Toledo; Rosely Aparecida Liguori Imbernon. São Paulo: Oficina de Textos, 2003.
Com este livro, o jovem leitor pode ter uma visão panorâmica da mineralogia e conhecer a composição e as principais características de diversos tipos de rocha.

Clima e meio ambiente. José Bueno Conti. 6. ed. São Paulo: Atual, 2005.
Este livro mostra as múltiplas interações entre o clima e o meio ambiente, apresentando as causas de vários fenômenos climáticos e contribuindo para que os jovens estudantes possam agir mais conscientemente no seu meio.

Clima e previsão do tempo. Steve Parker. São Paulo: Melhoramentos, 1995.
Este livro aborda diversos fenômenos relativos ao clima na Terra, como os padrões de vento, as correntes oceânicas, o efeito estufa, os trovões, as nuvens e a chuva, esclarecendo como o Sol afeta o clima do planeta.

Ecologia e cidadania. Elias Fajardo. São Paulo: Senac, 2003.
Este livro propõe uma reflexão sobre como a conscientização e a adoção de hábitos sustentáveis podem contribuir para vivermos melhor.

Energia e meio ambiente. Samuel Murgel Branco. 4. ed. São Paulo: Moderna, 2004.
Neste livro o autor trata da produção de energia e dos seus impactos ambientais, discutindo diversas formas de obtenção energética, como a solar, a eólica e a hidroelétrica. Os tipos de armazenamento de energia e as fontes renováveis também são assuntos desta obra.

Fique por dentro da Ecologia. David Burnie. 2. ed. São Paulo: Cosac Naify, 2002.
Esta obra explica o que é Ecologia e mostra as principais questões ligadas à vida do nosso planeta, revelando as complicadas interações entre os seres vivos e o meio ambiente.

Florestas: desmatamento e destruição. Maria Elisa Marcondes Helene. São Paulo: Scipione, 1996. (Ponto de apoio).
Este livro discute as razões e as graves consequências da prática do desmatamento no mundo, abordando problemas ligados ao reflorestamento, à Amazônia brasileira e à Mata Atlântica.

Iniciação à Astronomia. Romildo Póvoa Faria. 12. ed. São Paulo: Ática, 2004.
Incentiva o estudante a observar o céu para que possa compreender melhor o Universo em que vive.

Juca Brasileiro: a água e a vida. Patricia Engel Secco. São Paulo: Melhoramentos, 2003.
A partir da história da cidade de Salesópolis, onde fica a nascente do rio Tietê, o leitor poderá entender a importância da água para a sobrevivência dos seres vivos e refletir sobre questões como a falta de água no mundo e a poluição dos rios.

Meio ambiente: águas. *Ciência Hoje na Escola*. SBPC. 5. ed. São Paulo: Global, 2003. v. 4.
Com textos escritos por pesquisadores brasileiros, este volume apresenta artigos sobre a água e o meio ambiente, mostrando a importância desse líquido vital para as diversas formas de vida.

Meio ambiente e sociedade. Marcelo Leite. São Paulo: Ática, 2005. (De olho na Ciência).
Com este livro, o autor trata da integração entre o meio ambiente e a sociedade, mostrando como podemos atuar para melhorar o mundo em que vivemos. A obra aborda temas como os ecossistemas e a biodiversidade, a questão energética e o crescimento populacional.

Minerais, minérios, metais: de onde vêm? Para onde vão? Eduardo Leite do Canto. 3. ed. São Paulo: Moderna, 1996.
Este livro dá destaque à produção brasileira de minérios e identifica os locais onde eles se encontram. O autor examina os diversos processos de extração dos metais e mostra quais são as suas aplicações práticas mais comuns.

Na cratera do Kaala. Fábio Ramos Dias de Andrade. São Paulo: Oficina de Textos, 2004.
Com este livro, o autor se propõe a contar histórias sobre o nosso planeta, esclarecendo, entre outras questões, como é o centro da Terra, como se formam o solo e as rochas, como eram os dinossauros que dominaram a Terra e por que um vulcão explode.

Natureza e agroquímicos. Samuel Murgel Branco. 2. ed. São Paulo: Moderna, 2003.
Este livro mostra que os agrotóxicos empregados para o controle de pragas e ervas daninhas, e os fertilizantes usados para aumentar a produtividade dos campos podem ser nocivos ao meio ambiente e ao próprio ser humano se não forem utilizados corretamente.

Natureza e seres vivos. Samuel Murgel Branco. 2. ed. São Paulo: Moderna, 2002. (Viramundo).
Com este livro, o aluno poderá ver como os seres vivos se relacionam entre si e com a natureza para estabelecer um equilíbrio permanente.

O azul do planeta: um retrato da atmosfera terrestre. M. Tolentino; R. C. Rocha Filho; R. R. da Silva. 5. ed. São Paulo: Moderna, 1995.
Neste livro, os autores buscam realçar o valor da atmosfera para a vida na Terra, analisando a estrutura e a composição atmosférica, bem como os gases que estão presentes nela.

O ecossistema marinho. Edson Futema. São Paulo: Ática, 1998. (Investigando).

O livro fornece um panorama sobre o ambiente marinho e os animais que vivem nesse fascinante ecossistema.

O efeito estufa. M. Bright. São Paulo: Melhoramentos, 1996. (SOS Planeta Terra).
O que é o efeito estufa, quais as suas causas e como ele influencia a vida na Terra são alguns dos temas tratados nesta obra.

O mapa do céu: iniciação à Astronomia. Edgar Rangel Netto. São Paulo: FTD, 1998.
A obra tem como objetivo introduzir conhecimentos sobre Astronomia e desenvolver o interesse pela pesquisa e pelas atitudes científicas. O livro traz um encarte com atividades e uma carta celeste para destacar.

O que é Astronomia. Rodolpho Caniato. Campinas: Átomo, 2010.
Com texto interessante e atividades criativas, a obra apresenta abordagens da Física por meio de estudos sobre Astronomia. Ela foi desenvolvida para uma participação ativa do aluno no processo de ensino-aprendizagem, permitindo, assim, que ele construa o próprio conhecimento.

O Sistema Solar. Alberto Delerue. São Paulo: Ediouro, 2002.
Com este livro, o leitor vai embarcar em uma viagem ao reino do Sol, na qual vai conhecer as mais recentes conquistas espaciais. Trata-se de uma obra destinada àqueles que querem ampliar seus conhecimentos sobre o que acontece no espaço.

O solo e a vida. Rosicler Martins Rodrigues. 2. ed. São Paulo: Moderna, 2005.
Este livro trata da importância do solo e das rochas para os seres humanos e a vida na Terra. A partir de sua leitura, espera-se que o leitor reconheça a necessidade de preservar esses recursos naturais.

O verde e a vida. S. M. Muhringer; H. Gebara. 13. ed. São Paulo: Ática, 2004. (De olho na Ciência).
Esta obra traça um panorama das relações entre o ambiente e os seres vivos do nosso planeta, levantando discussões sobre como proteger o meio ambiente, melhorar a qualidade de vida humana e estimular práticas de desenvolvimento sustentável.

Os guardiões do clima na Terra. Sandra Marcondes; Rachel Biderman. São Paulo: Anubis, 2009.
Este livro trata das alterações climáticas do planeta e discute possíveis soluções para os problemas que elas acarretam.

Os segredos do Sistema Solar. Paulo Sergio Bretones. 14. ed. São Paulo: Atual, 2009.
Com inúmeras fotos e ilustrações, o livro mostra como o Sistema Solar se comporta, explicando como os corpos celestes interagem entre si e gravitam ao redor do Sol.

Os segredos do Universo. Paulo Sergio Bretones. São Paulo: Atual, 1995.
A obra descreve a origem do Universo por meio do *big-bang* e apresenta conceitos básicos de Astronomia, abrangendo toda a esfera celeste, composta por galáxias, constelações e aglomerados de estrelas e planetas.

Passeio por dentro da Terra. Samuel Murgel Branco. São Paulo: Moderna, 2002.
O livro mostra ao jovem leitor o que ocorre dentro e fora da Terra, explicando como surgiram as montanhas, os vales, os mares, as dunas e as ilhas vulcânicas.

Pelos caminhos da água. Cristina Strazzacappa e Valdir Montanari. São Paulo: Moderna, 2009. (Desafios).
Considerando a água um bem essencial para a vida, este livro trata do abastecimento, do saneamento básico e do uso sustentável dos recursos hídricos do planeta, fazendo algumas projeções para o futuro.

Planeta Terra – Tempo e clima. Jim Pipe. Barueri: Girassol, 2009.
Livro que trata das consequências das alterações no clima da Terra para o planeta e seus habitantes. São abordadas questões como o aquecimento global, o ciclo da água e a importância do Sol.

Poluição das águas. Luiz Roberto Magossi; Paulo Henrique Bonacella. 22. ed. São Paulo: Moderna, 2003.
Este livro apresenta um estudo sobre a água e discute a questão da poluição dos rios, oceanos e esgotos, mostrando a dinâmica desse líquido na biosfera.

Preserve a atmosfera. John Baines. 2. ed. São Paulo: Scipione, 1993.
Neste livro o autor trata das ameaças ambientais que atingem a atmosfera do planeta, além de discutir as medidas que a comunidade mundial vem adotando para protegê-la.

Preserve os oceanos. John Baines. 2. ed. São Paulo: Scipione, 1993.
Esta obra convida o leitor a analisar as questões ambientais e a pensar na preservação do planeta atentando para a contaminação dos oceanos por petróleo, a poluição dos esgotos e a morte de milhões de peixes.

Uma aventura no espaço. Iara Jardim; Marcos Calil. São Paulo: Cortez, 2009.
Utilizando conceitos da Ciência, da História e da Mitologia, a obra conduz o leitor em uma viagem ficcional pelo Universo.

Viagem ao redor do Sol. Samuel Murgel Branco. 2. ed. São Paulo: Moderna, 2003.
Em linguagem acessível, este livro traz conhecimentos básicos sobre o Sistema Solar e suas relações com o Universo, dando destaque a uma das ciências mais antigas: a Astronomia.

Visão para o Universo. Romildo Póvoa Faria. 4. ed. São Paulo: Ática, 1999. (De olho na Ciência).
A obra busca despertar nos alunos a curiosidade pela Astronomia, além de aprofundar os conceitos fundamentais

dessa ciência milenar, apresentando os principais conceitos ligados à Terra e ao Cosmo.

Vida: interação com o ambiente

Capítulos 6, 7, 8, 9 e 10

A dinâmica do corpo humano. Cristina Leonardi. São Paulo: Atual, 2003.
Com este livro, o leitor pode conhecer o funcionamento do organismo humano e suas atividades digestivas, respiratórias e circulatórias, relacionando-as com as necessidades da vida diária.

Como funciona o incrível corpo humano. Richard Walker. São Paulo: Companhia das Letrinhas, 2008.
Este livro fornece um panorama do corpo humano, abordando temas como a genética, a anatomia, o processo digestivo, a respiração, o sistema imunológico, as doenças e os diversos processos de cura.

Corpo humano, a máquina da vida. Ana Paula Corradini e Grácia Helena Anacleto. São Paulo: DCL, 2006.
Com perfil de almanaque e repleto de fatos, este livro mostra como funciona a máquina humana e todos os seus segredos vitais, abordando o funcionamento dos órgãos, veias, músculos e ossos.

Declaração Universal dos Direitos Humanos. Otávio Roth e Ruth Rocha. São Paulo: Quinteto Editorial, 1998.
Trata-se de uma adaptação da Declaração Universal dos Direitos Humanos para crianças, que permite aos leitores compreender melhor esse documento tão importante para a humanidade.

Dentro de você: como seu corpo reage a um péssimo dia. São Paulo: Ciranda Cultural, 2008.
Ao ler esta obra, o leitor faz uma viagem microscópica pelo sistema sanguíneo, vendo o funcionamento das vísceras do corpo humano.

Emoções e sentimentos. John Coleman. São Paulo: Moderna, 1994. (Coleção Desafios).
O autor trata das mudanças pelas quais uma pessoa passa durante a adolescência. Este livro ajudará o jovem a compreender as suas emoções e os seus sentimentos, mostrando como ele pode lidar com suas preocupações e questionamentos.

Enciclopédia do corpo humano. Dorling Kindersley. São Paulo: Ciranda Cultural, 2007.
Com este livro repleto de fotografias, o leitor pode descobrir o que acontece dentro e fora do corpo humano, com abordagens de pequenos fatos e questões enigmáticas sobre essa interessante máquina.

Família e amigos. John Coleman. São Paulo: Moderna, 1994. (Coleção Desafios).
Este livro discute alguns problemas que uma pessoa pode ter com sua família e seus amigos durante a adolescência, esclarecendo como ocorrem os conflitos e sugerindo algumas dicas para a melhora do relacionamento interpessoal.

Incrível livro do corpo humano segundo o Dr. Frankenstein. Dorling Kindersley. São Paulo: Publifolha, 2010.
Este livro mostra, por meio de imagens, a anatomia e a função de cada sistema, órgão e tecido do corpo humano.

Incrível raio X – Corpo humano. Paul Beck. São Paulo: Girassol, 2010.
Com ilustrações e radiografias reais, este livro proporciona uma visão única dos ossos e órgãos de seres humanos e animais, mostrando o que acontece dentro do corpo humano.

A matéria e suas transformações

Capítulos 11, 12 e 13

Lixo e reciclagem. Barbara James; Dirce Carvalho de Campos. 5. ed. São Paulo: Scipione, 1997.
Este livro aborda os problemas ligados ao lixo, tratando das ameaças ambientais que pairam sobre o nosso planeta. A obra também apresenta medidas que podem ser adotadas para proteger o meio ambiente.

Lixo e sustentabilidade. Sonia Marina Muhringer; Michelle M. Shayer. São Paulo: Ática, 2008.
Por meio de uma história intrigante, as autoras mostram ao jovem leitor quais problemas o lixo e o material radioativo podem causar ao meio ambiente e à sociedade.

Lixo: de onde vem? Para onde vai? Francisco Luiz Rodriguez; Vilma Maria Cavinatto. 2. ed. São Paulo: Moderna, 2005.
Este livro discute o aumento da produção do lixo no mundo moderno, o que causa sérios problemas ao meio ambiente e à saúde pública. A obra esclarece o processo de produção do lixo, desde a sua formação até seu destino.

Química em casa. Breno P. Espósito. São Paulo: Atual, 2003.
Neste livro o autor apresenta diversas situações cotidianas em que é possível observar a presença da Química. São abordados aspectos de higiene, beleza, alimentação, saúde, etc.

Reciclagem: a aventura de uma garrafa. Mick Manning. São Paulo: Ática, 2008.
Por meio da trajetória de uma garrafa lançada no mar, os leitores podem verificar as consequências do descarte indevido do lixo e a importância da reciclagem.

Saneamento básico: fonte de saúde e bem-estar. Vilma Maria Cavinatto. 5. ed. São Paulo: Moderna, 2005.
Neste livro o autor discute um tema fundamental para a saúde pública brasileira, o saneamento básico, mostrando que muito ainda deve ser feito nesse setor.

SUGESTÕES DE FILMES

A alternativa berço a berço. EUA. 2002. 50 minutos.
Documentário estadunidense que mostra um novo princípio: as indústrias devem incorporar a reciclagem e ser responsáveis pela reciclagem total dos materiais que produzem.

A história do cérebro. Susan Greenfield. Inglaterra. BBC, 2000. 50 minutos.
O documentário apresenta o funcionamento do cérebro, o seu desenvolvimento e como ocorrem os processos cerebrais.

Alerta animal: água doce. Animal Planet. 2010. 45 minutos.
O documentário retrata o ciclo hidrológico considerando os problemas causados pelo aquecimento global.

Avisos da natureza: lições não aprendidas – o chumbo vital. Jakob Gottschau. Dinamarca. 2006. 30 minutos.
O chumbo foi adicionado à gasolina para criar um combustível mais eficiente no início da década de 1920. Naquela época o chumbo já era conhecido por ser tóxico. Mesmo assim, milhares de toneladas de chumbo foram espalhadas, causando danos à saúde e ao ambiente. O documentário discute esse fato e suas consequências.

Cosmos. Série apresentada pelo astrônomo Carl Sagan. 13 episódios com 45 minutos de duração.
Inspirado no livro homônimo de Carl Sagan e Ann Druyan, o documentário contextualiza o ser humano no Universo e apresenta conceitos científicos de forma simples e acessível.

Elementos da Biologia: ecossistemas. Discovery Channel. 2007. 60 minutos.
Retrata a coexistência de diferentes seres vivos em um ecossistema. São analisadas também as constantes transformações no planeta e como elas afetam os seres vivos.

Ilha das flores. Jorge Furtado. Brasil. 1989. 15 minutos.
O filme acompanha a história de um tomate, desde a plantação da semente até o seu descarte, enfatizando a relação entre o capitalismo e a poluição ambiental.

Janela da alma. João Jardim e Walter Carvalho. Brasil, 2002. 73 minutos.
A obra mostra como pessoas com diferentes graus de deficiência visual enxergam a si mesmos, os outros e o mundo, apresentando diferentes aspectos da visão e como ela influencia as emoções.

Lixo extraordinário. Lucy Walker. Brasil, 2010. 99 minutos.
O filme acompanha o trabalho que o artista plástico Vik Muniz realizou durante dois anos no Jardim Gramacho, um dos maiores aterros sanitários do mundo. Além de retratar o destino do lixo, a realidade social dos moradores é documentada.

Maravilhas do Sistema Solar. 2010. Brian Cox e Andrew Cohen, BBC. 300 minutos.
Este documentário apresenta as imagens e reproduções mais recentes dos corpos celestes que compõem o Sistema Solar.

Não é mágica – A Ciência sem mistério – Vulcões – Formando nosso planeta. França, 2002. 78 minutos.
O filme conta a viagem de Fred, Jaime e Manu, que em um caminhão-laboratório exploram a geologia do planeta.

O corpo humano. Christopher Spencer. Inglaterra. BBC, 1998. 49 minutos.
Documentário que retrata a trajetória do corpo humano, desde o nascimento até a morte.

O mundo de Beakman – Sistema circulatório e sonhos. EUA, 2002. 22 minutos.
Episódio da série televisiva *O mundo de Beakman*, que trata do sistema circulatório e aborda algumas curiosidades sobre o cérebro e os sonhos.

O rei leão. Roger Allers e Rob Minkoff. Estados Unidos, 1994. 89 minutos.
O filme conta a história de Simba, um leão que, após a morte de seu pai, foge do reino e passa a viver com Timão, um suricato, e Pumba, um javali. A história se passa em uma Savana africana e envolve as diversas relações que os seres vivos de um ambiente estabelecem entre si.

Ouro azul: a guerra mundial pela água. Purple Turtle Films. Canadá. 2008. 89 minutos.
Baseado em um livro, esse documentário ilustra os riscos acarretados pela falta de água potável no planeta e suas aplicações. O filme trata dos conflitos atuais e futuros pela água.

Sentidos humanos. Nigel Marven. Inglaterra. BBC, 2003. 50 minutos.
O documentário é dividido em episódios, que mostram em detalhes o funcionamento dos sentidos humanos.

Uma verdade inconveniente. Davis Guggenheim. EUA. 2006. 118 minutos.
O documentário analisa a questão do aquecimento global, a partir da perspectiva do ex-vice-presidente dos Estados Unidos Al Gore. Ele apresenta uma série de dados que relacionam o comportamento humano e o aumento da emissão de gases na atmosfera. Ainda que muitos estudos apontem uma tendência cíclica natural de transformações climáticas, Al Gore é um dos que defende que o ritmo de alterações que vivemos hoje não pode ser explicado simplesmente como um fenômeno natural cíclico.

Wall-e. Andrew Stanton. Estados Unidos. 2008. 105 minutos.
Wall-e é um robô que foi deixado sozinho no poluído planeta Terra, cerca de setecentos anos no futuro, e que exerce a função de coletor de lixo. Os humanos vivem em uma estação espacial que transita pelo espaço à espera de que a Terra esteja em condições ideais de recebê-los de volta. Para sondar a situação no planeta, é enviado outro robô, EVA, por quem Wall-e, que desenvolveu consciência e personalidade, se apaixona.

SUGESTÕES DE

SITES DE CIÊNCIAS

Centro de Divulgação Científica e Cultural
Material de apoio, experimentoteca, exposições e Olimpíadas de Ciências.
<www.cdcc.sc.usp.br>

Centro de Pesquisa sobre o Genoma Humano e Células-Tronco
Contém experimentos simples de Ciências que nos permitem explorar noções sobre DNA.
<http://genoma.ib.usp.br/wordpress/>

Ciência e cultura na escola
Banco de questões, centros de história, museus de Ciências, reportagens, entrevistas sobre Ciências.
<www.ciencia-cultura.com>

Ciência Hoje
Contém notícias, curiosidades e atualidades sobre os diferentes temas de Ciências.
<http://cienciahoje.uol.com.br>

Ciência Viva – Agência Nacional para a Cultura Científica e Tecnológica
Artigos, matérias e entrevistas sobre meio ambiente, doenças tropicais, Ciência e Arte.
<www.cienciaviva.pt/home>
<www.cienciaviva.org.br>

Espaço Ciência
Site que contém informações e notícias sobre diversos temas de Ciências.
<www.espacociencia.pe.gov.br>

Estação Ciência
Site contendo atividades, notícias, *links* e informações sobre o espaço e o Universo.
<www.eciencia.usp.br>

Fundação Energia e Saneamento
Apresenta informações e materiais históricos relacionados aos setores de energia e saneamento do estado de São Paulo. É possível acessar algumas fotos e ver informações a respeito de alguns documentos.
<http://www.energiaesaneamento.org.br/acervo.aspx>

Geopark Araripe
Site com informações relacionadas a Geologia, recursos minerais e pesquisa de fósseis no Brasil.
<http://geoparkararipe.org.br>

Instituto Butantan
Site com informações sobre vacinas e pesquisas, além de conter informações de divulgação científica.
<http://www.butantan.gov.br/Paginas/default.aspx>

Museu da vida (Casa de Oswaldo Cruz – Fundação Oswaldo Cruz)
Apresenta informações, publicações e eventos relacionados à saúde.
<www.museudavida.fiocruz.br>

Museu de Ciências e Tecnologia da PUC-RS
Apresenta informações sobre o Museu de Ciências e Tecnologia, além de dados sobre a visitação.
<www.pucrs.br/mct>

Planetário da Universidade Federal de Goiás
Site que apresenta informações astronômicas e dados para a observação do céu, especialmente no hemisfério sul.
<http://www.planetario.ufg.br>

Pontociência
Site com experiências de Física, Química e Biologia. Os experimentos são organizados passo a passo, com apresentação dos materiais, seu custo, grau de dificuldade e segurança.
<www.pontociencia.org.br/index.php>

Portal de Divulgação Científica e Tecnológica
Site com atualidades e pesquisas científicas brasileiras em Ciência, Tecnologia e Inovação.
<www.canalciencia.ibict.br>

Programa Educar
Site com resumos e atividades de Ciências e Biologia.
<http://educar.sc.usp.br>

Representação da Unesco no Brasil
Site com publicações de Ciências, Comunicação e Educação. No que se refere às Ciências Naturais, trata do desenvolvimento sustentável, especialmente em relação aos recursos hídricos, ao meio ambiente, à tecnologia e à educação.
<www.unesco.org/new/pt/brasilia>

Revista Pesquisa Fapesp
Site com informações sobre pesquisas realizadas no Brasil.
<http://revistapesquisa.fapesp.br>

Secretaria da Educação do Paraná
Apresenta objetos educacionais digitais, sugestões de atividades, material didático e *links* que contribuem para o estudo de Ciências e Biologia.
<http://ciencias.seed.pr.gov.br>

SUGESTÕES DE

ESPAÇOS PARA VISITA

Região Centro-Oeste

Planetário da Universidade Federal de Goiás

Espaço onde é possível acompanhar o movimento de alguns astros. Nele, são ministradas aulas e realizam-se projeções dos programas elaborados pela equipe do local. Além disso, possui exposições permanentes e biblioteca.
<https://planetario.ufg.br>

Região Nordeste

Museu de Arqueologia e Etnologia da Universidade Federal da Bahia

Possui exposições que abrangem desde a Pré-História do Brasil até a atualidade. Promove atividade de pesquisa, ensino e extensão, como visitas monitoradas, ações educativas e exposições itinerantes.
<https://cartadeservicos.ufba.br/mae-museu-de-arqueologia-e-etnologia-0>

Museu do Homem Americano (Piauí)

Espaço que divulga o patrimônio cultural e biológico deixado por povos pré-históricos da América. Possui tanto exposições permanentes como temporárias. Está localizado no Parque Nacional Serra da Capivara.
<http://www.fumdham.org.br/museu-do-homem-americano>

Seara da Ciência – Universidade Federal do Ceará

Centro de exposições e cursos básicos relacionados à divulgação científica da universidade. Além disso, há materiais relacionados à Caatinga, um bioma tipicamente brasileiro.
<http://www.searadaciencia.ufc.br>

Região Norte

Bosque da Ciência (Amazonas)

Espaço de divulgação científica e educação ambiental do Instituto Nacional de Pesquisas da Amazônia (INPA) que apresenta informações sobra a fauna, a flora e os ecossistemas amazônicos. Entre as atividades promovidas estão exposições e trilhas educativas.
<http://bosque.inpa.gov.br>

Centro de Ciências e Planetário do Pará

Apresenta informações de diversas áreas da Ciência que permitem aos visitantes observar as diversas dimensões do mundo ao nosso redor. São realizados, por exemplo, experimentos de Física e há espaço destinado ao conhecimento de vegetais.
<https://paginas.uepa.br/planetario>

Região Sudeste

Centro de Ciências de Araraquara (São Paulo)

Oferece exposição permanente com temas de Química, Matemática, Biologia, Física, Geologia e Astronomia, além de estimular o uso da experimentação no ensino das Ciências. É possível agendar visitas monitoradas por estudantes de graduação da Universidade Estadual Paulista (Unesp).
<https://grupomccac.org/guia/brasil/sudeste/sao-paulo/centro-de-ciencias-de-araraquara>

Museu da Geodiversidade (Rio de Janeiro)

Apresenta materiais relacionados a fenômenos geoclimáticos e à história geológica da Terra. Entre os componentes da coleção estão fósseis, rochas e minerais.
<http://www.museu.igeo.ufrj.br>

Museu de Astronomia e Ciências Afins (Rio de Janeiro)

Apresenta coleções compostas por muitos instrumentos técnicos e científicos que fizeram parte do Observatório Nacional desde 1827. Possui também acervo de documentos relacionados à história da Ciência no Brasil.
<http://www.mast.br/pt-br>

Museu de Ciências da Terra Alexis Dorofeef (Minas Gerais)

Espaço de educação ambiental e divulgação científica destinado a exposições relacionadas a três principais temas: dinâmica e tempo geológico da Terra, recursos minerais e conservação de solos.
<http://www.mctad.ufv.br>

Museu de Ciências Morfológicas (Minas Gerais)

Espaço destinado a exposições que exploram e comparam diferentes áreas da vida e do conhecimento, especialmente do organismo humano.
<https://www.ufmg.br/rededemuseus/mcm>

Museu de Zoologia da Universidade de São Paulo

Possui exposições de longa duração, temporárias e itinerantes de temas relacionados a Evolução e Biodiversidade, Patrimônio e Sustentabilidade, com visitas orientadas.
<http://www.mz.usp.br>

Região Sul

Museu da Terra e da Vida – Centro Paleontológico da Universidade do Contestado (Santa Catarina)

Um museu de História Natural focado em Paleontologia dos períodos Carbonífero e Permiano da Bacia do Paraná. Entre os materiais de exposição estão fósseis, minerais, artefatos arqueológicos e rochas.
<https://www.unc.br/cenpaleo2013>

Museu Dinâmico Interdisciplinar (Paraná)

Espaço de educação formal e não formal que, por meio de palestras, visitas, cursos, programa de rádio, espetáculos teatrais, aborda temas relacionados a morfologia humana e animal, saúde, Física, Astronomia, Antropologia, plantas e artes em geral.
<http://www.mudi.uem.br>

Museu Zoobotânico Augusto Ruschi (Rio Grande do Sul)

Apresenta coleções representativas de Ciências, além de informações interdisciplinares com História, Geografia e Literatura.
<https://www.upf.br/muzar/augusto-ruschi>

Parque da Ciência Newton Freire Maia (Paraná)

Espaço interativo de divulgação científica e de tecnologia. Apresenta exposições relacionadas a temas como Universo, energia, água e cidade.
<http://www.parquedaciencia.pr.gov.br>

Bibliografia

ALBERTS, B. et al. *Fundamentos da Biologia celular.* 3. ed. Porto Alegre: Artmed, 2011.

ATKINS, Peter; JONES, Loretta. *Princípios de Química:* questionando a vida moderna. 5. ed. São Paulo: Bookman, 2011.

BARROS, R. M. *Tratado sobre resíduos sólidos:* gestão, uso e sustentabilidade. Rio de Janeiro: Interciência, 2013.

BRAGA, B. et al. *Introdução à Engenharia ambiental.* 2. ed. São Paulo: Prentice Hall, 2005.

BRASIL. Ministério da Educação. Secretaria de Educação Básica. *Base Nacional Comum Curricular* (*BNCC*). Educação é a base. Brasília, 2017.

BRAUN, I. M. *Drogas:* perguntas e respostas. São Paulo: MG, 2007.

CAVALIERI, Ana Lúcia Ferreira; EGYPTO, Antônio Carlos. *Drogas e prevenção:* a cena e a reflexão. 5. ed. São Paulo: Saraiva, 2010.

CHAGAS, Pereira Aécio. *Como se faz química:* uma reflexão sobre a Química e a atividade do químico. 3. ed. 3ª reimpressão. Campinas: Unicamp, 2009.

CHURCHILL, E. Richard; LOESCHING, Louis V.; MANDELL, Muriel. *365 Simple Science Experiments with Everyday Materials.* New York: Black Dog & Leventhal, 2013.

CONSTANZO, Linda S. *Fisiologia.* 5. ed. Rio de Janeiro: Elsevier, 2014.

COUPER, Heather; HENSBEST, Nigel. *Atlas do espaço.* São Paulo: Martins Fontes, 1994.

FRAGA, S. C. L. *Reciclagem de materiais plásticos.* São Paulo: Érica, 2014.

GROTZINGER, John et al. *Understanding Earth.* 7 ed. New York: W. H. Freeman, 2014.

GUTSCH JR., William A. *1001 Things Everyone Should Know About the Universe.* New York: Doubleday, 1998.

HALL, John E.; GUYTON, Arthur C. *Tratado de Fisiologia médica.* 13. ed. Rio de Janeiro: Elsevier, 2017.

HEWITT, Paul G. *Conceptual Physics.* 12. ed. Londres: Pearson, 2014.

JOESTEIN, Melvin D.; CASTELLION, Mary E.; HOGG, John L. *The World of Chemistry:* Essentials. 4. ed. Belmont: Thomson Brooks/ Cole, 2007.

JUNQUEIRA, L. C.; CARNEIRO, J. *Histologia básica.* 13. ed. Rio de Janeiro: Guanabara Koogan, 2017.

KOTZ, John C.; TREICHEL JR., Paul. *Química e reações químicas.* Rio de Janeiro: LTC, 1998. v. I e II.

LENT, R. *Cem bilhões de neurônios?:* conceitos fundamentais de neurociência. 2. ed. São Paulo: Atheneu, 2010.

LIBÂNIO, M. *Fundamentos de qualidade e tratamento de água.* Campinas: Átomo, 2015.

MAUSETH, James D. *Botany:* an Introduction to Plant Biology. 4. ed. Sudbury: Jones & Bartlett Learning, 2008.

MILLER, G. T.; SPOOLMAN, S. E. *Ciência ambiental.* 2. ed. São Paulo: Cengage, 2016.

______. Ecologia e sustentabilidade. São Paulo: Cengage, 2012.

MOORE, Janet. *Uma introdução aos invertebrados.* São Paulo: Santos Editora, 2003.

NIEMEYER, M. *Água.* São Paulo: Publifolha, 2012.

PHILIPPI Jr., A.; GALVÃO Jr., A. de C. (Ed.). *Gestão do saneamento básico:* abastecimento de água e esgotamento sanitário. Barueri: Manole, 2011.

POUGH, F. H.; JANIS, C. M.; HEISER, J. B. *A vida dos vertebrados.* 4. ed. São Paulo: Atheneu, 2008.

RAVEN, Peter H. et al. *Biologia vegetal.* 8. ed. Rio de Janeiro: Guanabara Koogan, 2014.

REECE, J. B. et al. *Biologia de Campbell.* 10. ed. Porto Alegre: Artmed, 2015.

ROCHA, Julio Cesar; ROSA, Andre Henrique; CARDOSO, Arnaldo Alves. *Introdução à Química ambiental.* São Paulo: Bookman, 2009.

ROSE, Susanna van. *Atlas da Terra.* São Paulo: Martins Fontes, 1994.

RUPPERT, Edward E.; FOX, Richard S. E.; BARNES, Robert D. *Zoologia dos invertebrados.* 7. ed. São Paulo: Roca, 2005.

SADAVA, David et al. *Vida:* a ciência da Biologia. Célula e hereditariedade. 8. ed. Porto Alegre: Artmed, 2011. v. 1.

______. *Vida:* a ciência da Biologia. Evolução, diversidade e Ecologia. 8. ed. Porto Alegre: Artmed, 2009. v. 2.

______. *Vida:* a ciência da Biologia. Plantas e animais. 8. ed. Porto Alegre: Artmed, 2009. v. 3.

SAGAN, Carl. *Cosmos.* Rio de Janeiro: Companhia das Letras, 2017.

SOCIEDADE BRASILEIRA DE ANATOMIA. *Terminologia anatômica:* terminologia internacional. Barueri (SP): Manole, 2001.

SOLOMON, E. P.; BERG, L. R.; MARTIN, C.; MARTIN, D. W; BERG, L. R. *Biology.* 10. ed. Belmont: Brooks Cole, 2014.

STARR, Cecie et al. *Biology:* the Unity and Diversity of Life. 12. ed. Pacific Grove, CA: Brooks Cole, 2008.

SYMES, R. F. *Rochas e minerais.* São Paulo: Globo, [1996]. (Aventuras visuais).

TEIXEIRA, Wilson et al. *Decifrando a Terra.* 2. ed. 5ª reimpressão. São Paulo: Companhia Editora Nacional, 2015.

THE EARTH WORKS GROUP. *50 coisas simples que você pode fazer para salvar a Terra.* 12. ed. Rio de Janeiro: J. Olympio, 2005.

TOLENTINO, Mário; ROCHA FILHO, Romeu C.; SILVA, Roberto Ribeiro da. *O azul do planeta:* um retrato da atmosfera terrestre. São Paulo: Moderna, 2002. (Polêmica).

TORTORA, Gerard J.; DERRICKSON, Bryan. *Corpo humano:* fundamentos de Anatomia e Fisiologia. 10. ed. Porto Alegre: Artmed, 2017.

TRIGUEIRO, A. *Cidades e soluções:* como construir uma sociedade sustentável. São Paulo: Leya, 2017.

VANIN, José Atílio. *Alquimistas e químicos:* o passado, o presente e o futuro. 2. ed. São Paulo: Moderna, 2005. (Polêmica).

WHITFIELD, Philip. *The Human Body Explained:* an Owner's Guide to the Incredible Living Machine. New York: Henry Holt, 1995.

WOLKE, Robert L. *O que Einstein disse a seu cozinheiro:* a ciência na cozinha. Rio de Janeiro: Jorge Zahar, 2003. v. 1 e v. 2.